U0289635

国家出版基金项目
NATIONAL PUBLICATION FOUNDATION

"十三五"国家重点出版物出版规划项目

集成电路设计丛书

硅基射频集成电路和系统

廖怀林 著

科学出版社

龙门书局

北京

内 容 简 介

本书以硅基射频集成芯片系统为核心，介绍射频电路和系统基础、射频集成电路基本理论和设计方法，以及国内外硅基射频集成电路和系统技术的最新进展。全书分为射频电路和系统设计基础知识、射频收发机集成电路技术和面向特定应用的射频集成电路与系统技术三个部分。第一部分主要包括射频电路和系统基础与高频器件及模型；第二部分主要包括射频收发通道和频率综合器的关键电路技术；第三部分面向低功耗物联网、可重构射频系统和毫米波雷达等应用介绍相关射频集成电路与系统技术。

本书可供从事射频集成电路与系统研究的科研人员和从事相关芯片研发的工程师参考，部分内容可供相关专业研究生和高年级本科生参考。

图书在版编目（CIP）数据

硅基射频集成电路和系统／廖怀林著. —北京：龙门书局，2020.3
（集成电路设计丛书）
"十三五"国家重点出版物出版规划项目　国家出版基金项目
ISBN 978-7-5088-5716-9

Ⅰ.①硅…　Ⅱ.①廖…　Ⅲ.①硅基材料-射频电路-集成电路
Ⅳ.①TN710

中国版本图书馆 CIP 数据核字（2020）第 046907 号

责任编辑：赵艳春／责任校对：王萌萌
责任印制：师艳茹／封面设计：迷底书装

科学出版社
龙门书局 出版
北京东黄城根北街 16 号
邮政编码：100717
http://www.sciencep.com
三河市春园印刷有限公司 印刷
科学出版社发行　各地新华书店经销
＊

2020 年 3 月第　一　版　开本：720×1000 B5
2020 年 3 月第一次印刷　印张：26
字数：500 000

定价：198.00 元
（如有印装质量问题，我社负责调换）

《集成电路设计丛书》编委会

序

集成电路无疑是近 60 年来世界高新技术的最典型代表,它的产生、进步和发展无疑高度凝聚了人类的智慧结晶。集成电路产业是信息技术产业的核心,是支撑经济社会发展和保障国家安全的战略性、基础性和先导性产业,也是我国的战略性必争产业。当前和今后一段时期,我国的集成电路产业面临重要的发展机遇期,也是技术攻坚期。总体上讲,集成电路包括设计、制造、封装测试、材料等四大产业集群,其中集成电路设计是集成电路产业知识密集的体现,也是直接面向市场的核心和制高点。

"关键核心技术是要不来、买不来、讨不来的",这是习近平总书记在 2018年全国两院院士大会上的重要论述,这一论述对我国的集成电路技术和产业尤为重要。正是由于集成电路是电子信息产业的基石和现代工业的粮食,对国家安全和工业安全具有决定性的作用,我们必须、也只能立足于自主创新。

为落实《国家集成电路产业发展推进纲要》,加快推进我国集成电路设计技术和产业发展,多位院士和专家学者共同策划了这套《集成电路设计丛书》。这套丛书针对集成电路设计领域的关键和核心技术,在总结近年来我国集成电路设计领域主要成果的基础上,重点论述该领域的基础理论和关键技术,给出集成电路设计领域进一步的发展趋势。

值得指出的是,这套丛书是我国中青年学者近年来学术成就和技术攻关成果的总结,体现集成电路设计技术和应用研究的结合,感谢他们为大家介绍总结国内外集成电路设计领域的最新进展,每本书内容丰富,信息量很大。丛书内容包含了先进的微处理器、系统芯片与可重构计算、半导体存储器、混合信号集成电路、射频集成电路、集成电路设计自动化、功率集成电路、毫米波及太赫兹集成电路、硅基光电片上网络等方面的研究工作和研究进展。本书旨在使读者进一步了解该领域的研究成果和经验,吸引和引导更多的年轻学者和科研工作者积极投入到集成电路设计这项既具有挑战又有吸引力的事业中来,为我国集成电路设计产业发展做出贡献。

感谢撰写丛书的各领域专家学者。愿这套丛书能成为广大读者,尤其是科研工作者、青年学者和研究生十分有用的参考书,使大家能够进一步明确发展方向和目标,为开展集成电路的创新研究和工程应用奠定重要基础。同时,希望这套丛书也能为我国集成电路设计领域的专家学者提供一个展示研究成果的交流平台，进一步促进和推动我国集成电路设计领域的教学、科研和产业的深入发展。

郝跃

2018 年 6 月 8 日

前　言

　　硅基射频集成电路技术是现代无线通信系统重要的技术基础。经过近 30 年的高速发展，硅基射频集成电路与系统技术日益走向成熟，极大拓展了无线通信技术的应用范围，为现代社会进入万物互联时代开辟了道路，对人类社会产生了深远的影响。除移动蜂窝通信、蓝牙无线通信、无线局域网等无线通信系统的持续繁荣、演进和渗透之外，以毫米波通信、无线传感网、物联网等为代表的新型无线通信技术正在蓬勃兴起，伴随无线通信技术的发展，人们日益认识到射频集成电路在无线通信技术中举足轻重的地位。随着硅基工艺的进步和无线通信应用日益丰富和多样化，硅基射频集成电路与系统技术仍有很多值得探索的课题，如纳米尺度工艺下射频集成电路技术如何发展，面向更多功耗、更高通信速度和更高工作频率应用仍有很多技术待创新，射频集成芯片国产化水平有待持续提高等。

　　本书共分 9 章。第 1 章简要回顾硅基射频集成电路技术发展的历史和脉络。第 2 章介绍射频电路和系统的相关基础。第 3 章介绍射频集成器件及其模型，因为电感性器件在射频集成电路设计中是至关重要的，在第 3 章专门对集成电感性器件的解析物理模型进行了较为深入的分析，以期加深读者对于高频电感性器件的理解。第 4 章、第 5 章和第 6 章分别介绍射频接收机、发射机关键电路技术和频率综合器电路技术，涵盖射频集成电路的基本电路理论、拓扑和分析方法等内容，同时给出低噪声放大器、线性功率放大器和锁相环的设计实例，帮助读者理解射频集成电路设计的实际过程。数字辅助/数字化射频模拟电路技术被认为是纳米尺度工艺时代非常重要的技术发展方向。在第 4 章，除了介绍传统的低噪声放大器、混频器电路外，还介绍了基于 N 通道的 RF 滤波器和基于分立时间的滤波器等数字辅助型电路；在第 5 章中补充介绍全数字发射机架构和相关电路技术；在第 6 章中补充介绍全数字锁相环架构和相关电路技术。第 7 章介绍低功耗物联网射频集成电路与系统技术，主要介绍低功耗蓝牙（Bluetooth Low Energy）、窄带物联网（NB-IoT）、射频识别（RFID）、超宽带（UWB）和人体信道通信（Body Channel Communication）等低功耗面向物联网应用的射频集成系统及其关键电路技术。在蓝牙射频集成系统部分，结合蓝牙协议，对射频系统指标做了较为详细的分析，帮助读者理解射频系统的设计过程。第 8 章介绍可重构射频集成电路与系统技术，对可重构射频集成电路与系统技术的最新进展做了初步归纳和整理，对数字化发射机技术在可重构射频集成系统中的应用做了进一步的分析。第 9 章介绍硅基毫米波集成电路与系统技术。毫米波雷达在未来自动驾驶等领域具有广泛的应用前景，以毫米波雷达应用为背景，介绍相关的硅基毫米波集成电路与系统技术。

本书编写过程中力图达成如下两个目标：一是从基础理论到最新进展的衔接，帮助读者建立对射频集成电路领域整体的认识；二是理论紧密结合实践，在实际的射频系统应用背景下，介绍射频集成电路与系统技术的创新。

本书是以作者为本科生、研究生讲授射频集成电路设计课程讲稿为基础，经整理、补充、改写而成的。在介绍射频集成电路基础知识和基本理论的同时，致力于追踪这一高速发展的领域，对国内外学者的最新成果进行初步归纳、整理。射频集成电路与系统发展十分迅速，希望本书对从事射频集成电路研究和开发的研究生与工程师及其他相关人员起到参考和引导作用，为我国集成电路的发展尽一点绵薄之力。

作者特别感谢历届主修过射频集成电路设计课程的本科生和研究生对课程内容建设的积极参与及互动，感谢课题组的研究生在本书撰写过程中的帮助，没有这些同学的帮助和支持，本书不可能顺利撰写完成。作者十分感谢国家出版基金项目的资助，感谢《集成电路设计丛书》编委会的支持。作者更加感谢家人和朋友的关心、鼓励和支持。

由于作者学术水平有限，书中难免存在不足之处，恳请读者不吝赐教。

作　者

2020 年 2 月于北京大学

目　　录

第1章 绪 论

1.1 引 言

从 1887 年物理学家赫兹实验验证电磁波的存在后，人类开始叩响无线通信的大门，尝试摆脱电缆的束缚、利用电磁波实现信号的远距离传输从而进行通信。很快，有着"无线电之父"美誉的马可尼在 1899 年实现了英国与法国之间跨越英吉利海峡的无线电通信，从此将人类带进了无线电时代。告别了烽火狼烟，远离了千里传书，摆脱了长长的线缆，人类之间的沟通从此变得轻而易举且随时随地。一百多年来，无线通信技术经历了巨大的发展，特别是伴随着集成电路的不断进步以及移动蜂窝通信的普及，当前无线通信系统已经渗透入人类生产、生活的方方面面，一张张无形的无线网络连接起每个人、每个物，重塑了这个世界，对人类社会产生了深远的影响。

一方面，无线通信技术的发展体现在其应用领域的不断丰富与延拓(图 1.1)，从而不断满足人们新的需求。这可以从当今令人眼花缭乱的无线通信协议一窥究竟：GSM、GPS、WiFi、蓝牙(Bluetooth)、LTE、ZigBee、RFID、NB-IoT 等，每一个协议都代表着一个无线通信的应用场景，甚至在一些热点、重要的应用领域中，存在着诸多的协议互相竞争。在当下，除了传统的移动蜂窝通信、蓝牙无线通信、无线局域网等无线通信系统的演进、渗透和持续繁荣，以毫米波通信、无线传感网、物联网等为代表的瞄准新应用场景的新型无线通信技术正在蓬勃发展。特别地，伴随着人类社会逐渐进入老龄化社会，以及人们生活水平的不断提高和对健康医护的日益关注，以无线人体传感网为代表的可穿戴医疗系统，进一步拓宽了无线通信技术的应用领域。

另一方面，无线通信技术的发展体现在技术的不断快速更新换代上，这既适应了现实应用需求的不断发展，也反过来创造和培育着新需求。当 1973 年 4 月美国摩托罗拉公司的马丁·库珀拿着世界上的第一部手机 DynaTAC(图 1.2)在纽约曼哈顿的街头拨通了世界上第一个移动电话时，不仅是世人，哪怕是这位"移动电话之父"，大概也难以想象到今天的智能手机如 iPhone 的模样以及 4G LTE 网络下的世界吧。40 多年前这一部重达 1.1kg 的手机，充电时间需要 10h，通话时间只有 30min 左右[1]，并且只能接打电话。今天手机已经成为了移动计算平台，一部基本的智能手机都会集成至少包括电话、信息、WiFi、蓝牙、触屏等功能以及众

车载卫星导航

无线蓝牙耳机

无线路由器

毫米波高清视频传输

神舟十号太空课堂

移动智能传输

图 1.1 无线通信系统应用

多传感器。特别是在 4G 网络下，手机所承载的数据流量已远远超过语音文本数据量，移动物联网成为时代的弄潮儿。与无线通信设备手机的发展相辅相成，移动通信网络技术的发展同样是惊人而巨大的。第一代移动蜂窝网络采用模拟调制技术，仅支持语音服务，网络容量低且语音质量较差。第二代移动蜂窝网络成为数字调制技术的时代，数据服务的开始使得手机上网成为可能。此后第三代移动蜂窝网络开始提供更高带宽、更高数据率的数据服务；发展到今天，4G TLE 网络 300+Mbit/s 的高速数据传输已经把人类带进了移动互联网的时代，系统的容量、速度、延迟、可靠性等都发生了翻天覆地的变化[2]。

图 1.2 马丁·库珀和世界上第一部手机

无线通信技术的快速发展是由技术创新的不断进步以及社会需求的不断增长所共同驱动的，技术的创新有时会超前于需求的增长，需求的增长有时会推动技术的创新。其中技术的不断进步是最为关键的，只有技术的不断创新与进步才能将诸多美好的愿景和规划落为实地，这包括基础理论的创新、算法的创新、器件与工艺的创新、芯片技术的创新等。特别地，集成电路技术的发展对无线通信技术的普及与促进作用是巨大的。集成电路自诞生之日起，就遵循摩尔定律的发展，晶体管尺寸不断缩小，芯片的速度不断提高。得益于此，20 世纪 90 年代中期以来蓬勃兴起的硅基射频集成电路和系统技术为无线通信系统的大规模、低成本应用打开了窗口，昂贵的大哥大手机才演变成现在每个人手上的移动智能手机。

无线通信系统应用领域不断拓展，对功耗、成本、性能的追求是永无止境的。如何更好地持续满足无线通信系统应用的要求，需要不断的技术探索与创新，尤其是硅基射频集成电路与系统技术的创新。

1.2 硅基射频集成电路技术的发展

硅基射频集成电路技术发端于 20 世纪 90 年代中期，到现在还不到 30 年，是一个非常年轻的学科方向，但是发展非常迅猛。硅基射频集成电路技术大致可以分成三个阶段：第一阶段，主要是大学和研究机构自由探索适应硅基工艺集成的射频关键模块电路技术和收发机系统的集成技术；第二阶段，是工业界快速推动硅基射频集成电路技术在无线通信系统中的应用，这一阶段主要探索不断提高射频系统集成度的相关技术，从无线通信系统对芯片解决方案发展到硅基 CMOS 单芯片解决方案，致使手机终端高速发展，移动通信替代个人计算机产业成为半导体第一产业；第三阶段，随着无线通信应用领域的不断丰富与延拓，硅基射频集成电路和系统的探索方向也日益丰富。针对传统的移动蜂窝通信、蓝牙无线通信、无线局域网等无线通信系统的持续繁荣、演进和渗透，硅基射频集成电路和系统主要探索多模/多频、无声片外表面波射频收发机、软件定义无线电等技术。面向蓬勃发展的生物医疗、物联网应用，主要探索低成本、低功耗的硅基射频集成电路技术；在 5G 通信、高速 WiFi、自动驾驶、大数据等应用背景下，硅基射频集成电路和系统主要探索 MIMO、载波聚合、硅基毫米波雷达/成像/通信以及太赫兹集成电路技术。当前硅基射频集成电路和系统的发展趋势可以总结为追求更高的集成度、更低的功耗和更快的速度，这也是集成电路发展贯穿始终的主题。

硅基工艺以 CMOS 为代表，在过去 30 年间取得了巨大进展[3]，目前已经进入亚 10nm 尺度，随着器件工艺技术的进步(图 1.3)，射频集成电路的设计技术也随之发展变化。亚 10nm 工艺，器件 f_T 和 f_{max} 可以超过 1000GHz，可以覆盖从 GHz 到 THz 各种射频应用。由于 CMOS 特征尺寸持续缩小，集成度持续提高，硅基 CMOS 射频集成系统已经成为主流。一个典型的硅基射频集成系统(图 1.4)主要由低噪声放大器(LNA)、混频器、频率综合器(Synthesizer)和功率放大器(PA)等射频电路模块以及模拟基带和数字集成电路组成。

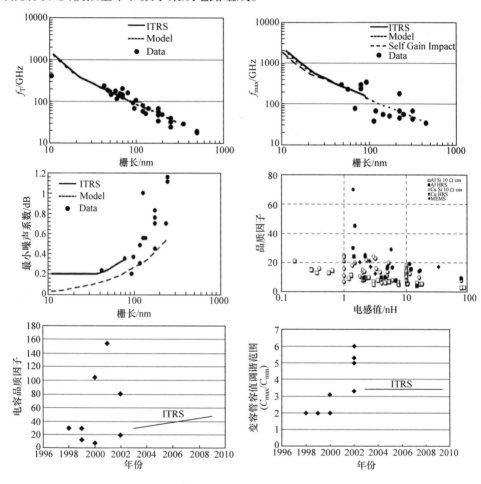

图 1.3　器件工艺的进步

硅基集成技术最先是从无源集成电感开始的，集成电感广泛应用于射频关键电路模块中，如低噪声放大器、振荡器、功率放大器、滤波器等，是射频集成电路不可或缺的元件。20 世纪 90 年代之前，研究人员对在硅基工艺上集成电感普遍持怀疑态度，认为电感是最难在硅基工艺上集成的元件，在硅基工艺上集成合

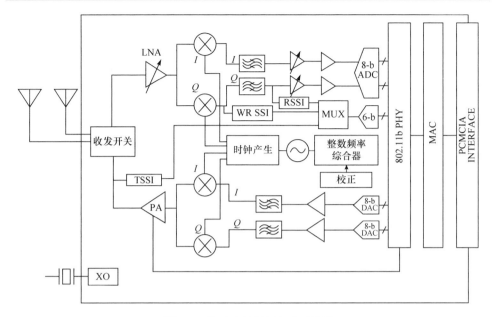

图 1.4 典型硅基射频集成系统[4]

适值的电感几乎是不可能完成的任务。在硅基上集成电感的主要障碍是，一方面硅基衬底是重掺杂低阻衬底，衬底涡流效应严重恶化集成电感的品质因子；另一方面硅基工艺金属层较薄，早期的金属层厚度不到 1μm，金属线在高频下由于趋肤效应、邻近效应，串联电阻比较大，严重影响集成电感的品质因子。

随着硅基 RF 工艺的发展，目前金属层厚度可以达到 2～4μm，在很大程度上提高了电感品质因子，品质因子一般为 10～20，但硅基集成电感的品质因子仍然远低于砷化镓等化合物半导体工艺的集成电感品质因子。砷化镓等化合物半导体工艺的集成电感由于衬底是半绝缘高阻衬底，容易实现高品质的集成电感。文献[5]报道的第一个基于 CMOS 工艺集成的电感是通过湿法刻蚀掉硅衬底形成悬浮的集成电感(图 1.5)，集成电感量为 100nH，涡流效应损失通过衬底悬浮基本被消除了。

800μm

图 1.5 衬底悬浮的 CMOS 集成电感

研究人员相继提出了微机电系统工艺、多孔硅衬底等技术来提高集成电感的品质因子，但是由于和标准硅基工艺的兼容性问题，这些技术没有被广泛采用(图 1.6(a))。工艺界开发了新一代针对 RF 友好的轻掺杂衬底 CMOS 工艺，相对于重掺杂衬底栓锁风险并没有显著上升,但是涡流衬底功率损失按照 V^2/R 变化,衬底电阻提高显著降低了这部分功率损失,仍然会影响集成电感的品质因子。版图技术也可以有效提高集成电感的品质因子,如差分电感、衬底图案屏蔽等[6],其中衬底图案屏蔽技术通过在电感线圈和衬底之间插入一层带有图案的接地平面来阻断衬底涡流损失,这层接地平面可以由靠近硅衬底的多晶硅层或者金属层来实现,衬底图案的目的是在这一层平面上阻止新的涡流电流形成环路(图 1.6(b))。

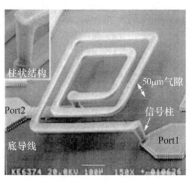
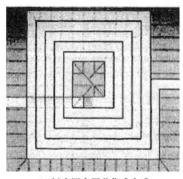

(a) MEMS集成电感   (b) 衬底图案屏蔽集成电感

图 1.6 高品质因子集成电感

低噪声放大器是硅基集成系统中接收机(receiver,RX)和外部天线相连的第一射频电路模块,对整个系统的噪声性能具有决定性的影响,如何在硅基工艺上实现低噪声的射频放大器是硅基集成技术发展第一阶段重点探索的一个方向,由于当时的硅基器件截止工作频率较低,需要通过集成电感提升放大器在高频下的阻抗以及参与输入匹配才能实现高频放大功能,这一时期源简并低噪声放大器被广泛(图 1.7(a))研究[7],通过这种电路结构,集成低噪声放大器的噪声系数在 1GHz 左右的工作频率可以实现低于 1.0dB 的水平,已经可以和化合物半导体工艺实现的低噪声放大器噪声水平相当。源简并低噪声放大器由于输入匹配网络的品质因子 Q 大于 1,有 Q 倍的电压增益,可以显著提高电路的抗噪声性能。由于源简并低噪声放大器结构中需要多个电感来实现,随着硅基工艺技术的进步和成本压力的降低,低噪声放大器逐步向无电感的电路结构演化,但是源简并低噪声放大器在极低噪声的应用中,如卫星导航接收机中,仍具有很强的生命力。噪声消除低噪声放大器(图 1.7(b))是无电感低噪声放大器的重要代表[8],利用主放大电路噪声电压在输入和输出端反相而信号同相的特点在辅助放大器上将主放大电路的噪声消除,同时实现输入阻抗匹配和单端输入转成差分输出,噪声性能可以低于 3dB 水平,呈现了高集成度和良好的噪声性能与宽带特性,因此它在纳米尺度工艺下广泛受到关注。除了噪声消除低噪声放大器电路,其他一些无电感低噪声放大器架构也相继提出。

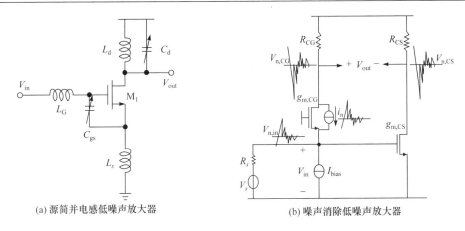

(a) 源简并电感低噪声放大器   (b) 噪声消除低噪声放大器

图 1.7 低噪声放大器

混频器在射频收发机中处于中心位置，主要功能是将射频信号下变频为中频基带信号或者将基带信号上变频为射频信号。传统混频器中双平衡电流交替的有源混频器(图 1.8)占据主导地位，其工作原理是通过高频大信号控制有源器件作为开关，通过电流交替将射频或者中频信号搬移至输出端，实现下变频或者上变频。

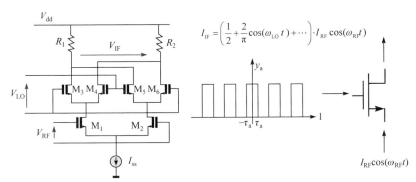

图 1.8 双平衡有源混频器及其原理

在 CMOS 工艺中，有源混频器的主要缺点是 $1/f$ 噪声和线性度比较差，有源混频器结构逐步被无源混频器(图 1.9)替代，首先报道的 CMOS 无源开关采样混频器和有源混频器工作原理有明显的差异，无源混频器更像模拟电路中的开关采样电路，但是不再是经典的开关采样电路。无源混频器分两个工作阶段：跟随和保持(图 1.9)。在跟随阶段，无源混频器由处于开启状态的 MOSFET 开关和电容组成，开关和电容组成的 RC 滤波器带宽足够宽可以跟随高频信号；在保持阶段，MOSFET 开关处于关闭状态，保持的模拟信号被下变频为中频基带信号。这种混频器受混叠噪声影响，噪声性能比较差，很快被无源交替电流混频器取代。

无源交替电流混频器在开关之后跟随由运算放大器构成的跨阻放大器电路，

将电流信号转换成电压信号，与有源混频器的工作原理是一致的。无源交替电流混频器的优点是线性度高、$1/f$噪声低，但是跨阻放大器(transimpedance amplifer)电路需要前级电路有较高的增益来抑制引入的噪声[9]。

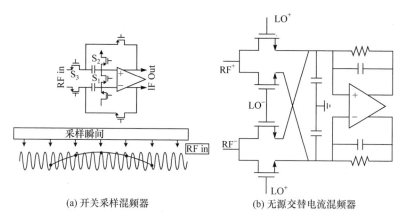

(a) 开关采样混频器　　　　　　　　　(b) 无源交替电流混频器

图 1.9　无源混频器

　　低噪声放大器和下变频混频器构成了接收机的射频前端电路，多模/多频、无声表面滤波器、软件定义无线电等需求的驱动，对射频前端提出了宽频段工作，强带外信号干扰能力和谐波信号抑制能力以及高线性、低噪声等要求。

　　带外强干扰信号对接收机性能的影响，主要表现在通过二阶、三阶交调效应恶化带内信噪比和干扰信号直接恶化系统噪声(图 1.10)。干扰信号主要通过三种方式恶化系统的噪声。强干扰信号引起的增益压缩会恶化系统自身的 NF；强干扰信号与本地振荡信号 LO 的相位噪声或杂散混频，混频下来的噪声若处于有用信号下变频后的频率范围，将恶化信号的信噪比；最后，若强干扰信号的噪底位于有用频段范围内，也将直接恶化信号的信噪比。对于最后一点，又可细分为两种机制。其一为强干扰信号的相位噪声处于有用信号的频率范围，与 LO 混频后转化为基带的噪声；其二为强干扰信号的热噪底处于有用信号的频率范围，与 LO 混频后转化为基带的噪声。对于强干扰信号引入的噪声，如果确知干扰的特性(如FDD、雷达或 RFID 雷达系统中的发射机信号泄漏)，可以通过自相关、多通道消除等方法予以消除；反之，若强干扰信号特性未知，目前尚无有效的解决方法。

　　现有商业多模/多频射频集成系统采用基于片外声表面波滤波器的多通道架构[10](图 1.11)，多通道架构顾名思义，在射频前端中存在多个通道，每一个通道分别处理一个频段的信号。每一个通道通常是一个简单的窄带接收机，多个通道组合成一个多标准兼容的接收机。这种方案的缺陷是显而易见的。首先，从成本上讲，声表面波(Surface Acoustic Wave，SAW)滤波器自身价格较为昂贵，网上批量报价一般在 0.2～1 美元。四模 RF 芯片的价格通常在 4～10 美元。按中位值计算，声表面波滤波器的成本就可高达 2 美元，占到 RF 芯片自身成本的 30%，这还

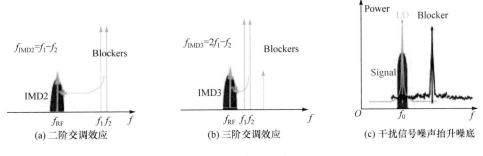

图 1.10　信号干扰

尚未包含片外的 RF 开关等元器件的成本。片上采用多个 LNA 也意味着较大的面积，芯片引脚数目的增加也意味着封装成本的提高。其次，从性能上讲，虽然声表面波滤波器很好地解决了带外干扰的问题，但是其插入损耗将直接恶化系统的噪声系数 1～2dB。最后，大批量的片外元件也不利于设备的小型化。多通道架构作为一种简单、易于实现的架构，在业界和学术界均被广泛应用。这种高度定制的设计可以最大限度地挖掘电路的性能，从而针对具体标准进行 NF 或 HR、IIP3、IIP2 的优化设计。但是这种架构的前端设计，需要细致地选取中频频率进行频谱规划，针对不同标准和频段合理地采用零中频或低中频架构，最大限度地减小通道数和片外无源器件数目。总之，从抗干扰能力的角度讲，这是一个较好的方案；但是，随着通信系统向 5G 发展，在单一芯片中集成越来越高的频段，传统基于声表面波滤波器的射频收发机方案将面临成本、尺寸等多方面的压力。

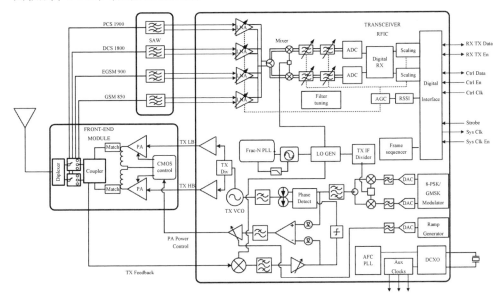

图 1.11　四通道 GPRS/EDGE 多通道接收机示意图

　　针对上述问题，学术界相继提出了 Mixer-first、LNA-less 和基于片上 RF 滤波器的射频前端架构。Mixer-first 射频前端架构是去除低噪声放大器，让混频器成为射频接收机的最前级，这种架构极大地利用无源混频器线性度高的优点实现强带外干扰信号抑制能力，但是由于没有前级低噪声放大器，系统噪声难以降低。LNA-less 射频前端架构(图 1.12)是将低噪声放大器替换成跨导放大级。传统的 LNA 同时放大了有用信号和干扰信号，使 LNA 输出端存在一个较大的电压摆幅，较易使后级的 Mixer 饱和。LNA-less 射频前端架构对天线接收的信号通过跨导放大器直接进行电压-电流转换，在电流域完成滤波，最后再经跨阻放大器的电流-电压转换恢复电压域模式。该架构的优点是在混频和对干扰进行滤波之前，电路中唯一的可能有较大电压摆幅的节点是天线端的输入节点，其他节点为理论上的低阻节点，因而主要的非线性因素是跨导放大器。

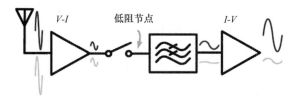

图 1.12　LNA-less 射频前端示意图

　　片上实现的 RF 滤波器若能比拟 SAW 滤波器的性能，自然可以成为实现 SAW-less 接收机的手段。常用的基于电感谐振的 LC 滤波器难以调谐，并且 Q 值远达不到滤除近频干扰的要求。近年来射频前端引入 N 通道(N-path)RF 滤波器[11](图 1.13)实现强带外干扰抑制，此类滤波器的概念雏形在 1960 年已提出。N 通道 RF 滤波器采用 N 路占空比为 $1/N$，且依次延时 $1/N$ 个周期的时钟作为 LO 来

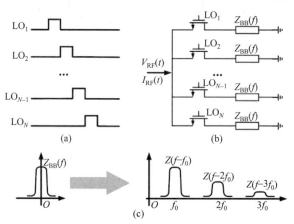

图 1.13　N 通道 RF 滤波器原理示意图

依次采样 N 路基带阻抗。由于混频器的上变频作用，从 RF 端看到的阻抗是基带阻抗在频域上的搬移。若基带阻抗是一个低通阻抗，频率搬移后阻抗特性由低通阻抗变为带通阻抗。

　　LNA-less 架构和基于 RF 滤波器的架构具备各自的优缺点，都是性能、成本之间的折中。

　　为了实现射频前端更宽频段的覆盖，人们提出了谐波抑制混频器(harmonics rejection mixer)(图 1.14)抑制谐波混频。采用三相依次相移 45° 的混频器组合成一个具备谐波抑制能力的混频器，引入的 45° 移相信号可以消除三阶和五阶谐波。

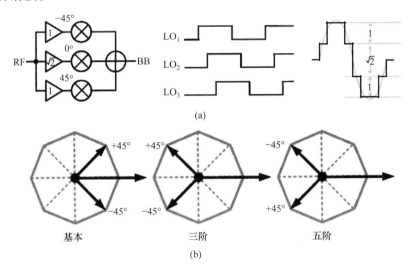

图 1.14　谐波抑制混频器工作原理

　　频率综合器在射频收发机中用于产生稳定的本地振荡信号，压控振荡器是频率综合器的关键电路模块。在 CMOS 工艺中，一般采用 LC 振荡器结构，最早的 CMOS LC 振荡器采用绑线电感来实现 LC 谐振网络，随着 CMOS 工艺的进步，目前普遍采用片上集成电感实现 LC 谐振网络。LC 振荡器的相噪声性能主要由 LC 谐振网络的品质因子、器件噪声和调频增益(K_{vco})决定。早期的 CMOS LC 振荡器相噪声性能差强人意，伴随探索提高 CMOS LC 振荡器相噪声性能的电路技术，分析和仿真振荡器相噪声的技术也得到长足的进步，如 Spectre-RF EDA 工具中 Pnoise 仿真方法和脉冲响应相噪声分析方法。相噪声仿真和分析方法显著推动了 CMOS LC 振荡器电路技术的进步。压控振荡器通过电压控制变容器件的电容实现频率控制，早期 CMOS 压控振荡器受限于变容器件的电容变化范围，调频范围较小，同时由于通过单一的变容器件实现调频，K_{vco} 比较大，相噪声恶化严重，随着阵列电容压控振荡器结构(图 1.15)提出，这一问题迅速得到解决。在 CMOS LC 振荡器发展过程中，尾电流源的 $1/f$ 噪声上变频问题一度成为研究人员关注的问题。在尾电流源上，通过 LC 谐振形成 2 倍振荡频率的高阻通道或者用可变电阻替代尾电流源很好地解决了这问题。通过脉冲响应相噪声分析方法，研究人员提出了差分考毕兹振荡器(differential Colpitts oscillator)和 Class C 压控振荡器等电路结构，核心思想是通过电压信号和噪声电流信号尽可能不交叠来提高电路的相噪声性能。

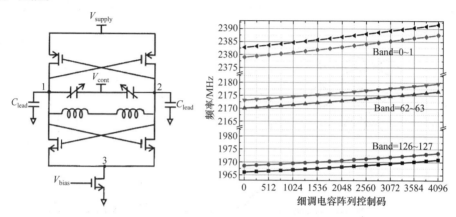

图 1.15　阵列电容压控振荡器及调频性能

　　基于电荷泵锁相环的频率综合器是目前广泛应用的频率综合器。一个典型的锁相环是由鉴频鉴相器、滤波器、压控振荡器、分频器等模块构成的负反馈环路。基于硅基工艺的频率综合器设计和分析方法已经非常成熟。电荷泵锁相环带内相噪声受限于鉴频鉴相器和参考信号的噪声水平，基于亚采样鉴相器的锁相环(图 1.16)可以极大降低带内相噪声，通过亚采样鉴相器消除了传统鉴频鉴相器的噪声水平限制[12]。在 2GHz 工作频率，亚采样锁相环带内相噪声可以达到–125dBc 水平，比传统电荷泵锁相环带内相噪声低 10～20dB。

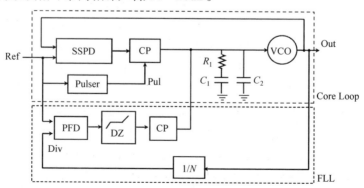

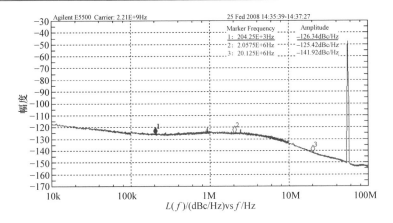

图 1.16 亚采样锁相环架构及相噪声

锁相环目前的一个重要发展趋势是数字化，Staszewski 等提出了一种基于高频数控 LC 振荡器的数字锁相环[13]，并首次将其应用在射频收发机中，从而验证了射频系统中采用数字锁相环的可能性。Staszewski 等所提出的数字锁相环 (图 1.17)，其通过时间数字转换器实现了信号相位到数字域的转换，继而在数字域内完成了参考相位与振荡器相位的对比。

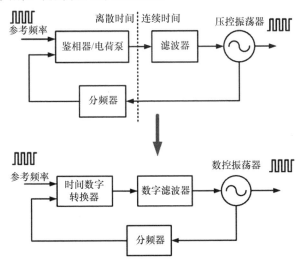

图 1.17 传统锁相环和全数字锁相环系统架构

数字锁相环的核心是数字码控制的数控振荡器和数字滤波器，以替代传统基于模拟信号的压控振荡器和电阻电容滤波器。其环路控制信号采用数字的形式，从而具备了数字电路技术所特有的优势，如抗噪声能力好、环路稳定性高、芯片面积小和可移植性强等。

锁相环另一个重要发展方向是基于环形振荡器的倍频延迟锁定环路(multiplying

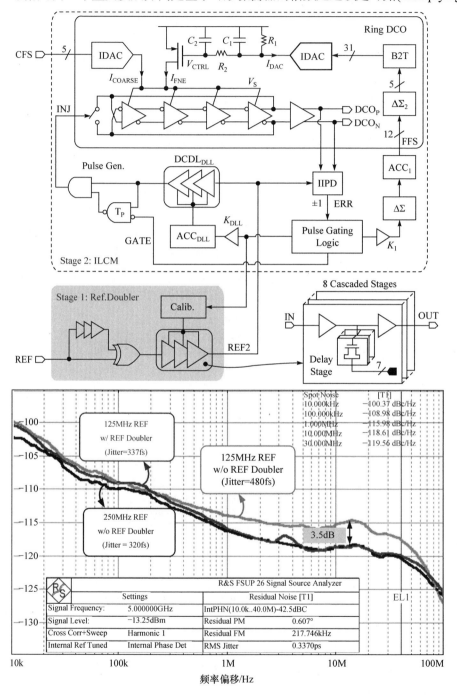

图 1.18　MDLL 系统架构和相噪声

delay-locked loop，MDLL)[14](图 1.18)。基于环形振荡器的锁相环芯片面积小，但是相噪声差。MDLL 技术的核心思想是每隔一定振荡器周期，利用低抖动的参考时钟边沿替换环形振荡信号的边沿，使环形振荡器的抖动噪声不会长时间积累，从而降低环路的相噪声。

功率放大器位于发射机(transmitter，TX)链路中的最后一环，负责将大功率信号输出到天线负载上并发射出去。由于器件工作电压、击穿电压和无源器件品质因子低，以及热效应、寄生效应和电迁徙等问题，在硅基工艺上集成功率放大器是非常具有挑战性的工作。功率放大器的输出功率、效率和线性三者是相互制约的，不同类型的功率放大器各有优缺点(图 1.19)。

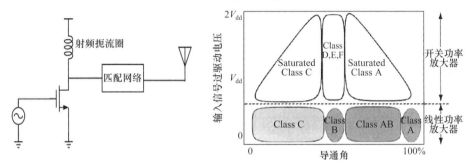

图 1.19　功率放大器电路示意图和功率放大器分类

功率放大器中的器件工作在电流放大模式为线性功率放大器，其线性度好但是效率差；器件工作在开关模式，其效率高但线性差。AB 类功率放大器由于其效率和线性有良好的折中，在射频集成系统中应用最为广泛。在输出功率提升方面，一个主要进展是基于集成分布式变压器合成功率技术，在 900MHz 工作频率可以输出 1W 以上输出功率[15]。在效率和线性方面主要是研究非线性类功率放大器电路及其线性化技术。E 类功率放大器被广泛研究，但是 E 类功率放大器最大输出摆幅达到 $3.6V_{dd}$，硅基器件击穿电压低是一个瓶颈性问题。传统电压型 D 类功率放大器由于 PMOS 高频性能不佳，并且寄生电容无法吸收到输出匹配网络中，制约功率放大器性能的提升，因此在射频领域中应用较少。电流型逆 D 类功率放大器近年来研究较多，在理论上逆 D 类功率放大器和 E 类功率放大器是可以等价的[16]。Doherty 功率放大器理论上可以解决发射功率回退效率急剧下降的问题，但是 Doherty PA 在输入和输出需要 0.25λ 传输线，很难实现全集成。近年来，发展出了基于集成变压器的 Doherty 功率放大器结构[17]。

主要的功率放大器线性化技术有极坐标发射机技术和差相发射机技术(图 1.20)。极坐标发射机将待放大的射频调制信号 $V_{RF}(t)$ 分别输入包络检测器和限幅器，分别产生包络信号 $V_{ent}(t)$ 和相位信号 $V_{phase}(t)$。包络信号经放大后调制在开关类功率放大器的电源上，产生幅度调制；相位信号作为恒包络信号，可以直接经开关类功率放大器放大，最终功率放大器的输出是一个既包含调幅也包含调相的信号。差相发射机也称"使用非线性元件的线性放大"，核心思想在于将非恒包络的调制信号拆解成两个恒包络的调幅信号，分别放大，再进行功率合成。极坐标发射机面临幅度、相位支路延时对齐、频谱展宽和 AM-PM 失真等问题，差相则存在功率合成效率损失和失真问题[18]。

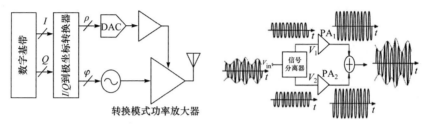

图 1.20　极坐标和差相发射机架构示意图

自摩托罗拉实验室在 2004 年以"全数字通用射频发射机"为题报告其工作后，CMOS 全数字发射机因为其良好的通用性、可集成性以及因为采用开关类功率放大器而具有的高效率，成为近十多年来炙手可热的一个研究方向。报告中所采取的是被称作"正交脉宽调制"的调制方式。随后的数字发射机中，支持更多样化的调制方式的数字发射机架构被提出。

数字功率放大器(DPA)，概述性地说，指的是使用数字基带信号直接控制功率放大器的电路结构。在射频域实现数–模转换和隐式上变频，省却了传统发射机前端的数–模转换器、重构滤波器、上变混频器等电路模块，因而一个 DPA 本身也可以是一个数字射频发射前端。

数字射频发射前端的架构可以分为至少三大类：数字差相发射机、数字极坐标发射机和数字正交发射机。而从数字射频发射前端实现幅度调制的方式来看，也至少有三种可选的策略：脉宽调制(包含 ΔΣ 调制)、差相调制和射频域直接数模转换。其中差相调制为差相发射机所特有，ΔΣ 调制可以适用于这三种类型的发射机，射频域直接数模转换适合极化发射机和正交发射机。

脉冲宽度调制发射机的性能受制于功率单元能处理的最小脉宽，当脉宽过小时，功率放大器可能出现无法预知的行为，这使得脉宽调制发射机的分辨率受限；ΔΣ 调制对于高速、高精度的 ΔΣ 调制器的要求，可能会造成额外的开销。差相发射机的一个显著的难点在于其功率合成器；此外，差相发射机的两条支路的带宽都远远大于原带通信号的带宽(称为频谱扩展效应)。极坐标发射机同样会遭遇频谱扩展效应，而且需要解决另一个难点，即幅度、相位两条支路的对齐问题。数字正交发射机对于这些问题均可规避，而将压力转移到数字电路：它需要一个更

大的、二维的预失真表格来进行数字预失真；但是受益于先进 CMOS 工艺的强大
数字计算能力，不会显著增加系统设计代价。结合各种全数字发射机，可以构建
一个任意可重构全数字发射机(图 1.21)。发射机主要由 DPA 和 DPI 构成。该架构
可以配置成任意一种全数字发射机，具有高度灵活性。

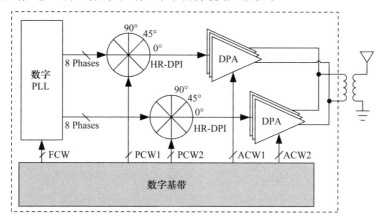

图 1.21　任意可重构全数字发射机架构示意图

　　由于集成滤波器等困难，射频接收机架构由传统的超外差结构发展为外差架
构，主要有低中频和零中频两种架构。低中频架构比较容易处理 DC 偏移、$1/f$ 噪
声等问题，但是镜像抑制面临挑战，一般用在镜像抑制要求不高的场景，如蓝牙
接收机、GPS 接收机等。镜像抑制通过希尔伯特变换在模拟域或者数字域实现。
零中频架构易于实现镜像抑制，但是 DC 偏移、$1/f$ 噪声问题相对更难处理。为了
提高接收机性能，接收机一般都有 IIP2、本振信号相位、链路增益等校正。

1.3　硅基射频集成收发机芯片进展

　　手机终端的射频集成芯片早期主要被 Bipolar RF 占据，在成本压力不严重的
情况下，工业界不愿意冒风险采用 CMOS 工艺实现射频集成芯片。德州仪器双频
段 GSM 芯片集成系统采用了三颗芯片(数字、模拟、射频)的方式来实现，射频集
成芯片是采用 Bipolar 工艺实现的。
　　CMOS 射频集成系统芯片是伴随蓝牙和 IEEE 802.11 WLAN 的新兴市场而走
向成熟的。新兴市场竞争激烈，成本和体积面临巨大的压力，射频集成系统走向
CMOS SoC 是一个必然结果。蓝牙是第一个针对 CMOS 工艺友好的无线通信协议，
对镜像抑制、噪声、线性度、发射功率要求都比较低，易于在 CMOS 工艺上实现。
第一颗商业化的 CMOS SoC 蓝牙芯片是 2001 年阿尔卡特公司发布在 ISSCC 上的
蓝牙收发机芯片[19](图 1.22)。在这颗芯片中集成了射频收发机、ARM7 MCU、RAM

和数字基带等电路，是第一个真正的 CMOS RF SoC。射频接收机采用 1MHz 低中频架构。

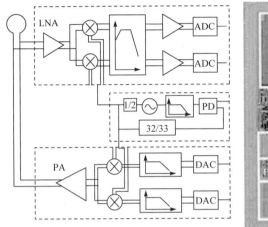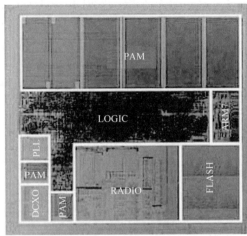

图 1.22　阿尔卡特蓝牙收发机架构及芯片照片

同年，博通公司发布了 2MHz 中频的 CMOS 射频集成收发机芯片[20]，但是没有和数字基带及 MCU 等集成。2002 年，爱立信公司发布了全 CMOS 的蓝牙 SoC 芯片[21]，芯片集成了 75 万门电路的 MCU 和 256KB RAM 以及射频收发机。这颗芯片用 P 阱条作为数字电路和射频之间的衬底隔离(图 1.23)，并且射频收发机只用了一个电感。

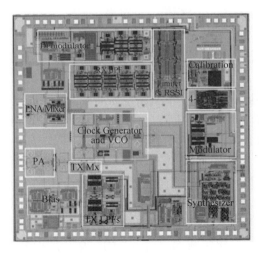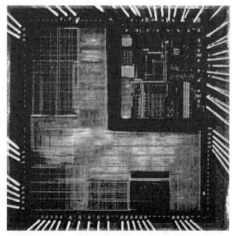

图 1.23　博通蓝牙射频集成收发机和爱立信蓝牙 SoC 芯片照片

2005 年,博通公司发布了一款高集成度的 IEEE 802.11 WLAN 芯片[22](图 1.24)在这颗芯片上，射频开关、功率放大器等都实现了在片集成。WLAN 协议远比蓝牙复杂，该芯片对射频电路的性能提出了更高的要求，可以注意到在这颗芯片中大量使用了集成电感来提高射频收发机的性能。

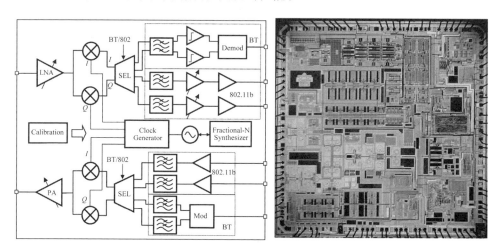

图 1.24　博通 IEEE 802.11 WLAN 系统架构和芯片照片

这一时期各大公司纷纷发布基于 CMOS 的射频集成芯片，TI 发布了第一颗 SoC 集成的 GPS 接收机芯片，三星公司发布了基于 SiP 的卫星电视接收机芯片。随后，多模/多频、SAW-less、软件定义无线电(Software Define Radio，SDR)射频集成系统芯片纷纷涌现。

自 2000 年后，硅基射频集成电路与系统技术在中国开始受到关注，大学、研究所和公司纷纷进入硅基射频集成系统的研究与开发，取得了长足的进步。2007 年，上海鼎芯公司第一次在 ISSCC 会议上发布基于中国标准的 TD-SCDMA 射频集成收发机芯片[23](图 1.25)。随后，在重要的期刊和会议上，一些针对中国标准的射频集成芯片纷纷发布，如针对北斗卫星导航系统的接收机芯片，针对国标的 RFID 阅读器芯片和标签芯片等。

2005 年以前，CMOS 射频集成系统工作频率主要集中在 6GHz 频率范围内，2005 年后 CMOS 毫米波集成电路与系统开始受到重视，以 60GHz 短距离高速通信收发机、94GHz 毫米波成像收发机和 77GHz 防碰撞雷达收发机为代表，其中 77GHz 防碰撞雷达收发机已经开始商业化。CMOS 毫米波集成电路技术和射频集成电路技术一脉相承，同时融合了传统微波电路的一些技术。随着 CMOS 工艺技术的持续进步，研究人员开始探索 CMOS 太赫兹集成电路技术，CMOS 太赫兹集成电路在极高速通信、成像等方面具有巨大的应用潜力。

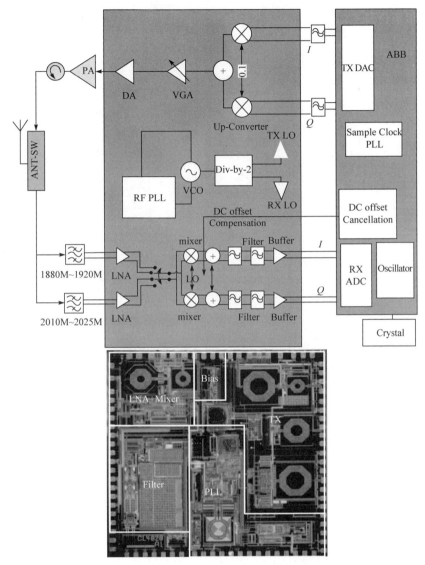

图 1.25 上海鼎芯公司 TD-SCDMA 芯片系统架构和照片

1.4 展　望

经过近 30 年的高速发展，硅基射频集成电路与系统技术日益走向成熟，但是随着硅基工艺的进步和无线通信应用日益丰富与多样化，硅基射频集成电路与系统技术仍有很多值得探索的课题。

随着 CMOS 工艺进入纳米尺度，基于现有的射频集成系统技术实现的芯片通常由于无源器件耗费较多的芯片面积，并且无法随着工艺进步而缩小。同时，纳米尺度 CMOS 工艺器件是面向数字电路优化的，射频集成电路的设计如噪声、线性、输出功率等都更加具有挑战性。另外，数字电路的集成度日益提高，RF SoC 是低成本的必然选择，迫使射频集成电路向更先进的工艺移植，基于模拟域的射频集成电路移植困难，占据很高的研发成本。基于上述原因，数字化射频集成电路成为一个必然趋势。数字化频率综合器和发射机已经取得显著的进展，数字化接收机在国际上也开展了一些探索，可以预期未来的射频集成收发机是数字化占据主导的收发机。

面向生物医疗和物联网应用，持续降低功耗和成本是研究不变的课题。超再生、注入锁定、超低电压、电流复用等电路技术都是非常有效的降低功耗的技术手段，但是生物医疗和物联网应用接近零功耗是追求的终极目标，采用自供能的射频集成系统是未来的一个发展方向。极低功耗射频电路与系统技术、极低功耗唤醒电路技术、高效率自供能电路技术是未来研发的重点。

随着自动驾驶和无人机技术的发展，混合集成光学、激光和毫米波成像的传感系统是未来发展的重点，其中硅基毫米波雷达成像技术在蓬勃发展，相关产业日渐成熟。

人类对于通信速度的要求是永无止境的，5G 通信、高速 WiFi、虚拟现实都对超高数据率的射频集成系统提出了迫切的需求。MIMO、载波聚合、同时/同频、毫米波相控阵等技术会得到持续的发展。

随着硅基射频集成电路与系统技术的发展，一个无所不在的物物相连的时代即将到来，它必将像互联网一样深刻改变人类的生活。

参 考 文 献

[1] Martin C, Richard W D, Albert J L, et al. Radio telephone system: US, 3, 906, 166. 1975.

[2] Qualcomm. The Evolution of mobile technologies: 1G to 2G to 3G to 4G LTE. https: //www. qualcomm.com/documents/evolution-mobile-technologies-1g-2g-3g-4g-lte[2014-07-09].

[3] Abidi A A. RF CMOS comes of age. IEEE Journal of Solid-State Circuits, 2004, 39(4): 549-561.

[4] Khorram S, Darabi H, Zhou Z, et al. A fully integrated SOC for 802.11b in 0.18μm CMOS. IEEE Journal of Solid-State Circuits, 2005, 40(12): 2492-2501.

[5] Ahn C H, Kim Y J, Allen M G. A fully integrated planar toroidal inductor with a micromachined nickel-iron magnetic bar. IEEE Transactions on Components Packaging and Manufacturing Technology Part A, 1994, 17(3): 463-469.

[6] López-Villegas J M L, Samitier J, Cané C, et al. Improvement of the quality factor of RF integrated inductors by layout optimization. IEEE Transactions on Microwave Theory and Techniques, 2000, 48(1): 76-83.

[7] Shaeffer D, Lee T. A 1.5-V, 1.5-GHz CMOS low noise amplifier. IEEE Journal of Solid-State Circuits, 1997, 32(5): 745-759.

[8] Blaakmeer S C, Klumperink E A M, Leenaerts D M W, et al. Wideband balun-LNA with

simultaneous output balancing noise-canceling and distortion-canceling. IEEE Journal of Solid-State Circuits, 2008, 43(6): 1341-1350.

[9] Zhou S, Chang M F. A CMOS passive mixer with low flicker noise for low-power direct-conversion receiver. IEEE Journal of Solid-State Circuits, 2005, 40(5): 1084-1093.

[10] Pullela R, Tadjpour S, Rozenblit D, et al. An integrated closed-loop polar transmitter with saturation prevention and low-IF Receiver for quadband GPRS/EDGE. IEEE International Solid-State Circuits Conference - Digest of Technical Papers, San Francisco, 2009: 112-114.

[11] Franks L, Sandberg I. An alternative approach to the realization of network transfer functions: The N-path filter. Bell System Technical Journal, 1960, 39(5): 1321-1350.

[12] Gao X, Klumperink E A M, Bohsali M, et al. A low noise sub-sampling PLL in which divider noise is eliminated and PD/CP noise is not multiplied by. IEEE Journal of Solid-State Circuits, 2009, 44(12): 3253-3263.

[13] Staszewski R B, Hung C M, Barton N, et al. A digitally controlled oscillator in a 90nm digital CMOS process for mobile phones. IEEE Journal of Solid-State Circuits, 2005, 40(11): 2203-2211.

[14] Elkholy A, Coombs D, Nandwana R K, et al. A 2.5–5.75-GHz ring-based injection-locked clock multiplier with background-calibrated reference frequency doubler. IEEE Journal of Solid-State Circuits, 2019, 54(7): 2049-2058.

[15] Aoki I, Kee S D, Rutledge D B, et al. Fully integrated CMOS power amplifier design using the distributed active-transformer architecture. IEEE Journal of Solid-State Circuits, 2002, 37(3): 371-383.

[16] Chowdhury D, Thyagarajan S V, Ye L, et al. A fully-integrated efficient CMOS inverse class-D power amplifier for digital polar transmitters. IEEE Journal of Solid-State Circuits, 2012, 47(5): 1113-1122.

[17] Kaymaksut E, Reynaert P. A dual-mode transformer-based doherty LTE power amplifier in 40nm CMOS. IEEE International Solid-State Circuits Conference-Digest of Technical Papers, San Francisco, 2014: 64-66.

[18] Birafane A, Kouki A B. On the linearity and efficiency of outphasing microwave amplifiers. IEEE Transactions on Microwave Theory and Techniques, 2004, 52(7): 1702-1708.

[19] Eynde F O, Schmit J J, Charlier V, et al. A fully-integrated single-chip SOC for bluetooth. IEEE International Solid-State Circuits Conference-Digest of Technical Papers, San Francisco, 2001: 196-197.

[20] Darabi H, Khorram S, Chien E. A 2.4-GHz CMOS transceiver for bluetooth. IEEE Journal of Solid-State Circuits, 2001, 36(12): 2016-2024.

[21] Zeijl P V, Eikenbroek J T, Vervoort P P, et al. A Bluetooth radio in 0.18μm CMOS. IEEE Journal of Solid-State Circuits, 2002, 37(12): 1679-1687.

[22] Darabi H, Chiu J, Khorram S, et al. A dual-mode 802. 11b/bluetooth radio in 0.35-μm CMOS. IEEE Journal of Solid-State Circuits, 2005, 40(3): 698-706.

[23] Li Z, Ni W, Ma J, et al. A dual-band CMOS transceiver for 3G TD-SCDMA. IEEE International Solid-State Circuits Conference-Digest of Technical Papers, San Francisco, 2007: 344-346.

第 2 章　射频电路和系统基础

本章将介绍射频通信电路中的非线性、噪声、调制方式、多址接入等基本概念，以及常见的射频收发机架构。

2.1　反射系数与 Smith 圆图

高频信号在传输线上传播，其信号可以写成如下形式：

$$V(x) = Ae^{-\gamma x} + Be^{\gamma x} \tag{2.1}$$

式中，$Ae^{-\gamma x}$ 为入射波；$Be^{\gamma x}$ 为反射波。

反射系数定义为 $\Gamma(x) = \dfrac{Be^{-\gamma x}}{Ae^{\gamma x}} = \dfrac{B}{A}e^{-2\gamma x}$，需要注意 $\Gamma(x)$ 表示的是距离负载距离为 x 处的反射系数，如图 2.1 所示[1]。

在 $x=0$ 处，可以得到反射系数 $\Gamma = \dfrac{Z_L - Z_0}{Z_L + Z_0}$，其中 Z_0 是传输线特征阻抗，Z_L 是负载阻抗。由此可以知道反射系数表征的是负载阻抗。

对于一个无记忆两端口网络，如图 2.2 所示，$a(x)$ 为入射波，$b(x)$ 为反射波，通过反射系数 $\Gamma(x)$ 可以表示为

$$b(x) = \Gamma(x)a(x)$$
$$\Leftrightarrow \begin{bmatrix} b_1 \\ b_2 \end{bmatrix} = \begin{bmatrix} S_{11} & S_{12} \\ S_{21} & S_{22} \end{bmatrix} \times \begin{bmatrix} a_1 \\ a_2 \end{bmatrix} \tag{2.2}$$

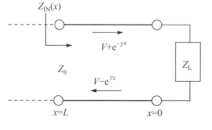

图 2.1　反射系数示意图

图 2.2　两端口网络示意图

可以注意到 S 参数其实是反射系数矩阵。其中 S_{11} 为输入反射系数，S_{22} 为输

出反射系数；S_{21} 为正向传输增益，S_{12} 为反向隔离系数。在高频测试设备网络分析中，通过定向耦合器可将入射信号与反射信号分离，分别进行测量，可以直接得到 S 参数。S 参数只是双端口网络的一种表述方式，与其他双端口参数网络(Z 参数、Y 参数、H 参数等)可进行等价变换。

Smith 圆图是用来表示反射系数的，在微波领域被广泛使用。由反射系数可以得到

$$\Gamma \equiv \frac{Z - Z_0}{Z + Z_0} = \frac{z-1}{z+1}, \quad z \equiv r + \mathrm{j}x$$
$$= \frac{(r-1) + \mathrm{j}x}{(r+1) + \mathrm{j}x} = U + \mathrm{j}V \tag{2.3}$$

式中，U、V 表示为

$$\left(U - \frac{r}{r+1}\right)^2 + V^2 = \left(\frac{1}{r+1}\right)^2$$
$$(U-1)^2 + \left(V - \frac{1}{x}\right)^2 = \left(\frac{1}{x}\right)^2 \tag{2.4}$$

将阻抗 z 用 U、V 表示就可以得到 Smith 圆图，可以注意到 Smith 圆图是由实部阻抗圆(相切的圆)和虚部阻抗圆(发散的圆)合成的。同一相切圆上的点表示实部阻抗相等；同一发散圆上的点表示虚部阻抗相等。在 Smith 圆图上(图 2.3)标出出了几个常见的阻抗点，帮助理解 Smith 圆图。

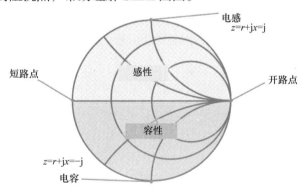

图 2.3　Smith 圆图示意图

2.2　阻抗匹配和阻抗变换

由于射频信号传输会存在反射，射频系统需要进行阻抗匹配达到最大功率传输。下面介绍几种简单的阻抗匹配。

1. 两元件"L"形阻抗匹配

如图 2.4 所示,可以采用两个元件 X_1 和 X_2 对阻抗 R_1 和 R_2 进行匹配,元件 X_1 和 X_2 可以是电容也可以是电感。

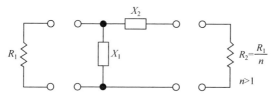

图 2.4 两元件阻抗匹配示意图

使从两边看的阻抗分别等于 R_1 和 R_2 ,就可以得到元件 X_1 和 X_2 的值。

$$X_1 = \pm R_1 \sqrt{\frac{R_2}{R_1 - R_2}} = R_1 \frac{1}{\sqrt{n-1}} \tag{2.5}$$

$$X_2 = \mp \sqrt{R_2(R_1 - R_2)} = R_2 \sqrt{n-1} \tag{2.6}$$

2. 三元件阻抗匹配

如图 2.5 所示,三元件匹配主要有两种类型,"π"形阻抗匹配(图 2.5(a))和"T"形阻抗匹配(图 2.5(b))。

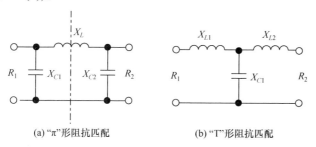

(a) "π"形阻抗匹配   (b) "T"形阻抗匹配

图 2.5 "π"形与"T"形阻抗匹配

三元件匹配可以简化为两元件匹配的级联,如图 2.5(a)所示。以"π"形阻抗匹配为例,先选择一个 Q 值,一般大于 3 即可,其中,中间阻抗 R_I 为

$$R_I \approx \frac{\left(\sqrt{R_1} + \sqrt{R_2} \right)^2}{Q^2} \tag{2.7}$$

通过两元件匹配级联,可以得到各个匹配元件值如下:

$$X_{C1} = R_1 / Q \tag{2.8}$$

$$X_{C2} = R_2 \sqrt{\frac{R_1 R_2}{(Q^2+1) - \dfrac{R_1}{R_2}}} \tag{2.9}$$

$$X_L = \frac{QR_1 + R_1 R_2 / X_{C2}}{Q^2+1} \tag{2.10}$$

同样可以得到"T"形阻抗匹配元件值为

$$X_{L1} = R_1 Q \tag{2.11}$$

$$X_{L2} = R_2 \sqrt{\frac{R_1(1+Q^2)}{R_2} - 1} \tag{2.12}$$

$$X_{C1} = \frac{R_1(1+Q^2)}{Q + \sqrt{\dfrac{R_1(1+Q^2)}{R_2} - 1}} \tag{2.13}$$

3. 多元件阻抗匹配

在射频电路中为了实现宽带匹配,经常也会用到多元件阻抗匹配,如图 2.6 所示,可以根据不同的电路形态选择不同的多元件阻抗匹配类型。多元件阻抗匹配可以分解为更为简单的匹配方式的级联。在实际电路设计中,匹配元件可以"吸收"电路的寄生共同参与电路匹配。阻抗匹配可以从另一个角度来理解,阻抗匹配可以看作一定带宽范围内的滤波电路、滤波电路输入输出阻抗分别为要匹配的阻抗,由于滤波器电路设计技术非常成熟,在复杂阻抗匹配时可以借鉴滤波器的电路设计技术。除了 LC 网络,传输线、集成变压器也常用于阻抗匹配,与 LC 网络可以等价互换。

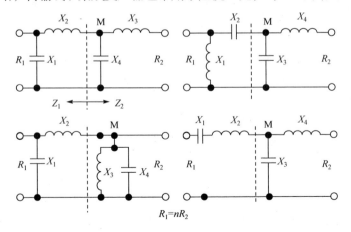

图 2.6　多元件阻抗匹配示意图

在实际电路设计中，经常会用到无源网络的
阻抗变换[2,3]。如图 2.7 所示的 RC 串联和并联电路，
其中串联电路的品质因子为 $Q = \dfrac{1}{R_s C_s \omega}$ ，类似地，
并联电路的 $Q = R_p C_p \omega$ 。如果 Q 比较大(约大于 5)
且频带较窄，两种电路可以相互转换。

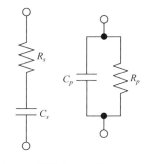

当串联与并联阻抗相等时，有

$$R_p \approx \frac{1}{R_s (C_s \omega)^2} \qquad (2.14)$$

图 2.7　等效串联与并联 RC 电路

$$\frac{R_p}{R_p C_p s + 1} = \frac{R_s C_s s + 1}{C_s s} \qquad (2.15)$$

按照式(2.13)、式(2.14)有，$R_p \approx Q_s^2 R_s$，$C_p \approx C_s$，其中 Q_s 是串联网络的品质因
子。对于相应的 RL 串、并电路可以得到类似的转换结果。

图 2.8(a)所示的电路中的电容分压器用来将 R_p 变换成一个更高的值。假设高
Q 值及窄频带，R_p 和 C_p 的并联组合可以被转换成如图 2.8(b)所示的串联电路，
其中 C_s 约等于 C_p，$R = 1 \big/ \left[R_p \left(C_p \omega \right)^2 \right]$。将 C_1 和 C_s 合成为 C_{eq}，得到了如图 2.8(c)
所示的电路，它可以转化成如图 2.8(d)所示的并联电路，其中 $C_{tot} \approx C_1 C_p \big/ (C_1 + C_p)$，
$R_{tot} \approx \dfrac{1}{R_s \left(C_{eq} \omega \right)^2} = R_p \cdot (1 + C_1 / C_p)^2$。所 以 电 容 分 压 器 将 R_p 的 值 提 高 了
$(1 + C_1 / C_p)^2$ 倍。

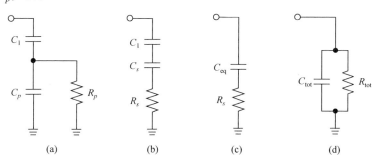

図 2.8　采用电容分压器的阻抗变换

图 2.9(a)描述了一个类似的使用电感分压器构成的阻抗变换电路，对于图 2.9(b)
的等效电路，有 $L_{tot} = L_1 + L_p$，$R_{tot} \approx R_p \cdot (1 + L_1 / L_p)^2$。

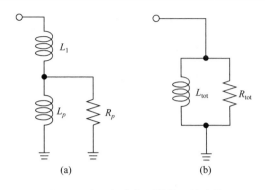

图 2.9　采用电感分压器的阻抗变换

如图 2.10(a)所示,是一种常用的将电阻值转换成较低电阻值的阻抗变换电路。将 R_p 和 C_p 变成如图 2.10(b)的串联组合，有 $C_p \approx C_s$ 及 $R_s \approx 1/\left[R_p \left(C_p \omega \right)^2 \right]$。在谐振点附近，$C_s$ 和 L_1 谐振，因此该电路相当于一个阻值为 $1/\left[R_p \left(C_p \omega \right)^2 \right]$ 的电阻。

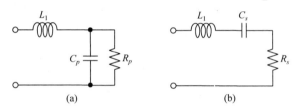

图 2.10　电阻降值变换

需要注意的是，假设 Q 值较大，尤其是使用片上电感时并不一定成立。

2.3　非　线　性

一个射频电路系统的线性度对系统的性能有极大的影响，系统的非线性会造成减敏、阻塞、杂散、信噪比恶化等一系列问题。为了衡量系统的非线性，可以使用功率 1 dB 压缩点(P1dB)、谐波抑制比(HRR)、输入二阶交调点(IIP2)和输入三阶交调点(IIP3)等指标来表征。

2.3.1　功率 1dB 压缩点(P1dB)

以图 2.11(a)所示差分放大器为例，它的增益随输入信号功率变化曲线如图 2.11(b)所示，当输入信号大到一定程度时，差分放大器的增益开始偏离小信号增益 A_v，增益小于 A_v 1dB 的输入信号点，称为功率 1dB 压缩点。

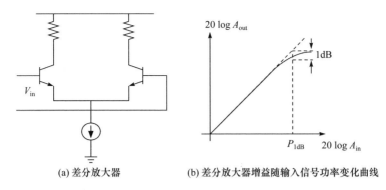

(a) 差分放大器　　　　　　(b) 差分放大器增益随输入信号功率变化曲线

图 2.11　差分放大器示意图及其增益随输入信号功率变化图

一个无记忆非线性系统可以表示为

$$y(t) = \alpha_0 + \alpha_1 x(t) + \alpha_2 x^2(t) + \alpha_3 x^3(t) + \cdots \quad (2.16)$$

根据 P1dB 的定义可以得到如下关系：

$$20\log\left|\alpha_1 + \frac{3}{4}\alpha_3 P_{1dB}^2\right| = 20\log|\alpha_1| - 1dB \quad (2.17)$$

由此得到 P1dB 和非线性系数的关系：

$$P_{1dB} = \sqrt{0.145\left|\frac{\alpha_1}{\alpha_3}\right|} \quad (2.18)$$

2.3.2　减敏与阻塞

当一个正弦信号 $x(t) = A\cos(\omega t)$ 作用于一个无记忆非线性系统时，输出信号除了有一阶线性项之外，还包含输入信号频率整数倍的高阶分量，这些高阶分量也称为谐波。其输出信号可表示为

$$\begin{aligned}
y(t) &\approx \alpha_1 A\cos(\omega t) + \alpha_2 A^2\cos^2(\omega t) + \alpha_3 A^3\cos^3(\omega t) \\
&\approx \frac{\alpha_2}{2}A^2 + \left(\alpha_1 A + \frac{3\alpha_3}{4}A^3\right)\cos(\omega t) + \frac{\alpha_2}{2}A^2\cos(2\omega t) + \frac{\alpha_3}{4}A_3\cos(3\omega t)
\end{aligned} \quad (2.19)$$

可以发现，一次项即线性项的系数为 $\alpha_1 A + \dfrac{3\alpha_3}{4}A^3$，这是非线性系统真实的小信号增益 A_v。对于收发机系统来说，由于有电源电压的限制，增益总会随着输入信号的增大而被压缩，因此一般 $\alpha_3 < 0$。

而对于输入信号中存在干扰，那么情况则更复杂。假设输入信号为 $x(t) = A_1\cos(\omega_1 t) + A_2\cos(\omega_2 t)$，其中，$A_1\cos(\omega_1 t)$ 表示有用信号，$A_2\cos(\omega_2 t)$ 代表干扰，并且有为 $A_1 \ll A_2$。那么输入双音信号经过非线性系统后的输出信号中有用信号的基频分量为

$$\omega_1 : \left(\alpha_1 A_1 + \frac{3\alpha_3}{4} A_1^3 + \frac{3\alpha_3}{2} A_1 A_2^2 \right) \cos(\omega_1 t) \approx \left(\alpha_1 A_1 + \frac{3\alpha_3}{2} A_1 A_2^2 \right) \cos(\omega_1 t) \quad (2.20)$$

由于 $\alpha_3 < 0$ ，所以当干扰信号的能量足够大时，有用信号的增益将会减小直至降为 0，这种现象被称为减敏(desensitization)，或者阻塞[4]。

2.3.3 交调信号及其影响

当两个不同频率的信号 $x_1(t) = A_1 \cos(\omega_1 t)$ 和 $x_2(t) = A_2 \cos(\omega_2 t)$ 同时通过一个非线性系统时，由于系统的非线性会导致输出信号中出现了一些新的频率成分的分量，这些新的频率信号称为交调信号(IM)。在射频电路中通常主要关心二阶交调失真项(IMD2)和三阶交调失真项(IMD3)，分别为

IMD2： $\quad \omega_1 \pm \omega_2 : \alpha_2 A_1 A_2 \cos[(\omega_1 + \omega_2)t] + \alpha_2 A_1 A_2 \cos[(\omega_1 - \omega_2)t] \quad (2.21)$

IMD3：

$$2\omega_1 \pm \omega_2 : \frac{3\alpha_3 A_1^2 A_2}{4} \cos[(2\omega_1 + \omega_2)t] + \frac{3\alpha_3 A_1^2 A_2}{4} \cos[(2\omega_2 - \omega_1)t]$$

$$2\omega_2 \pm \omega_1 : \frac{3\alpha_3 A_2^2 A_1}{4} \cos[(2\omega_1 + \omega_2)t] + \frac{3\alpha_3 A_2^2 A_1}{4} \cos[(2\omega_2 - \omega_1)t] \quad (2.22)$$

此时，输入基波频率成分为

$$\omega_1, \omega_2 : \left(\alpha_1 A_1 + \frac{3\alpha_3 A_1^3}{4} + \frac{3}{2} \alpha_3 A_1 A_2^2 \right) \cos(\omega_1 t) + \left(\alpha_1 A_1 + \frac{3\alpha_3 A_2^3}{4} + \frac{3}{2} \alpha_3 A_2 A_1^2 \right) \cos(\omega_2 t)$$

$$(2.23)$$

交调信号经常会恶化射频系统的信噪比，以三阶交调信号为例，有用信号信道外的干扰信号通过三阶交调作用，交调信号落在有用信号带内而恶化信道的信噪比(图 2.12)[5]。

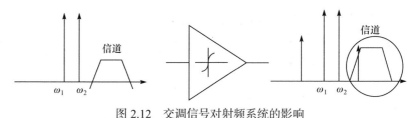

图 2.12　交调信号对射频系统的影响

2.3.4 IIP3 和 IIP2

由式(2.22)和式(2.23)，可以知道基波分量和三阶交调量线性坐标和对数坐标如图 2.13(a)和(b)所示。

将三阶交调量在对数坐标中线性外推和基波分量相交的点所对应的输入信号幅度称为三阶交调点(IIP3)，同理也可以得到二阶交调点(IIP2)。IIP3 和非线性系

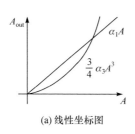
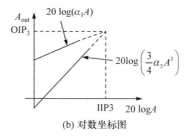

(a) 线性坐标图　　　　　　　　　(b) 对数坐标图

图 2.13　基波分量和三阶交调量线性坐标和对数坐标示意图

数的关系如下：

$$A_{\mathrm{IIP3}} = \sqrt{\frac{3}{4}\left|\frac{\alpha_1}{\alpha_3}\right|} \tag{2.24}$$

根据 IIP3 的定义有

$$\frac{A_{\omega_1,\omega_2}}{A_{\mathrm{IMD3}}} = \frac{4}{3}\frac{|\alpha_1|}{|\alpha_3|}\frac{1}{A_{\mathrm{in}}^2} = \frac{A_{\mathrm{IIP3}}^2}{A_{\mathrm{in}}^2} \tag{2.25}$$

$$\mathrm{IIP3}\big|_{\mathrm{dBm}} = \frac{\Delta P\big|_{\mathrm{dBm}}}{2} + P_{\mathrm{in}}\big|_{\mathrm{dBm}} \tag{2.26}$$

上述公式的物理含义如图 2.14 所示。

由此，可以知道 IIP3 可以根据定义进行测试，或者根据图 2.14 进行双音(两个输入频率)输入测试。因为 IIP3 表征的是系统在小信号下的非线性，所以测试时输入信号要控制在比较小的范围内。

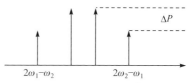

图 2.14　三阶交调信号和输入信号
功率的关系

2.3.5　级联非线性

在 RF 系统中信号都是由级联的各级来处理的，所以计算各级的非线性与总体非线性的关系很重要，例如，利用各级的 IIP3 和增益来计算总的输入三阶交调点。考虑两个非线性系统级联，如果这两级的输入、输出特性分别为

$$y_1(t) = \alpha_1 x(t) + \alpha_2 x^2(t) + \alpha_3 x^3(t) \tag{2.27}$$

$$y_2(t) = \beta_1 y_1(t) + \beta_2 y_1^{2}(t) + \beta_3 y_1^{3}(t) \tag{2.28}$$

不难得到 IIP3 表达式如下：

$$\frac{1}{A_{\mathrm{IIP3}}^2} = \frac{3}{4}\frac{|\alpha_3\beta_1| + |2\alpha_1\alpha_2\beta_2| + |\alpha_1^{3}\beta_3|}{|\alpha_1\beta_1|} \tag{2.29}$$

$$= \frac{1}{A_{\mathrm{IIP3,1}}^2} + \frac{3\alpha_2\beta_2}{2\beta_1} + \frac{\alpha_1^{2}}{A_{\mathrm{IIP3,2}}^2}$$

式(2.29)中第二项有两个二阶分量系数相乘，其贡献通常可以忽略，得到

$$\frac{1}{A_{\text{IIP3}}^2} \approx \frac{1}{A_{\text{IIP3,1}}^2} + \frac{\alpha_1^2}{A_{\text{IIP3,2}}^2} \tag{2.30}$$

式(2.30)可很容易推广到三级或更多级的级联情况：

$$\frac{1}{A_{\text{IIP3}}^2} \approx \frac{1}{A_{\text{IIP3,1}}^2} + \frac{\alpha_1^2}{A_{\text{IIP3,2}}^2} + \frac{\alpha_1^2 \beta_1^2}{A_{\text{IIP3,3}}^2} + \cdots \tag{2.31}$$

可以注意到后级模块非线性对系统非线性的影响更大；也可直观地理解为后级信号幅度较大，更靠近增益明显压缩的区域，因此同等条件下后级非线性造成的影响更大。在实际应用中，IIP2、IIP3 经常采用 dBm 作单位，这并不表示 IIP2、IIP3 需要在匹配情况下测试。

2.4　噪　　声

噪声可以简单地定义为任何与有用信号无关的随机干扰。这个定义区分了噪声和诸如谐波失真与交调等确定性的现象。噪声特性通常用功率谱密度(power spectral density, PSD)来描述，定义如下：

$$S_x(f) = \lim_{T \to \infty} \frac{\overline{\left| X_T(f) \right|^2}}{T} \tag{2.32}$$

$$X_T(f) = \int_0^T x(t) \exp(-\text{j}2\pi f t) \text{d}t \tag{2.33}$$

由于对于实数的 $x(t)$，S 是关于 f 的偶函数，$x(t)$ 在频率区间 $[f_1, f_2]$ 内携带的总功率为

$$\int_{-f_2}^{-f_1} S_x(f) \text{d}f + \int_{f_2}^{f_1} S_x(f) \text{d}f = \int_{f_2}^{f_1} 2S_x(f) \text{d}f \tag{2.34}$$

式(2.34)等号的右端的积分是由谱分析仪测量的结果，为谱的负频率分量部分与正频率分量部分相加。式(2.34)表示的是双边谱。

线性系统中用随机信号定义功率谱密度函数的原因是，它可使许多用于确定信号的频域操作应用到随机过程上，简化计算过程。可以证明，如果一个谱密度为 S 的信号加到一个传输函数为 $H(s)$ 的线性时不变系统上，那么其输出谱为

$$S_y(f) = S_x(f) \left| H(f) \right|^2 \tag{2.35}$$

式中，$H(f) = H(s = \text{j}2\pi f)$。因此信号谱的形状将受到系统传输函数滤波特性的调制。

2.4.1 噪声系数

电路的噪声通常用噪声系数或噪声指数(噪声系数对应 dB 值)表示,物理含义是信号经过射频电路与系统后信噪比(SNR)的恶化程度。

$$NF = \frac{SNR_{in}}{SNR_{out}} \tag{2.36}$$

对于一个电路,各个器件的噪声可以折算到输入或输出端来衡量其噪声性能。如图 2.15 所示,如果将等效输入噪声表示成一个电压噪声源和一个电流噪声源,那么可以得到该电路输入信噪比、输出信噪比及噪声系数为

$$SNR_{in} = \frac{\alpha^2 V_{in}^2}{\alpha^2 V_{RS}^2} = \frac{V_{in}^2}{V_{RS}^2}$$

式中, $\alpha = \dfrac{R_s}{R_s + R_{in}}$。

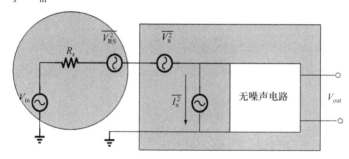

图 2.15　电路噪声等效

$$SNR_{out} = \frac{\alpha^2 A_v^2 V_{in}^2}{[V_{RS}^2 + (V_n + I_n R_s)^2]\alpha^2 A_v^2} = \frac{V_{in}^2}{V_{RS}^2 + (V_n + I_n R_s)^2} \tag{2.37}$$

$$NF = \frac{\left[\overline{V_{RS}^2} + \overline{(V_n + I_n R_s)^2}\right]}{\overline{V_{RS}^2}} = 1 + \frac{\overline{(V_n + I_n R_s)^2}}{\overline{V_{RS}^2}} \tag{2.38}$$

对于接收机而言,更为重要的是讨论已知各个子模块的噪声系数前提下,如何求出级联系统的噪声系数,根据单个电路的计算过程同样可得到多级级联系统的噪声系数:

$$NF = 1 + (NF_1 - 1) + \frac{NF_2 - 1}{A_{p1}} + \frac{NF_3 - 1}{A_{p1}A_{p2}} + \cdots + \frac{NF_m - 1}{A_{p1}\cdots A_{p(m-1)}} \tag{2.39}$$

其中,每一级的 NF 都是把前一级的输出阻抗作为源阻抗,计算得到的噪声系数,

式(2.37)中 A_v 表示该级输出端开路时的电压增益,而式(2.39)中的 A_p 表示该级的可用功率增益(available power gain),定义为输出端共轭匹配时负载得到的功率除以输入端共轭匹配时电路得到的功率。这两个增益是不同的,在考虑级联噪声系数时不能混淆两者的区别,例如,图 2.16 中第一级电路的输出共轭匹配时得到的功率为

$$P_{\text{out,av}} = V^2 \left(\frac{R_{\text{in1}}}{R_s + R_{\text{in1}}} \right)^2 A_{v1}^2 \frac{1}{4R_{\text{out1}}} \tag{2.40}$$

第一级电路输入端共轭匹配时得到的功率为

$$P_{\text{in,av}} = \frac{V_{\text{in}}^2}{4R_s} \tag{2.41}$$

因此,可用功率增益 A_p 为

$$A_p = \frac{P_{\text{out,av}}}{P_{\text{in,av}}} = \left(\frac{R_{\text{in1}}}{R_s + R_{\text{in1}}} \right)^2 A_{v1}^2 \frac{R_s}{R_{\text{out1}}} \tag{2.42}$$

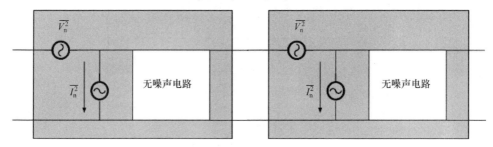

图 2.16　级联系统噪声系数

2.4.2　灵敏度

接收机的灵敏度较为通用的定义是:在保证解调器输出端一定信噪比的条件下,天线端接收到的最低信号强度,数学表达式为

$$S = -174\text{dBm} / \text{Hz} + 10\lg(\text{BW}) + \text{NF} + \text{SNR}_{\text{min}} \tag{2.43}$$

式中,-174dBm/Hz 为温度是 290K 时的热噪声功率谱密度(kT);BW 为有效噪声带宽;NF 为接收机的噪声系数;SNR_{min} 为保证一定比特误码率(BER)条件下,解调器所需信号的最低信噪比。其中噪声本底为

$$F = -174\text{dBm} / \text{Hz} + \text{NF}\big|_{\text{dB}} + 10\log B \tag{2.44}$$

根据噪声系数的定义,噪声系数与系统噪声、输入噪声及系统增益的关系如下:

$$\text{NF} = \frac{\text{SNR}_{\text{in}}}{\text{SNR}_{\text{out}}} = \frac{S_{\text{in}} / N_{\text{in}}}{S_{\text{out}} / N_{\text{out}}} = \frac{S_{\text{in}} \cdot N_{\text{out}}}{G \cdot S_{\text{in}} \cdot N_{\text{in}}} = \frac{N_{\text{out}}}{G \cdot N_{\text{out}}} = \frac{N_a + N_{\text{in}} \cdot G}{N_{\text{in}} \cdot G} \tag{2.45}$$

式中,N_a 表示待测电路本身增加的噪声功率;N_{in} 表示输入端(源端)的噪声功率;

G 表示电路的增益。可以看出，噪声系数与源噪声功率相关，源噪声功率不同，即使相同的电路，噪声系数也不同。

2.4.3　动态范围

系统动态范围指的是系统能够接收的最小和最大信号的范围。灵敏度表示的是系统能接收的最小信号；系统能接收的最大信号因为非线性的作用也不可能无穷大，动态范围上限规定为：在双音测试中使得三阶交调项不超过噪声本底(式(2.44))的最大输入电平，因为超过这个上限后，系统的信噪比急剧恶化，如图 2.17 所示。

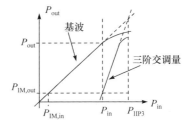

图 2.17　系统动态范围上限规定示意图

根据 IIP3 的定义有

$$P_{\mathrm{IIP3}} = P_{\mathrm{in}} + \frac{P_{\mathrm{out}} - P_{\mathrm{IM,out}}}{2} = P_{\mathrm{in}} + \frac{(P_{\mathrm{in}} + G) - (P_{\mathrm{IM,in}} + G)}{2} = \frac{3P_{\mathrm{in}} - P_{\mathrm{IM,in}}}{2} \tag{2.46}$$

则动态范围上限为

$$P_{\mathrm{in,max}} = \frac{2P_{\mathrm{IIP3}} + F}{3} \tag{2.47}$$

2.5　调　制　解　调

调制解调是通信的核心功能，将低频的基带信息调制到高频上才能进行无线传播。调制解调不仅需要充分利用有限的无线频谱资源，而且还要能发挥不同射频电路的性能，满足距离、数据率、功耗等方面日益多样化的无线通信需求。

调制的本质是将基带信号转换成载波上的带通信号。如果将载波表示成 $\cos(\omega_c t)$，那么调制后的信号可以写成如下形式：

$$x(t) = a(t)\cos[\omega_c t + \theta(t)] \tag{2.48}$$

式中，$a(t)$ 为调制后的幅度；$\theta(t)$ 为调制后的相位。

2.5.1　模拟调制/解调

模拟调制将模拟信号调制到高频载波上进行传输，根据调制信号加载的方式分为幅度调制、相位调制和频率调制。

对于一个基带信号 $x_{\mathrm{BB}}(t)$，一个幅度调制(AM)波形可以写成 $x_{\mathrm{AM}}(t) = A_c[1 + mx_{\mathrm{BB}}(t)]\cos\omega_c t$，其中，$m$ 称为调制指数。图 2.18 为一种幅度调制的方法，图中

给出了相应的波形：乘以$\cos\omega_c t$就是将$x_{BB}(t)$的幅度信号转换到高频信号的包络上。信号$\cos\omega_c t$是由本地振荡器(LO)产生的。一个幅度调制信号可以通过一个乘法器和一个低通滤波器实现解调,这一技术把一个幅度调制频谱转换回基带频谱。

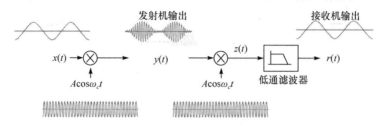

图 2.18 调幅信号的调制与解调

将信号调制到相位或频率上可得到相位和频率调制信号。由于相位是频率的积分,相位调制(PM)和频率调制(FM)两者是相互关联的。当调制后的信号中$a(t)$是常数A_c,残余相位$\theta(t)$与基带信号成正比时,载波被相位调制为

$$x_{PM}(t) = A_c \cos[\omega_c t + m x_{BB}(t)] \tag{2.49}$$

式中,m是相位调制指数。

类似地,如果瞬时频率$\mathrm{d}\theta(t)/\mathrm{d}t$与基带信号成正比,即载波被频率调制：

$$x_{FM}(t) = A_c \cos[\omega_c t + m \int_{-\infty}^{t} x_{BB}(t)\mathrm{d}t] \tag{2.50}$$

式中,m是频率调制指数。

频率调制和相位调制稍有不同,频率偏移(频偏)的最大值在相位调制下等于$m \cdot \mathrm{d}x_{BB}(t)/\mathrm{d}t$,在频率调制下等于$m \cdot x_{BB}(t)$。另外,模拟的频率调制比模拟相位调制使用更广泛,频率调制/解调比相位调制/解调更容易一些。

2.5.2 数字调制/解调

在数字化的射频系统中,载波被一个数字基带信号所调制。数字调制相比模拟调制具有很多优点,包括：①数字调制本身的抗干扰能力强,在传输过程中如果噪声不超过判决门限,数据仍能正确解调；②数字信号可进行打包、压缩后传输,充分利用系统带宽资源；③数字信号可增加冗余的纠错校验码,并进行加密以提高抗干扰能力和抗侦听能力；④数字信号可与其他各类数据在主干网络中混合传输,实现大范围网络一体化。

数字调制方式包括幅移键控(ASK)、相移键控(PSK)和频移键控(FSK),分别对应模拟调制中的幅度调制、相位调制和频率调制。在射频应用中,相移键控和频移键控对幅度噪声具有较低的敏感度,因此它们比幅移键控具有更广泛的应用。

2.5.3 正交调制/解调

幅度调制时，如果接收信号与本振信号频率相同但相位正交(相差 90°)，那么解调后的信号始终为零。例如，正弦和余弦信号是一对正交信号，其频谱在正频率和负频率的符号有差异。普通的调制方式将基带信号搬移到高频时，正负频率处的数据完全相同；通过正交调制可充分利用这种差异性，使得正负频率上的信息不同，使传输数据率加倍。在进行调制时，可把一个二进制数据流分成两组，分别调制到正弦和余弦信号上。两组比特流 I、Q 可以加在同一个载波上，如图 2.19 所示。在解调时，通过正交本振信号进行 I、Q 两路下混频，可还原两路信号。通常本振信号与载波信号之间存在频率差和相位差，数字基带根据约定传输的特定码型进行频率和相位校准与锁定，完整还原两路信号。

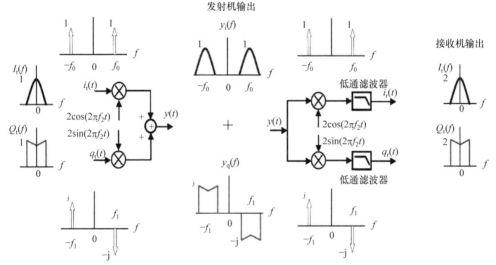

图 2.19 正交调制和解调的频谱图

采用正交数字调制时，其时域波形如图 2.20 所示。

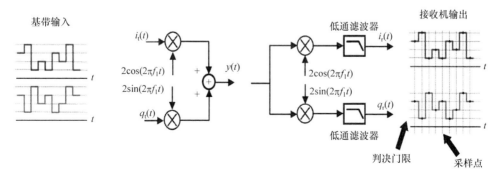

图 2.20 正交调制解调的时域波形

如果将 I、Q 两路信号对应到坐标空间上的点阵，则可得到信号的星座图，如图 2.21 所示。原始基带信号处于理想的格点上，经过电路处理和空间传输引入的噪声、干扰后，在接收机端解调得到的信号不再是理想的点阵。通过格点之间的判决门限可以将大部分噪声信号去掉。但是每个格点上还会有部分数据落入相邻的格点中，形成判决错误。

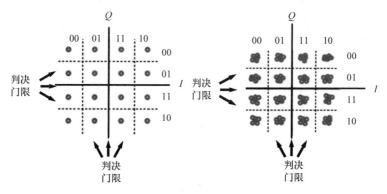

图 2.21　发射和接收的星座图

数字信号传输时用比特误码率(BER)来衡量传输引入错误率，它定义为单位时间内接收机输出端观察到的错误比特的平均数和接收到的全部比特数的比值，其目的就是计算存在噪声和其他干扰的情况下信号的错误概率，如图 2.22 所示。

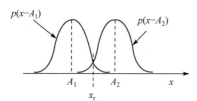

图 2.22　数字传输的错误概率

对于一定噪声分布的收发系统，可计算每个原始信号引入噪声后落入邻近判决门限的概率，即误码率。当然，其他因素还可能引入固定性星座点偏差。

2.5.4　恒包络调制/解调

对于一个调制后的信号 $x(t) = A(t)\cos[\omega_c t + \phi(t)]$，如果 $A(t)$ 不随时间变化，称 $x(t)$ 为恒包络信号，否则称为变包络信号，如图 2.23 所示。

恒包络调制可用非线性放大电路进行处理。假设 $A(t) = A_c$ 为常数且经过系统的三阶非线性过程，即

$$
\begin{aligned}
y(t) &= \alpha_3 x^3(t) + \cdots \\
&= \alpha_3 A_c^3 \cos^3[\omega_c t + \phi(t)] + \cdots \\
&= \frac{\alpha_3 A_c^3}{4}\cos[3\omega_c t + 3\phi(t)] + \frac{3\alpha_3 A_c^3}{4}\cos[\omega_c t + \phi(t)]
\end{aligned} \tag{2.51}
$$

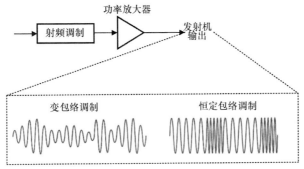

图 2.23　变包络信号与恒包络信号的时域特性

　　此时由三阶分量所产生的一阶项幅度为常数，不会引入相位上的失真；如果输入信号幅度为变量，那么在不同输入幅度时一阶项的增益会发生变化，因此对于变包络信号，需要采用高线性放大器进行处理。

　　在发射机中，功率放大器消耗的功率往往占据非常大的比重，且发射效率与线性两个关键指标相互矛盾，不可兼得。因此，对于恒包络调制方式，可以采用高效率的非线性功率放大器。相关功率放大器的技术将在后续章节中介绍。

　　常用的恒包络调制方式包括 FSK、PSK、正交相位键控(QPSK)等。图 2.24 为频移键控的调制和相干解调方式。

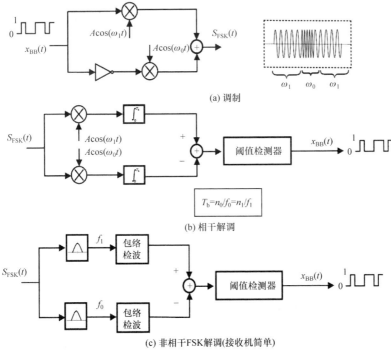

图 2.24　频移键控的调制和相干解调方式

　　输入基带信号控制两个不同频率进行输出,不同频率代表所传输的数据不同。实际的调制往往直接在一个数控振荡器中完成,避免产生两个不同的频率信号。解调可采用相干和非相干两种方式。图 2.24 中用两个已知频率对输入信号进行混频积分可解调得到原始的传输信号。非相干解调通过滤波后包络检波也可解调得到原始信号。非相干 FSK 解调不需要提供本振信号,但理论信噪比相比正交解调差 3dB。PSK 调制有基带数据控制载波瞬时相位或切换相位,如图 2.25 所示。其解调通常需要采用相干解调方式。该调制方式在相位转换时,其相应的幅度有一定的变化,但由于相位判决门限较宽,忽略幅度变化,对解调误码率的影响较小。

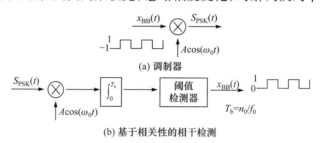

(a) 调制器

(b) 基于相关性的相干检测

图 2.25　PSK 调制

　　QPSK 实际上在正交空间产生 4 个不同的星座点,相比 PSK,其数据率加倍。在 QPSK 调制中,如图 2.26 所示,仍然有可能出现相位 180°的转换,当有滤波器限制带宽时,就会导致信号包络的变化,仍需要采用一定线性的功率放大器以避免大相位跳变带来的误码率影响。

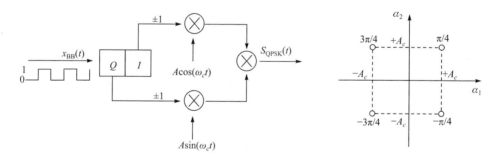

图 2.26　QPSK 调制与星座图

　　为了避免相位突变,提出了偏移正交相位键控(offset QPSK)调制方式,如图 2.27 所示。通过在两次相位跳变中插入时间间隔($T_0 = T_s / 2$, T_s 为符号同期),使得跳变过程更加平滑。该结构的好处是所有相位变化都只有 90°。

　　最小频移键控(MSK)比 QPSK 系列调制方式具有更高的功率效率,因为它的等幅包络允许采用非线性功率放大器处理。MSK 调制保持恒包络的前提是调制过

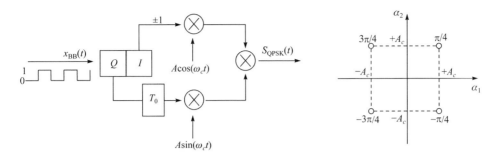

图 2.27　Offset QPSK

程中相位始终连续,因此,实际上 MSK 是介于 PSK 和 FSK 之间的一种调制方式。MSK 也可看作 FSK 的一种特殊情形,它具有正交信号的最小频差,且在相邻符号交界处相位保持连续。与普通 FSK 相比,MSK 具有传输带宽小、恒包络传输、功率谱性能好、抗噪声干扰能力强等优点。调制过程如图 2.28 所示,正交信号先经过类似 OQPSK 处理成连续相位,再经过载波调制。

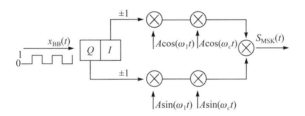

图 2.28　最小频移键控(MSK)调制

2.6　多址接入技术

调制和解调技术提供了单个收发机之间的通信基础,而在一个拥有大数量收发机的网络(如手机网络)中,还需要额外的方法来确保多个用户之间的正确通信,这种方法称为"多址接入技术"[6-8]。射频通信系统里通常采用的三种通用多址技术:频分多址、时分多址和码分多址。在说明多址技术前,先简单说明一下双工技术。

2.6.1　时分复用和频分复用

最简单的复用情形是一对收发器之间的双向通信问题,这一功能称为"双工"。在手持对讲机中,需要按下"讲话"按钮才能进行发送,同时关闭接收通道;当要接听时则释放该按钮,从而关闭发送通道。这种操作方式就是"时分双工"(TDD),如图 2.29 所示。在对讲机系统中发送(TX)和接收(RX)通道使用同样的频带,因此系统在发送信息时无法接收信息。

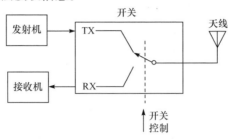

图 2.29　时分双工

另一种复用方法是发送通道和接收通道采用两个不同的频带范围,称为"频分双工"(FDD),如图 2.30 所示。这一技术利用带通滤波器(也称双工滤波器)来隔离这两个通道,确保发送和接收同时进行。由于两个这样的收发器之间不能直接互相通信,手机网络中通过基站进行中继转换。

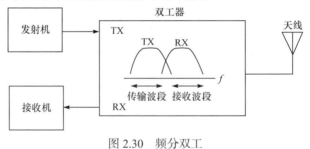

图 2.30　频分双工

比较而言,TDD 允许两个收发器之间直接进行点对点通信,这在短距离局域网应用中是一个特别有用的特性。由于所有收发机都占用同一个频段,大规模通信时相互之间的干扰比较严重。而在 FDD 系统中,两个前端带通滤波器联合形成了一个"双工滤波器",如图 2.31 所示,可实现大规模通信时的收发隔离。双工滤波器通常有 1～3dB 的通带损耗和 50dB 左右的收发隔离度。

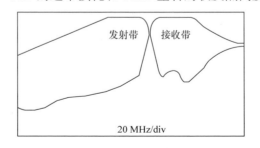

图 2.31　双工滤波器特性

2.6.2　频分多址(FDMA)

为了允许多个收发器相互之间能同时通信，可将频带范围划分成多个信道，每一个信道都被指派给不同的用户，这种多址技术称为 FDMA(图 2.32)。FDMA 在收音机和电视广播中广泛应用，只不过信道的指派随时间变化。而在多用户的双向通信中，信道都是临时指派的，用户结束通话后，这个信道就可以释放给其他用户使用。在具有 FDD 的 FDMA 系统中，需要为每个用户指派了两个信道，一个用于发送，而另一个用于接收。

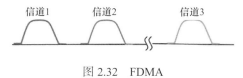

图 2.32　FDMA

FDMA 的相对简单模式使得它成为早期蜂窝网络最主要的接入方式。然而在 FDMA 系统中，能够同时使用的用户的最小数量是由总的可用频带与每个信道的频宽之比决定的，这经常在拥挤的区域产生用户容量不足的问题。

2.6.3　时分多址(TDMA)

另一个实现多址网络的方法是，每一个用户都使用同样的带宽，但是在不同的时间使用，这就是 TDMA，如图 2.33 所示。TDMA 周期性地将每个收发器打开一段时间，每个用户轮番使用同一个信道。

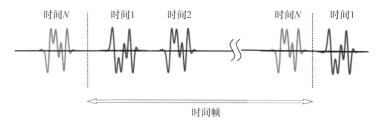

图 2.33　TDMA

当一个用户被允许发送数据(如语音)时，所有其他用户产生的数据被缓存起来，等到相应的时隙再打包发送。数字化允许采用语音压缩和编码技术，提升发送的资源利用率。

TDMA 系统比相应的 FDMA 系统有明显的优点，首先由于在每一个帧里，每个发送器只打开一小段时间，所以在这一帧的其余时间里可以把功率放大器关掉，从而可以节省很多功耗。其次，由于数字化了的语音可以在时间上被大大压缩，所要求的通信带宽可以较小，从而总的用户容量可以较大。在大多数实际的 TDMA 系统中，TDMA 和 FDMA 通常被结合起来使用。

2.6.4　码分多址(CDMA)

第三种多址技术允许信号在频域和时域上完全重叠，但它采用"正交信息"技术来避免互相干扰，这就是 CDMA，如图 2.34 所示。在通信过程中，对每一对发送/接收器分配某一独有 PN 代码；并将基带数据的每一比特在调制前都转换成这种代码。图中给出了一个例子，其中每个 T_d 时长的基带脉冲通过乘法被替换成一个 8 位的 PN 码。如果每个用户所使用的 PN 码之间都存在正交性，那么一个用户发出的信息只能用他自己的 PN 码才能解开，否则其他 PN 码与之相乘得到的都是零。通过这种方式，一个系统可同时容纳很多正交用户使用相同的频段。

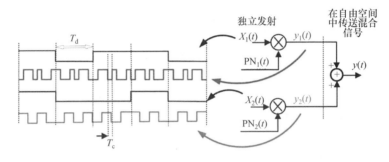

图 2.34　CDMA

CDMA 本质上是通过编码的方式实现用户区分。在编码调制过程中，基带信号的频率倍增，其占用的信号带宽增加(扩频)；同时在总能量不变的情况下，平均频谱密度降低，甚至低于热噪底。因此，CDMA 技术可用于保密通信中，北斗卫星导航系统和 GPS 也采用长 PN 码技术区分不同卫星。

2.7　接收机系统架构

射频接收机根据系统架构可分为外差和零中频两大类。其中外差结构中又有超外差、低中频、滑动中频等结构[9-12]。

2.7.1　外差接收机

外差接收机是应用最为广泛、最为成熟的一种系统结构，外差接收机如图 2.35 所示，射频信号经过混频后形成中频信号，中频信号的频率不为零。

镜像频率和目标信道频率以 LO 频率为对称点，由于混频器无法区分镜像信号与目标信号，在基带滤波后两者完全重叠在一起无法区分，如图 2.36 所示。

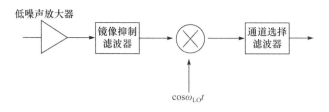

图 2.35 外差接收机

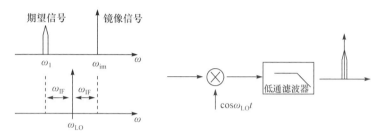

图 2.36 外差式接收与镜像信号

在镜像频率处存在干扰信号对射频接收机是一个严重的问题，因为通信系统不能控制其他频段上的信号。镜像功率因此可能会比有用信号高得多，所以需要合适的"镜像抑制"。抑制镜像信号最常用的方法就是在混频器前面放置一个镜像抑制滤波器，如图 2.35 所示，滤波器设计成使它在有用频带上有较小的损耗，而镜像频带上则有很大的衰减，这两个要求在 $2\omega_{IF}$ 足够大时可以同时得到满足(图 2.37)。

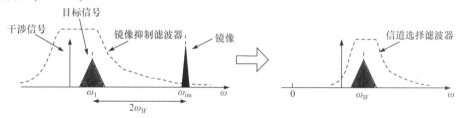

图 2.37 镜像抑制滤波与信道滤波

从图 2.37 可以看出，中频频率越高，镜像信号越容易滤除；而中频越低，信道滤波器越好做。可见两个滤波器的设计需要仔细权衡中频频率的高低。

1. 超外差接收机架构

早期的射频接收机为了打破上述限制，采用多次变频的接收机架构，即超外差接收机架构，如图 2.38 所示。第一级本振和第二级本振的频率选择与滤波器的性能紧密相关，需要细致的频率规划。

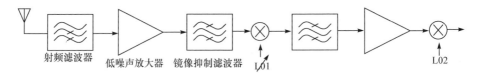

图 2.38 超外差接收机架构

超外差接收机架构是分立元件时代广泛应用的一种接收机架构，主要优点有：①受 *I/Q* 信号不平衡度影响小，不需要复杂的直流消除电路；②低噪声放大器和混频器电路指标较宽松，易于实现；③可进行细分的增益控制，接收动态范围大；④具有最宽的通道带宽，适合作为宽带接收机；⑤具有很高的邻道选择性和接收灵敏度。需要有预选滤波器和中频滤波器，可以抑制很强的干扰。但是，现代射频系统一般不会用超外差接收机架构，因为超外差接收机架构需要用到多个片外滤波器，集成度很差。

2. 低中频接收机架构

为了去除多个片外滤波器，在硅基射频系统中发展了低中频接收机架构，如图 2.39 所示，中频一般选择 1～2 个信道带宽。

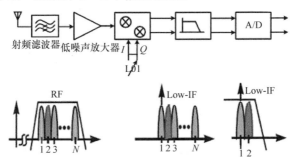

图 2.39 低中频接收机架构和滤波过程示意图

低中频接收机架构仍存在严重的镜像抑制问题，为了解决这个问题，在硅基集成系统中发展出了多种镜像抑制技术，如镜像抑制接收机架构、镜像抑制滤波器和镜像抑制混频器等。下面通过镜像抑制接收机(图 2.40)介绍镜像抑制过程。镜像抑制接收机和正常接收机相比，在其中一个支路上增加了一个 90°相移。在介绍镜像抑制过程前，先介绍一下希尔伯特变换，这将有助于理解镜像抑制过程。90°相移相当于对频率域信号进行了希尔伯特变换。希尔伯特变换可以简单描述为对频率域信号进行了如下操作：

$$X(\omega) \cdot [-\mathrm{j}\,\mathrm{sign}(\omega)] \tag{2.52}$$

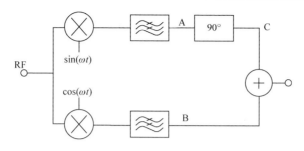

图 2.40　镜像抑制接收机

对于 $\cos(\omega t)$ 和 $\sin(\omega t)$ 在频率域如图 2.41 所示。

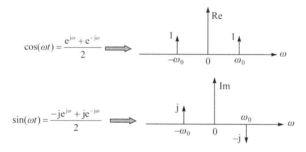

图 2.41　$\cos(\omega t)$ 和 $\sin(\omega t)$ 在频率域示意图

镜像抑制接收机的输入信号和镜像信号，经过正交混频后在频率域可以表示为图 2.42，如果 I、Q 两路信号直接相加，镜像信号在正频率轴部分可以抵消掉，但是负频率轴部分无法抵消，镜像信号仍然会恶化信道信噪比。

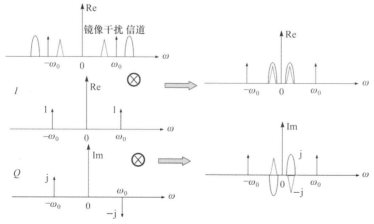

图 2.42　输入信号和镜像信号经过正交混频后在频率域的示意图

镜像抑制接收机 I 支路增加了 90°相移，相当于对信号进行了如图 2.43 所示的操作，可以注意到此时 I 路和 Q 路的镜像信号在频率轴都可以通过 IQ 加和抵消掉，从而消除镜像信号的影响。镜像抑制能力和 IQ 信号的相位失配、链路的增益失配相关，镜像抑制比一般可以达到 30～40dB，其中镜像抑制比表示如式(2.53)所示，为镜像信号和信道信号功率之比。

$$\mathrm{IRR} = \frac{P_{\mathrm{im}}}{P_{\mathrm{sig}}} = \frac{A_{\mathrm{im}}^2}{A_{\mathrm{sig}}^2} = \frac{A^2 - 2AB\cos\theta + B^2}{A^2 + 2AB\cos\theta + B^2} \tag{2.53}$$

为了进一步提高镜像抑制比，在接收机中经常需要进行 IQ 信号相位和增益校正。

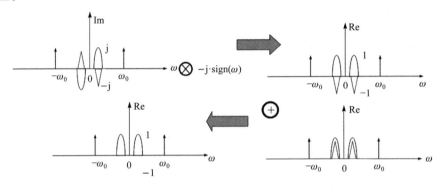

图 2.43　信号经过 90°相移的频率域示意图

低中频接收机架构和后面将要介绍的、目前在硅基射频集成系统中应用最广泛的零中频接收机架构相比，除镜像干扰问题外，低中频接收机架构在硅基工艺上更容易实现，如 $1/f$ 噪声影响小、无直流偏移问题等。低中频架构在一些镜像干扰不严重的系统中广泛使用，如蓝牙接收机、卫星导航接收机等。

3. 滑动中频(Sliding-IF)接收机架构

滑动中频接收机的架构是一种特殊的低中频架构，如图 2.44 所示。

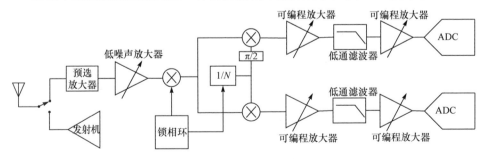

图 2.44　滑动中频接收机架构框图

滑动中频架构中也采用了两次变频，但是两次变频的本振频率是有关联的，一般第二次本振频率选择为第一次本振频率的 1/N。Sliding-IF 接收机架构具有如下优点：①信号频率与本振频率不同使 LO 频率在发射频率之外；②信号频率与本振频率不同使 LO 频率拖动的问题得到缓解(LO 频率拖动问题参见 7.1.4 节)；③第二本振信号容易产生正交本振信号，可以通过第一本振分频得到，正交信号的低功耗易于实现。滑动中频接收机架构仍然存在镜像抑制问题，第一次变频的镜像没有进行抑制。

2.7.2 零中频接收机

零中频接收机也称直接下变频(direct-conversion)接收机，是在硅基射频系统中应用最为广泛的接收机架构。零中频接收机架构框图如图 2.45 所示，射频信号经过一次变频到零频率附近，外差接收机架构所面临的镜像信号问题变成带内信号间干扰问题，因为带内信号强度是确知的，所以零中频接收机架构的镜像信号问题不严重，如图 2.46 所示。摆脱了困扰外差接收机架构的镜像信号干扰问题，这是零中频接收机相比于外差接收机最重要的优点。

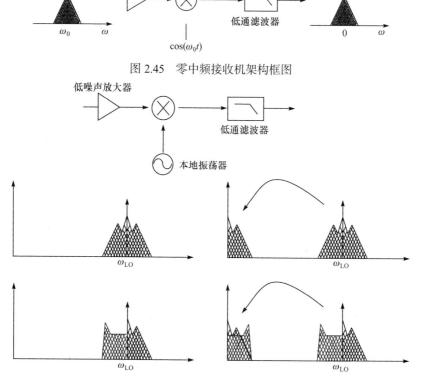

图 2.45　零中频接收机架构框图

图 2.46　零中频中的镜像信号问题

另外，零中频接收机直接下变频到零频附近，模拟基带中的滤波器、ADC 都可以工作在最低频率上，易于 CMOS 工艺实现，也非常有利于低功耗设计。

虽然零中频架构简单，但是也存在一些技术难点与挑战，如直流偏移(DC offset)、偶数阶失真、1/f 噪声、本振信号频率拖动等问题。

1. 直流偏移和 1/f 噪声问题

在零中频结构中由于本振信号频率和射频输入信号频率是相同的，本振泄漏信号再和本振信号混频会形成直流偏移问题，本振泄漏信号通常远高于射频输入信号，会使后级电路饱和。本振信号泄漏途径包括本振端到射频端的泄漏、射频端到本振端的泄漏和本振端泄漏到射频端后再经过天线反射回来等途径(图 2.47)。

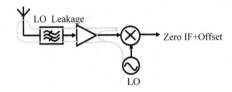

图 2.47　本振信号泄漏途径

第一种情况，由于本振信号强度固定，产生的直流偏移量也固定；第二种情况，射频信号通常变化幅度较大，对应直流偏移是一个变化量；第三种情况，直流偏移随外部环境发射变化。例如，当一辆汽车高速行驶的时候，反射可能会迅速变化。在这些情况下，要想区分时变的偏移和实际的信号可能非常困难。

针对直流偏移的问题，采用高通滤波器是很自然的解决方案，但是有两点阻碍着这个技术的应用。首先，许多常用信号的频谱在零频率处都有一个峰值，也就是说，它在直流附近有显著的能量(信息)分布。对于一个 200kHz 的信道，如果高通滤波器只是滤掉 0～20Hz 的频带，那么波特误差率就上升到了 10^{-3} 以上，这意味要求有很低的高通滤波频率，需要较大的电容和电阻来实现。其次，这种方法仍然不能跟踪快速变化的偏移电压，因此只能做到粗略地消除。

偏移问题可以通过下面两种技术之一改善。首先，在发送器端的基带信号可以被编码，使得调制和下变频后它在直流附近有很少的能量。这被称为无 DC 编码(DC-free coding)，它特别适用于宽信道，例如，在 WiFi 系统中，可以浪费几 kHz 的信道而不会显著降低数据率。

第二种技术是在数字无线标准中采用空闲时间间隔来消除偏移。图 2.48 是一个例子，其中一个电容存储相邻 TDMA 脉冲串之间的偏移，并在接收数据的时候引入一个事实上为零的拐角频率。对于一个典型的几个毫秒的 TDMA 帧，有足够的时间来消除偏移。

接收器中偏移消除遇到的一个普遍的困难就是干扰可能会和偏移一起被存储。就像前面解释的那样,其原因在于 LO 信号会被周围的物体反射回来,形成偏移。该偏移会被储存下来,因为天线这个时候不能断开。虽然实际信号(TDMA脉冲串)的时序可以被定义得很好,但干扰可以在任何时候出现。一个减轻这个问题的可行方法就是对偏移(和干扰)进行多次采样,然后取平均或加入低通反馈环路。

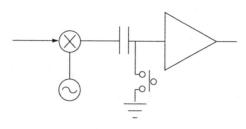

图 2.48　直流偏移消除技术

由于零中频架构基带信号落在 DC 附近,电路的 $1/f$ 噪声会恶化信噪比。硅基 CMOS 工艺由于器件 $1/f$ 噪声较差,是零中频架构中始终需要关注的问题。虽然采用无源混频器可以极大地缓解 $1/f$ 噪声问题,但对于窄带系统,$1/f$ 噪声和直流偏移仍然是让设计者困扰的问题,如图 2.49 所示。

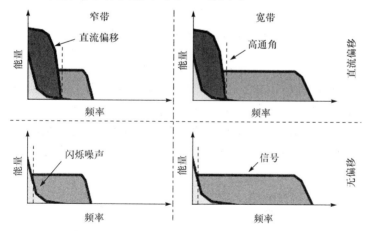

图 2.49　直流偏移和 $1/f$ 噪声对窄带和宽带系统的影响

2. I/Q 失配

对于相位和频率调制技术,零中频接收器必须采用正交混频,这要求 RF 信号或者 LO 输出移相 90°(图 2.50)。I 和 Q 信号在幅度和相位上的失配都会破坏下变频后信号的分布星座,因此增加了误码率。

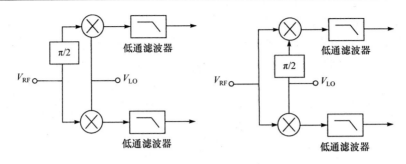

图 2.50　正交接收的两种结构

假设接收到的信号是 $x_{\text{in}}(t) = a \cdot \cos(\omega_c t) + b \cdot \sin(\omega_c t)$，其中 a 和 b 等于 1 或者 -1。带有幅度和相位误差的 I 和 Q 本振信号可以表示为

$$x_{\text{LO},I}(t) = 2\left(1 + \frac{\varepsilon}{2}\right)\cos\left(\omega_c t + \frac{\theta}{2}\right)$$
$$x_{\text{LO},Q}(t) = 2\left(1 - \frac{\varepsilon}{2}\right)\sin\left(\omega_c t - \frac{\theta}{2}\right) \tag{2.54}$$

由此得到的 I、Q 基带信号为

$$x_{\text{BB},I}(t) = a\left(1 + \frac{\varepsilon}{2}\right)\cos\frac{\theta}{2} - b\left(1 + \frac{\varepsilon}{2}\right)\sin\frac{\theta}{2}$$
$$x_{\text{BB},Q}(t) = -a\left(1 - \frac{\varepsilon}{2}\right)\sin\frac{\theta}{2} + b\left(1 - \frac{\varepsilon}{2}\right)\cos\frac{\theta}{2} \tag{2.55}$$

式中，因子 2 是为了简化计算结果而引入的；ε 和 θ 分别代表幅度和相位的误差。

图 2.51 为 I/Q 失配对 QPSK 信号星座的影响。增益误差只是相当于幅度的放大因子不是 1，而相位不平衡则使 I、Q 两路信号都叠加上了另一路信号的部分数据影响，如果 I 和 Q 数据流是不相关的，则会降低接收信号的信噪比。实际应用中，通常希望使幅度失配小于 1dB、相位误差小于 5°，具体要求取决于调制的类型。

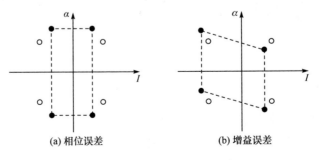

(a) 相位误差　　　　　　　(b) 增益误差

图 2.51　I/Q 失配对 QPSK 信号星座的影响

3. 偶数阶失真

通常情况下，差分电路的偶数阶非线性远小于奇数阶非线性，因此一般射频系统只重点讨论奇数阶的非线性。但是在零中频架构中偶阶失真也会成为问题。假设，有两个邻近有用信道的强干扰信号(如邻近信道和次邻近信道) $x(t) = A_1\cos(\omega_1 t) + A_2\cos(\omega_2 t)$ 经过一个偶数阶非线性变换：

$$y(t) = [\alpha_1 x(t) + \alpha_2 x(t)]^2 \tag{2.56}$$

在 $y(t)$ 中包括偶数阶失真项 $\alpha_2 A_1 A_2 \cos[(\omega_1 - \omega_2)t]$，在理想混频器中这一项与本振信号相乘就会变换到高频，对输出没有影响。但实际上混频器从 RF 输入到 IF 输出总是存在一定的馈通，偶数阶失真会直接进入有用信号带内，恶化系统信噪比(图 2.52)。偶数阶失真可以通过相应的校正技术来解决。

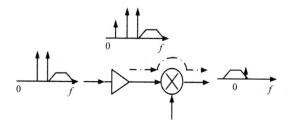

图 2.52 零中频接收机偶数阶失真影响示意图

2.8 发射机架构

发射机基本上和接收机有对等的架构，包括直接变频发射机、外差发射机等[2,12]。

2.8.1 直接变频发射机

发射机的载波频率与本地振荡器频率相等时，这种结构称为直接变频发射机，如图 2.53 所示。

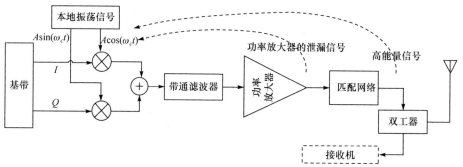

图 2.53 直接变频发射机

由于发射信号频率和本振信号频率相同，由功率放大器泄漏的信号可能对本地振荡器信号产生扰动，也称为本振拖动。由于功率放大器输出的调制信号有很高的功率而且频谱的中心在 LO 频率附近，如果正好符合本振信号的振荡器注入锁定条件，调制信号会注入振荡器中恶化本振的相噪声，甚至使锁相环失锁。

2.8.2　外差发射机

一种解决发射机中本振信号拖动问题的方法是用两步(或多步)来上变频基带信号，使功率放大器的输出频谱远离本振信号频率，即外差发射机架构(图 2.54)。

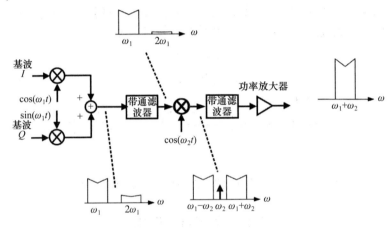

图 2.54　外差发射机架构

两步变换与直接变换相比，优点在于：由于正交调制是在较低的频率完成的，I 和 Q 的匹配很好，两个比特流之间的串扰很少。另外一个信道滤波器可以用在第一个 IF 处，可以抑制相邻信道中被发送的噪声和毛刺。

外差发射机的困难在于第二个上变频后的带通滤波器必须有很好的带外滤波能力(一般要求 50~60dB)来抑制无用的边带，这是因为简单的上变频混频操作同时产生相同幅度的有用和无用的边带。

参 考 文 献

[1] 路德维格. 射频电路设计——理论与应用. 王子宇, 译. 北京: 电子工业出版社, 2005.

[2] Razavi B. RF Microelectronics. New Jersey: Prentice Hall, 1998.

[3] 陈邦媛. 射频通信电路. 北京: 科学出版社, 2002.

[4] Lee T H. The Design of CMOS Radio-Frequency Integrated Circuits. Cambridge: Cambridge University Press, 1998.

[5] Meyer R G, Wong A K. Blocking and desensitization in RF amplifiers. IEEE Journal of Solid-State Circuits, 1995, 30(8): 944-946.

[6] Omiyi P, Auer H H. Analysis of TDD cellular interference mitigation using busy-bursts. IEEE Transactions on Wireless Communications, 2007, 6(7): 2721-2731.

[7] Seshadri N, Winters J H. Two signaling schemes for improving the error performance of frequency-division-duplex (FDD) transmission systems using transmitter antenna diversity. IEEE the 43rd Vehicular Technology Conference, Secaucus, 1993: 508-511.

[8] Santoro M A, Prucnal P R. Asynchronous fiber optic local area network using CDMA and optical correlation. Proceedings of the IEEE, 1987, 75(9): 1336-1338.

[9] Gomez R. Theoretical comparison of direct-sampling versus heterodyne RF receivers. IEEE Transactions on Circuits and Systems I: Regular Papers, 2016, 63(8): 1276-1282.

[10] Behbahani F, Leete J C, Kishigami Y, et al. A 2.4-GHz low-IF receiver for wideband WLAN in 6-/spl mu/m CMOS-architecture and front-end. IEEE Journal of Solid-State Circuits, 2000, 35(12): 1908-1916.

[11] Stanic N, Balankutty A, Kinget P R, et al. A 2.4-GHz ISM-band sliding-IF receiver with a 0.5-V supply. IEEE Journal of Solid-State Circuits, 2008, 43(5): 1138-1145.

[12] Zargari M, Su D K, Yue C P, et al. A 5-GHz CMOS transceiver for IEEE 802. 11a wireless LAN systems. IEEE Journal of Solid-State Circuits, 2002, 37(12): 1688-1694.

第 3 章　射频集成器件及其模型

本章将介绍射频器件及其模型，主要包括无源器件高频模型和有源 MOSFET 器件高频模型。在无源器件高频模型中主要介绍集成电阻、电容、变容管、传输线及集成电感和变压器模型；在有源 MOSFET 器件高频模型中主要介绍 MOSFET 器件的高频效应及其物理模型和沟道热噪声模型。通过器件模型可以了解和掌握模型背后的高频物理效应，有助于增强对射频集成电路的理解，提高射频集成电路设计能力。

3.1　集成电阻、电容及其高频模型

3.1.1　集成电阻及其高频模型

在射频集成电路设计中，应用最为广泛的电阻是多晶硅电阻。多晶硅电阻又可以分为硅化物多晶硅电阻和无硅化物多晶硅电阻。硅化物其实是比较薄的一层金属和多晶的合金体，在多晶硅或者扩散层表面上生长出(或者是淀积)相对比较薄的一层金属，目的是降低多晶上的电阻率，因此硅化物多晶硅电阻的电阻率比较低，而无硅化物多晶硅电阻的电阻率则比较高。硅化物多晶硅电阻的方块电阻一般在 10Ω 之内，而无硅化物多晶硅电阻的方块电阻可以达到 200～300Ω。一般而言，硅化物多晶硅电阻随工艺的涨落要优于无硅化物多晶硅电阻，同时随温度变化的线性度更好。硅化物多晶硅电阻是正温度系数，而无硅化物多晶硅电阻是负温度系数。多晶硅电阻按照掺杂类型又可以分为 N^+ 掺杂多晶硅电阻和 P^+ 掺杂多晶硅电阻。除了多晶硅电阻，在 RF CMOS 工艺中还有金属电阻和扩散电阻，金属电阻的精度比较高,但是在高频下有电感寄生效应；而扩散电阻精度比较差，同时寄生电容比较大。在 RF CMOS 工艺中电阻一般有比较大的波动，可以在典型值附近变化±15%。

多晶硅电阻工作于高频时，一般会将多晶硅电阻放在 DNW 中，DNW 可以将多晶硅电阻在衬底上和其他器件隔离开来，将高频器件放在 DNW 内是保护高频器件的常用措施。在 RF SoC 芯片中，数字电路的开关信号可以通过电容耦合到衬底上,耦合到衬底的数字信号在硅基低阻衬底中传播,先传播到高频器件处,再通过电容耦合进高频电路形成衬底噪声干扰，DNW 的使用可以有效抑制衬底

噪声。多晶硅电阻高频模型(图 3.1)包括本征电阻、介质层电容和衬底效应。模型
将本征电阻和介质层电容分成多个部分来模拟电阻在高频下的分布式效应，而衬
底效应用并联的电阻和电容来模型化，均匀的硅衬底在高频信号作用下引起载流
子浓度的涨落，从而表现为扩散电阻和扩散电容。高频器件建模过程可以简单理
解为高频信号所经历的物理过程用集总元件来等效。

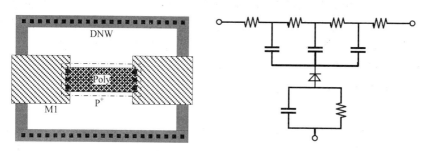

图 3.1 多晶硅电阻版示意图及高频模型

3.1.2 集成电容及其高频模型

在 RF CMOS 工艺中，高频电容主要有 MIM 电容和 MOM 电容，MIM 电容需要
额外的工艺步骤来实现，而 MOM 电容则是一种寄生器件，利用的是多层金属线的
线间电容。MIM 电容(图 3.2)一般利用工艺的顶层金属和次顶层金属来实现，电容下

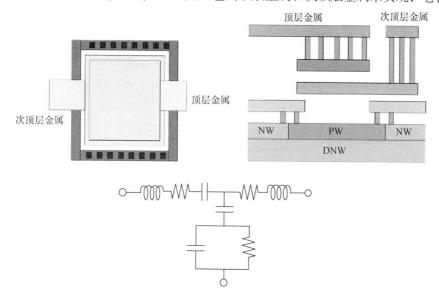

图 3.2 MIM 电容版图和剖面结构示意图及等效模型

极板离硅衬底比较远,寄生电容和衬底损耗比较小。MIM 电容通过在顶层金属和次顶层金属之间插入两层金属并在这两层金属中填充 SiN 或者高 K 材料来实现,这两层金属通过通孔分别与顶层金属和次顶层金属相连。MIM 电容的高频模型(图 3.2)由串联电感、电阻、本征电容和介质层电容及衬底效应模型组成。在模型中串联电感表征的是电容上下金属极板的电感,这个电感值通常比较小,但是在模型中不可或缺,当电容工作在很高的工作频率时,MIM 电容可以由电容性器件转为电感性器件。

RF CMOS 工艺中 MIM 电容的电容密度从 $1 \sim 4 fF/\mu m^2$ 不等。MIM 电容具有良好的电学性能和高频性能, MIM 电容的温度系数非常小, 在 $30 \sim 50 ppm/℃$。MIM 电容的电压非线性系数也非常小, 大约为 60ppm/V。MIM 电容具有比较高的品质因子(Q), 1pF 大小的 MIM 电容在 10GHz 频率处的 Q 值可以超过 50。

MIM 电容制造过程中需要增加额外的工艺步骤,会增加一定的芯片成本。随着 CMOS 工艺进入纳米尺度,工艺中的金属层数增加并且金属线最小间距减小,利用金属线间电容实现较大电容值的高频电容成为可能。有的先进 CMOS 工艺不再提供 MIM 电容, 而用 MOM 电容(图 3.3)替代。

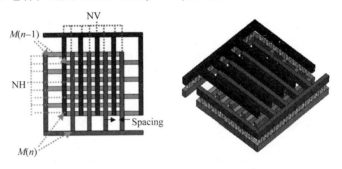

图 3.3 MOM 电容版图和立体视图

3.1.3 RF 变容管及其高频模型

变容管(varactor)在射频集成电路中主要用于 LC 压控振荡器电路,通过电压控制变容管的电容值,从而改变 LC 谐振网络谐振频率值,达到调节频率的目的。在 CMOS 工艺中变容管主要有两种:MOS 变容管和 PN 变容管。MOS 变容管(图 3.4)是由 MOS 电容形成的, 和 MOSFET 器件结构基本一致, 可以简单理解为 P 型 MOSFET 器件的源漏注入由 P+注入改为 N+注入。MOS 变容管最大电容值和最小电容值之比为 $3 \sim 4$, 1pF MOS 变容管的品质因子在 10GHz 频率处为 10 左右。MOS 变容管的高频模型(图 3.5)和 MIM 电容高频模型基本相似,只是把固定电容变成了可变电容。

其中可变电容可以采用 tanh 函数来拟合模型化。

$$C_{\text{gate}} = C_{g,\min} + dC_g \times \left(1 + \tanh \frac{V_g - dV_g}{V_{g,\text{norm}}} \right) \tag{3.1}$$

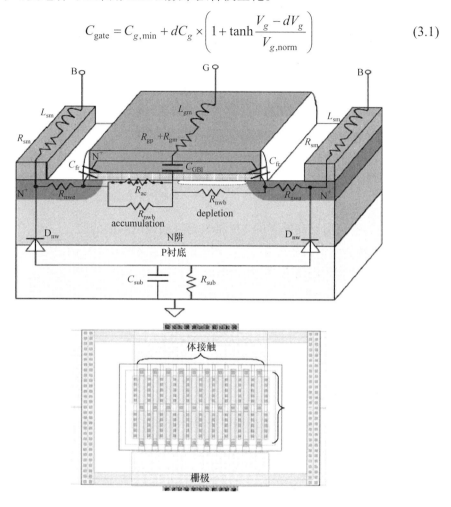

图 3.4　MOS 变容管结构和版图示意图

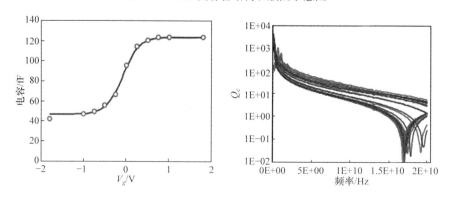

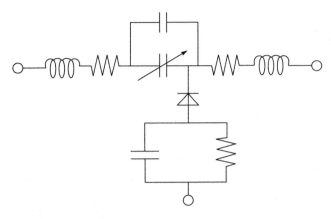

图 3.5　MOS 变容管电压特性、品质因子和等效电路模型

PN 变容管利用反向偏置的 PN 结电容来实现电容值的改变。PN 变容管的最大电容值和最小电容值之比小于 2。PN 变容管和 MOS 变容管相比，存在两点差异：一是 PN 变容管的线性略好于 MOS 变容管；二是 PN 变容管在应用中需要注意 PN 结正向开启问题。

3.2　集成传输线

3.2.1　集成传输线简介

集成传输线在毫米波集成电路中应用广泛，主要有两种基本结构：微带线传输线和共面波导传输线结构(图 3.6)。通常用单位长度的信号功率衰减来表征传输线的优劣。在设计集成传输线时，需要考虑特征阻抗、单位功率衰减等指标。在 CMOS 工艺中由于受到低阻衬底、金属厚度、金属离衬底的距离等因素影响，传输线的优化设计是非常重要的。

采用微带线传输线结构时，虽然底层金属作为地平面可以完全屏蔽衬底损耗，但是由于 CMOS 工艺顶层金属和最底层金属间距离比较小，通常为 $4\sim8\mu m$，金属间电容比较大，此时，为满足特征阻抗目标，就需要提高单位长度电感量，另外，信号线和地平面之间的电感性耦合会进一步减小单位长度电感量。采用共面波导传输线结构时，为了抑制衬底损耗，通常需要减小地平面和信号线的间距来抑制衬底损耗。但是此时对地电容上升，为了实现目标特征阻抗值，则需要提高单位长度电感值。提高单位长度电感值最直接的方法是减小信号线宽，但是会导致串联电阻上升，恶化功率衰减性能。

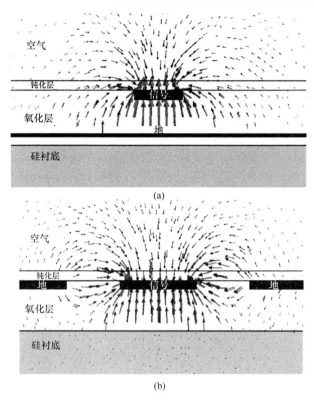

图 3.6　微带线传输线(a)和共面波导传输线(b)结构

3.2.2　传输线基础

有限长度传输线可以看成若干个图 3.7(a)所表示的线段的级联。根据基尔霍夫电压、电流定律，可以得到传输线的波方程为

$$\frac{\mathrm{d}V(x)}{\mathrm{d}x} = -(R + \mathrm{j}\omega L)I(x) \tag{3.2}$$

$$\frac{\mathrm{d}I(x)}{\mathrm{d}x} = -(G + \mathrm{j}\omega C)V(x) \tag{3.3}$$

式(3.2)和式(3.3)的行波解为

$$V(x) = V^+ \mathrm{e}^{-\mathrm{j}\gamma x} + V^- \mathrm{e}^{\mathrm{j}\gamma x} \tag{3.4}$$

$$I(x) = I^+ \mathrm{e}^{-\mathrm{j}\gamma x} + I^- \mathrm{e}^{\mathrm{j}\gamma x} \tag{3.5}$$

式中，$V^+ \mathrm{e}^{-\gamma x}$ 代表沿+x 方向的入射波；$V^- \mathrm{e}^{\gamma x}$ 代表沿–x 方向的反射波，如图 3.7(b) 所示。其中，

$$\gamma = \sqrt{(R + \mathrm{j}\omega L)(G + \mathrm{j}\omega C)} = \alpha + \mathrm{j}\beta \tag{3.6}$$

为复传播常数，是频率的函数。通过将入射波电压和入射波电流相除，可以得到

特征阻抗 Z_0 为

$$Z_0 \approx \sqrt{Z/Y} = \sqrt{\frac{R + \mathrm{j}\omega L}{G + \mathrm{j}\omega C}} \tag{3.7}$$

进一步，可以得到传输线上的相波长和相速度：

$$v_p = \frac{c_0}{\sqrt{\mu\varepsilon}} = f\lambda_p = \frac{2\pi f}{\beta} = \frac{\omega}{\beta} = \frac{1}{\sqrt{LC}} \tag{3.8}$$

如图 3.7 所示，在传输线上距离负载 z_L 为 d 处的阻抗为

$$Z_{\mathrm{in}}(d) = Z_0 \frac{\mathrm{e}^{-\gamma d} + \Gamma_0 \mathrm{e}^{\gamma d}}{\mathrm{e}^{-\gamma d} - \Gamma_0 \mathrm{e}^{\gamma d}} = Z_0 \frac{Z_L + \mathrm{j}Z_0 \tan(\beta d)}{Z_0 + \mathrm{j}Z_L \tan(\beta d)} \tag{3.9}$$

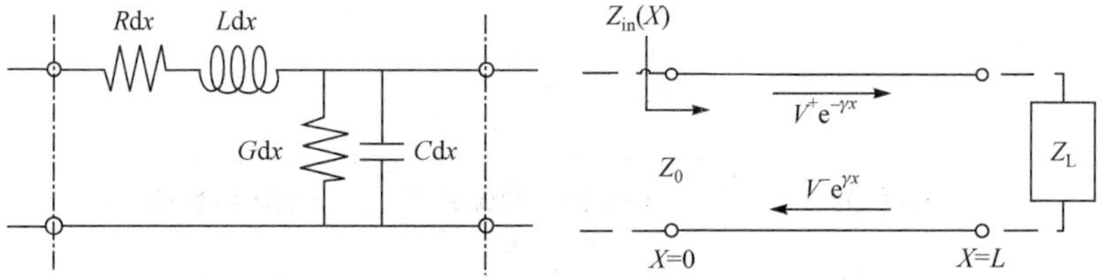

(a) 传输线等效电路模型   (b) 传输线上的入射波和反射波

图 3.7　传输线

在电路设计中，经常会用到一些传输线的特殊情况，如负载阻抗为短路或者开路、传输线长度为 1/4 波长等。当负载阻抗分别 $Z_L = 0$ 和 $Z_L = \infty$ 时，传输阻抗分别为式(3.10)和式(3.11)，传输线阻抗随传播距离的变化关系如图 3.8(b)和(c)所示。

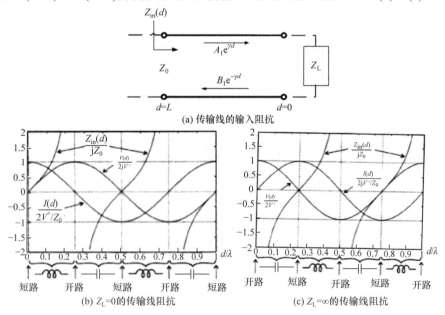

(a) 传输线的输入阻抗

(b) $Z_L = 0$ 的传输线阻抗   (c) $Z_L = \infty$ 的传输线阻抗

图 3.8　传输线阻抗随传播距离的变化关系

$$Z_{\text{in}}(d) = jZ_0 \tan(\beta d) \tag{3.10}$$

$$Z_{\text{in}}(d) = Z_0 \frac{1}{j\tan(\beta d)} \tag{3.11}$$

当传输线长度为1/4波长时，传输线阻抗为式(3.12)，具有阻抗变换能力。

$$Z_{\text{in}}\left(\frac{\lambda}{4}\right) = \frac{Z_0^2}{Z_{\text{L}}} \tag{3.12}$$

3.2.3　慢波集成传输线

3.2.1 节简单介绍了传统传输线结构在芯片中集成的主要困难,慢波结构(slow wave)的使用在一定程度上可以有效解决集成中的困难,慢波集成传输线具有衰减小、面积小等优点。慢波传输模式在 1971 年就被提出来了，随着硅基毫米波电路技术的发展，慢波集成传输线应用日益广泛。

慢波集成传输线(图 3.9)的地平面采用特定的图形，从表象上看提高了介质的等效介电常数，从式(3.8)可知，等效介电常数提高可以降低相速度，因而相波长变短。最简单的慢波传输线结构是将底层金属平面替换成带有间隔槽的条形金属线阵图形。

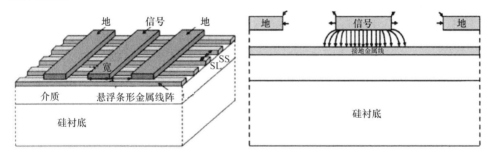

图 3.9　慢波集成传输线结构及电场分布示意图

SL 为金属线宽；SS 为金属线间距

由于实际电路中的地平面需要通过绑线连接到外部 PCB 上的地平面，在高频工作时，绑线电感的阻抗无法忽略不计，因此传输线中物理上直接连接的地平面无法有效屏蔽硅衬底的影响，如图 3.10(a)所示，因此集成传输线中的屏蔽地平面一般是悬浮的，如图 3.10(b)所示。对于共面波导传输线，在交流工作情况下，信号线和地线上的交流信号可以看作一对差分信号，信号的对称性，导致悬浮平面上的电势接近于零，悬浮平面可以近似看作一个交流地平面。如果悬浮平面采用整片的金属，由于电感性耦合作用，金属平面上会有很大的涡流损耗，严重影响传输线的性能，因此悬浮平面采用特定的图形阻断涡流效应可以提高传输线性能。

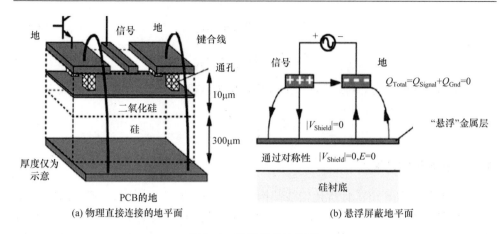

(a) 物理直接连接的地平面　　　　　　　　　(b) 悬浮屏蔽地平面

图 3.10　传输线的地平面

图 3.11 所示为采用条形悬浮地平面慢波集成传输线的衰减性能和等效介电常数,可以看到在高频下,慢波集成传输线的衰减性能有较大提升,等效介电常数变大,并且需要优化设计悬浮地平面获得更好的传输线性能[1-4]。由电磁场基本理论公式(3.8),可以知道电磁波的相速度 (v_p) 越小,等效的波长就越小,而 $v_p \sim 2\pi/\sqrt{LC}$。从这个角度,比较容易理解慢波集成传输线的原理,有间隔槽的金属线阵和整个金属平面相比,通过间隔槽阻断信号线耦合到地平面的感应电流,从而减小了信号线和地平面之间的电感性耦合,提高了单位长度电感量,因此降低了电磁波的相速度。

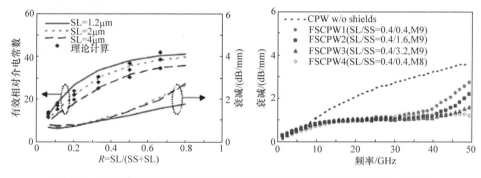

图 3.11　采用条形悬浮地平面慢波集成传输线的衰减性能和等效介电常数

3.3　集成感性元件及其模型

3.3.1　集成感性元件简介

电感性元件(电感、变压器等)在射频集成电路中主要用于输入输出匹配、谐振网络、滤波等电路中，对提高射频电路性能有非常重要的作用。集成感性元件通过工艺中的金属连线围绕而成，通常有圆形、八边形、正方形等结构。在硅基工艺上集成电感、变压器的主要障碍一方面是硅基衬底是重掺杂的低阻衬底，衬底涡流效应严重恶化集成电感的品质因子；另一方面是硅基工艺金属层较薄，早期的金属层厚度不到 1μm，金属线在高频下由于趋肤效应、邻近效应，串联电阻比较大，也严重影响集成电感的品质因子。

硅基集成电感性元件的平面/界面图、寄生高频物理效应如图 3.12 所示。其中趋肤效应和邻近效应会使电感的串联电阻随着频率提高而变大。邻近效应来源于线圈中激励电流产生的涡流的影响，涡流方向与磁场变化方向相反，从而影响金属中的电流密度的分布，使得靠近中心的内侧电流密度增大，外侧电流密度减小。位移电流损耗是由电场穿透到硅衬底引起的衬底载流子变化而导致的损耗，模型可以等效为并联电阻和电容。衬底分布电容和分布电阻决定了平面螺旋电感的自谐振频率，也是限制平面螺旋电感品质因子的重要因素。硅基集成电感性元件衬底一般为 P 型硅衬底，电导率为 5～20S/m。当工作频率提高时，导电线圈产生的感应电动势在导电的衬底中产生感应电流，等效于一个与电感串联的电阻在消耗能量，从而使得电感线圈的品质因子降低。衬底涡流受到导电线圈中激励信号强度、工作频率、衬底的电导率和厚度乃至衬底接触阻抗的影响，可等效为电感电阻性损耗的一部分。实际上的衬底涡流分布不仅仅在电感面积正下方，也包含了电感周边一部分面积，涡流的大小不仅与在线圈中心点的磁感应强度有关，也与两边沿处的峰值磁感应强度有关。

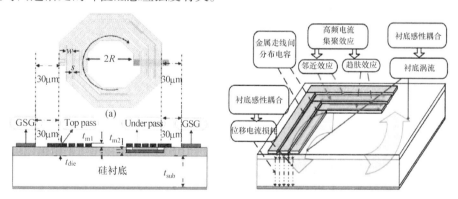

图 3.12　硅基集成电感性元件的平面/界面图、寄生高频物理效应

3.3.2　集成电感及其模型

评价集成电感性能的主要参数有品质因子和自谐振频率。集成电感的品质因子定义如下：

$$Q = \omega \frac{存储能量}{平均耗能} \tag{3.13}$$

自谐振频率指电感品质因子下降为零时的频率。当工作频率大于自谐振频率时，电感不再是感性元件，而是退化成容性元件。常规地可以通过集成电感的线宽、线间距、内径、线圈数的优化设计提升集成电感性能。另外，通过特定的版图技术也可以提高集成电感性能，如在集成电感和硅衬底之间插入有特定图形的接地平面、差分形状和多层金属电感等。也可以通过工艺技术去除低阻硅衬底的影响来提高电感性能，但是这些技术需要改变 CMOS 工艺制造流程。

1. 电感量计算公式

集成电感的电感量计算有两种方法：一种是经验公式，另一种是计算分布式电感。分布式电感模型采用 Greenhouse[3]给出的方法进行计算，主要原理是计算金属线圈各金属线段的自感及金属线圈之间的互感，并将所有的自感和互感进行累加。最简单的自感和互感(图 3.13(a))计算公式如下：

$$L = 2l \left\{ \ln\left[2l/(w+t) \right] + 0.50049 + (w+t)/3l \right\} \tag{3.14}$$

$$Q = \ln\left[\frac{l}{\mathrm{GMD}} + \sqrt{1 + \left(\frac{l}{\mathrm{GMD}} \right)^2} \right] - \sqrt{1 + \left(\frac{l}{\mathrm{GMD}} \right)^2} + \frac{\mathrm{GMD}}{l} \tag{3.15}$$

$$\ln \mathrm{GMD} = \ln d - \frac{w^2}{12d^2} - \frac{w^4}{60d^4} - \frac{w^6}{168d^6} - \frac{w^8}{360d^8} - \cdots \tag{3.16}$$

式中，l 为金属线长度，t 为金属线厚度，w 为金属线宽度，均以 cm 为单位；GMD 为几何平均距离。

一个较为精准、简洁的电感量计算经验公式如下[5]：

$$L = \frac{\mu n^2 d_{\mathrm{avg}} c_1}{2} \left[\ln\left(\frac{c_2}{\rho} \right) + c_3 \rho + c_4 \rho^2 \right] \tag{3.17}$$

$$d_{\mathrm{avg}} = \frac{d_{\mathrm{out}} + d_{\mathrm{in}}}{2}, \quad \rho = \frac{d_{\mathrm{out}} - d_{\mathrm{in}}}{d_{\mathrm{out}} + d_{\mathrm{in}}} \tag{3.18}$$

式(3.17)中经验参数 $c_1 \sim c_4$ 对于不同的几何形状有不同的拟合值，如图 3.13(b)所示，具体拟合值见表 3.1。

表 3.1　不同形状的经验参数拟合值

版图	c_1	c_2	c_3	c_4
方形	1.27	2.07	0.18	0.13
六边形	1.09	2.23	0.00	0.17
八边形	1.07	2.29	0.00	0.19
圆形	1.00	2.46	0.00	0.20

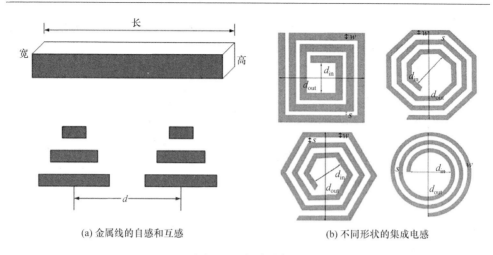

(a) 金属线的自感和互感　　　　(b) 不同形状的集成电感

图 3.13　电感示意图

2. 集成电感等效模型

在射频集成电路设计中经常使用的是集总等效模型，根据上述物理模型，一个最为简化的集成电感等效模型("π"模型)如图 3.14(a)所示。简化模型只考虑了串联电阻、衬底位移损耗，而衬底涡流效应、趋肤效应、邻近效应及分布式效应均未考虑，此模型只在频率比较低的范围是有效的。简化模型可以用于电路的简化分析。目前应用广泛的集成电感等效模型是"2π"分布式模型(图 3.14(b))，在这个模型中把基本的寄生高频物理效应都考虑在内，只是有些物理效应的模型化过于简单，如涡流效应用一个电阻来等效。"2π"分布式模型通过参数拟合可以在很宽的范围符合电感的行为。早期电感模型为了模拟分布式效应采用多个"π"模型级联，而事实上采用两个"π"模型级联模拟分布式效应就可以达到足够的

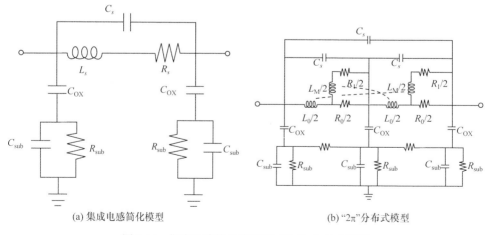

(a) 集成电感简化模型　　　　(b) "2π"分布式模型

图 3.14　集成电感简化模型和"2π"分布式模型

精度[6]，如图 3.15 所示。"2π"分布式模型用 R 和 LR 并联电路来模拟趋肤效应，用交叉耦合的互感来模拟邻近效应。

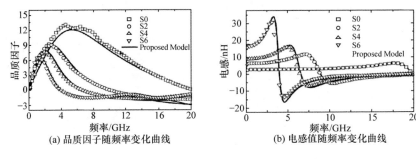

(a) 品质因子随频率变化曲线　　　　(b) 电感值随频率变化曲线

图 3.15　　"2π"分布式模型和测试结果比较

3.3.3　集成变压器及其模型

变压器在射频集成电路中有广泛的应用，尤其是在功率放大器、压控振荡器、混频器和低噪声放大器中运用更加频繁。变压器不仅可以用来实现单端转差分、阻抗转换、阻抗匹配，还可以用来实现 DC 耦合和功率合成。对于电路设计者而言，变压器能极大地提高电路设计者的设计自由度，拓展基础电路的使用范围，也能在电路系统层面提高系统的方案选取自由度，具有重要的意义。

1. 集成变压器版图设计

片上变压器主要包含层叠变压器结构、平面交叉变压器结构和微带线变压器结构等几种类型。

层叠变压器结构一般利用 CMOS 工艺顶层和次顶层金属将变压器主电感线圈与次电感线圈版图设计成完全重叠的图形。层叠变压器结构耦合因子(K_m)可以很高，接近 0.9。虽然主线圈和次线圈在版图上是一样的，但是在电学性能上是有差异的。首先，在 CMOS 工艺中顶层和次顶层的金属厚度是有差异的，这导致串联电阻不同，也就是品质因子有较大差别；其次，顶层线圈被次顶层金属屏蔽，顶层金属的衬底效应比较小，次顶层金属线圈则有显著的衬底效应影响。另外，需要注意的是主、次线圈间有较大的层间寄生电容，在版图上可以通过错位来降低层间寄生电容，同时也可以调节 K_m 值来降低层间寄生电容。层叠变压器结构插入损耗比较小，可以宽带工作并且面积效率比较高。

平面交叉变压器结构利用顶层金属通过交叉金属线实现变压器(图 3.16(a))，和层叠变压器相比，平面交叉变压器主、次线圈的电学性能是可以完全一致的。耦合因子比叠层变压器略低，可以达到 0.75～0.9。随着现代收发机系统对灵敏度、噪声和可靠性要求的不断提高，全差分链路设计概念逐渐成为射频收发机的主流。传统的双端口 S 参数在描述变压器时，忽略了差分端口之间的阻抗差异，其准确性和有效性都不足以满足电路设计者的需要。另外，全差分特性的平面变压器，其中心抽头用于直流偏置，差分端口之间的幅度和相位失配都有非常明显的改善。Rabjohn 首先提出了一种平面交叉全差分变压器结构[7,8]，如图 3.16(b)所示。在该结构中，主线圈和次线圈都利用顶层金属实现，而次顶层金属用于实现主线圈和次线圈的连接。图 3.16(b)中，D_{out} 为变压器的外径，w 和 s 分别为变压器的金属线宽和相邻金属的间距。顶层金属一般都比较厚，寄生电阻比较小，相比于层叠变压器结构和中间抽头的变压器结构，该平面交叉全差分变压器的品质因子和插入损耗都有一定的优势，因此受到越来越广泛的关注。

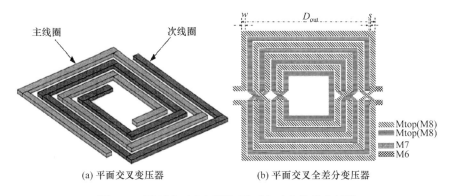

(a) 平面交叉变压器　　　　(b) 平面交叉全差分变压器

图 3.16　平面交叉变压器与平面交叉全差分变压器

微带线变压器结构利用微带线之间的互感和相位关系，实现在某些特征阻抗和特征频率下的阻抗变换关系，工作频率可以达到数十 GHz 的水平，并且微带线主、次线圈电感的品质因子比较高，但其对特征阻抗的要求比较高，微带线电感面积比较大。

2. 集成变压器模型

图 3.17 是一个集成变压器等效电路模型，主、次线圈电感的模型和集成电感的"π"模型是相同的，只是加入了耦合因子和主、次线圈间的寄生电容。和集成电感模型一样，更为准确的模型需要考虑趋肤效应、邻近效应和衬底涡流效应等。

上述模型在电路手算分析中过于复杂，需要更简洁的变压器手算模型。图 3.18(a)是变压器电学表示符号，根据变压器的电磁耦合，可以知道变压器的电压、电流具有如下关系：

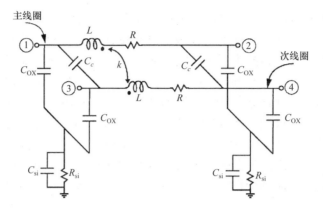

图 3.17　集成变压器等效电路模型

$$V_p = Z_{11} \cdot I_p + Z_{21} \cdot I_s = \mathrm{j}\omega L_p \cdot I_p + \mathrm{j}\omega M \cdot I_s \tag{3.19}$$

$$V_s = Z_{12} \cdot I_p + Z_{22} \cdot I_s = \mathrm{j}\omega M \cdot I_p + \mathrm{j}\omega L_s \cdot I_s \tag{3.20}$$

根据式(3.19)和式(3.20)可以用电感 M 来模型化电磁耦合，从而得到变压器的"T"模型(图 3.18(b)和(c))，这将有利于手算电路分析。需要注意的是"T"模型只对交流信号分析有效，因为真实的变压器主、次线圈 DC 是隔离的。对于一个 $n:1$ 的变压器，有

$$V_s = \frac{1}{n} \cdot V_p \tag{3.21}$$

$$I_s = n \cdot I_p \tag{3.22}$$

根据式(3.19)和式(3.20)还可以知道：

$$n = \sqrt{\frac{L_p}{L_s}} \tag{3.23}$$

对于变压器来说，其主、次线圈的耦合因子与互感之间有如下关系：

$$M = k\sqrt{L_p L_s} \tag{3.24}$$

上述的变压器"T"模型无法描述变压器的直流特性和电压电流转换的比例关系。变压器还可以用理想变压器进行模型化，如图 3.18(d)和(e)所示，其电压电流有如下关系：

$$V_p = \mathrm{j}\omega L_p \cdot I_p + \mathrm{j}\omega M \cdot n \cdot I_{\mathrm{se}} \tag{3.25}$$

$$V_{\mathrm{se}} = \mathrm{j}\omega M \cdot n \cdot I_p + \mathrm{j}\omega L_s \cdot n^2 \cdot I_{\mathrm{se}} \tag{3.26}$$

在"T"模型的基础上，还可以把图 3.17 所示的变压器模型简化成图 3.19 所示形式，其中 C_p、r_{sh1} 和 C_s、r_{sh2} 分别表示主、次线圈的寄生效应参数。在模型

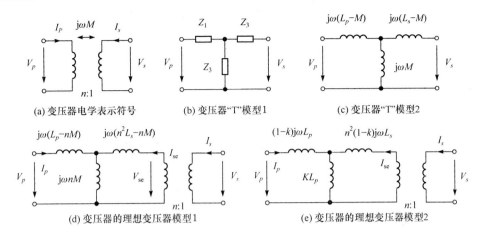

(a) 变压器电学表示符号　　(b) 变压器"T"模型1　　(c) 变压器"T"模型2

(d) 变压器的理想变压器模型1　　　　(e) 变压器的理想变压器模型2

图 3.18　变压器模型

中加入 C_{tune1} 和 C_{tune2} 后，是变压器在真实应用时的状态。通过设计主、次线圈自感 L_p 和 L_s 及耦合因子 K_m，配合合适的 C_{tune1} 和 C_{tune2} 可以实现变压器的阻抗匹配、阻抗转换与宽带滤波等多种功能。

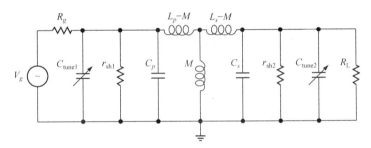

图 3.19　可用于手算的变压器模型

3.3.4　集成感性元件物理效应解析模型[6]

集成电感性元件中主要有趋肤效应、邻近效应、衬底位移电流损耗效应、衬底涡流效应等物理效应。建立解析的物理效应模型对于快速提取集成感性元件模型参数和解析集成感性元件模型是非常有价值的。

1. 趋肤效应和邻近效应

趋肤效应和邻近效应会使电感串联电阻随着频率提高而上升。邻近效应来源于线圈中的激励电流产生的涡流的影响，如图 3.20 所示。I_{coil} 为电感线圈中的激励电流，随频率变化的激励电流产生一个交变的磁场 B_{coil}，磁场方向垂直于页面，磁场的强度从中心线圈向边沿线圈逐渐减弱。根据法拉第电磁感应定律和楞次定律，B_{coil} 在金属线圈中产生涡流 I_{eddy}，涡流方向与磁场变化方向相反，从而影响金属中电流密度的分布，使得靠近中心的内侧电流密度增大，外侧电流密度减小。

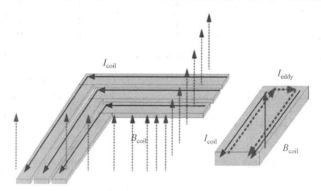

图 3.20　集成电感性元件中的趋肤效应和邻近效应

事实上，趋肤效应来源于金属线段内部激励电流的交变磁场，而邻近效应来源于邻近金属线段内部电流的交变磁场，考虑两者来源的共质性，可以假设：邻近效应产生的电流分布特性和趋肤效应电流分布特性一致，方向的不一致导致了内外侧电流分布的差异。根据上述假设，考虑一个金属线段(标记为 j)趋肤效应电阻为 R_{skin}，自感为 L_{self}，在激励磁感应强度 B_{induced} 的激励下，产生的邻近涡流在金属线段内部形成一个回环涡流，涡流路径的长度为趋肤效应电流的 2 倍，涡流路径的截面积为趋肤效应电流的 1/2。因此，将趋肤效应和邻近效应整体考虑，在该金属线圈的内部总能量损耗为

$$P_{\text{loss},j} = I_{\text{ex},j}^2 \cdot R_{\text{skin},j} + I_{\text{ed},j}^2 \cdot R_{\text{eddy},j} \tag{3.27}$$

式中，$I_{\text{ed},j}$ 为 B_{induced} 产生的涡流；$R_{\text{eddy},j}$ 为涡流路径的电阻。根据上述假设，在电流分布特性一致的假设下，有

$$R_{\text{eddy},j} = 4R_{\text{skin},j} \tag{3.28}$$

为了得到涡流的大小，需要根据感应电动势和涡流路径的环路阻抗进行计算。设激励磁场在金属线段内部均匀分布，则磁感应强度 $B_{\text{induced},j}$ 产生的感应电动势为

$$V_{\text{eddy},j} = \omega \cdot B_{\text{induced},j} \cdot L_j \cdot \left(W_j - 2\delta\right) \tag{3.29}$$

邻近效应的涡流可根据感应电动势和涡流阻抗计算，即

$$I_{\text{eddy},j} = \frac{V_{\text{eddy},j}}{Z_{\text{eddy},j}} = \frac{\text{j} \cdot \omega \cdot B_{\text{induced},j} \cdot L_j \cdot \left(W_j - 2\delta\right)}{4R_{\text{skin},j} + \text{j} \cdot \omega \cdot L_{\text{eddy},j}} \tag{3.30}$$

整体考虑邻近效应和趋肤效应的金属线圈高频电阻模型如下：

$$R_f = \sum_j R_{f,j} = \sum_j \frac{P_{\text{loss},j}}{I_{\text{excite},j}^2} = \sum_j R_{\text{skin},j} \cdot \left(1 + 4I_{\text{eddy},j}^2\right)$$

$$= \sum_j \left\{ R_{\text{skin},j} + \frac{\omega^2 \cdot \left[B_{\text{induced},j} \cdot L_j \cdot (w - 2\delta)\right]^2}{\left(4R_{\text{skin},j}\right)^2 + \omega^2 L_{\text{eddy},j}^2} \cdot \left(4R_{\text{skin},j} - j\omega L_{\text{eddy},j}\right) \right\} \tag{3.31}$$

高频电阻模型在很宽的频率范围内都有很高的精度(图3.21)。

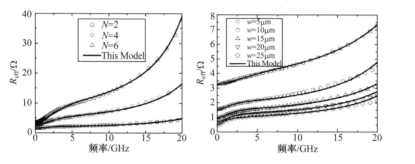

图3.21 串联电阻模型和3D电磁场仿真结果对比

2. 衬底位移电流损耗效应

位移电流损耗是由电场穿透到硅衬底引起的衬底载流子变化而导致的损耗，模型可以等效为并联电阻和电容，如图3.22所示。

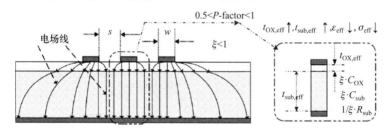

图3.22 衬底分布式电阻和电容示意图

衬底分布式电容和电阻决定了平面螺旋电感的自谐振频率，也是限制平面螺旋电感品质因子的重要因素。衬底分布电容和分布电阻损耗又称为位移电流损耗，来源于线圈变化的电场向氧化层电容 C_{OX}、衬底电容 C_{sub} 和衬底电阻 R_{sub} 充放电产生的能量损耗与自谐振频率衰减。C_{OX}、C_{sub} 和 R_{sub} 可以将各金属线段的分量累计计算如下：

$$\begin{cases} C_{\mathrm{OX}} = C_{\mathrm{OX}_{\mu p}} + \sum_{j} \xi_j C_{\mathrm{OX}_j} \\ C_{\mathrm{sub}} = C_{\mathrm{sub}_{\mu p}} + \sum_{j} \xi_j C_{\mathrm{sub}_j} \\ R_{\mathrm{sub}} = \dfrac{1}{R_{\mathrm{sub}_{\mu p}} + \sum_{j} \xi_j R_{\mathrm{sub}_j}^{-1}} \end{cases} \tag{3.32}$$

式(3.32)中，ξ_j 为一个关键的修正系数，该系数考虑了随着圈数的增加和金属间距的减小，总体的位移电流损耗对整体集总的氧化层电容 C_{OX}、衬底电容 C_{sub} 和衬底电阻 R_{sub} 的影响。随着圈数 N 的增加和金属间距 s 的减小，每条金属线段的平板位移电流损耗部分，即仅由覆盖面积决定的部分保持不变，而由边缘变化的电场引起的位移电流损耗将受到一定的抑制，使得单个金属线段，尤其是位于内侧的金属线段位移电流损耗减小，ξ_j 也随之减小。另外，圈数的增加和金属间距的减小也将导致 P_j 的增大，P_j 为一个用于描述自感和互感比例的参数，其计算公式如下：

$$P_j = \frac{\sqrt{\left(\dfrac{L_{\mathrm{self},j}}{2M_{\mathrm{total},j}}\right)^2 + 1} - \dfrac{L_{\mathrm{self},j}}{2M_{\mathrm{total},j}} + 1}{2} \tag{3.33}$$

式中，$L_{\mathrm{self},j}$ 为第 j 金属线段的自感；$M_{\mathrm{total},j}$ 为第 j 金属线段与其他所有金属线段的互感。通过提取具有不同的 P_j 因子的金属线段因子 ξ_j，可以得到如下简单近似的线性关系(图 3.23)：

$$\xi_j = (1 + k_c) - 2 \cdot k_c \cdot P_j \tag{3.34}$$

式中，k_c 为一个拟合因子。

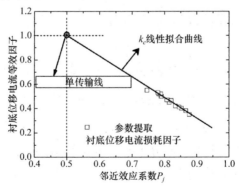

图 3.23　衬底位移电流随邻近效应系数的变化

3. 衬底涡流效应

硅基感性元件衬底一般为 P 硅衬底，电导率为 5～20S/m。当工作频率提高时，导电线圈产生的感应电动势在导电的衬底中心产生感应电流，等效于一个与电感串联的电阻在消耗能量，从而使得电感线圈的品质因子降低。衬底涡流受到导电线圈中激励信号强度、工作频率、衬底的电导率、厚度乃至衬底背接触阻抗的影响，可等效为电感电阻性损耗的一部分。对于具有较大的中空面积的电感线圈而言,该等效电阻计算为[9]

$$R_{\text{subed}} = \frac{P_{\text{loss}}}{I_{\text{excite}}^2} = \frac{\sigma_{\text{sub}} \cdot A^2 \cdot B_{\text{sub}}^2 \cdot t_{\text{sub}}}{16} \omega^2 \tag{3.35}$$

式中，A 为电感面积；σ_{sub} 为硅基衬底电导率；B_{sub} 为电感激励电流元在衬底中心产生的等效感应电动势强度。电感激励电流元在衬底中心产生的感应电动势的分布，在内侧线圈边沿处存在一个峰值，而在外侧线圈边沿处存在一个谷值，在多圈结构的内外侧区域，磁感应强度基本呈线性变化，如图 3.24 所示。

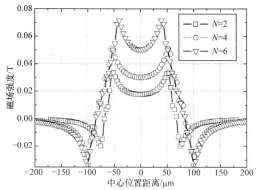

图 3.24　衬底磁场强度与中心位置距离的变化

因此实际上的衬底涡流不仅仅分布在电感面积正下方，也包含电感周边的一部分面积，涡流的大小不仅与在线圈中心点的磁感应强度有关，也与两边沿处的峰值磁感应强度有关。考虑该分布式效应，定义等效的衬底磁感应强度如下：

$$B_{\text{sub}} = B_{\text{center}} + k_1 \cdot B_{\text{max}} + k_2 \cdot B_{\text{min}} \tag{3.36}$$

式中，k_1 和 k_2 为拟合系数，与基本的电感拓扑有关，一般情况下可以根据等效的能量损耗积分获得。针对平面螺旋电感，k_1 和 k_2 可简单取为 0.45 和 0.10。若电感形状为层叠电感或者微带线电感，k_1 和 k_2 将有一定的变化。中心磁感应强度 B_{center}、内边沿磁感应强度 B_{max} 和外边沿磁感应强度 B_{min} 分别计算如下：

$$\begin{cases} B_{\text{center}} \approx 0.45 \mu_0 I_{\text{ex}} \sum_i \dfrac{1}{D_i} \\[2mm] B_{\text{max}} \approx 0.34 \dfrac{\mu_0}{w+s} \cdot I_{\text{ex}} \\[2mm] B_{\text{min}} \approx 0 - 0.17 \dfrac{\mu_0}{w+s} \cdot I_{\text{ex}} \end{cases} \tag{3.37}$$

3.4　MOSFET 器件与模型

3.4.1　MOSFET 器件简介

在射频应用中，MOSFET 器件结构本身没有特殊性，和低频应用的器件结构是一样的，如图 3.25(a)所示。在射频应用中，因为器件尺寸一般都比较大，通常会采用多叉指版图，如图 3.25(b)所示。

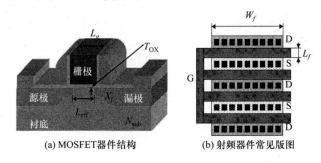

(a) MOSFET器件结构　　　　　(b) 射频器件常见版图

图 3.25　射频器件结构及版图

评价 MOSFET 器件高频性能的一个最重要的指标是器件的最大振荡频率 $f_{\max}$，器件 $f_{\max}$ 的大小不仅仅与器件尺寸和偏置条件有关，还高度依赖器件本身和版图寄生所带来的电阻性损失。根据 Mason 单边增益(U)，当器件单边增益 $U=1$ 时的器件频率为 $f_{\max}$。通常会用低频测试得到的单边增益 U 外推得到 $f_{\max}$，但是由于当频率接近 $f_{\max}$ 时，U 的下降速度大于 20dB/dec，外推得到的 $f_{\max}$ 会偏大。对 $f_{\max}$ 影响比较大的电阻性损失主要包括栅电阻、源漏电阻、衬底电阻。通过 3.4.4 节的栅电阻模型，我们知道双端接入多叉指版图可以显著降低栅电阻值，使得 $f_{\max}$ 受栅电阻的影响很小；另外，优化器件接地环版图也可以使衬底电阻显著减小。版图优化可以使得 $f_{\max}$ 主要受源漏电阻影响。

3.4.2　MOSFET 器件手算直流模型

一个简化的可以用于手算的短沟道 MOSFET 器件模型如下。

器件工作在线性区时，漏电流表达式为

$$I_{ds} = \mu_{eff} C_{OX} \frac{W}{L} \left(V_{gs} - V_{th} - A_{bulk} \frac{V_{ds}}{2} \right) V_{ds} \tag{3.38}$$

器件工作在饱和区时，漏电流表达式为

$$I_{ds} = \frac{\mu_{eff} C_{OX} W}{2L} \cdot \frac{1}{A_{bulk}} \left(V_{gs} - V_{th} \right)^2 \left(1 + \lambda V_{ds} \right) \tag{3.39}$$

其中，

$$V_{th} = V_{th0} + K_1\left(\sqrt{\varphi_s - V_{bs}} - \varphi_s\right) \tag{3.40}$$

$$\mu_{eff} = \frac{\mu_0}{1 + U_a\left(\dfrac{V_{gs} + V_{th}}{t_{OX}}\right)} \tag{3.41}$$

$$A_{bulk} = 1 + \frac{K_1}{2\sqrt{\varphi_s - V_{bs}}} \tag{3.42}$$

上述表达式中的模型参数可以采用代工厂提供的模型中的参数值。

3.4.3　MOSFET 器件低频等效小信号模型

根据图 3.26 MOSFET 器件低频等效小信号模型可以得到小信号漏电流表示式为

$$\Delta i_d = g_m \Delta V_{gs} + g_{ds} \Delta V_{ds} + g_{mb} \Delta V_{sb} \tag{3.43}$$

其中，

$$g_m = \frac{\Delta i_d}{\Delta V_{gs}} = \sqrt{2\frac{\mu_{eff} C_{OX} W}{L \cdot A_{bulk}} \cdot I_d\left(1 + \lambda V_{ds}\right)} \tag{3.44}$$

$$g_{mb} = \frac{\Delta i_d}{\Delta V_{sb}} = \frac{-K_1}{2\sqrt{\varphi_s + V_{sb}}} \cdot g_m \tag{3.45}$$

$$g_m = \frac{\Delta i_d}{\Delta V_{ds}} = \frac{\lambda \cdot I_d}{\left(1 + \lambda V_{ds}\right)} \approx \lambda \cdot I_d \tag{3.46}$$

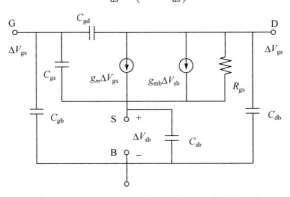

图 3.26　MOSFET 器件低频等效小信号模型

3.4.4　MOSFET 器件高频模型

MOSFET 器件高频物理模型如图 3.27(a)所示，和低频模型相比，MOSFET 器件高频模型在器件栅极引入栅电阻,在衬底引入衬底电阻网络。在考虑栅电阻、衬底电阻、源漏电阻后，一个完整的 MOSFET 器件高频电路模型如图 3.27(b)所示。在模型中，本征 MOSFET 器件由仿真器提供的紧凑型模型(compact model)来描述，如常用的 BSIM 模型[10,11]；在紧凑型模型中将 D_{sb}、D_{db}、C_{gso}、C_{gdo}、R_s 和 R_d 参数关闭，这样所有非本征的元件就可以加在本征器件的外部；当工作频率大于 10GHz 时，通常需要考虑衬底寄生电容；在极端高频工作应用中还需要考虑沟道准静态效应。这种高频电路模型具有工程便利性，通常 CMOS 代工厂都提供本征器件的模型参数，不需要为高频模型单独建立本征器件模型。

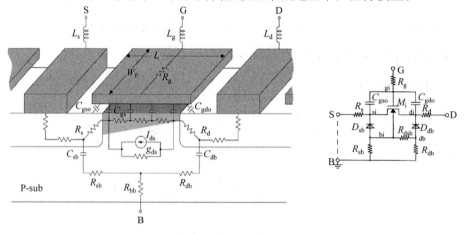

(a) MOSFET器件高频物理模型   (b) MOSFET器件高频电路模型

图 3.27   MOSFET 模型

栅电阻包括多晶硅栅的分布式电阻和沟道分布式电阻(图 3.28)，其中多晶硅栅的分布式电阻为

$$R_{g,poly} = \frac{R_{g,ch}}{N_F L_F}\left(W_{ext} + \frac{W_F}{\alpha}\right) \tag{3.47}$$

其中，栅单端接入时 α 等于 3，栅双端接入时 α 等于 12(双端接入时相当于栅电阻减半再并联，所以 α 等于 12)。高频信号在多晶硅栅上传播，多晶硅栅电阻和栅电容形成分布式效应。分布式电阻计算公式如下：

$$R(N) = \frac{R}{N^3}\left(1 + 2^2 + 3^2 + \cdots + N^2\right) = \frac{R \cdot \left(\dfrac{N^3}{3} + \dfrac{3N^2 + N}{2}\right)}{N^3} = \frac{R}{3} \tag{3.48}$$

沟道电阻分布效应公式如下：

$$R_{g,ch} = \frac{R_{ch}}{\delta} \tag{3.49}$$

式中，δ 为 12～15，可以理解为双端接入的沟道电阻分布式效应。二维器件模拟结果[12]也验证了沟道电阻分布式效应(图 3.29)。

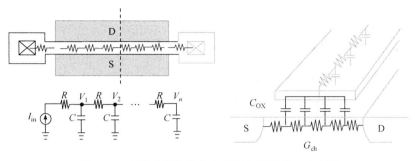

图 3.28　多晶硅栅的分布式电阻和沟道分布式电阻

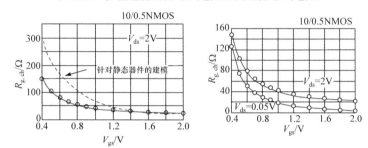

图 3.29　二维器件模拟沟道分布式效应结果

衬底电阻(图 3.30)依赖于版图中栅的数目、衬底接触位置和尺寸等,一个有效地降低衬底电阻的方法是减小器件源漏电极到衬底接触的距离及增加衬底接触的面积,其中环状的衬底接触具有最小的衬底电阻。降低衬底电阻有助于提高器

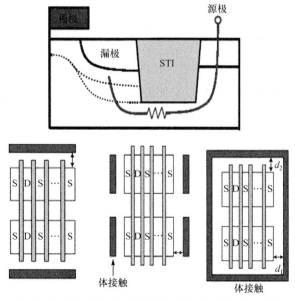

图 3.30　衬底电阻和版图对衬底电阻的影响示意图

件的噪声性能和功率传输能力。

3.4.5　MOSFET 高频噪声

MOSFET 器件噪声如图 3.31(a)所示，主要包括沟道热噪声、栅诱生电流噪声、源漏串联电阻噪声、衬底电阻噪声等。其中图 3.31(b)是沟道热噪声和栅诱生电流噪声随频率变化的曲线。

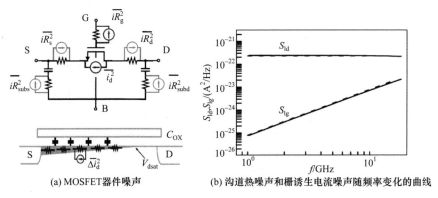

(a) MOSFET器件噪声　　　　(b) 沟道热噪声和栅诱生电流噪声随频率变化的曲线

图 3.31　MOSFET 噪声

沟道热噪声电流公式如下：

$$\overline{i_d^2} = 4kT\gamma g_{d0}\Delta f \tag{3.50}$$

当器件为长沟道器件时，γ 理论推导为 2/3。当器件为短沟道器件时，由于热载流子效应，γ 会显著偏离 2/3，在过驱动电压不是很大的情况下，γ 一般为 1～2。栅诱生电流噪声公式如下：

$$\overline{i_g^2} = 4kT\gamma g_g\Delta f \tag{3.51}$$

栅诱生电流噪声和沟道热噪声是同源的，都是沟道载流子涨落引起的，沟道热噪声通过栅电容耦合到栅上就形成了栅诱生电流噪声。其中，

$$g_g = \frac{\omega^2 C_{gs}^2}{5g_{d0}} \tag{3.52}$$

$$\delta = 2\gamma \tag{3.53}$$

由于栅诱生电流噪声是栅电容的耦合作用，一般栅诱生电流噪声在很宽的频率范围内都要远小于沟道热噪声，因此只有电路工作在非常高的频率下才需要考虑栅诱生电流噪声。沟道漏电流噪声与栅诱生噪声都是由沟道载流子随机热运动产生的，因此这两个噪声是相关的，可以表示为

$$\overline{i_{ng}i_{nd}^*} = c\sqrt{\overline{i_{ng}^2}\,\overline{i_{nd}^2}} \tag{3.54}$$

对于长沟道器件来说，相关系数 c 是一个纯虚数，$c=0.395j$。有研究表明对于

短沟道器件，相关系数 c 略小于 0.395，为 0.3~0.35。

3.4.6　有源器件高频测试和参数提取简介

对器件进行高频建模是射频工程师经常碰到的问题，高频测试和参数提取是高频建模的基础。高频器件特性可以通过网络分析仪测试 S 参数来获得，高频器件测试示意图和有源器件高频测试曲线见图 3.32。测试探针间距是固定的，一般在 100~200μm 可选，探针一般为三个针尖，两边为地平面针尖，中间为加载信号的针尖，构成 G-S-G 结构。测试结构的焊盘也相应画成同等距离的 G-S-G 焊盘。网络分析仪测试器件前需要进行校正，去除同轴线、探针等的寄生影响。在去除焊盘、走线的寄生效应后，测试得到的 S 参数才是器件真实的特性，这个过程通常称为去嵌。

一个简单的去嵌过程，需要待测器件(DUT)、开路(OPEN)、短路(SHORT)等多种测试结构，其中开路结构在版图上直接将待测器件去除；短路结构在版图上将待测器件去除后，将输入、输出和地平面短路。这三种结构的小信号等效电路图如图 3.33 所示。

其中各个端口连接的 Z 参数、Y 参数表示的是测试结构的焊盘和走线的高频寄生效应。

根据测试结构的等效信号电路模型，我们可以得到测试结构的寄生 Z 参数：

$$\begin{bmatrix} Z_{s1} + Z_{s3} & Z_{s3} \\ Z_{s3} & Z_{s2} + Z_{s3} \end{bmatrix} = \left[Y_{\text{SHORT}} - Y_{\text{OPEN}} \right]^{-1} \tag{3.55}$$

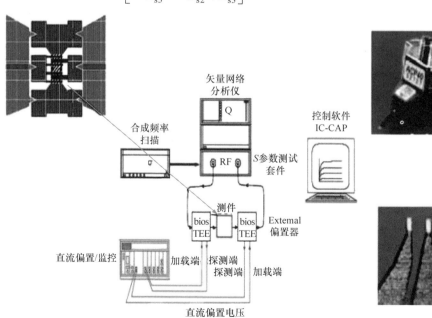

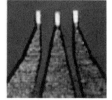

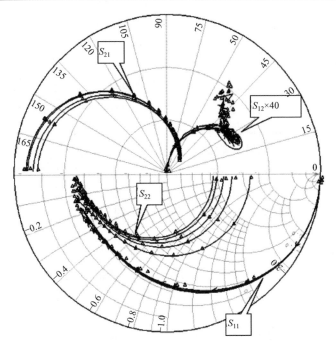

图 3.32　高频器件测试示意图和有源器件高频测试曲线

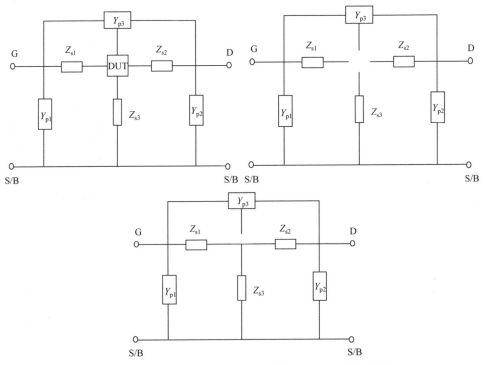

图 3.33　DUT、OPEN、SHORT 测试结构小信号等效电路图

进一步可以得到待测器件的 Y 参数为

$$Y_{\text{transistor}} = \left[\left(Y_{\text{DUT}} - Y_{\text{OPEN}} \right)^{-1} \left(Y_{\text{SHORT}} - Y_{\text{OPEN}} \right)^{-1} \right]^{-1} \tag{3.56}$$

器件 Y 参数的矩阵形式为

$$\begin{bmatrix} Y_{\text{DUT},11} & Y_{\text{DUT},12} \\ Y_{\text{DUT},21} & Y_{\text{DUT},22} \end{bmatrix} = \left[\begin{bmatrix} Z_{\text{tr},11} & Z_{\text{tr},12} \\ Z_{\text{tr},21} & Z_{\text{tr},22} \end{bmatrix} + \begin{bmatrix} Z_{s1} + Z_{s3} & Z_{s3} \\ Z_{s3} & Z_{s1} + Z_{s3} \end{bmatrix} \right]^{-1} + \begin{bmatrix} Y_{p1} + Y_{p3} & -Y_{p3} \\ -Y_{p3} & Y_{p2} + Y_{p3} \end{bmatrix}$$

$$\tag{3.57}$$

其中，Y_{SHORT}、Y_{OPEN}、Y_{DUT} 为对应三种测试结构的 Y 参数，通过三种测试结构测试的 S 参数变换得到。在获得了器件本征的 Y 参数后，根据在不同偏置下的器件高频模型对器件参数进行提取。以提取栅电阻 R_{g} 为例，在待测器件栅端加载足够高的电压使器件进入强反型，而使源漏电压 $V_{\text{ds}} = 0$。在这种偏置条件下，本征器件沟道可以等效为一个小电阻，屏蔽了衬底效应，可以得到待测器件的近似 Y 参数表达式为

$$Y_{11} \approx \omega^2 \left(C_{\text{gg}}^2 R_{\text{g}} + C_{\text{gs}}^2 R_{\text{s}} + C_{\text{gd}}^2 R_{\text{d}} \right) + j\omega C_{\text{gg}} \tag{3.58}$$

$$Y_{12} \approx -\omega^2 C_{\text{gg}} C_{\text{gd}} R_{\text{g}} - j\omega C_{\text{gd}} \tag{3.59}$$

$$Y_{21} = G_m - \omega^2 C_{\text{gg}} C_{\text{gd}} R_{\text{g}} - j\omega \left(C_{\text{gd}} + G_m R_{\text{g}} C_{\text{gg}} \right) \tag{3.60}$$

源漏 R_{s}、R_{d} 可以从上述公式提取得到，但是会和从 DC 参数提取的值不一致，导致 DC 性能变化，因此一般直接采用 DC 参数提取值。从 Y_{11}、Y_{12} 的虚部我们很容易提取到 C_{gg} 和 C_{gd}，如式(3.61)和式(3.62)所示：

$$C_{\text{gg}} = \left| \frac{\text{Im}\{Y_{11}\}}{\omega} \right| \tag{3.61}$$

$$C_{\text{gd}} = \left| \frac{\text{Im}\{Y_{12}\}}{\omega} \right| \tag{3.62}$$

进一步可以通过式(3.63)提取得到 R_{g}：

$$R_{\text{g}} = \left| \frac{\text{Re}\{Y_{11}\} - \omega^2 \left(C_{\text{gd}}^2 R_{\text{d}} + C_{\text{gs}}^2 R_{\text{s}} \right)}{\text{Im}\{Y_{11}\}^2} \right| \tag{3.63}$$

同样地，我们可以通过 $V_{\text{ds}} = V_{\text{gs}} = 0$ 的偏置状态测试 Y_{22}，提取得到 R_{sub}。图 3.34 为典型的参数提取值随频率的变化曲线。

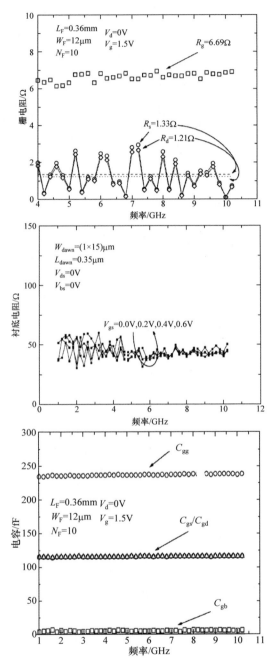

图 3.34　R_g、R_{sub}、C_{gg}、C_{gd} 等参数提取值随频率的变化曲线

参 考 文 献

[1] Cho H Y, Yeh T J, Liu L S L, et al. High-performance slow-wave transmission lines with

optimized slot-type floating shields. IEEE Transactions on Electron Devices, 2009, 56(8): 1705-1711.

[2] Franc A, Pistono E, Meunier G, et al. A lossy circuit model based on physical interpretation for integrated shielded slow-wave CMOS coplanar waveguide structures. IEEE Transactions on Microwave Theory and Techniques, 2013, 61(2): 754-763.

[3] Greenhouse H. Design of planar rectangular microelectronic inductors. IEEE Transactions on Parts, Hybrids, and Packaging, 1974, 10(2): 101-109.

[4] Cheung T S D, Long J R. Shielded passive devices for silicon-based monolithic microwave and millimeter-ave integrated circuits. IEEE Journal of Solid-State Circuits, 2006, 41(5): 1183-1200.

[5] Mohan S S, Hershenson M d M, Boyd S P, et al. Simple accurate expressions for planar spiral inductances. IEEE Journal of Solid-State Circuits, 1999, 34(10): 1419-1424.

[6] Wang C, Liao H L, Li C, et al. A wideband predictive "Double-pi" equivalent-circuit model for on-chip spiral inductors. IEEE Transactions on Electron Devices, 2009, 56(4): 609-619.

[7] Rabjohn G G. Monolithic microwave transformers. Ottawa: Carleton University, 1991.

[8] Scuderi A, Biondi T, Ragonese E, et al. A lumped scalable model for silicon integrated spiral inductors. IEEE Transactions on Circuits and Systems I: Regular Papers, 2004, 51(6): 1203-1209.

[9] Wang C, Liao H L, Xiong Y Z, et al. A physics-based equivalent-circuit model for on-chip symmetric transformers with accurate substrate modeling. IEEE Transactions on Microwave Theory and Techniques, 2009, 57(4): 980-990.

[10] Chauhan Y S, Venugopalan S, Karim M A, et al. BSIM — Industry standard compact MOSFET models. Proceedings of the ESSCIRC, Bordeaux, 2012: 30-33.

[11] Chauhan Y S, Venugopalan S, Paydavosi N, et al. BSIM compact MOSFET models for SPICE simulation. Proceedings of the 20th International Conference Mixed Design of Integrated Circuits and Systems - MIXDES 2013, Gdynia, 2013: 23-28.

[12] Jin X D, Ou J J, Chen C H, et al. An effective gate resistance model for CMOS RF and noise modeling. International Electron Devices Meeting, San Francisco, 1998: 961-964.

第 4 章　射频接收机集成电路技术

本章主要介绍射频接收机集成电路技术，主要包括低噪声放大器、混频器和滤波器等关键电路。随着射频应用系统的发展，射频接收机前端电路技术取得了许多新的进展，如噪声消除低噪声放大器、宽带无电感低噪声放大器、N 通道 RF 滤波器、谐波抑制混频器、无源射频前端电路(passive RF frontend)等。本章在介绍接收机基础电路的同时，兼顾纳米尺度工艺下的新型电路技术。

4.1　低噪声放大器

4.1.1　低噪声放大器简介

低噪声放大器作为从天线端进入接收机的第一个有源电路模块，几乎是每个射频收发机中必不可少的核心模块，如图 4.1 所示。低噪声放大器的主要功能包括：①提供良好的阻抗匹配，保证外部元件如 SAW 滤波器、双工器(duplexer)或者巴伦(Balun)的特性；②在信号信噪比恶化尽可能低的前提下(即噪声系数尽量低)，将信号放大便于后级电路处理；③抑制后级电路噪声的影响；④增益控制，满足不同干扰模式，防止后级电路饱和。因此，对应的设计参数包括输入输出匹配、噪声系数、线性度、功耗和稳定性等。

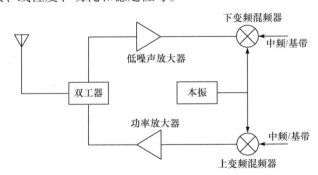

图 4.1　低噪声放大器在射频收发机前端的位置

在射频系统中，信号反射普遍存在，为了避免反射损伤器件或引入额外干扰，各模块间需要进行阻抗匹配。在射频电路和测试系统中，考虑到同轴电缆的大功率传输能力和衰减特性，通常采用 50Ω 标准输入阻抗。低噪声放大器前端通常外接天线、双工器、SAW 滤波器和 Balun 等外部元件，设计 50Ω 标准输入阻抗可保证外部元件正常工作，并避免信号反射引起信噪比降低和串扰影响。

噪声系数是衡量低噪声放大器性能的重要指标。经典的低噪声放大器设计中，利用电感和电容的选频特性通常可以得到较好的(<2dB)噪声系数。而随着先进工艺下器件高频性能的提升，宽带无电感低噪声放大器迅速崛起，可以在很宽的频带内实现良好的匹配和平坦的带内增益。根据不同的输入匹配形式，可以把低噪声放大器分成如下几种类型：①输入端电阻直接匹配；②共栅(CG)$1/g_m$ 阻抗匹配；③串并联反馈电阻匹配。

射频接收机工作在复杂的电磁干扰环境中，接收机电路良好的线性度对接收机正常工作是至关重要的，除了噪声性能，线性度也是低噪声放大器非常重要的一个技术指标。

4.1.2 放大器电路输入阻抗

在低噪声放大器电路设计中首先面临的一个问题是输入匹配。在高频下，一个通用放大器的输入阻抗如图 4.2 所示，因为放大器电路中通常存在寄生电容反馈通道，通用放大器电路的输入阻抗可以表示为

$$Z_{\text{in}} = \frac{1}{\text{j}\omega C_f \left(1 + A_0 \cos\varphi\right)} // \frac{1}{A_0 \omega C_f \sin\varphi} \tag{4.1}$$

从式(4.1)可以看到，电容反馈使放大器产生了实部输入阻抗。同理，电感反馈也可以使放大器产生实部输入阻抗。这个实部阻抗是一个等效阻抗，可用于输入阻抗匹配，并且这个阻抗不贡献实际电阻的热噪声。

对于在低噪声放大器中常用的共源共栅 Cascade 放大级的输入阻抗则为

$$Z_{\text{in}} = \frac{1}{\text{j}\omega C_{gs}} // \frac{1}{\text{j}\omega C_{gd}(1 + g_{m1} / g_{m2})} \tag{4.2}$$

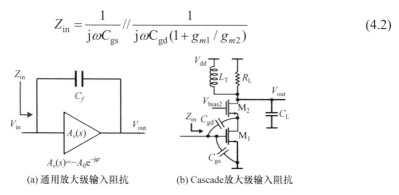

(a) 通用放大级输入阻抗   (b) Cascade 放大级输入阻抗

图 4.2　通用放大级输入阻抗和 Cascade 放大级输入阻抗

如果此时共栅级 M_2 不存在，则 M_1 的输出阻抗是 RLC 并联网络，随 LC 谐振频率不同，工作在不同频率下 M_1 的输出阻抗可以呈现为感性、容性或者阻性。

如果输出阻抗为感性，输入阻抗会产生一个负载阻抗，此时放大器是不稳定的，会产生振荡。要避免这种非稳定性，要么引入共栅级 M_2，要么消除 C_{gd} 电容反馈通道。如果输出阻抗为容性，输入阻抗则会产生一个实部阻抗，但是这个实部阻抗随负载阻抗变化，很难用于输入匹配。

4.1.3　源简并低噪声放大器

经典的源简并低噪声放大器就是利用源端负反馈电感形成实部阻抗进行输入匹配，如图 4.3(a)所示，这种结构的输入阻抗为

$$Z_{in}(s) = \frac{1}{sC_{gs}} + sL_s + \frac{g_m}{C_{gs}}L_s \tag{4.3}$$

可以选择合适的电感 L_s 使得实部等于 50Ω，电感 L_s 通常并不需要在芯片中集成，而是可以通过封装中源端对地的绑线电感来实现(对地的绑线电感一般在 0.6nH 左右)。但是此时 L_s 和 C_{gs} 并不一定在工作频率上谐振，通过调整 C_{gs} 的值是可以实现谐振的，但是 C_{gs} 的值可能过大，对电路设计带来较大的限制，因此在栅级串联一个电感 L_g，增加一个自由度，使得电感、电容可以谐振在工作频率上，如图 4.3(b)所示，此时输入阻抗为

$$Z_{in}(s) = \frac{1}{sC_{gs}} + s(L_s + L_g) + \frac{g_m}{C_{gs}}L_s \tag{4.4}$$

输入匹配网络形成了一个 RLC 谐振网络，网络的品质因子为 $Q = \omega \cdot (L_g + L_s)/R_s$，综合考虑工作频率覆盖范围、电感取值等因素，谐振网络 Q 的取值一般为 2～4。通过这个谐振网络，M_1 的栅级信号对于输入信号获得了一个 Q 倍电压增益，通过噪声性能分析，可以知道这个电压增益对提升噪声是有很大好处的，这是源简并低噪声放大器能获得优异的噪声性能的主要原因。

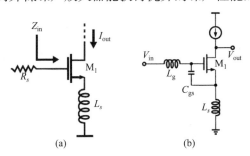

图 4.3　源简并低噪声放大器输入阻抗匹配示意图

实际的源简并低噪声放大器输入匹配还需要考虑焊盘和静电保护(Electro-Static Discharge，ESD)电路的寄生电容的影响，另外考虑集成电感品质因子、工

作频率、噪声性能要求等因素，源简并低噪声放大器栅电感片外集成经常也是一种选择，如甚高频(Very High Frequency，VHF)和特高频(Ultra High Frequency，UHF)频段、卫星导航应用的低噪声放大器设计。图 4.4(a)是一个采用片外栅电感的源简并低噪声放大器电路示意图[1]。

根据图 4.4(b)的输入等效小信号模型，低噪声放大器中参与匹配的不再是单纯的栅电感，而是由 L_g、C_m 和 C_p 构成的π形网络，其中 C_p 是芯片焊盘和 ESD 器件的寄生电容。以上述采用片外栅电感的源简并低噪声放大器为例，设计基本流程可以按下面的步骤进行。

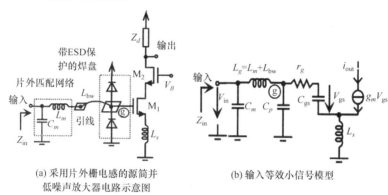

(a) 采用片外栅电感的源简并
低噪声放大器电路示意图

(b) 输入等效小信号模型

图 4.4　采用片外栅电感的源简并低噪声放大器电路示意图及输入等效小信号模型

(1) 在源端电感 L_s 相对比较确定的条件下，通过优化噪声系数确定器件尺寸。图 4.5(a)为不同栅过驱电压 $V_{gs} - V_{th}$ 下，器件噪声随器件尺寸变化的仿真曲线。过驱电压在 150～250mV 最优化噪声条件下的器件尺寸有相对比较宽的一个范围，从 90～180μm 器件噪声都比较接近最优值。

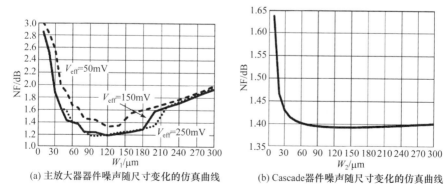

(a) 主放大器件噪声随尺寸变化的仿真曲线

(b) Cascade器件噪声随尺寸变化的仿真曲线

图 4.5　器件噪声随尺寸变化的仿真曲线

(2) 同样通过仿真确定 Cascade 级器件 M_2 的尺寸，如图 4.5(b)所示，可以注意到 Cascade 级器件 M_2 的尺寸选择比较宽松，只要器件尺寸超过一定范围都有比较好的噪声性能。

(3) 在源端电感和器件尺寸、工作状态基本确定的条件下进行输入阻抗匹配。根据图 4.5(b)等效小信号模型，进一步简化成如图 4.6 所示的等效模型进行输入匹配推导。

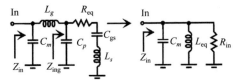

$$\text{图 4.6 \quad 输入匹配简化等效小信号模型}$$

通过第 2 章的基本电容、电感串并转换关系，可以得到匹配条件如下：

$$R_{\text{in}} = \frac{(\omega_0 L_{\text{eq}})^2}{R_{\text{ing}}} = \frac{1}{(\omega_0 C_m)^2} \frac{(C_{\text{gs}} + C_p)^2}{C_{\text{gs}}^2} \frac{1}{R_{\text{eq}}} = R_s \tag{4.5}$$

$$L_g = L_{\text{eq}} + \frac{1}{(C_p + C_{\text{gs}})^2 \omega_0^2} = \frac{C_p + C_{\text{gs}} + C_m}{C_m (C_p + C_{\text{gs}}) \omega_0^2} \tag{4.6}$$

其中 R_{eq}、L_{eq} 表达式如下：

$$R_{\text{eq}} = r_g + \omega_T L_s \tag{4.7}$$

$$L_{\text{eq}} = L_g - \frac{1}{(C_p + C_{\text{gs}})\omega_0^2} \tag{4.8}$$

同时我们还可以推导得到放大级电路的等效 G_m 表达式为

$$G_m = \left| \frac{i_{\text{out}}}{v_{\text{in}}} \right| = \frac{g_m C_m}{C_p + C_{\text{gs}}} = \sqrt{\frac{R_{\text{eq}}}{R_s}} \cdot \frac{1}{\omega_0 L_s} \tag{4.9}$$

根据两端口噪声理论，推导出电感源简并低噪声放大器的噪声系数可以表示为(忽略栅诱生噪声，$\delta=0$)

$$\text{NF} = 1 + \frac{\gamma}{\alpha} \frac{1}{Q} \left(\frac{\omega}{\omega_T} \right), \quad Q = \frac{1}{\omega C_{\text{gs}} R_s} \tag{4.10}$$

此时对应的 $Q = C_m / (C_p + C_{\text{gs}})$，根据式(4.10)，可以对低噪声放大器的性能进行优化设计。其中，寄生电容 C_p 对电路的噪声和增益的影响如图 4.7 所示。

(4) 低噪声放大器除了电路性能本身的优化，还需要注意版图对噪声性能的影响。一些常用的版图优化技术总结如下[2-4]：

① 在不同工艺节点下，器件有不同的最优栅宽(图 4.8)。当总栅宽不变时，越先进的工艺节点沟道长度越短，需要减小每条栅的宽度来降低栅电阻；但是，栅宽减小而栅条数目就增加，就会增大栅过覆盖的面积，即栅对地电容 C_{db} 增加，也就使衬底电阻引起的噪声增加，因此对于不同工艺节点有不同的最优栅宽。

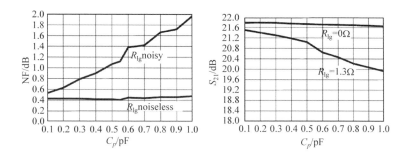

图 4.7 寄生电容 C_p 对电路的噪声和增益的影响

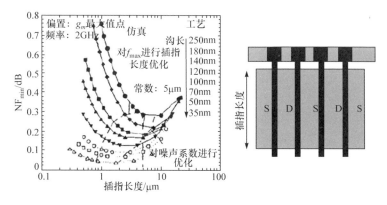

图 4.8 器件栅宽对噪声的影响

② 适当增加地环接触可以降低衬底电阻的噪声(图 4.9)。通过增加地环接触可以降低衬底电阻，从而减小衬底电阻的噪声影响。衬底电阻大小主要由源、漏到地环的间距和地环面积决定，间距越小，地环面积越大，衬底电阻则越小。

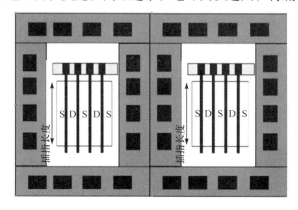

图 4.9 地环接触数量对噪声的影响

③ 双栅版图可以降低衬底电阻的噪声(图 4.10)。双栅版图降低的是 MG 和

CG 器件之间的对地电容，同样也减小衬底电阻的噪声影响。

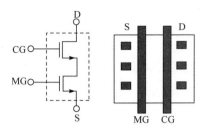

图 4.10　双栅版图对噪声的影响

④ 对地屏蔽结构有助于抑制衬底电阻噪声(图 4.11)。在焊盘、电感等无源结构和衬底之间插入一层对地屏蔽结构，对地屏蔽结构使电场终止在屏蔽结构上，从而隔离衬底效应。对地屏蔽结构可以是金属平面，也可以是低阻多晶硅平面。对于面积比较大的对地屏蔽结构需要通过图形化阻断衬底涡流效应。

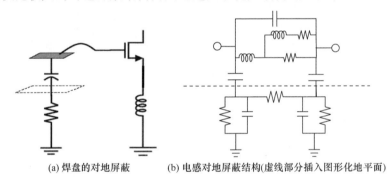

(a) 焊盘的对地屏蔽　　　(b) 电感对地屏蔽结构(虚线部分插入图形化地平面)

图 4.11　对地屏蔽结构

和其他结构的低噪声放大器相比，源简并低噪声放大器的噪声性能是可以达到最优的，因此在一些对噪声要求很高的射频系统中，采用源简并低噪声放大器是非常普遍的，但是源简并低噪声放大器由于自身的固有特点，如需要片外或者片上集成电感、窄带工作等，在很多射频应用系统中并不合适。

4.1.4　输入端电阻直接匹配低噪声放大器

输入端电阻直接匹配低噪声放大器最直接的电路拓扑如图 4.12(a)所示，通过在输入端接一个 50Ω对地电阻直接匹配。输入阻抗包括50Ω对地电阻和输入器件的对地寄生电容，器件的寄生电容所形成的阻抗在很宽的一个频率范围内对于50Ω电阻来说是一个高阻，因此相当于电阻直接进行 50Ω匹配。根据两端口噪声理论，电阻直接匹配的低噪声放大器的噪声在不考虑器件噪声的情况下已经是3dB 了，因此直接电阻匹配低噪声放大器噪声性能比较差，但是这种匹配简单，在一些对噪声不敏感的系统中，为了设计简单也是可以采用的。

直接电阻匹配低噪声放大器的噪声性能也是可以改进的。改进的基本思想是通过电路产生等价的 50Ω 匹配电阻，但是这个电阻的噪声贡献小于真实 50Ω 电阻。基于这种思想的一个具体电路实现如图 4.12(b) 所示，电路的输入阻抗为

$$R_s = \frac{1}{(1+A_v)g_{m2}} \tag{4.11}$$

电路反馈使得在输入端口获得一个等价的匹配阻抗，由于 A_v 倍的反馈增益，器件 M_2 贡献的噪声可以远小于 50Ω 电阻噪声。

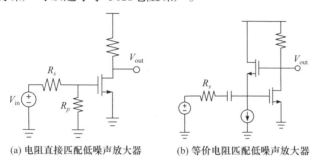

(a) 电阻直接匹配低噪声放大器　　　　(b) 等价电阻匹配低噪声放大器

图 4.12　输入端电阻直接匹配低噪声放大器电路拓扑图

基于对地 N 通道滤波器(图 4.13(a))也可以实现等价 50Ω 输入阻抗。对于一个 4 相时钟滤波器，不考虑高阶谐波时的输入阻抗为(详见 4.3.2 节)

$$Z_{\text{in}}(\omega) \approx R_{\text{SW}} + \frac{2}{\pi^2}\big[Z_{\text{BB}}(\omega-\omega_{\text{LO}})+Z_{\text{BB}}(\omega+\omega_{\text{LO}})\big] \tag{4.12}$$

调整 Z_{BB} 的实部阻抗可以在本地振荡器频率 ω_{LO} 附近实现很好的输入阻抗匹配，如图 4.13(b) 所示，这种匹配方式虽然在本地振荡器频率 ω_{LO} 附近是一个窄带

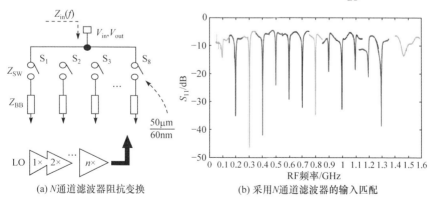

(a) N 通道滤波器阻抗变换　　　　(b) 采用 N 通道滤波器的输入匹配

图 4.13　N 通道滤波器阻抗变换及输入匹配

匹配,但是会跟随本振频率 ω_{LO} 变化,因此可以实现很宽频率范围的输入匹配。Z_{BB} 的实部阻抗是一个 5～10 倍于 50Ω的对地电阻,它的噪声贡献是远小于一个 50Ω的对地电阻的。N 通道滤波器更主要的应用是进行干扰抑制,基于 N 通道滤波器可以实现 SAW-less 滤波器的接收机。

4.1.5 共栅阻抗匹配低噪声放大器

如图 4.14(a)所示的共栅输入匹配,其输入阻抗为$1/g_m$,令其与天线阻抗相等,则自然实现了宽带匹配。但由于匹配的限制,噪声系数通常超过 3dB。

一种改进的输入端交叉耦合的共栅阻抗匹配低噪声放大器电路如图 4.14(b)所示[5],差分共栅管的源、栅各自用电容耦合,从而提升跨导以减小噪声。由于信号既在共栅支路被放大,又被电容耦合到共源支路放大,等效为共栅管的输入跨导被放大。输入跨导的提升有助于降低噪声系数,可以实现噪声系数小于 3dB 的宽带低噪声放大器。

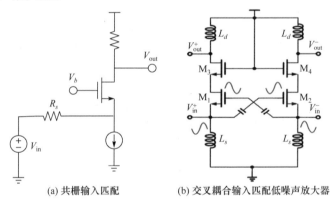

(a) 共栅输入匹配 (b) 交叉耦合输入匹配低噪声放大器

图 4.14 共栅阻抗匹配低噪声放大器电路

另一种目前比较常见的共栅阻抗匹配低噪声放大器是基于噪声消除电路技术的低噪声放大器,其原理如图 4.15(a)所示[6],共栅通道实现输入阻抗匹配,共源通道是一个噪声消除通道,通过共源通道可以消除共栅放大管的器件噪声。共栅器件的沟道热噪声在电路中可以看成一个噪声电流源,这个噪声电流源在输入阻抗 R_s 和 R_{CG} 上形成反相噪声电压信号,其中输入阻抗上的噪声电压通过共源通道反相放大后在 R_{CS} 上形成和 R_{CG} 上噪声电压同相的噪声电压信号,而信号在 R_{CS} 和 R_{CG} 上是反相的,通过差分输出可以实现噪声抵消,信号增强。噪声消除低噪声放大器的一个缺点是功耗比较高,共栅管因为要进行 50Ω匹配,跨导 g_m 约为 20mS;而共源管为了抑制噪声一般选择 g_m 为共栅管的 4～5 倍,整个放大器的 g_m 不小于100mS,因此功耗比较高。图 4.15(b)通过无源匹配网络将输入阻抗提升来降低匹配所需要的 g_m 值,可以在不牺牲噪声性能的情况下降低电路的功耗。

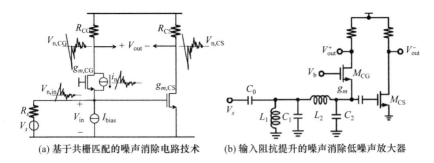

(a) 基于共栅匹配的噪声消除电路技术　　(b) 输入阻抗提升的噪声消除低噪声放大器

图 4.15　基于噪声消除电路技术的低噪声放大器

4.1.6　负反馈电阻匹配低噪声放大器

电阻负反馈的放大器也可用于宽带匹配，如图 4.16(a)所示，电阻跨接在放大器的输出和输入端。由于负反馈，输入阻抗变为低阻，为 $Z_{in} = Z_F / (1+A)$。

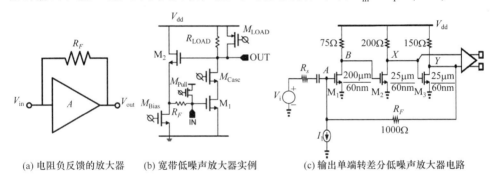

(a) 电阻负反馈的放大器　　(b) 宽带低噪声放大器实例　　(c) 输出单端转差分低噪声放大器电路

图 4.16　负反馈电阻匹配低噪声放大器

基于此技术[7]，在 65nm CMOS 工艺中实现了可工作至 5GHz、增益高达 25dB、噪声系数小于 3dB 的低噪声放大器(图 4.16(b))。在该电路中，电阻负反馈的同时，通过源跟随器结构隔离输入输出的 DC 点及电阻的前馈影响。在射频接收机中，低噪声放大器后级电路通常是差分结构的，因此需要低噪声放大器输出是差分的。一种输出单端转差分低噪声放大器电路如图 4.16(c)所示，X、Y 是差分输出点。

4.1.7　高线性低噪声放大器

低噪声放大器除了噪声性能，线性度也是一个非常重要的技术指标。纳米尺度先进工艺带来了良好的高频特性的同时也引入了更多的非线性特性。短沟效应、沟长调制效应等在微米尺度下可忽略的特性，在先进工艺下变得越发严重并在低噪声放大器中引入了较强的非线性，因此克服纳米尺度下低噪声放大器的非线性也是低噪声放大器设计的一个重点。一个非线性低噪声放大器的输入 X 和输出 Y

之间的关系可以表示为

$$Y = g_1 X + g_2 X^2 + g_3 X^3 \tag{4.13}$$

式中，g_1、g_2、g_3 是放大器的线性增益、二阶、三阶非线性系数。而低噪声放大器线性化的主要目的就是使 g_2、g_3 系数尽可能小。二阶非线性可以通过采用差分电路结构使二阶分量消除而得到提高，因此低噪声放大器电路设计中主要关注三阶非线性。

由器件基础物理知识我们知道，如果器件过驱动电压比较大，g_3 系数则较小，通过较大的过驱动电压是可以提高电路的非线性性能的，但是电路的功耗比较大，设计空间受限，因此需要发展新型的电路技术来提高低噪声放大器电路的线性度。提高电路的线性度主要有负反馈、最优偏置电压、谐波终止、非线性补偿、前向叠加(包括前向导数叠加)等方法[8]。负反馈是模拟电路中常见的提高线性度的方法，负反馈会使放大器增益降低、噪声恶化；最优偏置电压方法受工艺影响比较大，线性工作范围小；谐波终止方法利用 LC 串联谐振，形成谐波低阻节点，从而终止谐波提高线性度，但是需要额外的集成电感；下面对非线性补偿、前向叠加(包括前向导数叠加)做一个简要介绍。

在 4.1.5 节中介绍的噪声消除电路结构也可以用于消除非线性失真，这是一种非线性补偿方法。与噪声消除的原理一样，不妨把共栅管的非线性也看作一种噪声，通过高阶非线性经过线性的前馈辅助通路放大后叠加在输出端相互抵消，从而可以获得较高的线性度。

通过前向叠加的后失真技术也能消除低噪声放大器的非线性[9]。在如图 4.17 所示的电路中假设 M_A 和 M_B 的漏极电流为

$$i_A = g_{1A} v_1 + g_{2A} v_1^2 + g_{3A} v_1^3 \tag{4.14}$$

$$i_B = g_{1B} v_2 + g_{2B} v_2^2 + g_{3B} v_2^3 \tag{4.15}$$

且 v_2 与 v_1 的关系可以表示为

$$v_2 = -b_1 v_1 - b_2 v_1^2 - b_3 v_1^3 \tag{4.16}$$

若认为电路中的共源共栅管是理想线性的，那么 i_A、i_B 加和之后有

$$\begin{aligned}
i_{out} = i_A + i_B = &(g_{1A} - b_1 g_{1B}) v_1 \\
&+ (g_{2A} - b_1^2 g_{2B} - b_2 g_{1B}) v_1^2 \\
&+ (g_{3A} - b_1^3 g_{3B} - g_{1B} b_3 - 2 g_{2B} b_1 b_2) v_2^3
\end{aligned} \tag{4.17}$$

由此可以看出低噪声放大器的二阶与三阶非线性得到了一定的抑制。

另一种提高低噪声放大器线性度的方法是基于器件跨导的二阶导数前向叠加[10]，这是一个特殊的前向叠加的提高线性度的方法。可以注意到，在不同偏置下，器件的跨导二次导数 g_3 可以为正或者为负，如图 4.18(a)所示。低噪声放大器

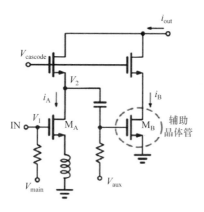

图 4.17 采用前馈加和后失真技术的低噪声放大器

输入放大管采用两组器件，通过不同的偏置电压使它们的 g_3 系数在输出端相互补偿，如图 4.18(b)所示。

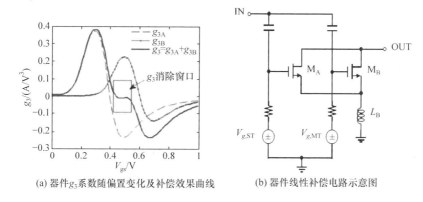

(a) 器件 g_3 系数随偏置变化及补偿效果曲线 　　(b) 器件线性补偿电路示意图

图 4.18 通过前向叠加提高线性度

4.2 混 频 器

4.2.1 混频器简述

混频器是射频收发机系统中的重要模块，主要起到将信号的频率进行变换的作用。如图 4.19(a)所示，在接收机中，混频器一般位于低噪声放大器之后，负责将射频信号从较高的频率搬移到较低频率；而在发射机中，混频器则负责将已经调制好的信号从较低频率搬移到较高频率，以供后续发射。

混频器实现变频的基本原理是做信号的相乘，如图 4.19(b)所示。假设射频信号为 $V_{in} = V_1 \cos(\omega_1 t)$，本振信号 $V_{LO} = V_{LO} \cos(\omega_{LO} t)$，则将这两个信号相乘可得

$$V_{\text{out}} = V_{\text{in}} V_{\text{LO}} = V_1 \cos(\omega_1 t) \cdot V_{\text{LO}} \cos(\omega_{\text{LO}} t) = \frac{1}{2} V_1 V_{\text{LO}} [\cos(\omega_1 - \omega_{\text{LO}})t + \cos(\omega_1 + \omega_{\text{LO}})t]$$

$$(4.18)$$

可以看出，经过信号相乘，输出信号中就包含了两个新的频率分量 $\omega_1 - \omega_{\text{LO}}$ 和 $\omega_1 + \omega_{\text{LO}}$，这样就可以实现信号频率的转换。

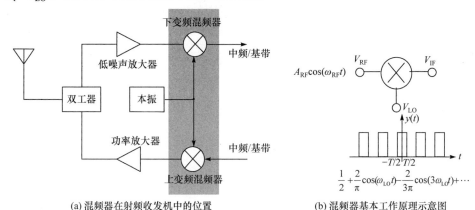

(a) 混频器在射频收发机中的位置　　　　　(b) 混频器基本工作原理示意图

图 4.19　混频器的功能及原理

混频器的基本性能指标包括噪声系数、线性度、转换增益(conversion gain)和端口泄漏等。其中，噪声系数和线性度的定义与低噪声放大器中一致，在此不再赘述。混频器特有的指标包括转换增益和端口泄漏，混频器转换增益指的是其输入信号到输出信号的增益，由于这两个信号并非同频信号，因此该增益称为转换增益。端口泄漏是混频器中一个比较重要的现象。如图 4.20(a)所示，混频器包括三个端口，即射频端口、中频端口和本振端口。这些端口之间要么存在直流通路，要么存在寄生电容耦合，因此会存在互相泄漏。一般来说，射频和本振的频率要远高于中频，因此在中频处加入合适的低通滤波器就可以解决射频和本振泄漏到中频的问题。同时，由于射频信号往往较小，其泄漏到其他端口的问题并不那么严重，因此混频器中最主要的泄漏问题是本振信号向射频端的泄漏。特别是随着mixer-first 接收机的出现[11]，混频器将直接与天线相连，本振信号将很容易顺天线泄漏出去，造成干扰。在实际设计中，通常采用双平衡的结构来有效地减少本振泄漏。对于本振泄漏要求高的场景，还会采用数字校正的方法来进一步降低本振泄漏。

从结构上可以将混频器分为有源混频器和无源混频器两大类。图 4.20(b)和(c)给出了有源混频器和无源混频器的典型结构。可以看出，两者的主要区别在于有源混频器中有尾电流源偏置，会消耗直流电流；而无源混频器中并无直流电流，需要靠前级驱动。无源混频器因为无直流电流，所以闪烁噪声比较低[12]，同时器

件工作在开关状态，因此电路线性较好。有源混频器相较于无源混频器，主要多
出了先将输入信号从电压转为电流，再在输出端将其转回电压的过程。在这个过
程中，可以获得一定的增益，所以通常来说，有源混频器的转换增益要大于无源
混频器。近年来，在较低频段(6GHz 以下)的接收机中主要采用低中频和零中频架
构，无源混频器因为闪烁噪声低、线性好等优点逐渐成为主流。

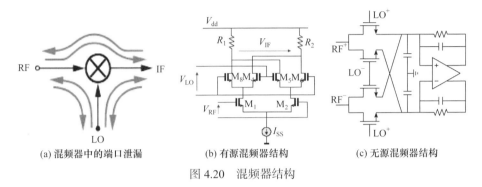

(a) 混频器中的端口泄漏　　(b) 有源混频器结构　　(c) 无源混频器结构

图 4.20　混频器结构

4.2.2　混频器折叠噪声

混频器本振信号是开关大信号，对输入信号进行混频作用(图 4.21(a))。从开
关信号的傅里叶展开中，我们可以知道开关信号除了基波成分，还有高次谐波，
两者都可以对输入信号进行混频。如果将输入信号换成宽带噪声信号，混频器将
对噪声进行一个折叠过程，如图 4.21(b)所示。本振信号基波、高阶谐波和噪声混
频，将噪声搬移到基波和高阶谐波处，由于噪声是宽带的，基波和高阶谐波的噪
声在各个频点上相互叠加，这个过程就是混频器的噪声折叠。

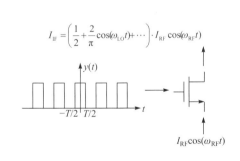

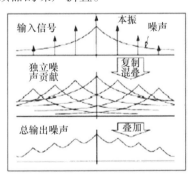

(a) 开关信号对输入信号的混频作用　　　　(b) 混频器噪声折叠过程

图 4.21　混频器折叠噪声

混频器噪声折叠过程数学表示如下：

$$v_{LO}(t) = \frac{1}{2} + \frac{2}{\pi}\cos(\omega_0 t) - \frac{2}{3\pi}\cos(3\omega_0 t) + \cdots \tag{4.19}$$

$$y_n(t) = H(\omega,t) \cdot x_n(t) = \sum_{l=-\infty}^{\infty} H_l(\omega)\mathrm{e}^{jl\omega_0 t} \cdot x_n(t) \tag{4.20}$$

$$Y_n(\omega) = \sum_{l=-\infty}^{\infty} H_l(\omega)X_n(\omega+l\omega_0) \tag{4.21}$$

$$S_{yn}(\omega) = \sum_{l=-\infty}^{\infty} |H_l(\omega)|^2 S_{xn}(\omega+l\omega_0) \tag{4.22}$$

4.2.3　谐波抑制混频器

谐波问题是指本振信号谐波处的干扰随着混频器混入带内的问题。在传统接收机中，谐波干扰会被片外滤波元件滤除，因此影响不大。但是，随着近年来接收机的不断发展，尽可能地舍弃片外滤波元件以降低成本成为重要的方向，因此谐波问题成为一个重要的研究课题。谐波问题存在于混频器中，其根源在于其工作原理。

混频器利用 MOS 管作为开关，使用本振信号作为控制信号，使 MOS 管不断地开关，体现出方波的开关特性。这个方波会与输入信号进行相乘，以实现混频。

一般地，我们假设本振信号是 50%占空比的理想方波，则其体现出的方波特性可以表示为

$$f(t) = \frac{2}{\pi}\left[\sin(\omega_0 t) + \frac{1}{3}\sin(3\omega_0 t) + \frac{1}{5}\sin(5\omega_0 t) + \frac{1}{7}\sin(7\omega_0 t) + \cdots \right] \tag{4.23}$$

可以看出，这其中除了基波分量，还存在着奇数阶分量。如图 4.22 所示，当本振信号的奇次谐波处存在干扰信号时，其也会被下变频至带内，对有用信号造成严重的干扰。要注意的一点是，尽管式(4.23)中不存在偶数阶分量，但在实际系统中，由于本振信号并非理想，偶数阶谐波处的干扰也会被下混频到带内。一般会采用全差分、双平衡结构的混频器来尽可能抑制偶数阶谐波处的干扰。

混频器抑制谐波处干扰的能力一般用谐波抑制比这一指标进行表征。谐波抑制比是指有用信号的转换增益和谐波处干扰的转换增益之间的比值。根据是处在哪一阶谐波的干扰，还可以分为三阶谐波抑制比(HRR3)、五阶谐波抑制比(HRR5)等。由于通过三阶和五阶谐波抑制，射频接收机已经可以获得很宽的工作频率范围，所以七阶以上的更高阶谐波抑制一般也不特别关注。因此，对混频器的谐波抑制主要集中在提高混频器的 HRR3 和 HRR5 上。

谐波抑制混频器(图 4.23)基本原理是采用 8 相时钟，将输入信号按照 $1:\sqrt{2}:$

1 的比例接入相邻的三相时钟(如 0°、45°、90°)的本振信号混频电路中,以实现一个类似正弦的混频特性。这三路的混频特性可以用如下公式给出:

$$f_1(t) = \frac{\sqrt{2}}{\pi}\left\{[\cos(\omega t) - \sin(\omega t)] + \frac{1}{3}[\cos(3\omega t) + \sin(3\omega t)] - \frac{1}{5}[\cos(5\omega t) - \sin(5\omega t)] + \cdots\right\}$$

(4.24)

$$f_2(t) = \sqrt{2}\cdot\frac{\sqrt{2}}{\pi}\left[\cos(\omega t) - \frac{1}{3}\cos(3\omega t) + \frac{1}{5}\cos(5\omega t) + \cdots\right]$$ (4.25)

$$f_3(t) = \frac{\sqrt{2}}{\pi}\left\{[\cos(\omega t) + \sin(\omega t)] + \frac{1}{3}[\cos(3\omega t) - \sin(3\omega t)] - \frac{1}{5}[\cos(5\omega t) + \sin(5\omega t)] + \cdots\right\}$$

(4.26)

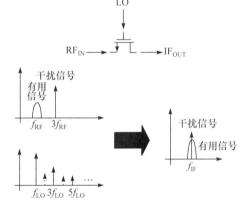

图 4.22　混频器工作原理与谐波问题

注意,式(4.24)~式(4.26)中省略了七阶及以上的谐波项,且 $f_2(t)$ 已经乘以 $\sqrt{2}$ 这一比例因子。将这三项叠加后,可得

$$f_1(t) + f_2(t) + f_3(t) = \frac{2+2\sqrt{2}}{\pi}\left[\cos(\omega t) + \cdots\right]$$ (4.27)

于是,三阶和五阶谐波项就被消除了。尽管在理论上,该方法可以提供无穷大的谐波抑制比,但是本振信号非理想及真实电路中存在失配,谐波抑制混频器中出现增益失配和相位失配,最终的谐波抑制比为 30~40dB。

图 4.24 是一种改进的谐波抑制混频器[14],可以通过调节每条支路的增益来补偿增益和相位失配带来的影响,从而提高谐波抑制比。校正主要通过改变 G_m 级来进行。校正单元包括 3bit 粗调阵列和 3bit 细调阵列。通过精细控制每一路的 G_m 来达到最佳的谐波抑制效果。

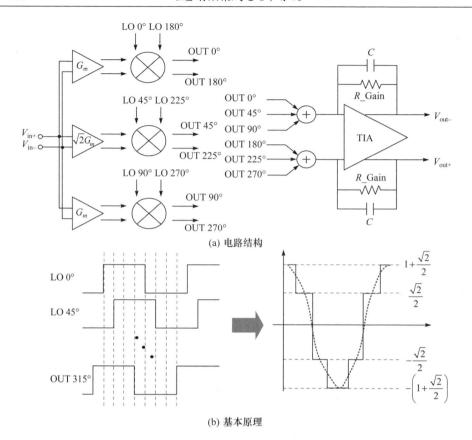

(a) 电路结构

(b) 基本原理

图 4.23　谐波抑制混频器[13]

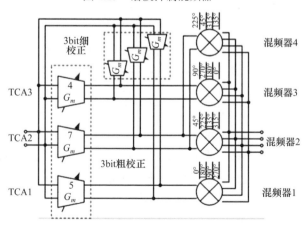

图 4.24　灵活可校正的谐波抑制混频器

　　理论上,谐波抑制混频器的谐波抑制比无穷大,但由于存在器件失配,传统的一级谐波抑制混频器的谐波抑制比一般在 35~40dB。因此,一种二级级联的谐波抑制混频器结构被提出来[15]，该结构能够在存在失配的情况下，实现 60dB 以上的三阶、五阶谐波抑制。其结构如图 4.25(a)所示：第一级仍为传统的 2∶3∶2 的一级谐波抑制混频器，在 TIA 输出后进行一次组合加和，总共有两级。其基本原理见图 4.25(b)，经过两级加和，其三阶抑制能力可由一级的 $\alpha/2$ 增强为 $(\alpha/2)(\beta/2)$。如果误差 β 为 1%，那么其三阶抑制能力相当于增加了 46%。

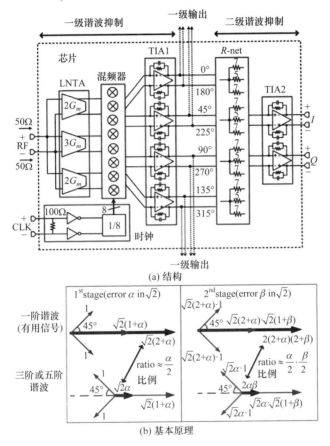

(a) 结构

(b) 基本原理

图 4.25　二级级联的谐波抑制混频器结构及基本原理

4.2.4　Sub-harmonic 混频器

Sub-harmonic 混频器(图 4.26)和基本混频器的差别在于：射频信号不在本振信号附近，而是在本振信号的高阶谐波处。举例来说，如果射频信号是 2GHz，那么 LO 信号不是 2GHz，而是 2GHz 的整数分之一，如 1GHz。Sub-harmonic 混频器的优势主要包括更低的 LO 信号及 LO 泄漏，对 MOS 器件开关的速度要求也更低。

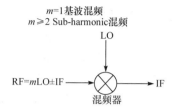

图 4.26　Sub-harmonic 混频与普通基波混频

Sub-harmonic 混频器有很多种实现方式。下面简单介绍其中一种 2×Sub-harmonic 混频器的原理。我们知道,为了实现对二阶谐波处信号的下混频,其根本在于使 LO 的转换波形中富含二阶谐波分量。传统 50%占空比的方波中并无二阶分量,而 25%占空比的方波其傅里叶级数展开可写为

$$f(t) = \frac{1}{\pi}\left[\sqrt{2}\cos(\omega_0 t) + \cos(2\omega_0 t) + \frac{\sqrt{2}}{3}\cos(3\omega_0 t) + \cdots \right] \tag{4.28}$$

可以看到其中富含二阶谐波分量。但是同时也具有丰富的一阶和三阶分量。进一步地,通过两个彼此相差 1/2 周期的 25%占空比方波信号进行叠加(分别用 $f_1(t)$ 和 $f_2(t)$ 表示),我们可以得到

$$f_1(t) = \frac{1}{\pi}\left[\sqrt{2}\cos(\omega_0 t) + \cos(2\omega_0 t) + \frac{\sqrt{2}}{3}\cos(3\omega_0 t) + \cdots \right] \tag{4.29}$$

$$f_2(t) = \frac{1}{\pi}\left[-\sqrt{2}\cos(\omega_0 t) + \cos(2\omega_0 t) - \frac{\sqrt{2}}{3}\cos(3\omega_0 t) + \cdots \right] \tag{4.30}$$

$$f_1(t) + f_2(t) = \frac{2}{\pi}\left[\cos(2\omega_0 t) + \cdots\right] \tag{4.31}$$

这样, 就可以实现对一阶和三阶的抑制。由此, 我们就可以实现一个 2×Sub-harmonic 混频器。

Sub-harmonic 混频器主要运用于毫米波收发机中。因为毫米波应用频率较高(通常为30~300GHz),产生直接下混频需要的本振信号比较难,所以 Sub-harmonic 混频器具有较大优势。

图 4.27 是采用 Sub-harmonic 混频器和直接下混频相结合的接收机技术[16]。在低噪声放大器之后, 先采用 LO 为 20GHz 的 Sub-harmonic 混频器下混频,再使用 LO 为 20GHz 的普通混频器, 以实现 60GHz 射频信号的下混频。

图 4.27 中使用的 Sub-harmonic 混频器的结构如图 4.28 所示。该混频器采用了双栅结构, 在源端会出现 2 倍 LO 的信号,该信号会与射频信号相乘以实现下混频。

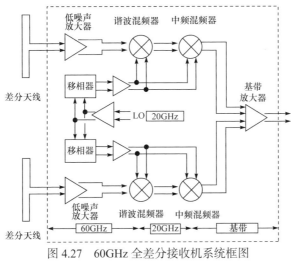

图 4.27　60GHz 全差分接收机系统框图

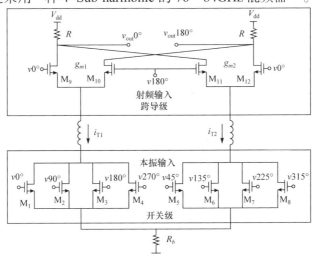

图 4.28　Sub-harmonic 双栅下混频器

一般地，Sub-harmonic 混频器的输入信号位于 LO 的二阶谐波处，但也存在一些 Sub-harmonic 混频器的输入信号可以位于 LO 的三阶、四阶甚至更高阶处。

图 4.29 是采用一种 4×Sub-harmonic 的 76～84GHz 混频器[17]。该混频器采用

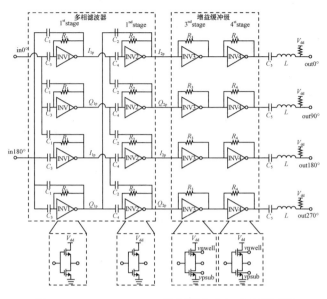

图 4.29　4×Sub-harmonic 混频器和多相滤波器框图

20GHz 源作为 LO，先通过有源 Balun 和多相滤波器产生 20GHz 的四相信号，再利用相位插值技术产生 8 相信号。利用 20GHz 的 8 相信号实现对四阶谐波处 81GHz 射频信号的下混频。

4.3　射频集成滤波器

4.3.1　射频集成滤波器简介

　　射频滤波器是指工作在射频域的滤波器。近年来，随着 SDR 的发展，可调谐射频滤波器作为其中重要的组成部分，也显得越来越重要。这主要是因为 SDR 接收机能够实现频率的任意配置，而传统的片外 SAW 滤波器的滤波特性是固定的，不能够在 SDR 中使用，所以必须采用可调谐的射频滤波器来滤除带外干扰。

　　可调谐射频滤波器可以采用可调谐电感电容阵列、N 通道滤波器等方式实现。其中最具有前景的则是 N 通道滤波器，这主要是因为它具有非常好的频率调谐能力，且与 CMOS 工艺具有良好的兼容性。因此，本节将重点介绍 N 通道滤波器。N 通道滤波器的基本原理是将具有低通特性的阻抗通过频率搬移到射频域，以形成一个射频域上的带通滤波器。射频滤波器的主要指标包括滤波中心频率、滤波带宽、滤波阶数、调谐能力、噪声、线性度和功耗等。这些指标与传统的模拟滤波器差别不大，因此在这里不再一一赘述。N 通道滤波器这一名词早在 1960 年[18]就被提出，并沉寂了相当长的时间。但是，随着 CMOS 工艺的不断发展，先进的纳米尺度 CMOS 工艺下实现高速开关特性变为可能，以及接收机设计中对可调谐射频滤波器的需求增强，N 通道滤波器最近又重新受到重视。

多相滤波器在射频收发机中主要用于镜像抑制和产生多相时钟，在射频收发机中有广泛的应用。

4.3.2　N 通道滤波器阻抗变换

N 通道滤波器的基本结构和原理如图 4.30 所示。该结构需要使用 N 相不交叠的本振时钟，可以将低通阻抗搬移到本振时钟及其谐波处，从而实现一个射频域的带通滤波器。一般来说，为了方便产生 LO 信号，N 通道滤波器一般会选用 4 通道或者 8 通道。

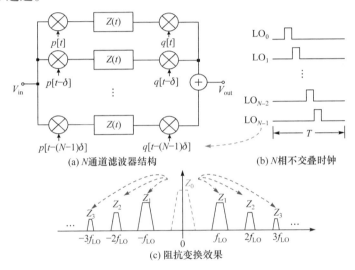

(a) N 通道滤波器结构　　(b) N 相不交叠时钟

(c) 阻抗变换效果

图 4.30　N 通道滤波器的基本结构和原理

以图 4.31(a) 所示的 4 相通道滤波器为例[19]，对 N 通道滤波阻抗特性进行分析。4 相不交叠时钟表示为 $S_{I+}(t)$、$S_{I-}(t)$、$S_{Q+}(t)$、$S_{Q-}(t)$，I 通道的基带电流表示为 $I_{BB,I+}(t)$、$I_{BB,I-}(t)$，Q 通道的基带电流表示为 $I_{BB,Q+}(t)$、$I_{BB,Q-}(t)$，以其中一个通道为例，如 $I+$ 通道。通道的基带电流为

$$I_{BB,I+}(t) = S_{I+}(t)i_{RF}(t) \tag{4.32}$$

基带电流流过基带阻抗 $Z_{BB}(t)$ 产生的基带电压为

$$V_{BB,I+}(t) = [S_{I+}(t)i_{RF}(t)] * Z_{BB}(t) \tag{4.33}$$

式中，*表示卷积。可以注意到任意一时刻，只有一相时钟打开，射频电压等于开关的电压降加上基带电压，因此相应的射频电压为

$$v_{RF}(t) = R_{SW} \times i_{RF}(t)$$
$$+ S_{I+}(t) \times \{[S_{I+}(t)i_{RF}(t)] * Z_{BB}(t)\}$$
$$+ S_{I-}(t) \times \{[S_{I-}(t)i_{RF}(t)] * Z_{BB}(t)\} \tag{4.34}$$
$$+ S_{Q+}(t) \times \{[S_{Q+}(t)i_{RF}(t)] * Z_{BB}(t)\}$$
$$+ S_{Q-}(t) \times \{[S_{Q-}(t)i_{RF}(t)] * Z_{BB}(t)\}$$

4 相时钟信号的傅里叶展开为

$$S_{I+}(t) = \sum_{n=-\infty}^{+\infty} a_n e^{jn\omega_{LO}t} \tag{4.35}$$

$$S_{I-}(t) = \sum_{n=-\infty}^{+\infty} a_n e^{jn\omega_{LO}\left(t-\frac{T_{LO}}{2}\right)}$$
$$= \sum_{n=-\infty}^{+\infty} (-1)^n a_n e^{jn\omega_{LO}t} \tag{4.36}$$

$$S_{Q+}(t) = \sum_{n=-\infty}^{+\infty} a_n e^{jn\omega_{LO}\left(t-\frac{T_{LO}}{4}\right)}$$
$$= \sum_{n=-\infty}^{+\infty} e^{-jn\frac{\pi}{2}} a_n e^{jn\omega_{LO}t} \tag{4.37}$$

$$S_{Q-}(t) = \sum_{n=-\infty}^{+\infty} a_n e^{jn\omega_{LO}\left(t-\frac{3T_{LO}}{4}\right)}$$
$$= \sum_{n=-\infty}^{+\infty} e^{jn\frac{\pi}{2}} a_n e^{jn\omega_{LO}t} \tag{4.38}$$

式中，$a_n = \dfrac{1}{4} e^{-\frac{jn\pi}{4}} \mathrm{sinc}\left(\dfrac{n\pi}{4}\right)$。

对 4 个通道信号分别进行傅里叶变换可以获得

$$\mathcal{F}\{S_{I+}(t) \times \{[S_{I+}(t)i_{RF}(t)] * Z_{BB}(t)\}\}$$
$$= \sum_{m=-\infty}^{+\infty} \sum_{n=-\infty}^{+\infty} a_n a_m I_{RF}\big[\omega - (n+m)\omega_{LO}\big] Z_{BB}(\omega - n\omega_{LO}) \tag{4.39}$$

$$\mathcal{F}\{S_{I-}(t) \times \{[S_{I-}(t)i_{RF}(t)] * Z_{BB}(t)\}\}$$
$$= \sum_{m=-\infty}^{+\infty} \sum_{n=-\infty}^{+\infty} (-1)^{n+m} a_n a_m I_{RF}\big[\omega - (n+m)\omega_{LO}\big] Z_{BB}(\omega - n\omega_{LO}) \tag{4.40}$$

$$\mathcal{F}\{S_{Q+}(t) \times \{[S_{Q+}(t)i_{RF}(t)] * Z_{BB}(t)\}\}$$
$$= \sum_{m=-\infty}^{+\infty} \sum_{n=-\infty}^{+\infty} e^{-j(n+m)\frac{\pi}{2}} a_n a_m I_{RF}\big[\omega - (n+m)\omega_{LO}\big] Z_{BB}(\omega - n\omega_{LO}) \tag{4.41}$$

$$\mathcal{F}\{S_{Q-}(t) \times \{[S_{Q-}(t)i_{RF}(t)] * Z_{BB}(t)\}\}$$

$$= \sum_{m=-\infty}^{+\infty} \sum_{n=-\infty}^{+\infty} e^{j(n+m)\frac{\pi}{2}} a_n a_m I_{RF}[\omega - (n+m)\omega_{LO}] Z_{BB}(\omega - n\omega_{LO}) \tag{4.42}$$

由此对式(4.34)进行傅里叶变换，可以得到射频电压的频率域表达式为

$$V_{RF}(\omega) = R_{SW} I_{RF}(\omega)$$

$$+ 4 \sum_{m=-\infty}^{+\infty} \sum_{n=-\infty}^{+\infty} a_n a_m I_{RF}[\omega - (n+m)\omega_{LO}] Z_{BB}(\omega - n\omega_{LO}) \tag{4.43}$$

$$n + m = 4k, \quad k \in Z$$

忽略式(4.43)的高阶谐波成分，我们可以得到占空比为 25% 的 4 相通道滤波器的输入阻抗为

$$Z_{in}(\omega) = R_{SW} + 4 \sum_{n=-\infty}^{+\infty} |a_n{}^2| Z_{BB}(\omega - n\omega_{LO}) \tag{4.44}$$

对于 N 相时钟的滤波器，在输入端口看到的阻抗为

$$Z_{in}(f) = Z_{SW} + N \cdot \sum_{n=-\infty}^{+\infty} |a_n{}^2| Z_{BB}(f - nf_{LO}) \tag{4.45}$$

从式(4.45)可以知道，N 通道滤波器具有将低频阻抗变换到高频的功能，图 4.31(b)是一个简单的 N 通道滤波器输入阻抗例子，可以注意到 N 通道滤波

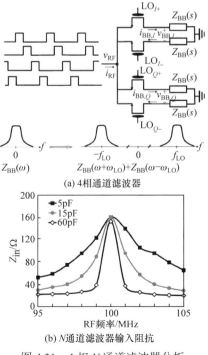

(a) 4相通道滤波器

(b) N 通道滤波器输入阻抗

图 4.31　4 相 N 通道滤波器分析

器的滤波特性主要受基带电容值影响。N 通道滤波器在简化分析时可以等效为 RLC 并联网络，其中 LC 谐振在本振信号频率及其高阶谐波频率处。

4.3.3 典型的 N 通道滤波器结构

图 4.32 是一种可调谐的并联 N 通道滤波器及其模型[20]。其基本结构是一个差分结构的 N 通道滤波器。可以看出虽然实现了比较好的射频滤波特性，但极限抑制能力(UR)仅 16dB。

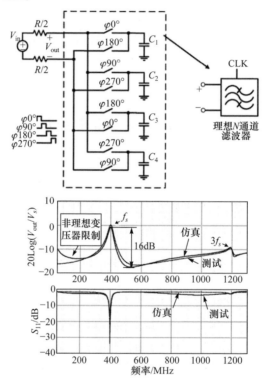

图 4.32　N 通道滤波器及其频率转移特性

图 4.33 是传统并联和串联 N 通道滤波器[21]，在保留其射频滤波特性的同时，实现了更高的极限抑制能力，同时降低了 LO 驱动缓冲器的功耗。传统的 N 通道滤波器采用了并联结构，而串联 N 通道滤波器采用了串联结构，其开关数量是传统结构的两倍。

并联 N 通道滤波器的主要缺点是其滤波抑制能力不高且 LO 驱动功耗相对更大。其滤波的极限抑制能力可以由式(4.46)表示：

$$\text{UR} \approx \frac{R_{\text{SW}} + R_s}{R_{\text{SW}}} \tag{4.46}$$

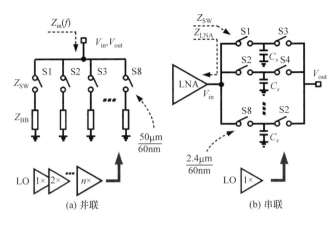

图 4.33　并联和串联 N 通道滤波器

式中，R_{SW} 和 R_s 分别代表开关阻抗和源阻抗。由式(4.46)可知，传统 N 通道滤波器的极限抑制能力受到开关电阻 R_{SW} 限制。为了实现比较好的抑制能力，必须选用大的开关，这导致驱动这些开关所消耗的功耗较大。而在串联 N 通道滤波器中，其极限抑制能力与开关电阻无关。因此，可以实现更好的滤波效果。传统并联 N 通道滤波器与串联 N 通道滤波器的滤波特性对比见图 4.34[22]。同时，在串联 N 通道滤波器中，可以选用较小的开关尺寸，从而降低驱动开关的功耗。

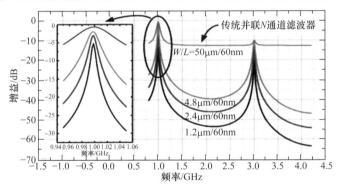

图 4.34　并联 N 通道滤波器与串联 N 通道滤波器的滤波特性对比

　　基于 N 通道滤波器的原理，将低通阻抗改为高通阻抗，就可以实现一个射频的陷波滤波器[23]。其基本原理、结构和陷波特性如图 4.35 所示。

4.3.4　多相滤波器[24]

　　多相滤波器通过希尔伯特移频变换($j\omega \rightarrow j\omega \pm j\omega_0$)产生镜像抑制，图 4.36 为一个高通滤波器经过希尔伯特变换的频率响应。传统高通滤波器在零频处有一个

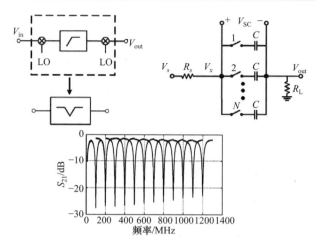

图 4.35 N 通道陷波滤波器的原理、结构和陷波特性

凹陷滤波，在频率轴上向左或者向右移动频率 ω_0，使凹陷峰的位置移动至频率 $\pm\omega_0$ 处，对该频率的信号实现一个凹陷滤波作用。使该频率在镜像信号频率处可以达到镜像抑制效果。

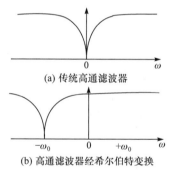

(a) 传统高通滤波器

(b) 高通滤波器经希尔伯特变换

图 4.36 高通滤波器经过希尔伯特变换的频率响应

图 4.37 中，一阶 RC 高通滤波器电路(图 4.37(a))的传输函数关系为 $V_o = \dfrac{V_{in} \cdot j\omega RC}{1 + j\omega RC}$，图 4.37(b)所示电路的传输函数关系为 $V_o = \dfrac{V_{in} \cdot (j\omega + j\omega_0)RC}{1 - j + (j\omega + j\omega_0)RC}$，其中 $\omega_0 RC = 1$。对比两个电路的函数关系可以知道图 4.37(b)所示电路对图 4.37(a)所示电路进行了希尔伯特变换。

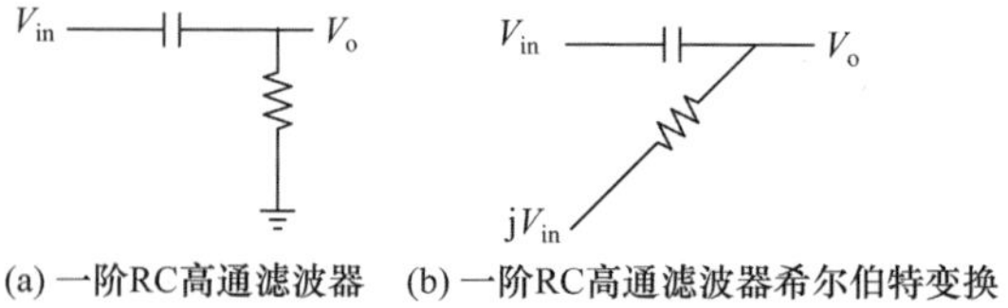

(a) 一阶RC高通滤波器   (b) 一阶RC高通滤波器希尔伯特变换

图 4.37 一阶 RC 高通滤波器结构

对输入四相正交信号($\pm V_{in}$、$\pm j V_{in}$)重复图 4.37(b)电路结构就可以得到差分正交多相滤波器结构，如图 4.38(a)所示，也可以采用多级级联结构，如图 4.38(b)所示，每一级的移频 ω_0 可以不同，通过移频的组合可以实现一定带宽的镜像抑制，多级级联多相滤波器镜像抑制能力示意图如图 4.39 所示。可以注意到多级级联多相滤波器的输入阻抗随着级数增加是上升的。

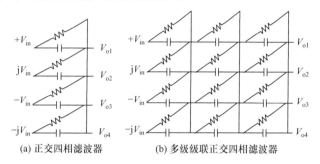

(a) 正交四相滤波器　　　　　(b) 多级级联正交四相滤波器

图 4.38　正交四相滤波器及其多级级联

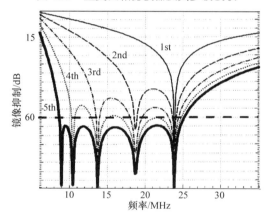

图 4.39　多级级联多相滤波器镜像抑制能力示意图

将图 4.38(a)中相邻的两相短接就可以实现由差分信号产生四相正交信号的电路结构，如图 4.40 所示。在射频接收机中经常需要产生四相正交信号，采用多相滤波器比另一种常用的通过 2 分频电路产生四相正交信号方法更为简单，但是需要注意多相滤波器四相信号的输出幅度有一定损失，并且相位精度受 RC 无源器件的匹配精度影响。

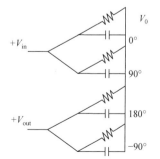

图 4.40　差分信号产生四相正交
信号电路

4.4　模拟基带电路

模拟基带电路在射频电路系统中对混频之后(或者之前)的中频信号进行放大、滤波处理,主要包括滤波器、可变增益放大器等电路模块。模拟基带电路和射频前端电路的性能是紧密关联的,对射频电路系统的噪声、线性度、带外干扰抑制能力、功耗和面积有显著的影响。CMOS集成滤波器有多种不同的电路拓扑可选择,主要包括连续时间滤波器(有源RC滤波器、G_m-C滤波器)和分立时间滤波器等电路拓扑。

有源RC滤波器是基于运算放大器闭环工作的,如果运算放大器具有足够的增益和增益带宽积(GBW),有源RC滤波器可以实现非常好的线性、很低的噪声及大的工作摆幅,随着CMOS工艺的进步,目前射频集成系统中基于有源RC滤波器的模拟基带占据主导地位,同时也很容易实现滤波和增益放大功能的融合。G_m-C滤波器由于是开环工作,并且G_m单元最小GBW不小于滤波器截止频率即可,可以实现比较低的功耗并且具备较大的潜力工作在较高工作频率上,同时也因为G_m单元是开环工作的,G_m-C滤波器的线性相对比较差。在低中频率接收机系统中,经常还会采用镜像抑制滤波器架构抑制镜像信号。

在纳米尺度CMOS工艺下,模拟基带电路设计中经常会受到工作电压、器件本征增益低、$1/f$噪声差等因素制约,而分立时间滤波器由于是基于开关电容工作的,易于在纳米尺度CMOS工艺中集成并且具备有线性好、噪声低等优点,日益受到重视。分立时间滤波器进一步可以和4.3节中的射频N通道滤波器结合,发展出多种新型的射频收发机架构。分立时间滤波器主要有FIR滤波器和IIR滤波器。

4.4.1　连续时间滤波器

1. 有源RC滤波器

有源RC滤波器以运算放大器为基础,图4.41(a)为有源滤波器基本结构,图4.41(b)为Tow-Thomas二次级联级(Biquad)结构,通过通用的Biquad结构可以构造出目标所需要的滤波器。

Tow-Thomas二次级联级结构的传输函数表达式如下:

$$\frac{V_{\text{out}}}{V_{\text{in}}} = \frac{\dfrac{1}{R_{\text{in}} R_2 C_1 C_2}}{s^2 + \dfrac{\omega_0}{Q} s + {\omega_0}^2} \tag{4.47}$$

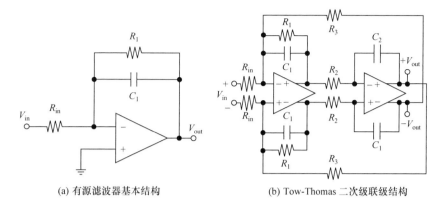

(a) 有源滤波器基本结构　　　　　　(b) Tow-Thomas 二次级联级结构

图 4.41　有源滤波器

式中，$\omega_0 = \dfrac{1}{\sqrt{R_2 R_3 C_1 C_2}}$；$Q = \sqrt{\dfrac{R_1^2 C_1}{R_2 R_3 C_2}}$。

　　有源 RC 滤波器设计中面临的问题包括低功耗、宽带、高线性和小芯片面积等。有源 RC 滤波器是以运算放大器为基础的，有源 RC 滤波器的性能强烈依赖于运算放大器的性能，主要包括 GBW、增益和输出阻抗等。运算放大器的 GBW 至少需要 8 倍的 $f_{\text{cutoff}} \cdot Q_{\text{filter}}$，其中 f_{cutoff} 是滤波器的截止频率，Q_{filter} 是滤波器的最大品质因子。以一个六阶 Butterworth 低通滤波器为例，Q_{filter} 要求不小于 1.932，如果截止频率为 100MHz，运算放大器的 GBW 要求为 1.54GHz，这对运算放大器的设计是极具挑战性的。可以注意到，在射频收发机中模拟基带对于增益的精度有一定的容忍度，因此对于运算放大器的设计可以采用相对低增益、高 GBW 的电路架构。采用这种设计理念是可以完全满足射频系统应用对于模拟基带的应用要求的。如图 4.42 所示，采用相对低增益、高 GBW 的电路架构可以在高频处获得较好的反馈深度。

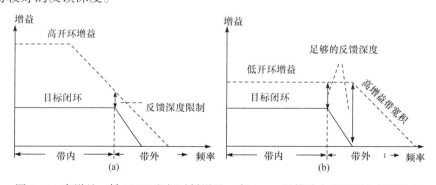

图 4.42　高增益、低 GBW 和相对低增益、高 GBW 运算放大器开环和闭环特性

相对低增益运算放大器会带来两个问题：一个是闭环增益误差；另一个是增

益随工艺-电压-温度(PVT)波动。图 4.43(a)是闭环增益误差和增益波动随着开环增益变化的曲线，可以注意到开环增益为 60dB 时，闭环增益和增益误差基本上可以忽略不计，而开环增益为 30dB 时，将引入–0.5dB 闭环增益误差，这个闭环增益误差可以通过微调反馈电阻比例消除掉。闭环增益波动为 0.15～0.21dB，这个增益波动在射频收发机中是可以接受的。因此，有源 RC 滤波器的增益控制在 30～40dB 是一个比较好的选择。和传统高增益运算放大器设计相比，相对低增益运算放大器采用一级放大级和一级缓冲级即可，如图 4.43(b)所示。这样可以避免多级运算放大器设计的复杂度，同时易于实现低功耗。

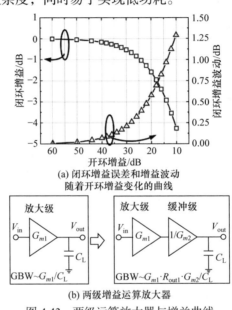

(a) 闭环增益误差和增益波动
随着开环增益变化的曲线

(b) 两级增益运算放大器

图 4.43　两级运算放大器与增益曲线

2. G_m-C 滤波器

无源 LC 滤波器在毫米波集成电路中很常见，但是工作频率在几百 MHz 以下，由于电感、电容值太大无法实现在片集成。G_m-C 滤波器的核心思想是通过回旋结构形成等效的大电感，从而实现等价 LC 的滤波性能。G_m-C 回旋器的基本结构如图 4.44 所示。

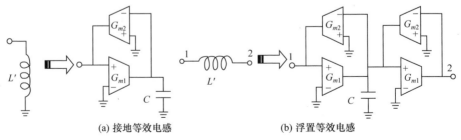

(a) 接地等效电感　　　　　　　　　　(b) 浮置等效电感

图 4.44　G_m-C 回旋器的基本结构

如果 G_m 相等，则等效电感 $L = \dfrac{C}{G_m^2}$。在滤波器设计中，经常用多个级联的二阶滤波器形成高阶滤波器，一个双二次 Biquad 电路对应一个二阶滤波器的传递函数。基于 G_m-C 单元的通用双二次 Biquad 电路结构如图 4.45 所示。

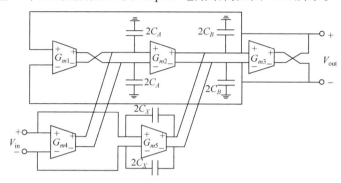

图 4.45　基于 G_m-C 单元的通用双二次 Biquad 电路结构

其传递函数如下：

$$H(s) = \frac{s^2 \dfrac{C_X}{C_X + C_B} + s \dfrac{G_{m5}}{C_X + C_B} + \dfrac{G_{m1}G_{m2}}{C_A(C_X + C_B)}}{s^2 + s \dfrac{G_{m3}}{C_X + C_B} + \dfrac{G_{m1}G_{m2}}{C_A(C_X + C_B)}} \tag{4.48}$$

通用 Biquad 电路的特征频率和品质因子表达式如下：

$$\omega_0 = \sqrt{\frac{G_{m1}G_{m2}}{C_A(C_X + C_B)}} \tag{4.49}$$

$$Q = \sqrt{\frac{G_{m1}G_{m2}}{G_{m3}^2}\left(\frac{C_X + C_B}{C_A}\right)} \tag{4.50}$$

根据滤波通用表达形式，结合上述特征频率和品质因子就可以设计出我们想要的滤波器。

由 G_m-C 滤波器基本原理可见，G_m-C 滤波器设计的核心是线性的 G_m 单元，也就是跨导运算放大器(operational transconductance amplifier, OTA)。常见的 OTA 线性化技术有如下几种。

1) 源端负反馈 OTA

源端负反馈 OTA 的 $G_m = g_m /(g_m + g_m R_s)$，当 $g_m R_s \gg 1$ 时，$G_m = 1/R_s$，从而获得一个只和反馈电阻相关的跨导，它具有线性性质。图 4.46 是一个改进版本的源端负反馈 OTA 结构，通过运算放大器增强源端负反馈，可以获得更好的输入线性。

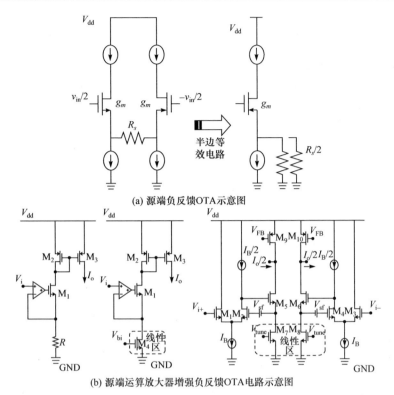

(a) 源端负反馈OTA示意图

(b) 源端运算放大器增强负反馈OTA电路示意图

图 4.46　源端负反馈 OTA 结构[25]

2) 线性区放大管 OTA

线性区工作的 MOS 管电流方程为

$$i = \mu C_{OX} \frac{W}{L} \left(V_{gs} - V_{th} \right) V_{ds} \tag{4.51}$$

如果 MOS 管 V_{ds} 保持恒定,则 MOS 管将具有良好的线性。线性区放大管 OTA 的工作原理图如图 4.47(a)所示,输入时是一对伪差分的 MOS 管,上面叠加一对共栅管,共栅管和运算放大器构成负反馈。这个负反馈会迫使差分 MOS 管的漏端电压稳定在 V_C 上,从而获得较高的线性度。图 4.47(b)是一个基于 BiCMOS 实现的线性区放大管 OTA[26],利用双极结型晶体管(Bipolar Junction Transistor, BJT)器件本征增益和输出阻抗高的优点,无需运算放大器也能实现较好的线性,使电路简化。

3) Nauta OTA

Nauta OTA 基本电路结构如图 4.48(a)所示[27], OTA 由反相级构成,是针对高频滤波器设计的。Nauta OTA 的 g_m 公式如下:

$$g_m = \sqrt{2K_pI} + \sqrt{2K_nI} \tag{4.52}$$

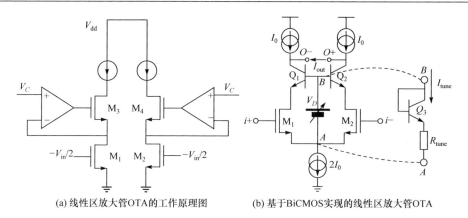

(a) 线性区放大管OTA的工作原理图　　　　(b) 基于BiCMOS实现的线性区放大管OTA

图 4.47　线性区放大管的原理和实现

其中，

$$I = \frac{K_n}{2}\left(\frac{V_{dd} - V_{th,n} - V_{th,p}}{1 + \sqrt{\dfrac{K_n}{K_p}}}\right)^2 \tag{4.53}$$

图 4.48(b)是一个基于 SOI 工艺实现的改进型 Nauta OTA，其中通过 SOI 器件

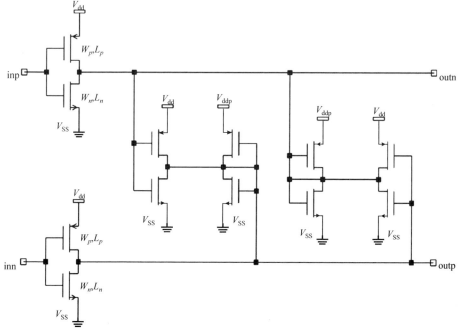

(a) Nauta OTA基本电路结构

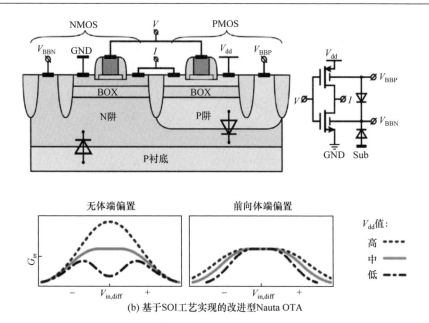

(b) 基于SOI工艺实现的改进型Nauta OTA

图 4.48　SOI 工艺中实现的改进型 Nauta OTA

的背栅调控提高反相级的 G_m 线性度。基于该结构实现的低通滤波器截止频率可达 450MHz，功耗可低至 4.0mW。

4.4.2　分立时间滤波器

一个 M 节分立时间 FIR 滤波器工作过程示意图如图 4.49 所示[28]，滤波器中有 M 个电容，在 M 个时钟周期中将输入信号采样到一个电容上，在第 $M+1$ 个周期将所有电容上的电荷做加和平均。每个周期存储的电荷正比于电容值，每个电容代表一节次 FIR 滤波器，电容值是滤波器每个节次的系数。FIR 滤波器在 Z 域的表达式为

$$\frac{V_{\text{out}}(z)}{V_{\text{in}}(z)} = \frac{1}{C_{\text{T}}} \sum_{n=1}^{M} c_n z^{-n} \tag{4.54}$$

式中，C_{T} 为总电容。

IIR 滤波器的各种实现方式如图 4.50 所示，图 4.50(a)中上面的电路为电压采样型的 IIR 电路，下面的电路是电流型 IIR 电路。FIR 滤波器和 IIR 滤波器在时间域和 Z 域的表达式如下：

$$\frac{V_{\text{out}}(z)}{V_{\text{in}}(z)} = \frac{(1-\alpha)z^{-0.5}}{1-\alpha z^{-1}} \tag{4.55}$$

$$V_{\text{out}}(n) = \frac{C_{\text{H}}}{C_{\text{H}} + C_{\text{S}}} V_{\text{out}}(n-1) + \frac{C_{\text{H}}}{C_{\text{H}} + C_{\text{S}}} V_{\text{in}}(n-0.5) \tag{4.56}$$

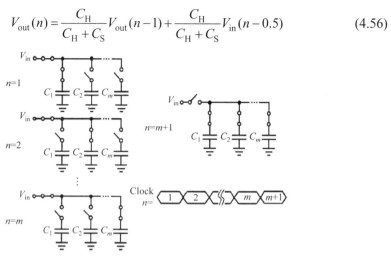

图 4.49　M 节分立时间 FIR 滤波器工作过程示意图

高阶双调谐(Double Tuning，DT)滤波器一般采用多个一阶滤波器级联来实现，为避免多级级联需要多个 G_m 级，可以采用电流 IIR 和电压 IIR 组合方式[29]，如图 4.50(b)所示。

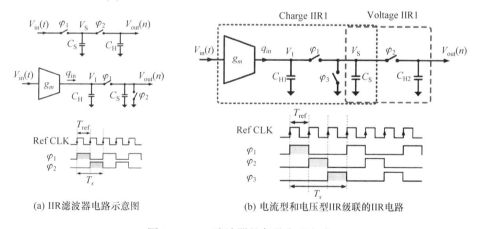

(a) IIR滤波器电路示意图　　　　　(b) 电流型和电压型IIR级联的IIR电路

图 4.50　IIR 滤波器的各种实现方式

FIR 滤波器和 IIR 滤波器在射频系统模拟基带中经常组合使用以实现目标滤波效果，图 4.51 是一个简单的 FIR 滤波器和 IIR 滤波器组合效果图，可以注意到通过组合可以消除 FIR 滤波器在采样频率谐波处的滤波峰。

一个七阶 IIR 滤波器电路示意图如 4.52(a)所示，该滤波器由一个一阶电流 IIR 滤波器和一个六阶电压 IIR 滤波器组成。图 4.52(b)是滤波器多相时钟时序图。

该滤波器 Z 域的表达式如下：

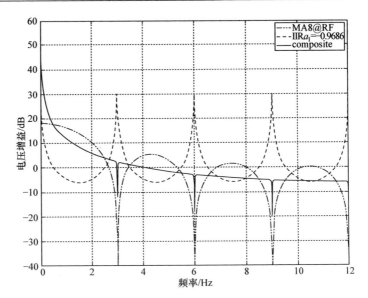

图 4.51　简单的 FIR 滤波器和 IIR 滤波器组合效果图

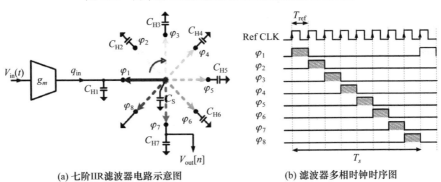

(a) 七阶IIR滤波器电路示意图　　　　　　(b) 滤波器多相时钟时序图

图 4.52　七阶 IIR 滤波器工作原理

$$H_k(z) = \frac{V_k}{q_{in}} = \frac{1}{C_S} z^{\frac{k-1}{s}} \prod_{i=1}^{k} \frac{1-\alpha_i}{1-\alpha_i z^{-1}} \tag{4.57}$$

以上述高阶 IIR 为基础，可以形成如图 4.53 所示的滤波带宽和阶数可配置的滤波器。

4.4.3　镜像抑制滤波器

在低中频射频接收机中，经常会采用镜像抑制滤波器电路抑制镜像信号[30]，如图 4.54(a)所示，经过混频后，镜像信号和有用信号都会落在低通滤波器带内，恶化有用信号信噪比，因此需要对镜像信号进行抑制。镜像抑制滤波器基本工作原理如图 4.54(b)所示，在低通滤波器的基础上，通过反馈进行移频操作，使低通

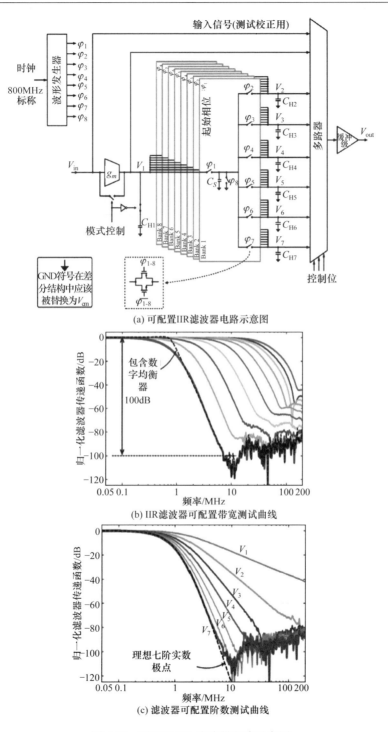

(a) 可配置IIR滤波器电路示意图

(b) IIR滤波器可配置带宽测试曲线

(c) 滤波器可配置阶数测试曲线

图 4.53　可配置 IIR 滤波器电路示意图

滤波器的中心频率从零频移动到中频处，滤波器滤波特性不发生变化而对镜像信号进行滤波。

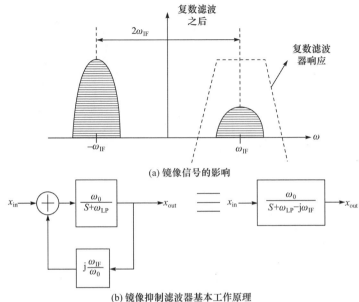

(a) 镜像信号的影响

(b) 镜像抑制滤波器基本工作原理

图 4.54　镜像抑制滤波器

　　镜像滤波器需要进行复数的移频操作，输出信号先经过 90°相移再反馈到输入端，直接进行 90°相移是相对比较困难的。但是在射频收发机中，通常会采用 I、Q 信道进行信号处理，I、Q 信道信号天然具有 90°相差，通过 I、Q 信道交叉反馈可以简洁地实现移频操作，如图 4.55(a)所示。图 4.55(b)是基于有源 RC 滤波器的

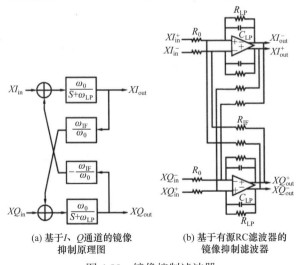

(a) 基于 I、Q 通道的镜像
抑制原理图

(b) 基于有源RC滤波器的
镜像抑制滤波器

图 4.55　镜像抑制滤波器

镜像抑制滤波器的具体实现，交叉反馈项通过一个电阻实现即可。

参 考 文 献

[1] Sivonen P, Parssinen A. Analysis and optimization of packaged inductively degenerated common-source low-noise amplifiers with ESD protection. IEEE Transactions on Microwave Theory and Techniques, 2005, 53(4): 1304-1313.

[2] Ryuichi F. A 7-GHz 1.8-dB NF CMOS low-noise amplifier. IEEE Journal of Solid-State Circuits, 2002, 37(7): 852-856.

[3] Cha C Y, Lee S G. A 5.2-GHz LNA in 0.35-μm CMOS utilizing inter-stage series resonance and optimizing the substrate resistance. IEEE Journal of Solid-State Circuits, 2003, 38(4): 669-672.

[4] Lin Y S. An analysis of small-signal source-body resistance effect on RF MOSFETs for low-cost system-on-chip(SoC)applications. IEEE Transactions on Electron Devices, 2005, 52(7): 1442-1451.

[5] Zhuo W, Li X Y, Shekhar S, et al. A capacitor cross-coupled common-gate low-noise amplifier. IEEE Transactions on Circuits and Systems II: Express Briefs, 2005, 52(12): 875-879.

[6] Blaakmeer S C, Klumperink E A M, Leenaerts D M W, et al. Wideband balun-LNA with simultaneous output balancing noise-canceling and distortion-canceling. IEEE Journal of Solid-State Circuits, 2008, 43(6): 1341-1350.

[7] Borremans J, Wambacq P, Soens C, et al. Low-area active-feedback low-noise amplifier design in scaled digital CMOS. IEEE Journal of Solid-State Circuits, 2008, 43(11): 2422-2433.

[8] Zhang H. Linearization techniques for CMOS low noise amplifiers: A tutorial. IEEE Transactions on Circuits and Systems I: Regular Papers, 2011, 58(1): 22-36.

[9] Kim T W. A common-gate amplifier with transconductance nonlinearity cancellation and its high-frequency analysis using the Volterra series. IEEE Transactions on Microwave Theory and Techniques, 2009, 57(6): 1461-1469.

[10] Kim N, Aparin V, Barnett K, et al. A cellular-band CDMA 0.25 μm CMOS LNA linearized using active post-distortion. IEEE Journal of Solid-State Circuits, 2006, 41(7): 1530-1534.

[11] Andrews C, Molnar A C. A passive mixer-first receiver with digitally controlled and widely tunable RF interface .IEEE Journal of Solid-State Circuits, 2010, 45(12): 2696-2708.

[12] Zhou S, Chang M F. A CMOS passive mixer with low flicker noise for low-power direct-conversion receiver. IEEE Journal of Solid-State Circuits, 2005, 40(5): 1084-1093.

[13] Weldon J A, Narayanaswami R S, Rudell J C, et al. A 1.75-GHz highly integrated narrow-band CMOS transmitter with harmonic-rejection mixers. IEEE Journal of Solid-State Circuits, 2001, 36(12): 2003-2015.

[14] Zhang X, Chi B, Wang Z. A 0.1–1.5 GHz harmonic rejection receiver front-end with phase ambiguity correction, vector gain calibration and blocker-resilient TIA. IEEE Transactions on Circuits and Systems I: Regular Papers, 2015, 62(4): 1005-1014.

[15] Ru Z, Moseley N A, Klumperink E A M, et al. Digitally enhanced software-defined radio receiver robust to out-of-band interference. IEEE Journal of Solid-State Circuits, 2009, 44(12): 3359-3375.

[16] Wang C, Huang J, Chu K, et al. A 60-GHz phased array receiver front-end in 0.13-μm CMOS

Technology. IEEE Transactions on Circuits and Systems I: Regular Papers, 2009, 56(10): 2341-2352.

[17] Plessas F, Souliotis G, Makri R. A 76–84 GHz CMOS 4 × subharmonic mixer with internal phase correction. IEEE Transactions on Circuits and Systems I: Regular Papers, 2018, 65(7): 2083-2096.

[18] Franks L, Sandberg I. An alternative approach to the realization of network transfer functions: The N-path filter. Bell System Technical Journal, 1960, 39(5): 1321-1350.

[19] Mirzaei A, Darabi H. Analysis of imperfections on performance of 4-phase passive-mixer-based high-Q bandpass filters in SAW-less receivers. IEEE Transactions on Circuits and Systems I: Regular Papers, 2011, 58(5): 879-892.

[20] Ghaffari A, Klumperink E A M, Soer M C M. Tunable High-Q N-Path band-pass filters: Modeling and verification. IEEE Journal of Solid-State Circuits, 2011, 46(5): 998-1010.

[21] Guo Y, Shen L, Yang F, et al. A 0.5–2 GHz high frequency selectivity RF front-end with series N-path filter. IEEE International Symposium on Circuits and Systems (ISCAS), Lisbon, 2015: 2217-2220.

[22] Liu Z X, Li H Y, Jiang H Y, et al. A Low Power SAW-less 2.4-GHz receiver with an LC matched series N-path filter. IEEE International Symposium on Circuits and Systems (ISCAS), Florence, 2018: 1-5.

[23] Ghaffari A, Klumperink E A M, Nauta B. Tunable N-Path notch filters for blocker suppression: Modeling and verification. IEEE Journal of Solid-State Circuits, 2013, 48(6): 1370-1382.

[24] Behbahani F, Kishigami Y, Leete J, et al. CMOS mixers and polyphase filters for large image rejection. IEEE Journal of Solid-State Circuits, 2001, 36(6):873-887.

[25] Lo T, HunFg C, Ismail M. A wide tuning range Gm‐C filter for multi-mode CMOS direct-conversion wireless receivers. IEEE Journal of Solid-State Circuits, 2009, 44(9): 2515-2524.

[26] Itakura T, Ueno T, Tanimoto H, et al. A 2.7-V, 200-kHz, 49-dBm, Stopband-IIP3, low-noise, fully balanced Gm-C filter IC. IEEE Journal of Solid-State Circuits, 1999, 34(8): 1155-1159.

[27] Nauta B. A CMOS transconductance-C filter technique for very high frequencies. IEEE Journal of Solid-State Circuits, 1992, 27(2): 142-153.

[28] Lin D T. A flexible 500MHz to 3.6GHz wireless receiver with configurable DT FIR and IIR filterembedded in a 7b 21MS/s SAR ADC. IEEE Transactions on Circuits and Systems I: Regular Papers, 2012, 59(12): 2846-2857.

[29] Massoud T, Iman M, Bogdan S R, et al. Analysis and design of a high-order discrete-time passive IIR low-pass filter. IEEE Journal of Solid-State Circuits, 2014, 49(11): 2575-2587.

[30] Macedo J A, Copeland M A. A 1.9-GHz silicon receiver with monolithic image filtering. IEEE Journal of Solid-State Circuits, 1998, 33(3): 378-386.

第5章 射频发射机集成电路技术

功率放大器(PA)是射频发射机链路中的核心电路，负责产生大功率信号输出并通过天线发射出去。它是射频发射机系统中功耗最大的模块，其功耗往往超过射频发射机系统其他所有模块的总和。为了降低功耗、延长电池寿命，设计 PA 时需要着重提高其效率；而为了让 PA 发射的信号符合无线电频谱规范，需要在设计 PA 时使用必要的线性化技术。在硅基 CMOS 工艺中，PA 还面临器件击穿电压低、无源器件损耗大和电迁徙等问题；在纳米尺度 CMOS 工艺中，器件击穿电压问题尤为严重。以手机射频通信系统为例，它的 PA 目前绝大部分还是采用化合物半导体工艺实现的，无法和 CMOS 射频收发芯片集成在一起。AB 类(Class AB)线性 PA 在射频收发系统中应用最为广泛，因为 AB 类线性 PA 在输出功率、效率和线性方面可以取得一个较好的平衡。非线性 PA 因为其高效率在纳米尺度 CMOS 工艺中日益受到重视，非线性 PA 线性化技术一直是 PA 领域研究的重点。传统射频发射机(图 5.1)包括低通滤波器、可变增益放大器、上混频器和 PA 等电路模块，而近年来在 CMOS 工艺中兴起的数字化 PA 技术可以将射频发射机简化至仅包括基带信号处理和数字化 PA 两部分，同时数字化 PA 技术和非线性 PA 线性化技术的结合使得 CMOS 集成高效率 PA 成为可能。

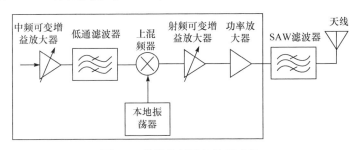

图 5.1　传统发射机架构示意图

5.1　功率放大器性能指标

5.1.1　输出功率

PA 的总输出功率定义为

$$P_{\text{out}} = \frac{V_{\text{out,rms}}^2}{R_{\text{L}}} \tag{5.1}$$

式中，$V_{\text{out,rms}}$ 是输出信号的均方根幅度，在一个单音正弦信号中，$V_{\text{out,rms}}$ 是正弦信号幅度的 $\frac{1}{\sqrt{2}}$。在通常的应用中，可假定谐波成分会被滤波器滤除，所以只关心感兴趣的基频成分。这样，基频平均输出功率可以定义为

$$P_{\text{out},f_c} = \frac{V_{\text{out}}^2}{2R_{\text{L}}} \tag{5.2}$$

式中，V_{out} 是信号中基频分量的幅值，可以由输出信号的傅里叶变换得来。

基于恒包络输出功率，可以定义峰值包络输出功率(peak envelope output power, PEP)为

$$\text{PEP} = \max\left\{ P_{\text{out}}\left[A(t) \right] \right\} = \frac{A_{\max}^2}{2R_{\text{L}}} \tag{5.3}$$

式中，$A_{\max}$ 是峰值基频幅度。PEP 可以理解为 PA 在整个工作过程中出现的最大发射功率。

5.1.2　峰值-均值功率比

峰值-均值功率比(peak-to-average power ratio，PAPR)，定义为最大发射功率与平均包络能量的比值，即

$$\text{PAPR} = \frac{\text{PEP}}{P_{\text{out}}} \tag{5.4}$$

式中，$\text{PEP} = A_{\max}^2 / (2R_{\text{L}})$，$A_{\max}$ 是峰值幅度；P_{out} 是平均功率。PAPR 虽然严格意义上不是 PA 本身的指标，而是与通信协议有关的发射机系统指标；但 PAPR 仍是 PA 设计时需要重点考虑的指标。由于 PA 的效率往往被优化在其功率最高点，而当功率从最高点回退(back off)时，PA 的效率往往急剧下降[1,2]；在 PAPR 非常高的系统中(例如，WiFi 发射机的 PAPR 通常接近 9dB)，如何优化 PA 及发射机的设计，使之在峰值功率时不发生非线性失真，而在整个工作过程中都保持较高的效率，是需要重点考虑的问题。

5.1.3　效率

PA 在发射功率信号时，并不能将其从电源上获得的所有能量都发射出去。其发射的能量和消耗的能量之比可以定义为 PA 的效率。大部分时候，效率都是需要着重优化的，在低功耗的系统中尤甚。PA 的漏极效率(drain efficiency，DE)可定义为

$$\eta_{\text{drain}} = \frac{P_{\text{out}}}{P_{\text{dc,PA}}} \tag{5.5}$$

另一个效率的定义，功率附加效率(power added efficiency，PAE)，考虑了输入信号的功率：输出能量减去输入能量，才是 PA 贡献的输出能量。其定义如式(5.6)所示。这个定义最能反映 PA 的效率性能。

$$PAE = \frac{P_{\text{out}} - P_{\text{in}}}{P_{\text{dc,PA}} + \sum P_{\text{dc,Drv},i}} \tag{5.6}$$

5.1.4 线性度

PA 的各种非线性行为，从调幅(AM)和调相(PM)的转换来看，包括 AM-AM 失真、AM-PM 失真、PM-AM 失真、PM-PM 失真。PA 的失真会导致输出信号的功率压缩、交调失真、频谱扩展等后果。衡量 PA 失真的主要参量有 P1dB、IIP3、邻近信道功率比等。随着现代通信中调制方式越来越复杂，双音测试得到的 IIP3 参量已不足以反映 PA 的频谱扩展效应；邻近信道功率比(adjacent channel power ratio，ACPR)，也被称为邻近信道泄漏比(adjacent channel leakage ratio，ACLR)，在发射机系统中经常用来表征发射机的线性性能，其定义为发射机在邻近的一个信道带宽内泄漏的能量与本身信道带宽内的能量的比值。因为调制信号的复杂性，ACPR 的计算非常困难，通常需要通过仿真或测试测量得到。

5.1.5 星座图和误差矢量幅度

误差矢量幅度(error vector magnitude，EVM)是评估调制精度和发射机性能的一个直接指标，EVM 反映了矢量的误差，定义为信号星座图中测量信号和理想无误差点矢量之间的误差。EVM 定义的计算公式为

$$EVM = \sum_i \frac{|\Delta x_i|}{|x_i|} \tag{5.7}$$

测量信号在幅度和相位上对于理想信号均有一定程度的偏离，确定性信号误差只会使信号偏离理想点，但是存在码间串扰和噪声的影响，重复测量可以显示出测量信号围绕理想信号随机变化，这种随机变化为围绕理想信号星座图点的"误差云"，如图 5.2 所示。

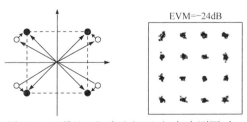

图 5.2 "误差云"产生机理(左)与实测图(右)

5.2　线性功率放大器

5.2.1　线性功率放大器分类及简介

　　基于 PA 中晶体管的不同工作模式，PA 可以分为线性功率放大器和开关类功率放大器两大类。

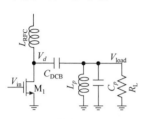

图 5.3　线性 PA 电路图

　　线性 PA 中晶体管以电流源形式工作。一个典型的线性 PA 电路图如图 5.3 所示。L_{RFC} 是一个大电感(理想情况下应为无穷大)，给晶体管漏端提供直流偏置电压；同时其上的电流应当是一个常数，对交流电流断路；这样，L_{RFC} 提供的 DC 电流在 M_1 和 R_L 上分配，产生输出电流。L_p 和 C_p 组成并联谐振支路，滤出漏端波形 V_d 中的基频成分 f_0，而将其他频率成分短接到地。

　　线性 PA 的一个电压周期中，晶体管并不一定是全时刻导通的；若将一个周期 ωt 归一化到 2π，那晶体管导通的时段 2Φ 则定义为导通角，如图 5.4 所示。根据导通角的区间，可以将线性 PA 分为 A 类、AB 类、B 类、C 类。

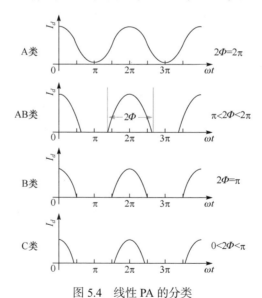

图 5.4　线性 PA 的分类

　　从 PA 的工作过程来看，其导通角和两个因素有关：输入的直流偏置点 V_{in_dc}、输入信号摆幅 V_{in_amp}。当 $V_{in\_dc} - V_{in\_amp} > V_{th}$ 时(V_{th} 为输入 CMOS 管阈值电压)，$2\Phi = 2\pi$，PA 工作在 A 类模式；当 $V_{in\_dc} = V_{th}$ 时，PA 工作在 B 类模式；AB 类介于

A 类和 B 类中间,其成立条件是 $V_{\text{in\_dc}} > V_{\text{th}}$ 而 $V_{\text{in\_dc}} - V_{\text{in\_amp}} < V_{\text{th}}$ 。当 $V_{\text{in\_dc}} < V_{\text{th}}$ 时,PA 工作在 C 类模式。

关于线性 PA 的最大基频输出功率、漏极效率,有一组关于导通角 2Φ 的表达式。"最大"的含义是,使得输出电压摆幅达到 V_{dd} 时的漏极效率。由于 L_{RFC} 的存在, V_d 可以摆到比 V_{dd} 更高的值; V_d 的最大摆幅则是 $0 \sim 2V_{\text{dd}}$,此时 PA 也具有最高的输出功率和效率。直流电流和基频电流幅度为

$$I_{\text{dc}} = \frac{I_{\max}}{2\pi} \frac{2\sin\Phi - 2\Phi\cos\Phi}{1 - \cos\Phi} \tag{5.8}$$

$$I_{\text{fund}} = \frac{I_{\max}}{2\pi} \frac{2\Phi - \sin 2\Phi}{1 - \cos\Phi} \tag{5.9}$$

则漏极效率可以表示为 $I_{\text{fund}}/(2I_{\text{dc}})$,分母上的 2 是计算均方根引入的系数,计算结果为

$$\eta_{\text{drain}} = \frac{2\Phi - \sin 2\Phi}{4(\sin\Phi - \Phi\cos\Phi)} \tag{5.10}$$

式(5.10)对于各种类型的线性 PA 均适用,例如,当 $2\Phi = 2\pi$ 时,求出 A 类 PA 的理论最大漏极效率为 $\eta_{\text{drain\_max}} = 50\%$;当 $2\Phi = \pi$ 时,求出 B 类 PA 的理论最大漏极效率为 $\eta_{\text{drain\_max}} \approx 78.5\%$;AB 类放大器的效率介于 A 类和 B 类之间;C 类放大器,在 2Φ 趋于 0 时,效率趋于 100%。但是,随着导通角减小,同样的电路结构的输出功率也将减小;例如,当 2Φ 趋于 0 时输出功率也趋于 0,因此 100% 的效率是没有意义的;实际使用 C 类 PA 时,通常选择一个合适的导通角来达到一个合理的输出功率和效率。图 5.5(a)给出了归一化的输出功率、漏极效率与导通角的关系。"归一化"的含义是,PA 使用相同的电源电压,且流过晶体管的最大电流相同,再将此时的 A 类 PA 的功率归一化到 0dBm。图 5.5(b)给出了输出信号各阶分量和导通角的关系。导通角越小,谐波分量越大,非线性越显著。

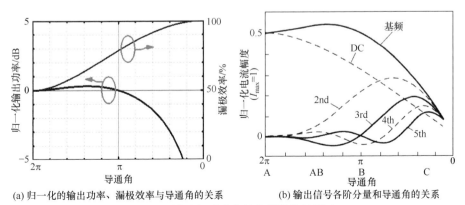

(a) 归一化的输出功率、漏极效率与导通角的关系　　(b) 输出信号各阶分量和导通角的关系

图 5.5　导通角对功率放大器性能的影响

5.2.2　共轭匹配和功率匹配

对于以传输功率为主要任务的 PA 设计来说，很容易让人联想到射频领域应用最为广泛的共轭匹配。共轭匹配理论告诉我们，当负载阻抗与信号源内阻共轭匹配时，负载能得到最大的功率，且此时负载得到的功率与信号源内阻上损失的功率相等。PA 输出端使用的匹配方式并不是共轭匹配，而是功率匹配。图 5.6 是线性 PA 在两种匹配方式下的输出功率转移曲线，B 点和 D 点分别为两种匹配下的功率–1dB 压缩点，一般 B 点会比 D 点低 2dB 左右，也就是说在同样的器件尺寸下，功率匹配会比共轭匹配获得的输出功率高 2dB，从后面的设计过程可以看到，这是非常重要的，这对 PA 的输出功率和效率有非常大的影响。共轭匹配和功率匹配的差别在于：共轭匹配是一种小信号状态下的阻抗匹配，而功率匹配是一种大信号状态下的阻抗匹配。功率匹配的阻抗反映的是器件在大信号下阻抗的周期平均值。

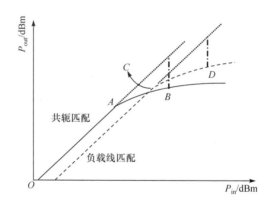

图 5.6　功率匹配与负载线匹配下线性放大器的输入输出功率传输特性

5.2.3　负载线理论

一个尺寸给定的晶体管在一定的偏置条件下，可以看作输出阻抗为 R_s 的压控电流源。该功率管的最大输出幅度 V_{max} 受击穿电压限制，最大输出电流能力 I_{max} 受驱动电压幅度或其他因素限制。V_{max} 和 I_{max} 是由器件的物理特性所决定的，不存在 V_{max} 或 I_{max} 无限大的器件。

如图 5.7(a)所示，器件的输出特性中，I_{max} 和 V_{max} 分别确定了器件工作时电流和电压的边界。考虑到输出阻抗 R_s 的影响，此时晶体管输出曲线并不与横轴平行，而是有一个夹角，该夹角的余切值等于 R_s，器件的工作区域为一个平行四边形。由于 V_{max} / R_s 通常比 I_{max} 小很多，所以一般可以忽略 R_s 的影响，而将器件的工作区域近似看作一个两边长分别为 I_{max} 和 $V_{max} - V_{knee}$ 的矩形，其中 V_{knee} 是器件的"拐点"电压。先不考虑"拐点"电压的影响，器件的输出曲线可简略为图 5.7(b)

所示，L_1、L_2、L_3 分别为三个不同阻值的负载电阻对应的负载线，每条线与横轴所夹锐角的余切为对应的电阻值。由于器件的工作区域受限，所以只有落在器件工作区内的负载线部分才是可实现的。

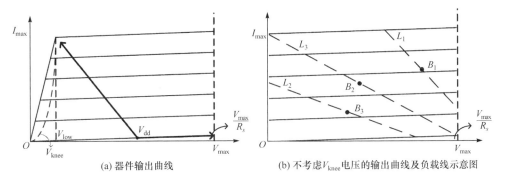

(a) 器件输出曲线　　　　　　　(b) 不考虑 V_{knee} 电压的输出曲线及负载线示意图

图 5.7　器件输出特性及负载线

容易想到，加载输入信号将使得器件的输出电压和电流在偏置点附近沿负载线摆动，想找到一个能获得最大输出功率的负载值，就要找到一条负载线，使得以它为对角线的矩形面积最大。PA 能实现最大输出功率的条件是输出电压能达到最大，同时输出电流也能达到最大值，也就是信号沿着负载线 L_3 摆动，此时 PA 的最优匹配阻抗 R_{opt} 和最大输出功率 P_{max} 分别为式(5.11)和式(5.12)，这也就是 PA 设计中最基本的负载线理论。

$$R_{opt} = V_{max} / I_{max} \tag{5.11}$$

$$P_{max} = I_{max} V_{max} / 8 \tag{5.12}$$

5.2.4　功率放大器的稳定性

PA 具有高增益，大信号摆幅的特点，且放大管宽度大，并联个数多，分布效应和电极间的电容耦合通道多，反向隔离比较差，因此电路不够稳定而特别容易引起振荡。不同于低频放大器用相位裕度来衡量稳定性，高频放大器采用 K 因子 (Rollett 稳定因子)和 B 因子(stability measure)来衡量。对 PA 的稳定性，还需要在不同信号强度输入下，从低频一直到单位增益频率的变化范围内进行大信号 S 参数分析。根据 K 因子、B 因子的定义和稳定的必要条件：$K>1$ 且 $B>0$，可判定 PA 的稳定性：

$$K = \left\{ 1 - \left| S_{11} \right|^2 - \left| S_{22} \right|^2 + \left| S_{11} \times S_{22} - S_{12} \times S_{21} \right|^2 \right\} / \left\{ 2 \times \left| S_{12} \times S_{21} \right| \right\} \tag{5.13}$$

$$B = 1 + \left| S_{11} \right|^2 - \left| S_{22} \right|^2 - \left| S_{11} \times S_{22} - S_{12} \times S_{21} \right|^2 \tag{5.14}$$

PA 的稳定性分析比其他射频小信号放大器还需要多考虑一个因素，即热漂移。PA 工作于大信号模式，由于 PAE 有限，电路很大一部分能量消耗为热能，如果热量不能及时耗散，将造成芯片温度持续升高。在 BJT 作为功率管的 PA 中，当并联的多个管子局部过热时，温度和流经这部分管子的电流形成正反馈，使得更多的电流流过它们，最终将芯片烧坏。而在 CMOS PA 中，虽然芯片仍然会耗能升温，但在一定偏置下，MOSFET 的电流随温度升高而减小，成为一个负反馈。在和外界环境建立起一定的热平衡后，芯片可以稳定工作于这一温度状态。因此一般情况下，CMOS PA 不需要进行特殊的热漂移抑制，这也是 CMOS PA 的一个优势。

5.3　线性功率放大器设计实例

5.3.1　CMOS 功率放大器设计难点

PA 是射频系统中最受 CMOS 工艺限制的一个模块，输出功率、效率、线性度等苛刻的性能要求，使得设计必须充分利用工艺所能提供的有源和无源器件的能力极限，而且要对电路中的寄生参量有很好的控制。下面对 PA 设计中的一些难点和特殊设计考虑进行一些讨论。

1. 输出功率、效率、线性度之间的折中

采用负载线匹配到最优阻抗的 PA 输出功率为 $P_{max} = I_{max}V_{max}/8$。$V_{max}$ 由器件击穿特性决定，基本与管子宽长比无关。因此要想获得较大的输出功率，就要减小 R_{opt}。尽管这会使得输出电流增加，但只要增加晶体管尺寸，大电流一般是可以获得的。在实际的电路设计中，PA 的最终输出端通常是 50Ω 的天线负载，需要将 50Ω 通过一个无源网络变换到 R_{opt}。无源网络会引入损耗，影响电路效率，损耗的大小与网络的变换比值 $50/R_{opt}$ 正相关。对于高输出功率，R_{opt} 很小，变换比值很大，PA 的效率就会明显降低，这体现了输出功率与效率之间的折中关系。从另一个角度来说，对于尺寸给定的器件，要获得大输出功率，需要增大导通角，而这会引起效率的降低，因此也可以看出输出功率与效率之间相互制约。但是导通角越小，效率越高，但 PA 产生的各阶谐波越大，线性度越差，这就是效率与线性度的关系，参见图 5.5(b)。可见 PA 设计中的各项指标之间相互制约，不可能找到一个令各项指标都是最优的状态，只有让各指标相互折中，才能得到一个各方面性能都可以接受的 PA。

2. 器件击穿

线性 PA 在达到最大效率的工作状态下，功率管漏端或集电极摆幅会接近于

电源电压, 摆幅越大, 输出功率越高。也就是说, 要想设计高效率、高输出功率的线性 PA, 必须使用较高的电源电压, 而且在最大输出功率状态下, 功率管输出端瞬时电压最大将达到电源电压的 2 倍。如此高的电压很容易造成器件击穿, 给 PA 设计带来困难。CMOS 工艺下, 器件击穿对 PA 设计的限制尤其明显。由于 CMOS 器件等比例缩小遵循的是等电场原则, 随着器件尺寸缩小, 为了避免发生击穿, 需要使用越来越小的电源电压, 从而使得 PA 设计十分困难。了解器件的击穿机制对设计一个可靠的、能安全工作的 PA 非常重要。

下面将介绍 CMOS 晶体管中几种主要的击穿机制。

(1) 氧化层击穿。当氧化层中电场强度太大时, 氧化层中会产生隧穿电流, 使得氧化层内部或在氧化层与硅的界面产生缺陷。随着这些缺陷的积累, 氧化层质量逐渐降低, 隧穿电流也越来越大, 并最终使得氧化层电极与沟道中的硅衬底形成欧姆连接。氧化层击穿的最主要原因是栅极电压过高, 考虑到当前工艺下的氧化层厚度通常只有几纳米, 造成氧化层击穿的电压一般只有几伏。氧化层击穿会对器件造成不可恢复的损坏, 因此要绝对避免此类击穿发生, 确保栅极电压远低于会造成击穿的阈值电压。

(2) 热电子效应。电子在沟道中会受到源漏间电场的加速, 若电场较强, 电子在与晶格碰撞之前的能量过高, 则电子有可能在到达漏端之前与晶格碰撞发生碰撞电离, 这不仅可能导致雪崩击穿, 还会在氧化层与硅界面产生大量缺陷, 从而降低载流子迁移率。除此之外, 大量高能量电子的碰撞电离还会在氧化层中产生陷阱电荷, 改变器件的阈值电压。热电子效应通常发生在沟道中靠近漏端场强较高的区域, 增加器件的导通电阻和拐点电压(knee voltage), 影响 PA 性能。热电子效应对器件的破坏是缓慢的, 通常导致器件性能逐渐衰退。有研究表明, 热电子效应会增加器件发生氧化层击穿的概率。热电子效应容易发生在器件的工作电压和电流都很大的情况下, 对于高输出功率的线性 PA, 这种情况经常出现。

(3) 源漏穿通。当晶体管栅极加一定偏压时, 沟道表面出现反型层, 电子在反型层中运动, 形成电流。当栅压较低时, 沟道表面无法形成反型层, 沟道中没有电流流过。但如果此时漏端电压不断升高, 反偏的漏衬 PN 结的耗尽区将逐渐扩大, 并最终与源衬 PN 结耗尽区相连, 发生源漏穿通, 产生电流。因此, 当漏端电压过高时, 即使栅压很低, 源漏穿通也会使得沟道中有电流流过。实际上, 漏衬 PN 结和源衬 PN 结的耗尽区不需要相连, 只要两者靠得较近, 源漏电流就会明显增加, 发生源漏穿通的可能性随着器件沟道长度减小及漏端电压的增大而增加。

(4) 漏衬 PN 结击穿。在 CMOS 工艺中, NMOS 管衬底电位通常接地, 使得 NMOS 管漏端和衬底之间的 PN 结反偏。这个反偏 PN 结的击穿电压主要由衬底掺杂浓度决定。要确保器件正常工作, 漏端电位必须低于这一击穿电压。对于

CMOS 工艺，这一击穿电压在 11V 左右。

3. 寄生的影响

PA 的性能对版图、印刷电路板(PCB)上的各项寄生非常敏感。大量驱动级、输出级功率管并联引起的分布效应，版图中长引线的寄生电感、与衬底的耦合电容，线与线间的耦合电容及互感效应等都会使 PA 的输出功率特性发生改变，或者工作频率发生偏移。为了准确预测 PA 的性能，并且在考虑寄生的情况下得到优化的性能，需要在设计仿真时对相关的寄生进行建模分析。现有的商用寄生提取工具可以对版图中引线的 R、C 进行提取和反标后仿真，但对高频工作影响巨大的电感效应却缺少相应的提取工具。实际的设计中，除采用工具进行常规的提取外，还需要综合各种电感提取和建模方法，包括解析法求解电感，三维电磁场仿真提取等，对电路进行分析优化。

5.3.2　UHF 频段功率放大器设计

本节给出一个较为详细的 UHF 频段 PA 设计例子，帮助读者熟悉 PA 设计过程。PA 工作 UHF 频段(0.8～1.0GHz)，主要性能指标要求有：输出功率要求大于 20dBm，增益大于 20dB，效率大于 35%，ACPR 大于 40dBc。满足应用协议要求的频谱规范，对线性度有较高要求。PA 选择工作在 AB 类模式，通过 0.18μm 射频 CMOS 工艺流片实现。由于工作频率较低，无源电感值比较大，片上集成困难，所以匹配网络采用片外元件。

1. PA 输出级器件设计

一般来说，V_{max} 由器件的击穿电压来决定。使用的 0.18μm CMOS 工艺中提供厚栅氧器件，这种厚栅氧 MOS 的栅击穿电压比普通栅氧厚度的晶体管击穿电压要高。厚栅氧管子的最小沟道长度为 0.35μm，由于沟道长度较长，器件的击穿电压也较高。在低栅压下，厚栅氧晶体管漏端击穿电压达到 5V(图 5.8)，而普通栅氧晶体管则为 3.2V 左右。同时由于工作频率比较低，对器件的截止频率 f_t 要求不高，选择厚栅氧器件作为输出级晶体管。

实际的晶体管工作区域分为饱和区及线性区。在线性区中，器件的跨导较饱和区小很多，因此一般在线性 PA 设计时会避免器件工作在深线性区。在器件的输出特性中，电流从上升到趋于饱和之间的分界点定义为器件的拐点电压 V_{knee}，V_{knee} 近似等于 $V_{gs} - V_{th}$。将最大栅压下的 V_{knee} 定义为 V_{low}，器件的工作电压区间就被限制在了 $V_{low} \sim V_{max}$。也就是说，为了保证 PA 正常工作，器件漏端电压最小值应该高于 V_{low}，而最大值应低于击穿电压 V_{max}。要获得最好的效率，漏端的

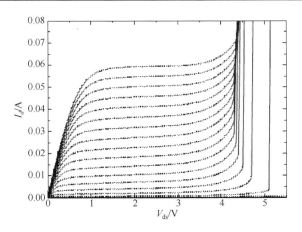

图 5.8　0.35μm 厚栅氧器件输出曲线

偏置电压 V_{ds} 应位于 V_{low} 和 V_{max} 的中点。对于厚栅氧晶体管，V_{low} 约等于 0.6V，V_{max} 约为 4.6V。因此选取 V_{dd} 为 2.6V，晶体管漏端最大摆幅为 2V。

　　为了获得高效率，选择将晶体管栅压偏置在略大于阈值电压 V_{th} 的值。当小信号输入时，由于管子是导通的，输出在偏置点附近摆动，放大器为 A 类 PA 提供一定的增益。随着输入信号增大，导通角越来越接近于 π，当输入信号幅度较大时，放大器可近似看成 B 类 PA。由于 PA 最重要的是最大输出功率状态下的各项指标，应该对大信号输入下的 PA，即 B 类 PA 进行仔细分析。

　　考虑到输出匹配网络的损耗以及其他各种失配引起的输出功率降低，将电路的最大输出功率设计目标定为 23dBm，留出一定的设计裕量。对于 200mW 的输出功率，2V 的电压摆幅对应的电流摆幅为 200mA。由线性 PA 电流公式可知，B 类 PA 的最大工作电流等于基波电流的 2 倍，因此我们需要选择一个能输出 400mA 电流的器件作为 PA 的输出级。根据电压和电流摆幅，可以计算最优负载值为 10Ω，因此输出网络需要将 50Ω 的阻抗转换成为 10Ω 的负载值，转换比值为 5，引入的损耗不会太大。根据所需电流，综合考虑栅压、拐点电压等因素，器件尺寸选择为 3600μm/0.35μm。

　　最大输出功率时，放大器可近似看作 B 类 PA，只在半个周期内有电流，漏端电压的相位跟电流差 180°，且电压最大值为 V_{max}，最小值为 V_{low}。根据这个波形的特性，可以画出 PA 的负载线，得到最优匹配阻抗。以上只是理论上的分析，由此选择的晶体管尺寸和最优负载仅仅是粗略的估计，虽然对设计有指导意义，但完全照此设计一般无法得到最优的结果。在实际的设计中，为了考虑器件本身的输出阻抗、寄生电容及压焊线的寄生电感造成的影响，通常需要对晶体管进行 Loadpull 仿真，并综合考虑输出功率、效率及线性度等指标来设计输出匹配网络。

2. 输出级 Loadpull 仿真

输出级 Loadpull 仿真的目的是找到放大器的最优负载阻抗，但很多因素都会对其结果产生影响。为了得到确切有效的最优负载阻抗值，我们需要先确定 Loadpull 的一些条件，包括栅极偏置电压、输入功率、源端寄生电感及负载网络中的固定部件。这些条件的选取应尽量模拟 PA 工作时的具体条件，只有这样才能获得准确有效的最优负载阻抗值。以下将首先讨论这些条件的选取。

1) 晶体管栅极偏置

前面说过，为了获得较高效率，晶体管栅极应偏置在阈值电压附近。实际上，晶体管偏置的选择不但会影响效率，还会影响 PA 的线性度。线性度性能通常跟一个电路产生的谐波能量大小相关，谐波能量越大，电路线性度越差。但不能将线性度与谐波大小完全等效。如 A 类 PA 和 B 类 PA，随着输入功率的增加，两种放大器输出功率中的基波成分都随输入等比例增大，但 A 类 PA 没有输出谐波能量，而 B 类 PA 输出中会有大量的偶数阶谐波。从基波能量的意义上说，A 类和 B 类放大器都是完全线性的，但从谐波的角度，B 类 PA 的线性性能就要差一些了。我们对 PA 线性度的讨论主要指的是基波能量的线性度。

PA 的线性度通常用输出 P_{1dB} 来参考，即 PA 增益比小信号增益衰减 1dB 时对应的输出功率。如果输出级器件栅压偏置较高，则增益将随着输入功率的增加而逐渐降低。增益的降低首先是由于当输入达到一定强度时，器件的导通角不再是 2π，器件在一个周期内有一部分时间是截止的，因此产生电流的基波分量与输入功率的比值必然会下降，导致增益降低；当输入很大时，输出电压摆幅太大而趋于饱和，器件工作进入深线性区，引起跨导下降，进一步导致增益降低；如果输出级器件栅压偏置较低，随着输入功率的增加，增益会先逐渐升高，再降低。增益先上升是由于偏压较低，小信号跨导小，放大器小信号增益较低。随着输入信号增大，器件逐渐进入跨导正常的工作区域，所以增益会有一些增加。随着信号继续增大，输出电压摆幅饱和，器件进入深线性区，增益开始下降。可以适当选取栅压偏置，既获得较高的 P_{1dB}，同时增益曲线也较为平坦，从而获得较高的线性度，最终选取的栅极偏置电压约为 0.8V，如图 5.9 所示。

2) 输入功率

进行 Loadpull 仿真时的输入功率需要设计者确定。在较小的输入功率下得到的最优负载阻抗与大功率下的最优负载阻抗是不同的。实际上，当输入功率很小时，最优阻抗趋近于晶体管输出阻抗的共轭；而大输入功率下得到的最优阻抗才是负载线匹配的最优值。根据选择的器件输出曲线，达到 400mA 的输出电流需要的 V_{gs} 最大值约为 1.6V。为了获得较高效率和较好的线性度，栅压偏置约为 0.8V，因此栅极电压摆幅约为 1.6–0.8=0.8V。应该调节信号源功率，使得栅极上

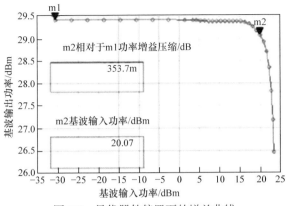

图 5.9　最优器件偏置下的增益曲线

的电压摆幅为 0.8V。

3) 源端寄生电感

在前面的分析中晶体管的源端接的是理想的地,实际在集成电路设计中,芯片上的地都必须通过一根或多根键合线与 PCB 上的地电位相连。键合线通常是几毫米长的金属线,呈现出 nH 量级的电感。因此,如果认为 PCB 上的地是理想的地电位,则芯片上的地节点与理想的地电位之间是通过一个 nH 量级的电感相连的。对于 PA 来说,相当于晶体管源端 V_s 与地之间有一个 nH 量级的寄生电感 L_s,如图 5.10 所示。

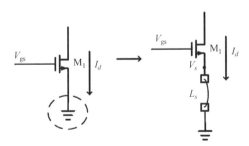

图 5.10　键合线引起的晶体管源端寄生电感

源端寄生电感 L_s 对 Loadpull 仿真结果产生影响。因此,为了得到准确的最优负载,需要先选择好源端键合线的数量,并模拟其寄生网络,将该网络加在晶体管源端,与晶体管一起进行 Loadpull 仿真。

4) 负载网络中的固定元件

在 PA 的输出负载网络中,有一些元件是为了实现某些特殊的功能,这些元件值可以不由 Loadpull 的结果决定,但应该事先确定。在我们设计的 PA 中,使用了一个与晶体管并联的电容 C_D,该电容的主要作用是在晶体管漏端产生一个高次谐波下的低阻通路,从而使晶体管产生的高次谐波电流从 C_D 流走,而在晶体管漏端产生较小的谐波电压。为了使三次以上谐波得到较好的抑制，同时尽量避免使用太大的电容，选择 C_D 为 4pF。由于晶体管在大信号输入下产生的谐波电流主要为二次谐波，而 C_D 由于容值不够大，对二次谐波抑制不够，需要增加一条支路，专门抑制二次谐波电流。常用的办法是在晶体管漏端串联一条电感电容的谐振支路，调节该支路谐振频率为二倍工作频率，从而使得二次谐波从该支路短路到地。采用键合线电感 L_2 和电容 C_2 实现谐振支路。键合线电感一般为 1～4nH，选择 L_2 为 2nH，C_2 为 4pF。

抑制谐波能量对于 PA 设计非常重要。对谐波能量的良好抑制不但能改善放大器的线性度，还能优化效率。前面说过，器件漏端工作电压应该限制在 $-V_{max}$ ～ V_{max}，得到相应的输出功率。其实这些结论都是在假设输出电流的各阶谐波均被滤除的前提下得到的，如果负载网络在谐波频率下不呈现出低阻特性，那么器件产生的谐波电流必然通过负载，并在器件漏端产生谐波电压。

器件产生的电流波形是半波电流，谐波分量非常多，当负载对这些谐波呈现低阻时，谐波电流被短路，因此在器件漏端只产生基波电压。如果负载网络呈现的阻抗对各阶谐波均为 R_L，则各阶电流都会流过负载，从而在负载上产生一个与沟道电流形状一样，但相位差 180° 的电压波形，且该波形的直流电位为 0。将这个波形往上平移使得直流电位对应到 V_{dd} 就得到了晶体管漏端的电压波形。

在实际的电路中，输出匹配网络都会有滤波特性，再加上晶体管本身输出电容的作用，高阶谐波通常都被抑制得较好。但二阶谐波由于频率与基波最相近，抑制效果一般较差，使得晶体管漏端电压信号有大量的二阶谐波分量。由于任何一个正弦波叠加一个二阶谐波要么会使得基波的波峰增大，要么会使得波谷减小，所以二阶谐波电压的存在会使得漏端电压超过 V_{max} 或低于 $-V_{max}$，使得放大器超出我们设定的工作区域。为了保证漏端电压工作在 $-V_{max}$ ～ V_{max}，则必须降低输出基波功率。可见，二阶谐波的存在会降低电路的最大输出功率和效率，需要被很好地抑制。

除了上述用于抑制谐波能量的元件之外，连接 PA 输出和 PCB 的键合线电感，输出隔直电容，漏端电感的值也都可以先确定下来。输出级 Loadpull 电路示意图如图 5.11 所示。

输出级 Loadpull 仿真结果如图 5.12 所示，仿真时扫描预设的阻抗范围，将等功率、等效率的阻抗点连接起来形成闭合曲线。可见在工作频带内，PA 的输出都能达到 22dBm，漏端效率大于 60%。同时，从图 5.12 中也可以看到，最大输出功率(细线)和最大效率(粗线)对应的阻抗点是不一样的，因此，我们无法同时达到最大输出功率和最大效率。由于这样的效率已经满足设计要求，所以我们在匹配目标阻抗时应尽量满足输出功率的要求。

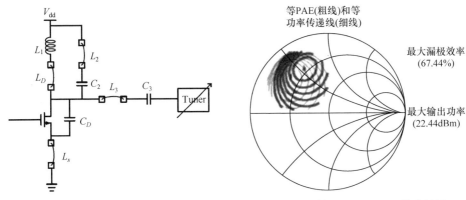

图 5.11　输出级 Loadpull 电路示意图　　　图 5.12　输出级 Loadpull 仿真结果

3. 输出匹配

PA 的最终负载都是天线，在设计中，通常将天线输入阻抗模拟成一个 50Ω 的电阻，而输出匹配网络的作用则是将 50Ω 的电阻转换成 Loadpull 仿真得到的 PA 最佳负载。常见的输出匹配网络包括 L 形网络、π 形网络、T 形网络等，由这些匹配网络完成的输出匹配均是窄带匹配。PA 工作频率范围为 $0.8\sim 1.0$GHz，使用简单的一级 L 形匹配网络的匹配效果并不理想，为了提高匹配带宽，需要在输出级匹配网络中使用两级 L 形匹配网络(图 5.13)。

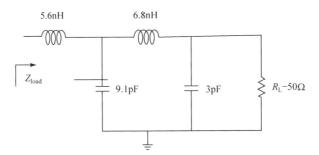

图 5.13　两级 L 形输出匹配网络示意图

4. 级间匹配

用负载线匹配的输出级电路，通常单级输出级电路能提供的增益为 10dB 左右，对于 20dBm 的输出，输出级电路需要的驱动功率大约为 10dBm，一般对于前级电路来说，要提供这么大的输出功率比较困难，所以 PA 一般由驱动级和输出级组成，驱动级负责提供输出级需要的驱动功率，同时增大整个 PA 的增益，减小需要的输入功率。加入驱动级的负面影响会增加电路的总功耗，降低效率。

　　驱动级和输出级的连接通常需要依靠级间匹配网络。关于级间匹配网络的设计,同样有共轭匹配和负载线匹配的区别。首先必须明确的是,共轭匹配和负载线匹配不可能通过设计同时达到;其次,如前面对两种匹配网络的分析所述,共轭匹配能提供的最大输出功率较低,但小信号增益较高,而负载线匹配的目标则是大输出功率,增益相对较低。根据这两种匹配的特点,并结合电路的实际需求,可以合理地设计级间匹配网络:如果电路对增益的要求较高,同时输出级需要的驱动功率较低,则选择共轭匹配;如果电路对增益的要求不高,则可以选择负载线匹配。

　　无论选择哪一种匹配,设计级间匹配网络的难点都在于输出级的输入阻抗随信号强度会发生变化。由于输出级晶体管输入电容的非线性,输出级电路呈现的输入阻抗随输入信号强度会发生较大变化,一般呈现出实部不变、虚部变化的特点。在设计匹配网络时,需要综合考虑输出级在一个周期内的输入阻抗变化范围,结合电路仿真工具,选取合理的匹配元件值,使得在输出级阻抗发生变化的情况下,驱动级仍能保持对输出级的驱动。

　　驱动级设计时还需要考虑驱动级增益压缩对 PA 线性度的影响,一般来说,PA 的增益压缩标志着电路线性度的好坏,而增益压缩主要由输出级增益压缩和驱动级增益压缩两部分组成。由于输出级的输出功率较大,考虑到线性度与效率的折中关系,通常输出级优化功率压缩成本太高。为了减小增益压缩通常需要降低输出级效率,而输出级的效率对整个 PA 的效率是至关重要的,所以对增益压缩的优化主要在驱动级设计上,即保证在达到输出级需要的输入功率时,驱动级增益压缩尽量小。一般来说,要达到这一目的,最简单的方法就是增大驱动级的最大输出功率,使得输出级需要的驱动功率远低于驱动级的最大输出功率,即保证驱动级工作在远离输出功率饱和的区域。在晶体管击穿电压一定的情况下,这就需要增大晶体管尺寸,同时选择线性度较好的 A 类 PA 作为驱动级。虽然这些做法都不可避免地使得驱动级效率降低,但由于驱动级输出功率较低,所以其效率的降低对整个 PA 效率的影响较小。

　　结合以上设计思路设计的级间匹配网络如图 5.14 所示,级间匹配网络为 T 形网络,由两个电容和一个对地的电感组成。其中对地电感由键合线电感和片外电感 L_4 串联实现。这样既能实现较高的 Q 值,减小匹配网络的损耗,又可以通过调节片外电感 L_4 的大小方便地调节整个电感值,使得在测试时能够对电路进行修正,保证匹配的效果。由于 PA 在作为完整的模块使用时,通常认为其输入信号的信号源内阻为 50Ω。为了获得较高的增益,减小从信号源到电路输入端的功率损失,需要进行输入级匹配。

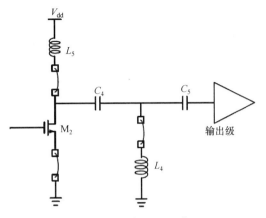

图 5.14　级间匹配网络

5. 输入级匹配和稳定性

输入匹配网络将电路的输入阻抗匹配到信号源内阻。由于此时匹配不受器件的最大工作电压和电流限制，所以输入匹配应该为共轭匹配。在输入级晶体管和偏置选定后，可以通过仿真计算输入级的输入阻抗，然后选取适当的匹配网络结构将输入阻抗匹配到源阻抗。输入匹配网络的设计不同于输出匹配，首先输出匹配的原则是负载线匹配，而输入匹配是共轭匹配；其次，输出匹配的好坏直接影响电路的最大输出功率、增益和效率，而输入匹配的好坏基本上只影响电路的增益，而对最大输出功率和效率影响不大。具体地说，如果输入匹配和输出匹配网络都有 1dB 的损耗，则两者都会使得电路的增益降低 1dB，而由于器件的最大输出功率是确定的，该功率在输出到负载的过程中受到了输出网络损耗的影响，从而使得负载得到的最大输出功率也减小了 1dB。输入匹配网络中的 1dB 损耗可以通过将输入功率增大 1dB 来补偿，不会影响电路的最大输出功率。因此，输出匹配网络的损耗会使输出功率降低 1dB，而输入匹配网络的损耗只会使输入功率增加 1dB，两者对效率造成的影响相差很大。由于这两个区别，输入匹配网络的设计要比输出匹配网络的设计简单许多，而且可以容忍的匹配偏差也较大。

从小信号电路分析的角度来看，电路系统中的反馈会导致稳定性问题。在射频电路中，各种寄生电容、电感在高频下会形成作用明显的反馈途径，两个特别需要重视的寄生是器件栅极到漏极的寄生电容 C_{gd} 和晶体管源端的寄生电感 L_s：电容 C_{gd} 跨接在放大器的输入和输出端口之间成为一个米勒电容，该电容一方面使电路形成一个右半平面零点，另一方面也使得输出到输入在高频下的隔离度变差，影响电路稳定性；在由多级放大电路构成的 PA 中，如果各级电路的源端先在芯片上用金属连线相连，再通过键合线连接到 PCB 上，则键合线电感成为各级电路源端共同的寄生电感，在高频下为各级电路之间提供了一条作用明显的反馈途径，有可能严重影响电路的稳定性。

为了提高电路稳定性，针对这两个寄生元件需要采取的措施通常是补偿和各级电路分别接地：通过在晶体管栅极和漏极之间跨接一个电容和电阻串联的支路可以改变米勒电容引起的零点位置，使得零点移到左半平面，从而改善电路稳定性；各级电路分别使用互不相连的键合线接地，使得键合线电感不再成为各级的共同寄生，消除这一反馈途径，也会使得电路稳定性提高。依据这些原则设计的输入级匹配网络如图 5.15 所示。

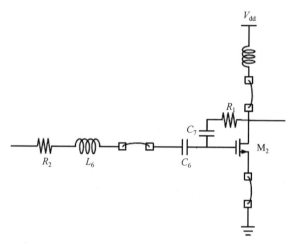

图 5.15　输入级匹配网络

6. 完整的 PA 电路图

完整的 PA 电路图如图 5.16 所示，电路中使用了两级 L 形输出匹配网络，串联 LC 组成的二阶谐波抑制支路、T 形级间匹配网络及输入匹配网络。为了提高电路稳定性，该 PA 的各级放大电路分别接地，并且在第一级放大电路中采用了跨接在晶体管栅极和漏极的补偿支路，同时在输入端串联了一个 30Ω 的电阻，适当地牺牲增益，从而获得更好的稳定性。

7. 版图设计和后仿真

射频 CMOS PA 的版图设计会对电路性能产生显著的影响：寄生的电容和电感在高频下会影响匹配网络的匹配效果，进而影响电路的增益、稳定性；寄生电阻产生的损耗会降低电路增益，并影响输出功率和效率。目前电路仿真工具能够对版图中的寄生电容和寄生电阻进行提取，并将提取结果代入电路中进行后版图仿真，从而获得较接近真实情况的仿真结果。但仿真工具的作用仅限于验证寄生

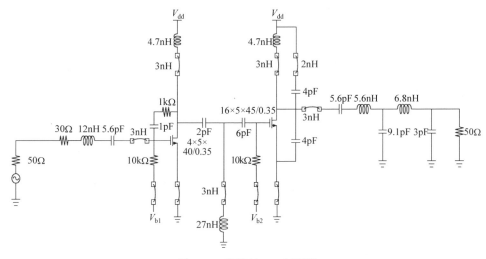

图 5.16　完整的 PA 电路图

的影响，对于电路设计者来说，应该在仿真工具的帮助下，尽力优化版图的寄生，使得版图的寄生电容、电阻对电路性能不产生明显影响。

当前的仿真工具对版图中寄生电感无法提取，因此对于电路中对寄生电感比较敏感的部分，需要设计者自己估计版图中的连线电感，将连线的长、宽、金属厚度和介质层特性等参数代入三维电磁场仿真工具进行仿真，得到寄生电感的大小，再代入 PA 电路进行后仿真。

与低噪声放大器、混频器等小信号电路不同，PA 的工作特点是大信号工作，这会造成两方面的影响：首先，PA 工作时的电流很大，一般在几百毫安量级，大功率 PA 的工作电流甚至达到安培量级，对于版图中的金属连线来说，需要注意选择连线金属所在的层数和宽度，保证连线通过电流的能力，避免金属温度过高或熔断；其次，PA 的大信号摆幅会通过衬底耦合到同衬底上的其他电路中，对其他电路的正常工作和性能造成影响，例如，使低噪声放大器的噪声系数变差，或使压控振荡器的振荡频率发生变化等。

考虑上述因素的影响并建立相应的模型代入电路中进行后版图仿真，对电路进行迭代设计。

8. PA 测试结果

流片得到的芯片照片如图 5.17 所示，S 参数测试和输出功率、PAE 和增益测试曲线如图 5.18 所示。

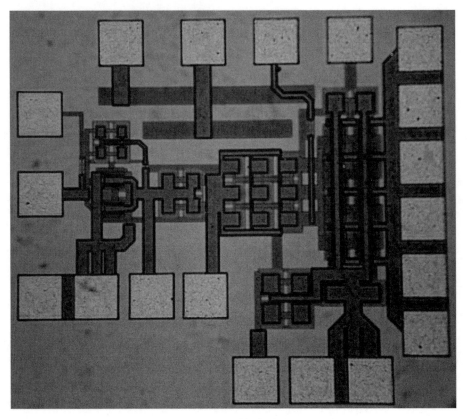

图 5.17　PA 芯片照片

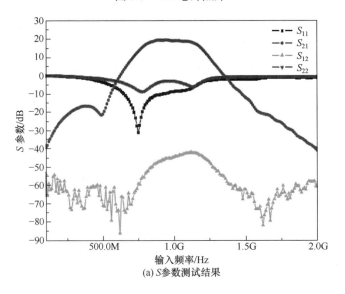

(a) S参数测试结果

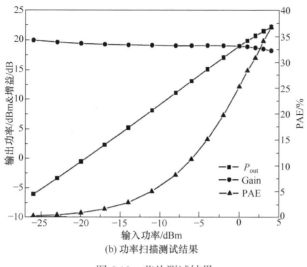

(b) 功率扫描测试结果

图 5.18　芯片测试结果

5.3.3　Loadpull 技术和 Sourcepull 技术

通过负载线理论，我们可以得到一个最优匹配阻抗 R_{opt}，实际上由于各种寄生的影响，PA 的负载几乎不可能是一个纯电阻，而是一个复数阻抗。Loadpull 技术的主要用途是通过不断改变 PA 的负载阻抗值(不仅改变实部，也会改变虚部)，并记录各阻抗下的最大输出功率，然后在 Smith 圆图上作出输出功率等值曲线，从而观察输出功率随阻抗的变化规律。深刻理解 Loadpull 的原理，通过自己的分析来预测 Loadpull 的大致结果，对于 PA 设计是非常重要的。以等功率闭合曲线的形成为例可以帮助理解 Loadpull 测试中的各种闭合曲线，图 5.19 中 $A\text{-}R_1\text{-}B\text{-}R_2\text{-}A$ 是一个等功率闭合曲线，最优阻抗匹配点 R_{opt} 在闭合曲线内。以下将从理论上分析 A 类 PA 等输出功率曲线的形状和特性。

如果负载减小为 R_1，根据负载线理论，器件的最大输出功率受最大电流 I_{max} 的限制，此时负载上的电压峰峰值小于 V_{max}。如果负载为一个电感或电容与 R_1 串联，输出功率不变，但负载上的电压峰峰值会达到 V_{max}。电感的阻抗 X_L 满足：

$$\left| X_L \right|^2 \leqslant \left(V_{\mathrm{max}} / I_{\mathrm{max}} \right)^2 - R_1^2 = R_{\mathrm{opt}}^2 - R_1^2 \tag{5.15}$$

则在 Smith 圆图中是一段过 R_1 的等阻抗曲线，如图 5.19 中 $A\text{-}R_1\text{-}B$ 曲线所示。同样负载电阻增大为 R_2，器件的最大输出功率受限于最大输出电压 V_{max}，如果负载并联一个对地电容，电容导纳 B_L 满足：

$$\left| B_L \right|^2 \leqslant \left(I_{\mathrm{max}} / V_{\mathrm{max}} \right)^2 - G_2^2 = G_{\mathrm{opt}}^2 - G_2^2 \tag{5.16}$$

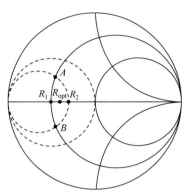

图 5.19　Loadpull 原理示意图

则在 Smith 圆图沿着曲线 A-R_2-B 的阻抗点都是等功率的。在 Smith 圆图上，PA 的等输出功率曲线是闭合曲线，对于一组不同的输出功率值，将得到一组闭合曲线，而这组曲线的中心对应的阻抗则是最佳的负载阻抗值 R_{opt}。这里需要强调的是，对于某一条等输出功率曲线来说，虽然曲线上的所有阻抗点对应同一个最大输出功率，但要达到这个最大输出功率所需的输入功率并不一样。以曲线 A-R_1-B-R_2-A 为例，假设输入功率与输出电流成正比，要达到相同的最大输出功率，A-R_1-B 段的所有点对应的输入功率相等(均为产生 I_{max} 对应的输入功率)，但 B-R_2-A 段上各点对应的输入功率不完全相同。

图 5.20 给出了 Loadpull 和 Sourcepull 系统框图。除了负载阻抗外，源阻抗的改变也会影响 PA 的各项指标，与 Loadpull 技术一样，还可以采用 Sourcepull 技术。

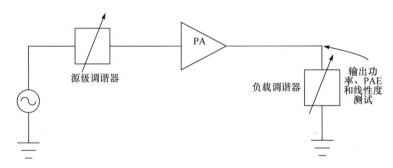

图 5.20　Loadpull 和 Sourcepull 系统框图

　　PA 的设计目标不仅包括最大输出功率，还有效率、线性度等指标，负载的选择需要同时考虑这些因素。Loadpull 技术还可用于绘制其他指标随负载阻抗变化的等值曲线。PA 设计时，常常采用 Loadpull 技术，在一定范围内改变负载阻抗，并监测 PA 在每个阻抗下对应的输出功率、效率和线性度，并在 Smith 圆图中绘出等值线，如图 5.21 所示。实际的情况中，这些等值线并不会有绝对最优点，负载阻抗的选择应兼顾系统提出的各项指标，同时还要考虑匹配网络实现的难易程度，如图 5.21 所示。与理论分析不同，实际的 Loadpull 工具，无论仿真还是测试，大多要求在设计者给定的某个输入功率下作负载扫描，并记录关心的指标。因此，在实际进行 Loadpull 仿真时，工程师一般只能得到当前输入功率下的等输出功率曲线或其他指标的等值曲线。而要想得到与 Loadpull 理论吻合的结果，则需要在关注的每一个阻抗点进行输入功率扫描，记录该阻抗下各指标的最优值，并作出最优值的等值线。这就是 Loadpull 理论分析与实际 Loadpull 的最大区别。

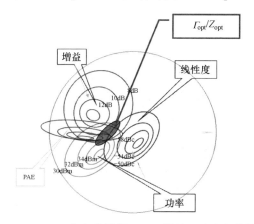

图 5.21　Loadpull 产生的等值 PAE、增益、功率和线性曲线

5.4　非线性开关类功率放大器

开关类 PA 中，晶体管以开关模式工作。晶体管打开时流过大电流，而其电压接近 0；当晶体管关闭时，其电流为 0，其上出现大电压摆幅。理想情况下晶体管上的大电压和大电流不会同时出现，故理想效率达到 100%。实际应用中，因为寄生因素等的影响，实际的 CMOS 开关类 PA 的漏极效率为 40%～60%。需要注意的是，开关类 PA 的高效率是以完全牺牲其线性度的方式来达到的，即其本身只能放大恒包络信号。若要放大调幅信号，则必须借助发射机系统级的设计。现有主流的开关类 PA 类型包括 D 类、E 类等，下面将对 D 类、E 类 PA 进行简要介绍。

5.4.1　D 类功率放大器

D 类 PA 可以分为两类，即电压型 D 类(voltage-mode class D，VMCD)PA 和电流型 D 类(current-mode class D，CMCD，也称逆 D 类)PA。

CMOS 上的电压型 D 类 PA 是基于 CMOS 反相器来实现的，其电路原理图及波形图如图 5.22 所示。其工作原理为，输出漏极电压 V_d 为方波，输出电流经 L_s 与 C_s 串联谐振支路成为正弦波，在负载 R_L 上产生正弦波的电压。虽然理想 D 类 PA 的效率可以达到 100%，实际因为晶体管的导通电阻和寄生电容，以及输入信号的有限转换速率，效率会远低于此。较小的晶体管尺寸会带来较大的导通电阻，而较大的晶体管尺寸则会增大寄生电容，因而晶体管本身总是会带来效率损失。此外，晶体管开关的切换并非在瞬间完成，因而会造成瞬时大电压和大电流的交叠，降低了效率。

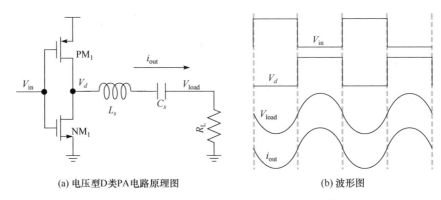

(a) 电压型D类PA电路原理图　　　　　　　　　(b) 波形图

图 5.22　电压型 D 类 PA 电路原理图及波形图

CMOS 上的电流型 D 类 PA 最早于 2001 年被提出[3]，由于其晶体管漏极电流波形为方波，而被称为电流型 D 类 PA(图 5.23)；它的输出电压则是由并联 LC 谐振腔整形成正弦波。电流型 D 类 PA 相比于电压型 D 类 PA，其晶体管的漏极寄生电容可以被吸收到并联谐振电容 C_p 中，因而晶体管的寄生电容变得相对不敏感；可以专注于选取较大的晶体管尺寸来减小导通电阻的损失；然而，由于开关是硬切换(hard switching)，即开关打开瞬间，晶体管漏端电压的导数不为 0，所以仍然容易出现电压、电流的交叠，造成效率损失。尽管如此，相比下面即将提到的 E 类 PA，电流型 D 类 PA 使用更少的无源器件，且可以做到全在片集成，常用于全数字 PA 设计中。

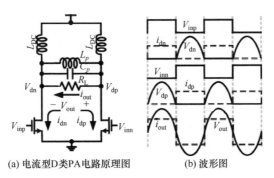

(a) 电流型D类PA电路原理图　　　　(b) 波形图

图 5.23　电流型 D 类 PA 电路原理图及波形图

电流型 D 类 PA 理论分析如下。

1. 峰值电压和输出功率

在理想情况下，图 5.23(a)中 L_{DC} 是一个理想的射频扼流电感，电源电压为 V_{dd}，

漏端电压 V_{dn}、V_{dp} 为半周期检波的正弦波，峰值漏端电压可以计算如下：

$$\int_0^T V_{ds}(t)\mathrm{d}t = \int_0^{T/2} V_{peak} \cdot \sin(\omega t)\mathrm{d}t = T \cdot V_{dd} \tag{5.17}$$

$$V_{peak} = \pi V_{dd}$$

因此输出功率为

$$P_{out} = \frac{(\pi V_{dd})^2}{8R_L} \tag{5.18}$$

2. 漏端效率

电流型 D 类 PA 的漏端效率 η 主要影响因素有高阶谐波效应、开关 R_{on} 电阻、电感的寄生电阻及匹配阻抗变换等。漏电流的傅里叶展开为

$$i_{dn}(t) = \frac{4}{\pi}\sum_0^N \frac{1}{2k+1} I_{DC}\sin\left[(2k+1)\cdot\omega t\right] \tag{5.19}$$

则负载上的电压为

$$\begin{aligned} v_L(t) = &-\frac{4}{\pi}I_{DC}\sin(\omega t)\cdot R_L \\ &-\frac{4}{\pi}\sum_1^N\frac{1}{2k+1}I_{DC}\frac{\sin\left[(2k+1)\omega t\right]-(2k+1)\cdot Q\cdot\cos\left[(2k+1)\omega t\right]}{1+\left[(2k+1)\cdot Q\right]^2}R_L \end{aligned} \tag{5.20}$$

式中，$Q = \dfrac{1}{\omega R_L C}$，整个 DC 的功率消耗为

$$P_{DC} = \frac{1}{2\pi}\int_0^{2\pi} v_L(\theta)\cdot i_{dn}(\theta)\mathrm{d}\theta = \frac{\theta}{\pi^2}I_{DC}^2 R_L + \frac{\theta}{\pi^2}\sum_1^N\frac{1}{(2k+1)^2}I_{DC}^2 R_L\frac{1}{1+\left[(2k+1)\cdot Q\right]^2} \tag{5.21}$$

上式第一项为基波输出功率，第二项为高阶谐波效应，由此可以得到漏端效率为

$$\eta = \frac{P_{out}}{P_{DC}} = \sum_1^N\frac{1}{1+\dfrac{1}{(2k+1)^2}\dfrac{1}{1+\left[(2k+1)\cdot Q\right]^2}} \tag{5.22}$$

负载的品质因子只要大于 1，漏端效率就接近 99%。

开关 R_{on} 电阻带来的效率损失可以简单表示为

$$\eta = 1 - \frac{I_{DC}R_{on}}{V_{dd}} \tag{5.23}$$

谐振网络的寄生电阻带来的效率损失为

$$\eta = \frac{G_{\mathrm{L}}}{G_{\mathrm{L}} + G_s} \tag{5.24}$$

式中，$G_{\mathrm{L}} = 1/R_{\mathrm{L}}$，$G_s$ 分别为谐振电感、电容的寄生电导。

5.4.2 E 类功率放大器

D 类 PA 中的硬切换将使得开关切换过程中的非理想效应被放大。1975 年，基于 BJT 构成的 E 类 PA 被提出[4]，目的是使用重新设计的负载调谐网络来改善开关切换瞬间的损耗，其核心思想是实现"软切换"(soft switching)，即开关打开的瞬间，不仅开关两端的电压为 0(zero-voltage switching，Z_{VS})，电压的导数也为 0(zero-dV switching，dZ_{VS})。E 类 PA 的电路原理图如图 5.24 所示。L_{RFC} 是一个大电感(理想情况下应为无穷大)，给晶体管漏端提供直流偏置电压，同时其上的电流应当是一个常数，对交流电流断路。L_s 的一部分和 C_s 组成并联谐振支路，选出漏端波形 V_d 中的基频成分 f_0，而将其他频率成分的电流阻断。L_s 的剩余部分作为附加相移元件和 C_p 等元件将漏端电压整形成满足 Z_{VS} 和 dZ_{VS} 的波形。

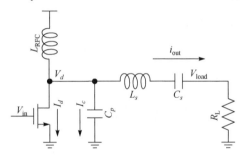

图 5.24　E 类 PA 电路原理图

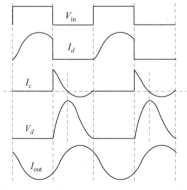

图 5.25　E 类 PA 的电压、电流波形图

E 类 PA 的电压、电流波形图如图 5.25 所示。开关闭合时，其电压 $V_d = 0$，流过电容的电压为 0；开关断开时，电流全部流过电容；当电容上电流为 0 时，$V_d = 0$ 达到最大值，随后当电容上的电流小于 0 时，V_d 开始下降，在开关闭合前的瞬间，电容上的电流回到 0；晶体管上的电流 I_d 和电容上的电流 I_c 加起来构成一个完整的正弦波形。理想 E 类 PA 中，V_d 的瞬时峰值大约将达到 V_{dd} 的 3.6 倍。

理想 E 类 PA 中假定的无穷大 L_{RFC} 在实际中并不存在；1987 年，提出了基于有限电感的 E 类 PA 模型，并给出了详细的分析[5]。在小电感的假设下，E 类 PA 的 V_d 的瞬时峰值大约将达到 V_{dd} 的 2.5 倍。

从一个理想的 E 类 PA，可以推导得到如下设计参数：

$$\omega C_1 = \frac{2}{\left(1 + \pi^2 / 4\right)} R_L = 0.5768 R_L \tag{5.25}$$

$$X = \left[\frac{\pi}{8}\left(\frac{\pi^2}{2} - 2\right)\right] R_L = 1.1525 R_L \tag{5.26}$$

利用这两个关系，我们可以得到 E 类 PA 的输出功率、最大电压和最大电流为

$$P_{out} = \frac{|V_{out}|^2}{2 R_L} = 0.577 \frac{V_{dd}^2}{R_L} \tag{5.27}$$

$$V_d\big|_{max} = 3.56 V_{dd} \tag{5.28}$$

$$I_d\big|_{max} = \frac{1.64 V_{dd}}{R_L} \tag{5.29}$$

在理想 E 类 PA 中，电感 L_{RFC} 为无穷大电感，C_s 与 L_s 谐振在 f_0，且 Q 值无穷大，故 L_s 也为无穷大电感，C_s 为无穷小电容。但在实际的集成电路设计中，出于节省面积和提高 Q 值的考虑，集成电感的取值一般在 10nH 以下，因此，大电感在芯片上无法实现。这就使得 E 类 PA 中的 L_{RFC} 不可能是太大的电感，实际上，在几个 GHz 的工作频率下，nH 量级电感的感抗仅为几十，远无法达到近似为大电感的要求；同时，由于 L_s 也仅为几个 nH，因此谐振网络的 Q 值也无法近似看成无穷大。

除了电感取值不够大造成的非理想因素外，实际中由晶体管构成的开关特性与理想开关也存在一定的差别，主要体现在开关导通期间，晶体管呈现出一定的导通电阻，使得开关导通电流时，该导通电阻上持续消耗功率，造成放大器效率降低。

有限大的 L_{RFC} 和 L_s 对电路的影响较为复杂。L_{RFC} 不能再近似看作无穷大电感，流过 L_1 的电流将会随时间发生变化，且电流的变化速率与电感 L_1 两端的电压成正比[6-8]。在开关断开期间，流过 L_{RFC} 的电流变化会导致给 C_p 充电的电流随之改变，从而影响电容两端的电压波形 V_d，而 V_d 又反过来决定了流过 L_{RFC} 的电流变化速度。因此，L_{RFC} 上的电流变化和 C_p 两端的电压变化相互影响，使得整个系统的分析变得十分复杂，在此不再详述。文献报道的结果表明：在满足高效率工作的具有有限 L_{RFC} 值的 E 类 PA 中，当 L_{RFC} 逐渐减小时，电路的输出功率逐渐升高，使用相同的电源电压，L_{RFC} 较小情况下能获得的输出功率是无穷大 L_{RFC} 时输出功率的两倍多，但此时开关导通期间流过晶体管的最大电流大约也相应增

大到无穷大 L_{RFC} 时的三倍，而开关断开期间，晶体管漏端的最大电压与无穷大 L_{RFC} 时差不多。如果不考虑 L_{RFC} 的寄生电阻，E 类 PA 的效率不受 L_{RFC} 大小影响。

有限的 L_s 会使得输出支路中 L_s 和 C_s 及 R_L 组成的串联网络的 Q 值不是无限大。因此，流过该支路的电流不再是单音电流，而是包含工作频率下的电流及其谐波成分。Q 值越低，谐波能量越大。这不但会影响输出波形的形状，还会降低 PA 的效率。

除了上述的几个非理想效应之外，E 类 PA 中作为开关的器件漏端存在较大的寄生电容。器件的寄生电容大小与其尺寸成正比，在某些情况下，电路设计需要的 C_p 可能会小于器件的寄生电容，使得电路无法满足高效率工作的条件，可见漏端寄生电容限制了器件的最大尺寸。另外，作为反偏 PN 结的结电容，其大小与结两端的电压呈一定的函数关系：

$$C_{\text{ds}} = \frac{C_{j0}}{\left(1 + V_d / V_{bi}\right)^{\frac{n}{n+1}}} \tag{5.30}$$

式中，C_{j0} 是漏端电压为 0 时器件漏端的寄生电容，且与器件宽度成正比。对于射频电路来说，一般选用最小沟长的器件，所以 C_{j0} 可以看作与晶体管尺寸成正比。当 C_{ds} 的大小接近所需要的 C_p 时，C_{ds} 对电压 V_d 的依赖关系将使得 C_p 对 V_d 产生强烈的依赖关系。此时，当电流给 C_p 充电，使得 V_d 逐渐升高时，根据上式给出的 C_p 随 V_d 的变化关系，C_p 会逐渐减小。电流给 C_p 充电的速度将越来越快，V_d 上升的效果越来越明显，并使得这种情况下 V_d 的最大值比 C_p 完全由固定电容构成的情况下 V_d 的最大值大得多，对器件的击穿造成很大的压力。

因此在实际电路设计中需要考虑上述非理想因素获得在非理想条件下的最优设计参数，如果按照理想 E 类 PA 的参数设计，设计结果将偏离实际比较远，详细的设计流程可以参考文献[9]。

E 类 PA 由于同时存在 L_{RFC} 与串联的 L_s 和 C_s，不像 CMCD 那样便于在片集成。近两年实现的全在片集成的 E 类 PA 是它的一种等效变换形式，而事实上与 CMCD 等效[7]。不管如何称呼这类 PA 单元，"CMCD 或变体 E 类 PA"，因为这类 PA 单元具有良好的效率和 100% 的集成度，在开关类 PA 中受到广泛关注。其主要原理如图 5.26 所示，图 5.26(a)是一个典型的 E 类 PA；图 5.26(b)将串联谐振网络转变成并联谐振网络，不影响谐振的功能，同时将电源上的电感 L_{BFL} 吸收进谐振网络，电感 L_{BFL} 接电源和变压器接地平面对于交流信号来说是一样的；图 5.26(c)将附加的电感 L_{add} 吸收进变压器设计中。由此一个典型的 E 类 PA 和 CMCD PA 非常相像，便于全在片集成。

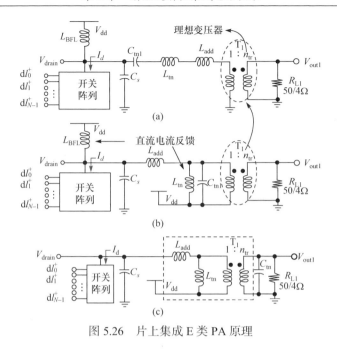

图 5.26　片上集成 E 类 PA 原理

5.5　非线性功率放大器线性化技术

非线性开关类 PA 本身只能处理恒包络信号，即调相(PM)信号。通信系统中存在一些恒包络调制方式，如偏移四相相移键控(offset quadrature phase shift keying，OQPSK)、最小频移键控(minimum shift keying，MSK)等。然而，在相同的数据率的情况下，恒包络调制比非恒包络调制占用更大的带宽。非恒包络调制的例子包括正交幅度调制(quadrature amplitude modulation，QAM)、幅移键控(amplitude shift keying，ASK)等。在使用非恒包络调制的通信系统中，必须借助发射机系统级的方案来给开关类 PA 进行幅度调制。

在射频发射机中，当发射信号有比较大的峰均比时，发射信号功率回退时发射机效率下降比较厉害，因此保证发射信号功率回退时发射机效率不显著下降也是射频发射机关注的问题，Doherty PA 在功率回退时仍能保证较好的效率，在手机基站 PA 中有广泛的应用，近年来在 CMOS 设计中也很受关注，并且随着手机通信向 5G 演进，调制信号更为复杂、峰均比更大，Doherty PA 将更受重视。在电路原理上，Doherty PA 技术本质上也是非线性 PA 线性化技术。本节将介绍包括极坐标发射机、差相发射机和 Doherty PA 等非线性 PA 线性化技术。

5.5.1　极坐标发射机

极坐标调制(polar modulation)，也称包络消除与恢复(envelope elimination and

restoration，EER)，两个术语分别在不同的时期提出，而其含义相近；现在则更多使用前者作为名称。EER 发射机的简化概念如图 5.27 所示。待放大的射频调制信号 $V_{RF}(t)$ 分别输入包络检测器和限幅器，分别产生包络信号 $V_{env}(t)$ 和相位信号 $V_{phase}(t)$。包络信号经放大后调制在开关类 PA 的电源上，产生幅度调制；相位信号作为恒包络信号，可以直接经开关类 PA 放大。最终 PA 的输出是一个既包含调幅也包含调相的信号。

极坐标发射机与 EER 发射机的轻微区别在于，EER 发射机将调制好的射频信号在射频域拆分成包络信号与相位信号；而极坐标发射机由数字基带直接输出幅度和相位的基带信号，再分别经幅度和相位支路放大。极坐标发射机的简化概念如图 5.28 所示。

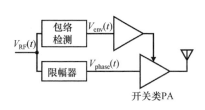

图 5.27　EER 发射机的简化概念图　　　图 5.28　极坐标发射机的简化概念图

极坐标发射机作为一种可以用任意的开关类 PA 实现幅度调制的方法，其中一个明显的优势是不需要任何的功率合成器(与下面的差相相比)。然而，极坐标发射机也具有明显的问题。其一是，幅度放大支路和相位放大支路不是同源的，因而它们的延时对齐问题，将对最终的输出线性度产生重要影响。其二是，对于极坐标发射机来说，数字基带信号转换为幅度和相位支路的过程中会不可避免地产生频谱展宽，从而使得幅度、相位支路都能够处理更大的带宽；对于 EER 发射机来说，限幅器的带宽同样非常重要，限幅器的带宽不够，会引入 AM-PM 失真。其三是，包络调制器(通常实现为开关类 PA 的电源调制器)引入的一系列问题，例如，占用额外的电压裕度造成效率损失；调制器带宽限制了最大通信速率；其线性度不够也会造成 AM-AM 失真。

5.5.2　差相发射机

差相(outphasing)发射机，也称使用非线性元件的线性放大(linear amplification with nonlinear components，LINC)，核心思想在于将非恒包络的调制信号拆解成两个恒包络的调幅信号，分别放大，再进行功率合成，如图 5.29 所示。

差相发射机的原理可以用以下的数学恒等式来说明。假定输入的带通调制信号为 $V_{in}(t) = V_{env}(t)\cos[\omega_0 t + \varphi(t)]$，那么将其拆解为两个恒包络信号，则是

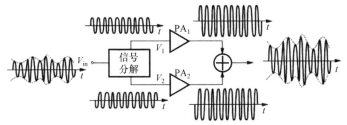

图 5.29　差相发射机的简化概念图

$$V_{\text{in}}(t) = V_{\text{env}}(t)\cos\left[\omega_0 t + \varphi(t)\right] = V_1(t) + V_2(t) \tag{5.31}$$

其中，

$$V_1(t) = \frac{V_0}{2}\sin\left[\omega_0 t + \varphi(t) + \theta(t)\right]$$
$$V_2(t) = \frac{V_0}{2}\sin\left[\omega_0 t + \varphi(t) - \theta(t)\right] \tag{5.32}$$

$$\theta(t) = \arcsin\frac{V_{\text{env}}(t)}{V_0} \tag{5.33}$$

在式(5.32)中，$V_1(t)$ 和 $V_2(t)$ 的幅度 V_0 的选择决定了差相角 θ 的大小，V_0 越大，θ 越小。式(5.32)和式(5.33)所示的信号拆解方式中，$\theta(t)$ 的产生是较为困难的，因为它是非线性包络信号 $V_{\text{env}}(t)$ 的一个非线性函数。因而，另一种更易实现的信号拆解方式被提出，将 $V_1(t)$ 和 $V_2(t)$ 分别写为两个正交信号加和的形式，这样它们可以分别由一组 *I/Q* 正交上变频混频器产生：

$$V_1(t) = V_I(t)\cos\left[\omega_0 t + \varphi(t)\right] + V_Q(t)\sin\left[\omega_0 t + \varphi(t)\right]$$
$$V_2(t) = -V_I(t)\cos\left[\omega_0 t + \varphi(t)\right] + V_Q(t)\sin\left[\omega_0 t + \varphi(t)\right] \tag{5.34}$$

其中，

$$V_I(t) = \frac{V_{\text{env}}(t)}{2}$$
$$V_Q(t) = \sqrt{V_0^2 - \frac{V_{\text{env}}^2(t)}{2}} \tag{5.35}$$

差相发射机与极坐标发射机相比，两条支路是同源的，其匹配程度也更容易做好。然而，差相发射机也面临功率合成效率降低、频谱扩展等问题。由于两条支路是非同相的，简单的电压或电流相加的功率合成都会造成两条支路的串扰，带来失真和效率下降。功率合成器可以分为两类：隔离的 Wilkinson 类合成器和非隔离的 Chireix 类合成器。Wilkinson 类合成器可以最大限度地避免失真，并且避免开关类 PA 的效率下降；但 Wilkinson 类合成器只有在最大功率处才产生最大的效率，当功率偏离最大功率点时，所有没有发射的功率都作为热量消耗掉了。非隔离的 Chireix 类合成器能够避免这样的热量耗散，但其只适用于差相角 $\theta(t)$ 较小的情形。

下面简单介绍非隔离功率合成技术，差相发射机简化等效模型如图 5.30 所示。

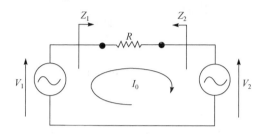

图 5.30　差相发射机简化等效模型

假设支路 1 和支路 2 的电压分别为

$$V_1 = V_a \cdot e^{j\varPhi} \tag{5.36}$$

$$V_2 = V_a \cdot e^{-j\varPhi} \tag{5.37}$$

输出负载上的电流为

$$I_0 = \frac{V_1 - V_2}{R} \tag{5.38}$$

从支路 1 "看到"的阻抗如图 5.31(a)所示，通过串并转换后如图 5.31(b)所示，可以方便地进行阻抗匹配，有

$$Z_1 = \frac{V_1}{V_1 - V_2} R = \frac{R}{2} \left(1 - j\tan\varPhi \right) \tag{5.39}$$

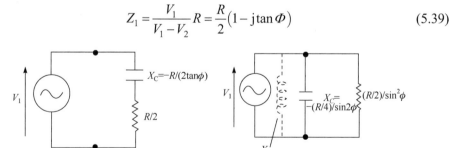

(a) 支路1 "看到"的等效阻抗示意图　　　　(b) 并联的阻抗及阻抗匹配示意图

图 5.31　阻抗示意图

对支路 2 也有对等的结论，只是阻抗匹配的阻抗一个为正，一个为负，差相发射机输出匹配示意图如图 5.32 所示。

经典的 Chireix 差相发射机示意图如图 5.33 所示，差相两路最后通过 λ/4 传输线将功率合成，再从天线发射出去。

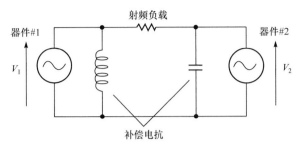

图 5.32 差相发射机输出匹配示意图

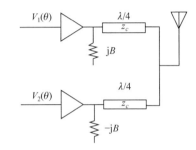

图 5.33 经典的 Chireix 差相发射机示意图

除去功率合成器以外的另一个问题是，与极坐标发射机相同，差相发射机的两条支路均存在频谱扩展，这使得两条支路都需要更大的代价来实现。

5.5.3 Doherty PA

现代通信系统中对频谱利用效率和信号带宽的需求使得高峰均比的调制方法得到越来越广泛的应用。当发射高峰均比信号时，传统的 PA 只能在最大发射功率时具有较高的效率，因而难以保持发射机的发射效率。此外，常见的频谱利用率较高的调制方式，如高阶 QAM，往往要求 PA 具有良好的线性度，从而降低收发机的误码率。Doherty PA 结构是一种能够提高功率回退时发射效率的有效方法。Doherty PA 结构常常用在大功率发射基站中，近年来这种结构也常常被用于 CMOS 集成发射机之中。

Doherty PA 由 W. H. Doherty 于 1936 年提出，是一种能够提高大功率输出功率放大效率的有效结构，其基本原理如图 5.34 所示。

Doherty PA 结构由两个 PA 组成，一个主 PA 和一个辅助 PA。两个 PA 不是轮流工作，而是主 PA 一直工作，辅助 PA 到设定的峰值才工作。主 PA 后面的 1/4 波长传输线的作用是阻抗变换，当辅助 PA 工作时，通过阻抗变换，主 PA "看到"的输出阻抗减小，推动主 PA 输出电流变大，从而扩大 PA 的线性输出范围。

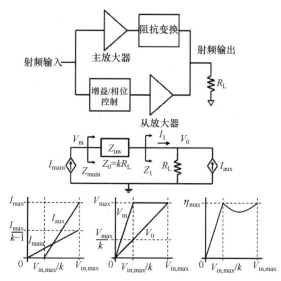

图 5.34　Doherty PA 原理图

$$Z_{main} = \frac{Z_0^2}{Z_1} \tag{5.40}$$

$$Z_{1,eff} = R_L\left(1 + \frac{I_{aux}}{I_1}\right) \tag{5.41}$$

辅助 PA 的引入，使得从主 PA 的角度看，负载减小了，因为辅助 PA 对负载的作用相当于串联了一个负阻抗，所以即使主 PA 的输出电压摆幅已经饱和，但输出功率因为负载的减小却持续增大。当达到激励的峰值时，辅助 PA 也达到了自己效率的最大点，这样两个 PA 合在一起的效率就远远高于单个 PA 的效率。Doherty PA 结构可以将 PA 的线性放大区域扩大 6dB 左右，当 1/4 波长传输线的特征阻抗是负载阻抗的两倍时，可以获得最大的发射效率，如图 5.34 所示。由于主 PA 后面有 1/4 波长传输线，为了使两个 PA 输出同相，在辅助 PA 前面也需要 90°相移。

在 CMOS 工艺中很难集成 1/4 波长传输线，通常采用分立的 LC 网络来等效，如图 5.35(a)所示。阻抗变换功能也可以采用两个变压器来实现，如图 5.35(b)所示，当辅助 PA 功率上升时，变压器 TM₁ 输出阻抗下降，从而主 PA 的输出阻抗也随之下降，同样推动主 PA 的输出功率上升。

然而，Doherty PA 在设计时有若干难点，包括主 PA 和辅助 PA 之间的失配、有损无源网络、有限的发射带宽及现代通信更高的峰均比要求等。为了进一步提高发射效率和降低主 PA 和辅助 PA 间的失配，文献[8]采取了数字化 PA 技术，采用非线性 PA 提高了功率效率，也降低了主 PA、辅 PA 之间的失配。为了扩大

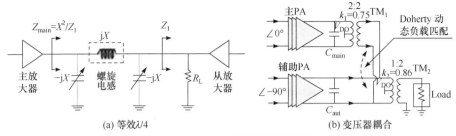

图 5.35　Doherty PA 阻抗变换的实现方法

Doherty PA 的发射带宽，文献[10]采取了电压模式的 Doherty PA 结构，采用两个电压模式的 PA 来调节输出点阻抗，替代了原有的窄带阻抗变换器从而提高带宽。为了适应更高的峰均比要求，文献[11]采用了电源切换方案。

5.6　数字射频发射机

5.6.1　数字射频发射机简介

CMOS 全数字发射机因其良好的通用性、可集成性及采用开关类 PA 带来的高效率，成为近十年来射频领域热点的一个研究方向。数字 PA 概述性地说，指的是使用数字基带信号直接控制 PA 的电路结构。在射频域实现数模转换和隐式上变频，省却了传统发射机前端的数模转换器、重构滤波器、上变混频器等电路模块，因而一个全数字 PA 本身也可以看作一个数字射频发射前端。数字射频发射机中基本的电路模块包括数控 PA 和数控移相器。由基本电路模块可以构建多种全数字发射机架构，主要可以分成三大类：数字差相发射机[12]、数字极坐标发射机[13]和数字正交发射机[14]。本节在介绍各种数字发射机之前，先介绍两个数字化基础电路：数控 PA 和数控相位插值器。

5.6.2　数控功率放大器

对于任意一个调制发射信号，$y(t) = A(t)\cos\left[\omega_k t + \varphi(t)\right]$，信号可以调制在幅度、相位、频率上或者是它们的组合。数控功率放大器(digital power amplifier, DPA)是在 PA 中将幅度数字化，然后通过数字控制 PA 的发射信号幅度，和数模转换电路(DAC)很相似，经常也被称作 RF DAC。

图 5.36 是一个 DPA 的示意图，DPA 数字幅度控制码(amplitude control word, ACW)由 10 位幅度位构成；幅度位高 7 位经同步译码变成 127 位温度计码，控制 127 个同样大小(8X)的功率单元；低 3 位经同步后控制 3 组二元权单元(4X、2X、1X)。这样，全部单元的尺寸总和相当于 1023 个 1X 单元。发射机功率控制(TX power control，TPC)单元控制载波信号的最大幅度，从而控制最大发射幅度。DPA 虽然通过关闭部分 ACW 也可以降低输出幅度，但是由于量化噪声的限制，通信协议规范的 ACPR 限制就很难满足，因此通过发射机功率控制单元可以保证有效的 ACPR，同时控制最大输出幅度。在 DPA 中，可以将数字控制单元设计成二进制编码单元，也可以是温度计码单元或者它们的组合。PA 的电路结构一般采用高效率的非线性 PA，如 E 类 PA 或者电流模式 D 类 PA 等。

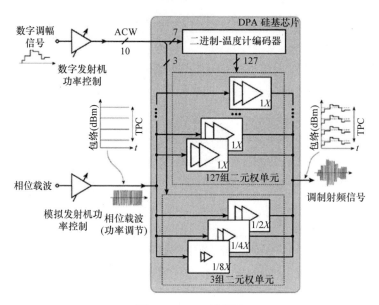

图 5.36　DPA 示意图

图 5.37(a)～(d)展示了一个常见的 DPA 从电路到简化等效模型的变换过程[15]，图 5.37(a)是一个 E 类或者电流模式 D 类 PA 电路图，一般采用差分形式。在输出端采用变压器将差分信号转换成单端信号，同时变压器还承担阻抗变换功能；图 5.37(b)是电路的分立元件等效模型，主要是将变压器模型化；图 5.37(c)是单边分立元件等效模型；图 5.37(d)是简化的理论分析模型，用一组并联的电流源替代开关器件，开关器件 R_{on} 集总表示为 R_{D0}/K_W，其中 K_W 是 ACW。因此输出电流可以表示为

$$I_D=\sum_1^N\left[f_i\left(K_W\right)I_{Hi}-I_{RD}\right]=\sum_1^N\left[f_i\left(K_W\right)I_{Hi}\left(1-\frac{K_WZ_{in}}{R_{D0}}\right)\right] \tag{5.42}$$

式中，$f_i(K_W)$ 表示当 ACW 码为 K_W 时的第 i 阶谐波的幅度和相位；I_{Hi} 是第 i 阶谐波的电流分量；R_{D0} 是单元器件的输出电阻；Z_{in} 是电流源"看见"的输入阻抗；I_{RD} 是 I_D 的非线性量。当 ACW 从小往大变化时，开关器件经历了从饱和状态向线性状态的转变，因此会产生较大的幅度和相位非线性。

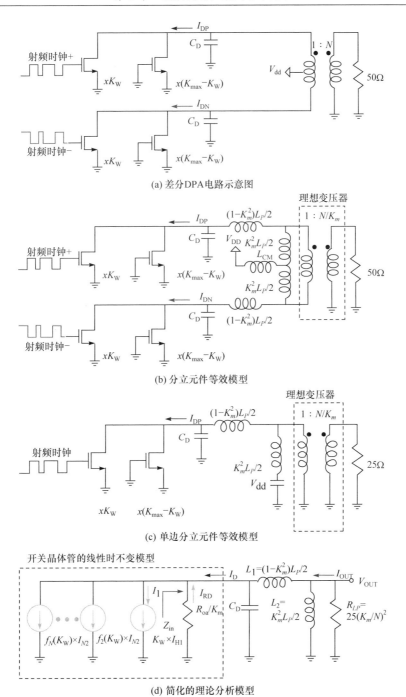

(a) 差分DPA电路示意图

(b) 分立元件等效模型

(c) 单边分立元件等效模型

(d) 简化的理论分析模型

图 5.37　DPA 从电路到简化等效模型的变换过程

DPA 电路结构简洁、发射效率高，但是 DPA 会有严重的 ACW 到幅度(AM)和相位(PM)的非线性失真，如图 5.38 所示，ACW 到 AM 和 PM 的失真会导致发射信号频谱扩展，图 5.38(b)为 AM、PM 失真的时域示意图。

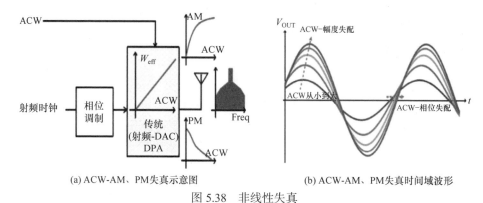

(a) ACW-AM、PM失真示意图　　　　　　　(b) ACW-AM、PM失真时间域波形

图 5.38　非线性失真

图 5.39 是一个 9bit DPA ACW-AM 和 ACW-PM 失真的仿真和计算结果图。

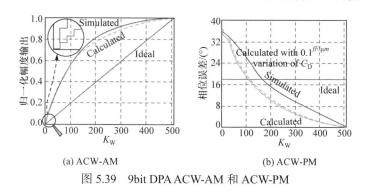

(a) ACW-AM　　　　　　　　　　(b) ACW-PM

图 5.39　9bit DPA ACW-AM 和 ACW-PM

5.6.3　数控相位插值器

数字控制相位信号可以在数字锁相环中实现,但是受限于锁相环的环路带宽,信号调制速度很难提高，因此开环的数控相位差值器(digital phase interpolator, DPI)在全数字发射机中是一个非常重要的电路模块。DPI 经常用于锁相环、CDR 等电路中，但是应用于发射机，对 DPI 的精度和线性提出了更为苛刻的要求。在 5.6.5 节我们将看到的差相全数字发射机实质上是一个基于全数字相位调制的发射机。

图 5.40 是一个 DPI 电路架构的示意图,一般分成粗调相位插值和细调相位插值。粗调相位插值采用传统的分频器、锁相环路等方法产生多相信号，一般很难直接实现高精度的相位插值；细调相位插值在粗调相位的基础上通过延迟时间、

矢量合成和电荷加和等方法实现更为精细的相位合成。

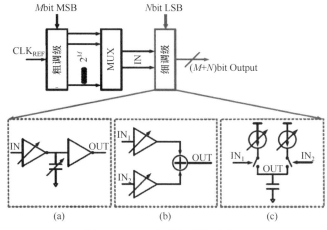

图 5.40 DPI 电路架构的示意图

通过延迟时间产生相位插值的问题是时间延迟电路受工艺、电压和温度 (PVT)影响严重，相位插值范围不可控，需要校正。而矢量合成[16]与电荷加与方法[17]的优点是相位插值范围是确定的，其取决于输入两相信号(IN₁ 和 IN₂)的相位差值。

图 5.41(a)为矢量合成方法的示意图，通过控制两路信号的权重实现相位插值。输入信号通过反相器后会产生谐波分量，从而使相位插值出现非线性，如图 5.41(b)所示。解决矢量合成方法非线性问题的一个有效方法是抑制谐波分量。抑制谐波分量的工作原理和谐波混频器原理是相同的，都是通过多相信号加和抵消 3 阶、5 阶谐波分量，如图 5.41(c)所示。

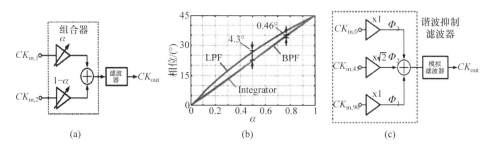

图 5.41 矢量合成实现相位插值

电荷加和方法通过控制电流源对电容进行充放电，不会产生谐波分量问题，但是精度受电流源的拷贝精度、寄生电容及电荷分享等因素的影响。图 5.42 为电荷加和方法工作原理图[17]。

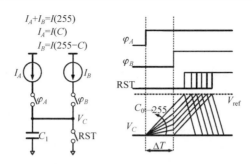

图 5.42　电荷加和方法工作原理图

　　图 5.43 为常见的电荷加和方法电路示意图。图 5.43(a)所示电路的问题：一是当 PMOS 和 NMOS 器件同时导通时，电容上的充放电处于不确定状态；二是当器件开启或者关闭时寄生电容有电荷分享效应，使电容上的电压产生误差。图 5.43(b)通过改进控制解决了 PMOS 和 NMOS 器件同时导通的问题，但是电荷分享问题仍然存在。图 5.43(c)通过四个额外的数字逻辑控制单元在很大程度上解决了器件同时导通和电荷分享问题，但是电流精度受限于器件的匹配精度。图 5.43(d)通过额外两相开关 S_1 和 S_2 使得电荷分享问题不敏感，但是仍然存在电流拷贝精度等问题。

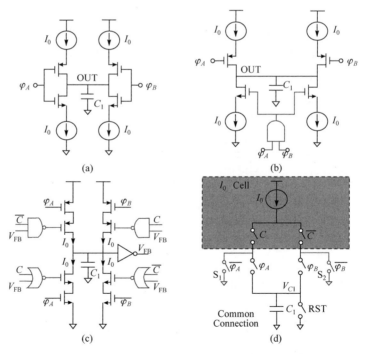

图 5.43　常见电荷加和方法电路示意图

5.6.4　数字极坐标发射机

在极坐标发射机中，采用数字锁相环或开环 DPI 等技术，实现数字化相位调制；采用数控 PA 等实现数字化幅度调制，即可实现图 5.44 所示的数字化的极坐标发射机。

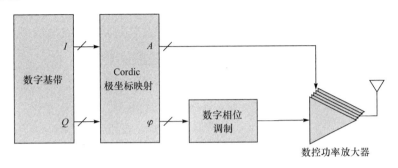

图 5.44　数字化极坐标发射机的示意图

在数字调制中，星座图上的点，都可以利用三角函数笛卡儿坐标系转为极坐标系，表示由幅度和相位构成的矢量。因此，可以从数字基带产生的调制信号 $A_I(n)$ 和 $A_Q(n)$ 中分离出幅度信息和相位信息，即

$$A(n) = \sqrt{A_I^2(n) + A_Q^2(n)} \tag{5.43}$$

$$\phi(n) = \arccos \frac{\sqrt{A_I^2(n) + A_Q^2(n)}}{A_0} \tag{5.44}$$

在射频调制时，两者在幅度支路和相位支路分别调制，并在输出进行加和。相位支路中，其输出恒定包络，故可以利用数字锁相环和开环 DPI 等实现相位数字调制，幅度支路采用 DPA，即可实现幅度和相位的加和，工作原理和模拟极坐标发射机是一样的。

数字极坐标发射机相比于其他发射架构具备最佳的发射效率，这也是其受到广泛关注的重要原因。数字极坐标发射架构的高效率使其在大功率输出的通信系统中得到了广泛的应用，但其也面临着基带带宽展宽效应、相位幅度支路失配等问题。

在数字基带中以笛卡儿坐标映射为极坐标时需采用反三角函数，其并不是一个线性函数，因而会造成信号频谱的扩展[18]。例如，一个 I/Q 基带带宽为 5MHz 的信号，经过极坐标转换后，其幅度带宽和相位带宽均有明显的扩展，通常来讲，其带宽需要超过 I/Q 基带带宽的 5 倍以上[19,20]。这导致在一些宽带调制应用中，如 LTE 和 WLAN 的 20MHz 带宽应用中，对数字基带频率的要求也相应提高，从而导致数字的复杂度提升。

极坐标发射机的另一个重要问题是幅度和相位支路的失配。有效信息是在数字基带同时调制在幅度支路和相位支路上，而两条支路的传输时间并不相同，因而在输出点加和时，会导致发射频谱的恶化。图 5.45 为一个 GSM 系统采用极坐标发射机调制时，其幅度支路和相位支路存在失配时，带宽频谱的恶化示意图。而调制速率更高的系统，其对失配要求也更苛刻。因此，在极坐标发射机中，需要对两条支路进行失配校准。

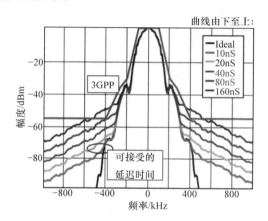

图 5.45　幅度相位支路失配导致的带外频谱恶化

5.6.5　数字正交发射机

对于一个正交发射信号可以写成如下形式：

$$y(t) = A_I(t)\cos\left[\omega t + \varphi_I(t)\right] + A_Q(t)\cos\left[\omega t + \varphi_Q(t)\right]$$
$$= \left\{A_I(t)\cos\left[\varphi_I(t)\right] + A_Q(t)\cos\left[\varphi_Q(t)\right]\right\}\cos(\omega t) \tag{5.45}$$
$$- \left\{A_I(t)\sin\left[\varphi_I(t)\right] + A_Q(t)\sin\left[\varphi_Q(t)\right]\right\}\sin(\omega t)$$

在数字域对两路的幅度信号进行量化可以得到新的 $A_I(n)$、$A_Q(n)$，由此正交发射信号可以写成：

$$y(n) = A_I(n)\cos(\omega t) + A_Q(n)\cos(\omega t) \tag{5.46}$$

其中，

$$A_I(n) \approx A_I(t)\cos\left[\varphi_I(t)\right] + A_Q(t)\cos\left[\varphi_Q(t)\right] \tag{5.47}$$

$$A_Q(n) \approx -\left\{A_I(t)\sin\left[\varphi_I(t)\right] + A_Q(t)\sin\left[\varphi_Q(t)\right]\right\} \tag{5.48}$$

可以注意到调制的幅度和相位信号全部转换成 I、Q 两路量化的幅度调制信号。按照上述公式，可以构建全幅度域的发射机架构如图 5.46 所示，整个发射机

主要由 I、Q 两路 DPA 组成，这种架构被称作数字正交发射机。

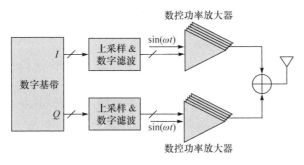

图 5.46　数字正交发射机架构

　　相比于其他发射机架构，数字正交发射机具备良好的宽带调制适应性[21]。现代无线系统的数字基带带宽已经扩展到 20MHz，甚至 100MHz。而基于数控功率放大器的正交发射机架构，在数字基带中完成上采样和滤波器过程后，直接控制功率放大器的输出幅度，其调制速率仅受限于数字基带的时钟，更适合宽带、高速的数字基带调制的系统。正交发射机架构的另一优势在于其灵活的可重构性。对于幅度调制的无线系统，无论 16QAM 还是 64QAM，数字正交发射机仅需要在数字基带改变其产生的 I/Q 两路幅度信号即可。而对于频率调制、相位调制而言，在数字基带内部，通过简单的三角函数运算，可将频率调制、相位调制等信息转换为 I/Q 两路幅度的变化。因此，对于不同的调制方式，正交发射机架构具备良好的兼容性。

　　虽然数字正交发射机架构具备良好的宽带调制适应性和可重构性，但在一些高峰均比调制中，其效率仍难以提高。此外，正交发射机架构还面临着幅度失真和相位失真的问题。

1. 高峰均比调制时的效率问题

　　传统模拟正交发射机需要采用线性功率放大器，而数字正交发射机架构可以利用非线性功率放大器避免功率回退问题，缓解了功率与效率的矛盾。但在高峰均比的应用中，其仍然面临发射效率的问题。

　　在高峰均比的无线通信系统中，数控功率放大器的最大输出功率，即所有功率单元导通时的输出功率，必须大于信号功率的峰值。在功率放大器的设计中，通常在最大输出功率下，优化功率放大器的效率。但是，当数字正交发射机工作时，数控功率放大器的各个功率单元根据数字控制码打开或关闭。当功率单元全部导通依次关闭时，输出信号功率不断下降，而此时整个功率放大器的效率也不断下降。

因此，随着输出信号瞬时幅度的不断变化，数控功率放大器的瞬间效率也在变化。当输出信号均方值的功率时，整个功率放大器的效率依然较低。

2. 幅度失真和相位失真的问题

数字正交发射机架构面临的另一个挑战是幅度失真和相位失真问题。如在DPA 电路中所述，DPA 电路一般都有严重的 ACW-AM 和 ACW-PM 失真问题，当 DPA 只有一路时，DPA 的失真只是一维校正问题，但是在数字正交发射机中，I、Q 两路相加时，失真会成为一个复杂的二维校正问题。

当 DPA 功率单元从全部导通依次关闭时，整个功率放大器的输出阻抗和输出点寄生电容也随之变化，从而导致输出功率不是严格按比例下降。因此DPA 自身存在幅度非线性。另外，在不同的数字控制码下，其功率单元导通数目不同，输出点电容也不同，从而引起输出相位的变化，即数控功率放大器的幅度到相位失真。而在数字正交发射机架构中，在输出点将 I/Q 两路信号进行加和时，任何时刻的信号都是由 I/Q 两路幅值构成的二维量。而 I/Q 中任何一路的输出信号幅度会引起输出节点负载电阻电容的变化，从而导致另一路信号带来幅度和相位的变化。

图 5.47 是基于一个 10bit 电流模式 PA 对 I、Q 两路进行扫描，计算预失真程度形成的三维图像。图 5.47(a)和(c)展示的是 AM-AM 失真的余量比率。在这里，余量比率的意思是，把基带信号的幅度 $A_{BB} = \sqrt{A_I^2 + A_Q^2}$ 和射频信号幅度 $A_{RF} = A_{RF}(A_I, A_Q)$ 均按各自的最大值归一化到 0~1，然后将归一化 ARF 与归一化 ABB 的差作图。归一化 ARF 与归一化 ABB 的差值则能反映发射机的幅度输出特性偏离线性的程度。由图 5.47(a)和(c)看出，AM-AM 失真的曲面符合预期，其最"凸"的点在 A_I 和 A_Q 都为 400 附近时，余量比率的最大值达到 28%。图 5.47(b)和(d)展示的是 AM-PM 失真的余量(没有归一化)。PM 失真余量的定义则是，将射频信号相角 $\varphi_{RF} = \arctan\dfrac{A_Q}{A_I}$ 和 $\varphi_{BB} = \arctan\dfrac{A_Q}{A_I}$ 各自减去 I/Q 两路控制字都为 1 时的值，再将二者作差，即 $\varphi_{RF} - \varphi_{BB} - (\varphi_{RF} - \varphi_{BB})\big|_{A_I = A_Q = 1}$。所以，AM-PM 失真余量是以$(A_I, A_Q) = (1, 1)$为参考，反映基带的相位输出随幅度的失真。由图 5.47(b)和(d)看出，AM-PM 失真在 $A_I = A_Q$ 的情况下最为严重，在最大点超过 24°。不过，AM-AM 失真和AM-PM 失真是关于直线 $A_I = A_Q$ 对称的，这是由 I/Q 两路在电路实现上的对称性保证的。I/Q 的对称性能够大幅度简化数字预校正的开销。

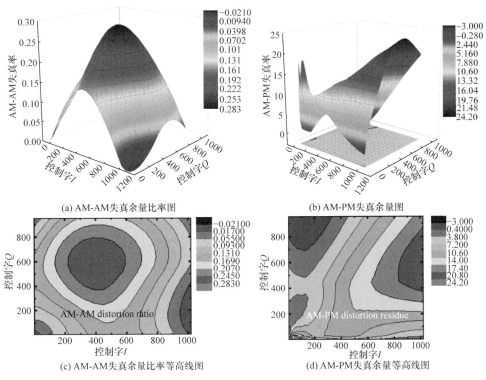

(a) AM-AM失真余量比率图　　　　　　　　　(b) AM-PM失真余量图

(c) AM-AM失真余量比率等高线图　　　　　　(d) AM-PM失真余量等高线图

图 5.47　AM-AM 失真余量比率图和 AM-PM 失真余量图

　　解决 ACW-AM、ACW-PM 失真问题最常用的方法是数字预失真(digital predistortion，DPD)方法，在具体实现的时候一般采用查表法。图 5.48 为二维预失真矫正流程图，分为训练阶段和工作阶段两步骤。在训练阶段，依次给予前端训练 ACW，并检测 PA 相应的射频输出能量，通过求反函数的方式获得该特定功

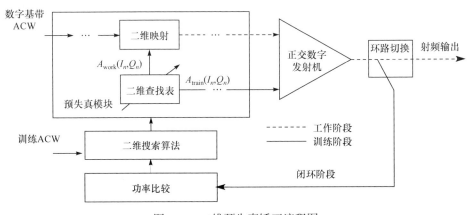

图 5.48　二维预失真矫正流程图

率的二维 ACW 并将其写入二维查找表。最后获得一张数字基带 ACW 至预失真矫正码对应的二维映射表。在工作阶段，便可以通过该映射关系实现预失真，完成基带 ACW 与输出幅度间的线性化。在实际工作中，通常需要数字预失真电路实时闭环工作，对电路的工作速度有很高要求，电路的复杂度和功耗都有比较大的开销，因此线性化 DPA 是一个重要的研究课题。

5.6.6　数字差相发射机

数字差相发射机[12]和模拟差相发射机原理一样，是利用两路不同相位的信号合成输出调制信号的发射机架构。如图 5.49 所示，根据矢量加和的性质，星座图上的点，也可以映射至两个幅度相同的矢量之和，即

$$y(t) = A_0 \cos\left[\omega t + \varphi_1(n)\right] + A_0 \cos\left[\omega t + \varphi_2(n)\right] \tag{5.49}$$

式中，$\varphi_1(n) \approx \varphi(n) + \phi(n)$，$\varphi_2(n) \approx \varphi(n) - \phi(n)$。其映射关系为

$$\varphi(n) = \arctan \frac{A_Q(n)}{A_I(n)} \tag{5.50}$$

$$\phi(n) = \arccos \frac{\sqrt{A_I^2(n) + A_Q^2(n)}}{A_0} \tag{5.51}$$

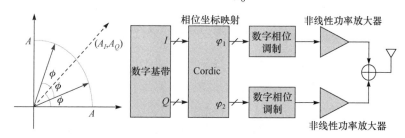

图 5.49　数字差相发射机的矢量加和示意图

因此，在射频调制时，通过三角函数预算，可以将数字基带产生的调制信号映射为两路相位信号，分别在两条支路进行调制后，利用功率放大器进行放大并加和，从而实现差相发射调制。需要注意的是，虽然在调制中，两条支路的信号幅度均不变化，但在由幅度信息映射为相位信息时，根据信号幅度的不同，映射得到的相位也会不同。差相发射机的数字化也相对简单，采用数字化的相位调制即可实现。在实际电路中，可以采用数字锁相环、DPI 等实现。

数字差相发射机的两条相位支路均为恒包络的调制，可有效降低发射机中的各模块引入的幅度噪声。与正交幅度发射机相比，数字差相发射机的两路功率放大器始终偏置在最大输出功率下，可以避免功率放大器幅度到幅度失真和幅度到相位失真引入的非线性。

但是，与极坐标发射机类似，数字差相发射机也同样存在基带带宽展宽的问题，此外，在进行功率合成时，数字差相发射机还面临着加和效率的问题。由于数字差相发射机的两支路始终输出恒定功率，在输出功率进行矢量加和时，存在因相位抵消而导致的功率消耗，从而抑制了整个发射机的效率。全数字发射机将在第 8 章结合系统应用要求进行更为详细的讨论。

参 考 文 献

[1] Aoki I, Kee S D, Rutledge D B, et al. Fully integrated CMOS power amplifier design using the distributed activet ransformer architecture. IEEE Journal of Solid-Stated Circuits, 2002, 37 (3): 371-383.

[2] Kim K, Lee D H, Hong S. A quasi-doherty SOI CMOS power amplifier with folded combing transformer. IEEE Transactions on Microwave Theory and Techniques, 2016, 99: 1-10.

[3] Kobayashi H, Hinrichs J M, Asbeck P M. Current-mode class-D power amplifiers for high-efficiency RF applications. IEEE Transactions on Microwave Theory and Techniques, 2001, 49 (12): 2480-2485.

[4] Sokal N O, Sokal A D. Class E-A new class of high-efficiency tuned single-ended switching power amplifiers. IEEE Journal of Solid-State Circuits, 1975, 10 (3): 168-176.

[5] Zulinski R, Steadman J. Class E power amplifiers and frequency multipliers with finite DC-feed inductance. IEEE Transactions on Circuits and Systems, 1987, 34 (9): 1074-1087.

[6] Chen J, Helmi S R, Jou A Y, et al. A fully-integrated 18 GHz class-E power amplifier in a 45 nm CMOS SOI technology. IEEE Radio Frequency Integrated Circuits Symposium, Tampa, 2014: 247-250.

[7] Doherty W H. A new high efficiency power amplifier for modulated waves. Proceedings of the Institute of Radio Engineers, 1936, 24 (9): 1163-1182.

[8] Hu S, Kousai S, Park J S, et al. Design of a transformer-based reconfigurable digital polar doherty power amplifier fully integrated in bulk CMOS. IEEE Journal of Solid-State Circuits, 2015, 50 (5): 1094-1106.

[9] Liao Y. Analyze and Design Class E Power Amplifier. Beijing: Peking University, 2012.

[10] Vorapipat V, Levy C S, Asbeck P M. Voltage mode doherty power amplifier. IEEE Journal of Solid-State Circuits, 2017, 52 (5): 1295-1304.

[11] Ryu N, Jang S, Lee K C, et al. CMOS doherty amplifier with variable Balun transformer and adaptive bias control for wireless LAN application. IEEE Journal of Solid-State Circuits, 2014, 49 (6): 1356-1365.

[12] Choe M N, Baek K, Teshome M. A 1.6-GS/s 12-bit return-to-zero GaAs RF DAC for multiple Nyquist operation. IEEE Journal of Solid-State Circuits, 2005, 40 (12): 2456-2468.

[13] Zheng S, Luong H C. A WCDMA/WLAN digital polar transmitter with low-noise ADPLL, wide-band PM/AM modulator and linearized PA in 65nm CMOS . Proceedings of European Solid State Circuits Conference (ESSCIRC), Venice Lido, 2014: 375-378.

[14] Godoy P, Chung S, Barton T, et al. A 2.5-GHz asymmetric multilevel outphasing power amplifier

in 65-nm CMOS. IEEE Topical Conference on Power Amplifiers for Wireless and Radio Applications (PAWR), Phoenix, 2011: 57-60.

[15] Hashemi M, Shen Y, Mehrpoo M, et al. An intrinsically linear wideband polar digital power amplifier. IEEE Journal of Solid-State Circuits, 2017, 52 (12): 3312-3328.

[16] Goyal A, Ghosh S, Goyal S, et al. A high-resolution digital phase interpolator based CDR with a half-rate hybrid phase detector. IEEE International Symposium on Circuits and Systems (ISCAS), Sapporo, 2019: 1-5.

[17] Jiang H Y, Zhang Z R, Shen Z K, et al. A calibration-free fractional-N ADPLL using retiming architecture and a 9-bit 0.3ps-INL phase interpolator. IEEE International Symposium on Circuits and Systems (ISCAS), Sapporo, 2019: 1-5.

[18] Presti C D, Carrara F, Scuderi A, et al. A 25 dBm digitally modulated CMOS power amplifier for WCDMA/EDGE/OFDM with adaptive digital predistortion and efficient power control. IEEE Journal of Solid-state Circuits, 2009, 44 (7): 1883-1896.

[19] Zhuang J, Waheed K, Staszewski R B. A technique to reduce phase/frequency modulation bandwidth in a Polar RF transmitter. IEEE Transactions on Circuits and Systems I: Regular Papers, 2010, 57 (8): 2196-2207.

[20] Mustafa A K, Ahmed S, Faulkner M. Bandwidth limitation for the constant envelope components of an OFDM signal in a LINC architecture. IEEE Transactions on Circuits and Systems I: Regular Papers, 2013, 60 (9): 2502-2510.

[21] Parikh V K, Balsara P T, Eliezer O E. All digital-quadrature-modulator based wideband wireless transmitters. IEEE Transactions on Circuits and Systems I: Regular Papers, 2009, 56 (11): 2487-2497.

第 6 章　频率综合器电路技术

频率综合器是无线通信系统中的关键模块，主要功能是为系统提供稳定的本地参考频率。它的性能参数包括相位噪声(即相噪声)、抖动、频率调节范围、锁定时间、杂散等。基于电荷泵的模拟锁相环已被广泛应用于射频系统的频率合成。近年来，全数字锁相环相关技术得到了深入的研究，以全数字锁相环为基础的频率综合器逐渐为工业界所重视。本章主要介绍锁相环基础、电荷泵锁相环和全数字锁相环及其关键电路。

6.1　锁相环基础

6.1.1　锁相环频率综合器简介

从 20 世纪上半叶锁相环被发明以来，锁相环已经被使用超过了半个世纪。现在锁相环已被应用于许多领域，其中最重要的一些领域包括频率合成、相位调制/解调、载波恢复及时钟恢复等。在射频系统中，频率综合器为射频接收机和发射机提供本地参考振荡频率，需要满足射频系统对振荡频率源的相噪声、调频精度和范围、跳频时间、杂散等方面的指标要求。

频率综合器通常由带有分频控制的锁相环实现，通过分频控制可改变环路输出频率。1980 年，Dunning 等提出了基于电荷泵的锁相环环路特性[1]，这成为混合信号锁相环的理论基础，目前混合信号锁相环已经成为最广泛应用的环路架构。电荷泵锁相环(图 6.1)主要包括压控振荡器、鉴频鉴相器、分频器和滤波器等电路。锁相环本质上是一个相位域的负反馈系统，压控振荡器输出频率经过分频器后与参考频率进行相位比较，比较结果经过电荷泵转换成电压，电压信号经过低通滤波器滤波后控制压控振荡器的频率。这样一个负反馈的系统稳定时，相位比较结果也是一个稳定值。由于相位的微分是频率，相位差稳定时，两个信号的频率相等，从而锁相环的输出频率与参考频率存在稳定的比例关系 N。因此通过改变分频比 N 即可控制输出频率值，从而达到频率综合的目的。

早期锁相环中的模拟鉴相器通常是利用乘法器或者混频器来判决参考频率相位与反馈信号相位的关系，而基于电荷泵的锁相环采用逻辑门或触发器等数字单元构成的数字鉴频鉴相器，其本质是工作在参考频率的一个离散采样系统。通过

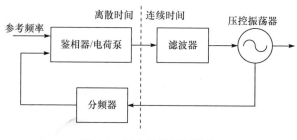

图 6.1　基本的锁相环结构

每个周期对比相位差，调节振荡器的振荡频率，而滤波器和压控振荡器却是连续时间系统，因此被称为混合信号锁相环。在混合信号锁相环中，存在连续时间域到离散时间域的采样处理过程和离散时间域到连续时间域的转换过程。前者依赖于鉴频器利用参考频率对振荡器相位进行离散采样，并通过鉴频鉴相器和电荷泵放大为相应的电荷输出；而后者则依赖于环路滤波器中电阻电容对电荷的重新分配。但是，虽然混合信号锁相中已经出现了离散时间控制的特征，其环路中的控制信号依然是模拟信号，因此仍然属于模拟锁相环。

正如 CMOS 工艺的进步使得 CMOS 射频集成电路成为可能一样，当 CMOS 工艺进入深亚微米后，数字电路的性能不断提升，使得利用数字电路设计锁相环成为可能。1995 年，Dunning 等在 JSSC 提出了一种数控环形振荡器[1]，以及相应的相位检测器和环路控制器实现的环路结构。2004 年，Staszewski 等提出了一种基于高频数控 LC 振荡器的数字锁相环[2]，并首次将其应用在了射频收发机中，从而验证了射频系统中采用数字锁相环的可能性。数字锁相环由于控制信号采用数字的形式，从而具备了数字电路技术所特有的优势，如抗噪声能力好、可移植性强、芯片面积小和功耗低等。

6.1.2　相噪声基础

锁相环非常重要的一个技术指标是相位噪声(或相噪声)。相位噪声是由各种噪声导致的信号相位的随机变化。一个理想的正弦信号，在频谱上表现为一个单一脉冲，在射频系统中，此脉冲通常被称为载波信号(图 6.2(a))；但在实际中，由于噪声作用，其瞬间相位会发生随机变化，在频谱上表现为单一脉冲两侧的噪声边带(图 6.2(b))。

信号的相噪声定义为距离中心振荡频率 ω_0 处 1Hz 带宽内检测到的能量与中心频率载波能量的比值，如图 6.3 所示。

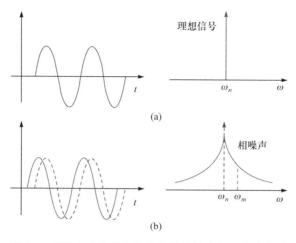

图 6.2　理想单音信号与包含相噪声的实际正弦波信号

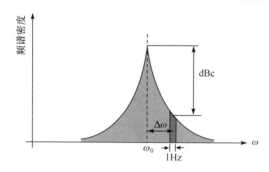

图 6.3　信号相噪声定义图示

相噪声公式如式(6.1)所示，通常取 10log 值，用 dBc 来表征。

$$L(\Delta\omega) = 10\log\left[\frac{P_{\text{signalband}}(\omega_0 + \Delta\omega, 1\text{Hz})}{P_{\text{signal}}}\right] \tag{6.1}$$

相噪声在射频系统会恶化发射机的误差矢量幅度、接收机的信噪比等性能。在射频系统中，对于相位噪声的要求，主要来自接收机需要在强干扰下互易混频不恶化信噪比和发射机的本振信号相位噪声不影响发射信号质量。在接收机中，如图 6.4 所示，在一个有干扰的系统中，干扰信号可以通过和有相噪声的本振信号混频而使相噪声进入有用信号信道内恶化信噪声比。如果在偏离射频信号Δf处存在干扰信号，由于锁相环提供的本振信号包含了相位噪声，当本振频率与射频信号进行混频时，本振偏移频率Δf处的相位噪声，也会与干扰信号发生混频，落在信号频带内，从而使输出噪声增加、恶化信噪比。

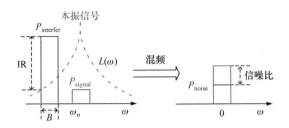

图 6.4　射频接收机中倒易混频示意图

如图 6.4 所示，在射频接收机的设计中，如果信号带宽为 B，那么由本振偏移频率 Δf 处相位噪声和对应的干扰信号引起的输出噪声为

$$P_{\text{noise}} = P_{\text{interfer}} + 10\log B + \mathcal{L}(\Delta f) \qquad (6.2)$$

为确保干扰不对自身信道造成影响，要求此输出噪声不能恶化自己信道的信噪比，即

$$P_{\text{noise}} \leqslant P_{\text{signal}} - \text{SNR} \qquad (6.3)$$

因此，可以得到本振偏移频率 Δf 处的相位噪声必须满足：

$$\mathcal{L}(\Delta f) \leqslant P_{\text{signal}} - P_{\text{interfer}} - 10\log B - \text{SNR} \qquad (6.4)$$

在通信标准协议中，通常会在一个频段内规定若干相邻的通信信道以满足多个无线终端的同时通信。而对于工作在其中某一具体信道的射频收发机而言，其相邻信道其他终端的发射信号会构成极大的干扰信号。通常，通信协议规定了通道内干扰信号功率和收到信号功率的比值，以确保所有无线终端的通信不会互相干扰。

6.1.3　锁定频率分辨率

锁定频率分辨率是指锁相环可以锁定输出的频率间隔。由于频谱资源的稀缺性，每个通信协议都会严格规定所需要的信道的中心频点，以避免不同无线通信端的相互影响。采用整数分频比的锁相环，其输出频率为

$$f_{\text{out}} = N \cdot f_{\text{REF}} \qquad (6.5)$$

其锁定频率精度为参考频率 f_{REF}。以蓝牙系统为例，蓝牙的信道间隔为 2MHz，为了能够满足 2MHz 的输出频率间隔，要求锁相环参考频率不能高于 2MHz。如此低的参考频率，一方面导致锁相环带宽太窄，从而限制了锁相环环路的可调整范围，影响锁定时间等性能；另一方面，鉴频鉴相器、参考噪声对总噪声的功率与分频比 N 的平方成正比，因而较大的分频比会严重恶化锁相环输出相位噪声。因而，在射频系统中，通常采用基于 $\Delta\Sigma$ 调制技术的分频器，以实现小数分频比。

6.1.4　环路带宽与锁定时间

在射频系统中，射频收发机的本振或载波往往需要根据情况调整锁相环的输出频率。而锁相环在切换频率的过程中，难以实现频率的即时响应，往往需要一定的稳定时间。因此，在射频通信系统中，锁相环的锁定时间也是设计的重要指标之一。

一般而言，增加环路带宽可以有效地降低锁相环锁定时间，却会恶化锁相环的噪声性能，尤其远频带处的相位噪声。对于传统的模拟锁相环，其环路带宽特性主要由模拟滤波器决定，因而在芯片设计完成后，滤波器的电阻、电容等无源元件难以通过电路配置进行调节，从而导致在射频系统的指标确定时，必须对锁相环的环路带宽和锁定时间进行折中优化。

而数字锁相环中，由数字电路构成的滤波器，在设计完成后，其滤波系数也可以通过数字接口进行灵活配置。因而，将数字锁相环应用在射频系统中时，可以在锁定过程中，利用高带宽的环路实现快速锁定，继而通过调整数字滤波器，实现所需要的特定环路带宽，从而解决了锁定时间与环路带宽的折中问题。

6.1.5　杂散

除了相位噪声性能以外，在一些特殊频率点上，频率合成器输出频谱还可能出现一些分立的强信号频率成分，称作杂散。对于杂散的衡量和相位噪声类似，通过杂散功率与载波功率对比。杂散的定义如下：

$$杂散功率(dBc)=10\log\frac{杂散功率}{载波功率} \tag{6.6}$$

由定义可以看出杂散功率和载波功率有关但和测量带宽无关，所以它的单位是 dBc。在锁相环中杂散主要来源于参考时钟，可以通过电荷泵电流失配、电源耦合等途径呈现在输出信号频谱中。杂散会对其他射频接收系统形成干扰，一般射频系统都会对杂散性能进行规范约束。小数分频锁相环在参考时钟的小数分频处会产生更靠近载波的杂散。

6.1.6　频率调制和相位调制

在现代通信中，尤其在频率调制或者相位调制的系统中，为了简化发射机的架构，可以利用锁相环实现数据的发射调制功能。例如，蓝牙低功耗协议所采用的高斯频移键控调制方式，是一个简单的二进制调制方式，即采用正向的频率偏移表示数据"1"，而负向的频率偏移表示数据"0"。利用传统的上混频发射机架构实现调制，会消耗大量的芯片面积和功率，难以实现低功耗低成本的应用目标。因而在蓝牙低功耗射频收发机芯片中，通常采用基于锁相环调制的发射机架构，并采用非线性功率放大器，实现系统架构的简化和功耗的降低。

由于锁相环的输出频率为参考频率与分频比的乘积，利用锁相环实现频率或者相位调制时，可以将数据信息调制至锁相环的参考频率上，或者通过改变分频比来实现。前者依然需要较为复杂的数字模拟转换电路以实现数据的调制，而后者的输出为数字控制码，可以在全数字域内实现信息调制，因而在基于锁相环调制的射频发射机中被广泛采用。然而由于锁相环的环路带宽限制，无论数据信息加载至参考频率还是分频比上，其高频信息都不可避免地被滤波器滤掉。因而，简单的锁相环调制难以满足较高数据率的发射机需求。在第 7 章，蓝牙收发机部分将对宽带的两点调制技术做进一步介绍。

6.2 电荷泵锁相环电路技术

6.2.1 锁相环环路特性

1. 环路传递函数

一个典型的电荷泵锁相环环路模型如图 6.5(a)所示，其中 K_{PD} 为鉴相器增益、压控振荡器增益为 K_{VCO}、电荷泵增益为 $I_{CP}/2\pi$、低通滤波器传递函数为 $F(s)$(图 6.5(b))，分频器增益为 $1/N$。

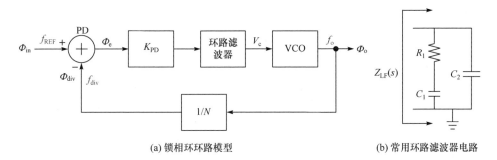

(a) 锁相环环路模型   (b) 常用环路滤波器电路

图 6.5 典型电荷泵锁相环

根据环路模型，我们可以得到锁相环开环传输函数为

$$H_o(s) = \frac{I_{CP} K_{PD} K_{VCO} F(s)}{2\pi s} \tag{6.7}$$

进一步我们可以得到锁相环闭环传递函数为

$$H(s) = N \cdot H_{LPF}(s) \tag{6.8}$$

其中，

$$H_{\text{LPF}}(s) = \frac{H_{\text{o}}(s)/N}{1 - H_{\text{o}}(s)/N} \tag{6.9}$$

可以将上式中的分母写成控制理论中常见的形式，即 $s^2 + 2\xi\omega_n s + \omega_n^2$，其中，$\xi$ 是阻尼系数，ω_n 是固有频率，也就是

$$H(s) = \frac{\omega_n^2}{s^2 + 2\xi\omega_n s + \omega_n^2} \tag{6.10}$$

其中，

$$\xi = \frac{R_2}{2}\sqrt{\frac{I_{\text{CP}}C_2}{2\pi}\frac{K_{\text{VCO}}}{N}} \tag{6.11}$$

$$\omega_n = \sqrt{\frac{I_{\text{CP}}}{2\pi C_2}\frac{K_{\text{VCO}}}{N}} \tag{6.12}$$

ξ 表征了 PLL 环路的稳定性。ξ 越大，环路越稳定。

PLL 的环路带宽定义为 $H(s)$ 的 3dB 压缩点，记为 $\omega_{-3\text{dB}}$，因而有

$$\frac{\left(2\xi\omega_n\omega_{-3\text{dB}}\right)^2 + \omega_n^4}{\left(\omega_{-3\text{dB}}^2 - \omega_n^2\right)^2 + \left(2\xi\omega_n\omega_{-3\text{dB}}\right)^2} = \frac{1}{2} \tag{6.13}$$

解得

$$\omega_{-3\text{dB}}^2 = \left[1 + 2\xi^2 + \sqrt{\left(1 + 2\xi^2\right)^2 + 1}\right]\omega_n^2 \tag{6.14}$$

2. 环路瞬态响应

根据式(6.14)，锁相环闭环系统的极点可简单表示为

$$s = \left(-\xi \pm \sqrt{\xi^2 - 1}\right)\omega_n \tag{6.15}$$

由式(6.15)可知，阻尼因子和固有角频率对环路瞬态及稳定特性有着重要的影响。当 $\xi > 1$ 时，两极点为实数极点，该闭环系统是一个稳定的系统；当 $\xi < 1$ 时，两极点为一对实部为负的共轭极点，该闭环系统为欠阻尼系统。该环路的瞬态响应具有阻尼振荡的特性，其环路稳定时间取决于阻尼因子及固有角频率的值。图 6.6 为不同阻尼因子下，欠阻尼系统的瞬态响应曲线。当阻尼因子较小时，系统的响应速度较快并且振荡幅度较大，因此所需的稳定时间较长；当阻尼因子过大时，虽然没有幅度过冲，但系统响应时间仍然较慢。当阻尼因子为 0.707 时，系统能够快速稳定，得到最快的系统响应速度。

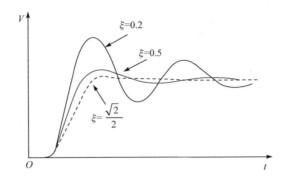

图 6.6　不同阻尼因子下，欠阻尼系统的瞬态响应曲线

3. 环路滤波器参数

根据环路传递函数，可以进行环路参数设计，保证环路稳定性。假定此时锁相环的环路滤波器如图 6.5(b)所示，通过设计环路滤波器的参数可以保证环路在带宽处具有最大的相位裕度(Φ_p)，如图 6.7 所示。

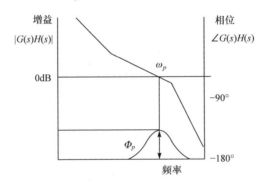

图 6.7　锁相环开环系统的幅频特性和相频特性

基于图 6.5(b)的环路滤波器，其传递函数可以表达如下：

$$Z_{\text{LF}}(s) = \frac{1}{sC_2} \frac{T_1}{T_2} \frac{1+sT_2}{1+sT_1} \tag{6.16}$$

其中，

$$T_1 = R_1(C_1//C_2) \tag{6.17}$$

$$T_2 = R_1 C_1 = \frac{1}{\omega_{p1}} \tag{6.18}$$

传递函数的相位裕度 Φ_p 可以表示为

$$\Phi_p = \arctan(\omega_p T_2) - \arctan(\omega_p T_1) \tag{6.19}$$

通过最大化 Φ_p，可以得到如下关系：

$$\omega_p = \frac{1}{\sqrt{T_1 T_2}} \tag{6.20}$$

$$\omega_{z1} = \frac{1}{T_2} = \omega_p (\sec\Phi_p - \tan\Phi_p) \tag{6.21}$$

$$\omega_{p1} = \frac{1}{T_1} = \frac{\omega_p}{\sec\Phi_p - \tan\Phi_p} \tag{6.22}$$

假定相位裕度 Φ_p 最大处对应开环增益为 0dB(即开环带宽 ω_p 处)，可计算出环路滤波器的参数值。在开环带宽 ω_p 处，环路滤波器阻抗和环路增益分别为

$$\left| Z_{LF}(j\omega_P) \right| = \frac{R_1 C_1}{C_1 + C_2} \tag{6.23}$$

$$\frac{I_{pump} K_{VCO}}{N\omega_p} \frac{R_1 C_1}{C_1 + C_2} = 1 \tag{6.24}$$

由此，可以得到环路参数为

$$R_1 = \frac{N\omega_p}{I_{pump} K_{VCO}} \frac{T_2}{T_2 - T_1} = \frac{N\omega_p}{I_{pump} K_{VCO}} \frac{1}{2\tan\Phi_p (\sec\Phi_p - \tan\Phi_p)} \tag{6.25}$$

$$C_2 = \frac{I_{pump} K_{VCO}}{N\omega_p} T_1 = \frac{I_{pump} K_{VCO}}{N\omega_p{}^2} \sec\Phi_p - \tan\Phi_p \tag{6.26}$$

$$C_1 = \frac{T_2}{R_1} = \frac{I_{pump} K_{VCO}}{N\omega_p{}^2} (2\tan\Phi_p) \tag{6.27}$$

4. 环路相噪声模型

锁相环环路中除了振荡器的相噪声外，其他电路模块的噪声通过环路的作用最后也会体现在锁相环的输出相噪声中，环路噪声模型如图 6.8 所示[3]。

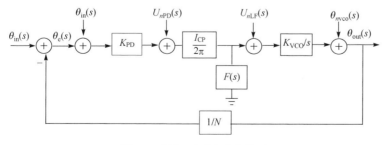

图 6.8　锁相环环路噪声模型

根据上面的传递函数不难推导出各部分噪声对系统噪声的贡献。参考时钟和鉴相器的噪声在输出端的贡献为

$$S_{\text{REF,out}} = S_{\text{REF,in}} N^2 \, | H_{\text{LPF}}(S) |^2 \tag{6.28}$$

式中，$S_{\text{REF,in}}$ 为参考时钟的噪声功率密度谱。由于经过环路的低通滤波，参考时钟噪声贡献主要在环路带宽内；环路分频比 N 使参考时钟噪声在输出端抬高 $20\log N \, \text{dB}$，分频比 N 越大环路带内噪声越差。

参考时钟通常需要经过缓冲级电路后进入环路，缓冲级电路的噪声可以认为是参考时钟噪声的一部分。一个常用的缓冲级电路如图 6.9(a)所示，反相级将输入参考时钟信号变成方波信号。

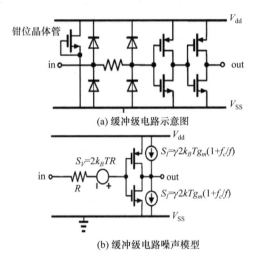

(a) 缓冲级电路示意图

(b) 缓冲级电路噪声模型

图 6.9　参考时钟缓冲级电路及噪声模型

假设参考时钟峰值幅度为 V_0，根据图 6.9(b)的噪声模型，可以得到缓冲级在输出端的噪声贡献为

$$S_{\text{BUF,out}} = \frac{S_{\text{BUF,in}}}{V_0^2} N^2 \, | H_{\text{LPF}}(s) |^2 \tag{6.29}$$

缓冲级电路的噪声和参考时钟一样都是在环路带内，当参考时钟的噪声性能比较好的时候，缓冲级电路的噪声主要是带内噪声，因此缓冲级电路的跨导($\propto W/L$)需要足够大，使缓冲级电路噪声贡献可以忽略不计。

电荷泵的输出相噪声公式为

$$S_{\text{CP,out}} = S_{I_{\text{CP}}} \, | F(s) |^2 \frac{K_{\text{VCO}}}{s} |^2 | 1 + H_{\text{LPF}}(s) |^2 \tag{6.30}$$

其中，

$$S_{I_{CP}} = \left(\overline{i_{d,n}^2} + \overline{i_{d,p}^2}\right)\Delta\tau^2 = \left(4kT\gamma g_{m,n}\Delta f + 4kT\gamma g_{m,p}\Delta f\right)\Delta\tau^2 \qquad (6.31)$$

压控振荡器在输出端相噪声公式为

$$S_{VCO,out} = S_{VCO}\,|1 + H_{LPF}(s)|^2 \qquad (6.32)$$

压控振荡器的噪声经过高通后出现在输出相噪声中，因此我们通常说锁相环的带外噪声由压控振荡器噪声决定，带内噪声由其他模块决定。

在小数分频锁相环中需要采用ΔΣ调制器(SDM)，一个 m 阶的 MASH 结构的 SDM 量化噪声为

$$S_{SDM,in}^2 = \frac{(2\pi)^2}{12f_s}\left[2\sin\left(\frac{\pi f}{f_s}\right)\right]^{2(m-1)} \qquad (6.33)$$

SDM 的噪声在锁相环输出端为

$$S_{SDM,out} = S_{SDM,in}\,|H_{LPF}(s)|^2 \qquad (6.34)$$

鉴相器本身的噪声在输出端为

$$S_{PD,out} = \frac{S_{PD,in}}{K_{PD}^2}N^2\,|H_{LPF}(s)|^2 \qquad (6.35)$$

但是如果鉴相器存在非线性，假定其一阶非线性形式如下：

$$I(t) = \phi(t)K_{PD}\left[1 + \beta\phi(t)\right] \qquad (6.36)$$

式中，$\phi(t)$ 是输入信号相位差；$I(t)$ 是电荷泵的输出电流。在实际电路中我们可以看到电荷泵上下两路电流失配、器件输出阻抗非线性等因素都会导致鉴相器表现出非线性。在小数分频锁相环中，$\phi(t)$ 包含 SDM 的量化噪声，这个量化噪声会通过鉴相器的非线性折叠在带内，使带内相噪声恶化。

锁相环相噪声是各个模块相噪声的叠加结构，如图 6.10 所示。

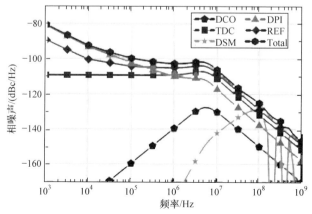

图 6.10 锁相环各模块的相噪声示意图

6.2.2 压控振荡器

压控振荡器的相噪声性能对锁相环的相噪声性能至关重要。在硅基工艺中，由于集成电感元件的品质因子相对比较低、器件噪声性能比较差等条件约束，如何提高压控振荡器相噪声性能是持续的探索方向。

一个典型的压控振荡器相噪声如图 6.11 所示，传统采用 Leeson 公式 (6.37) 来描述压控振荡器的相噪声，但是 Leeson 公式是一个半经验公式，无法给出器件噪声和振荡信号相互作用的物理图像，也就无法为振荡器设计提供更深层次的指导。

$$L(\Delta f) = 10\log\left\{\frac{2kTF(\Delta f)}{P_{\text{sig}}}\left[1+\left(\frac{f_0}{2Q\cdot\Delta f}\right)^2\right]\left[1+\frac{\Delta f_{1/f^3}}{|\Delta f|}\right]\right\} \tag{6.37}$$

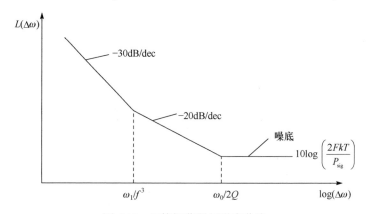

图 6.11 压控振荡器相噪声曲线

Hajimiri 等根据噪声电流在不同时刻注入振荡网络中所带来的相位噪声贡献不同而提出冲击灵敏响应函数 $\Gamma(\omega_0\tau)$，发展了一种线性时变相噪声理论，其中冲击灵敏响应函数可以近似认为是振荡器输出信号的微分信号[4]。相位噪声 $\phi(t)$ 可以表达为噪声电流和冲击灵敏响应函数的卷积，公式如下：

$$\phi(t) = \frac{1}{q_{\max}}\int_{-\infty}^{t}\Gamma(\omega_0\tau)\cdot i_n(\tau)\mathrm{d}\tau \tag{6.38}$$

$i_n(\tau)$ 在振荡过程中是幅度调制的信号，可以写出 $i_n(\tau) = \alpha(\omega_0\tau)\cdot i_{n0}(\tau)$ 的形式，其中 $i_{n0}(\tau)$ 为平衡白噪声。代入式 (6.38) 可以得到

$$\phi(t) = \frac{1}{q_{\max}}\int_{-\infty}^{t}\Gamma(\omega_0\tau)\cdot\alpha(\omega_0\tau)i_{n0}(\tau)\mathrm{d}\tau = \frac{1}{q_{\max}}\int_{-\infty}^{t}\Gamma_{\text{eff}}(\omega_0\tau)\cdot i_{n0}(\tau)\mathrm{d}\tau \tag{6.39}$$

定义有效脉冲灵敏度函数为

$$\Gamma_{\text{eff}}(x) = \Gamma(x)\cdot\alpha(x)$$

$$\Gamma_{\text{eff}}(\omega_0\tau) = \frac{c_0}{2} + \sum_{n=0}^{\infty} c_n \cdot \cos(n\omega_0\tau + \theta_n) \tag{6.40}$$

$$\phi(t) = \frac{1}{q_{\max}} \left[\frac{c_0}{2} \int_{-\infty}^{t} i_n(\tau)\mathrm{d}\tau + \sum_{1}^{n} c_n \int_{-\infty}^{t} i_n(\tau) \cdot \cos(n\omega_0\tau)\mathrm{d}\tau \right] \tag{6.41}$$

式(6.41)经过傅里叶变换后可以得到相噪声公式为

$$L(\Delta\omega) = 10\log\left(\frac{\dfrac{i_n}{\Delta f}\sum_0^\infty c_n^2}{4q_{\max}\Delta\omega} \right) = 10\log\left(\frac{\dfrac{i_n}{\Delta f}\Gamma_{\text{eff.rms}}}{2q_{\max}\Delta\omega} \right)^2 \tag{6.42}$$

式中，c_n 是有效冲击灵敏响应函数的傅里叶展开各阶系数。有效冲击灵敏响应函数包含基波及高次谐波分量，这些频率成分和器件噪声电流进行混频，混频后的各阶噪声在零频附近相互叠加，叠加后的噪声经过振荡器上变频到振荡频率带边形成相噪声。因此提高振荡器相噪声性能一个有效的途径，即通过控制信号振荡波形降低有效冲击灵敏响应函数的各阶谐波分量，其中最有效的是降低基波分量。Hajimiri 相噪声模型和 Leeson 公式相比，更加精确地描述了器件噪声电流和振荡器的相互作用过程，对振荡器的相噪声设计更有启发作用。

振荡器除了本身的相噪声外，在锁相环中一般采用压控振荡器形式，电压控制链路噪声也会对最终输出的相噪声产生影响。控制链路的相噪声简单描述如下，其时间域相噪声公式为

$$\varphi_n(t) = K_{\text{VCO}} \int_{-\infty}^{t} x(t)\mathrm{d}t \tag{6.43}$$

式中，K_{VCO} 为压控振荡器电压增益；$x(t)$ 为控制链路噪声。公式变换为频率域后，相噪声公式为

$$L(\Delta\omega) = 10\log\left(\frac{K_{\text{VCO}}|X(\Delta\omega)|}{\Delta\omega} \right)^2 \tag{6.44}$$

可以注意到控制链路的相噪声除了控制链路噪声大小外，还依赖于压控振荡器增益 K_{VCO}。在压控振荡器设计中，为了降低控制链路噪声贡献，通常需要把 K_{VCO} 设计得比较小。

在射频集成系统中，负阻 LC 交叉耦合振荡器是最常采用的振荡器结构，如图 6.12(a)所示。上述压控振荡器原理非常简单，LC 谐振网络是一个选频网络决定振荡频率，交叉耦合的 NMOS 和 PMOS 对构成负阻，目的是补偿 LC 谐振网络的电阻性损耗从而维持振荡。这个结构的优点是电路简单、易于起振。

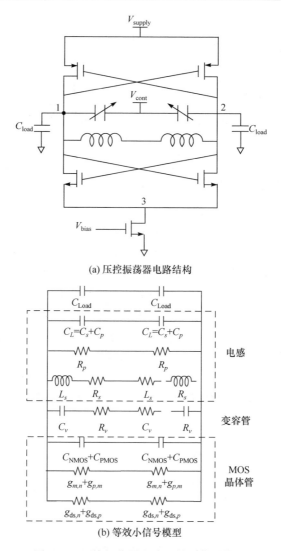

(a) 压控振荡器电路结构

(b) 等效小信号模型

图 6.12　压控振荡器电路及其小信号模型

压控振荡器可以通过图 6.12(b) 的等效小信号模型来进行分析，器件的寄生效应可以合并到 LC 谐振网络中统一考虑，最终谐振网络可以简化为 LC 并联网络。以最简单的 LC 谐振网络来进行分析，根据能量守恒定律，在电容和电感上存储的最大能量是相等的，因此可以得到

$$\frac{C}{2}V_{\text{peak}}^2 = \frac{L}{2}I_{\text{peak}}^2 \tag{6.45}$$

图 6.12 中，R_p 是电感的串联电阻，小信号模型中的其他电阻都可以折算到电感的串联电阻中。如果一个 LC 谐振网络的等效并联电阻为 R，其功率损耗可以表示为

$$P_{\text{loss}} = \frac{R}{2} I_{\text{peak}}^2 = C \frac{R}{L} V_{\text{peak}}^2 \tag{6.46}$$

利用谐振频率 $\omega_c = \dfrac{1}{\sqrt{LC}}$，功率损耗可以写为

$$P_{\text{loss}} = RC^2 \omega_c^2 V_{\text{peak}}^2 = \frac{R}{L^2 \omega_c^2} V_{\text{peak}}^2 \tag{6.47}$$

压控振荡器至少要补偿上述功率损耗才能维持振荡，可以注意到谐振网络的功率损耗是正比于电感串联电阻的，而与电感大小平方成反比，因此在一定范围内是可以通过提高电感值来降低功耗的。

根据 Hajimiri 相噪声模型的相噪声功率，利用 $q_{\max} = CV_{\text{peak}}$ 和 $\dfrac{i_n^2}{\Delta f} \propto g_m \propto$

$\sqrt{I_{\text{bias}}}$，我们可以得到

$$S_\varPhi = \frac{\dfrac{i_n^2}{\Delta f} \varGamma_{\text{eff,rms}}^2}{4 q_{\max}^2 (\Delta\omega)^2} \propto \frac{I_{\text{bias}} \varGamma_{\text{eff,rms}}^2}{4 C^2 V_{\text{peak}}^2 (\Delta\omega)^2} \tag{6.48}$$

进一步利用 $I_{\text{bias}} \cdot R_p = V_{\text{peak}}$ 和 $R_p = Q^2 R = \dfrac{L}{RC}$ 得到

$$S_\varPhi \propto \frac{R \varGamma_{\text{eff,rms}}^2}{4 \omega_c V_{\text{peak}}^2 (\Delta\omega)^2} \tag{6.49}$$

因此要设计低相噪声压控振荡器，需要电感串联电阻 R 值小，在电感 Q 值基本不变的情况下，根据式(6.49)可知此时功耗上升，在压控振荡器设计中功耗和相噪声是矛盾的。由于压控振荡器的集成电感设计中，电感值并非正比于串联电阻值，仍有一定的优化设计空间。

另外，首先需要注意的是器件沟道电阻 $1/g_{\text{ds}}$ 的影响。当器件进入纳米尺度后，沟道电阻 $1/g_{\text{ds}}$ 的值会急剧下降，折算成电感串联电阻后会使串联电阻增加，从而降低振荡器的相噪声性能。其次，需要通过电流控制振荡器的输出幅度。由式(6.49)可以知道，提高输出信号幅度可以降低相噪声，但是幅度过大会使振荡信号高阶谐波增加，根据 Hajimiri 相噪声模型高阶谐波会增加噪声的折叠，使相噪声性能下降。因此控制电流使振荡输出幅度接近电源电压是一个比较合理的选择。最后，需要注意尾电流源的 $1/f$ 噪声，通过振荡器上混频变成相噪声，使振荡器相噪声恶化。

压控振荡器除了相噪声外，调频范围也是一个重要指标。早期的压控振荡器通过提高变容管的 $C_{\max}/C_{\min}$ 比例来扩大调频范围，但是由于这时振荡器的 K_{VCO} 非常大，控制链路噪声严重恶化相噪声。目前普遍采用开关电容阵列(图 6.13(a))

来实现较大的调频范围,同时保持 K_{VCO} 为一个比较小的值,避免链路噪声恶化相噪声。通过控制开关码,使电容阵列的电容值发生变化,调频曲线如图 6.13(b)所示。可以注意到不同的开关码下,调频曲线的斜率是不同的,也就是 K_{VCO} 值是变化的,在锁相环路中会使环路带宽发生变化。可以更精细化设计开关电容阵列,使得 K_{VCO} 值在整个调频范围内基本一致。

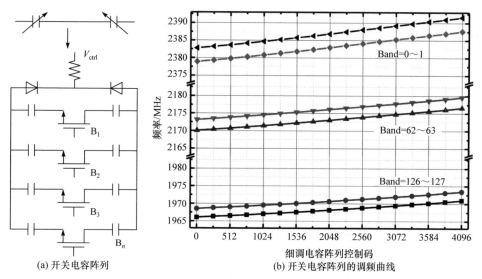

(a) 开关电容阵列　　　　　　　(b) 开关电容阵列的调频曲线

图 6.13　开关电容阵列及其调频曲线

　　除了 LC 交叉耦合振荡器外,还有 C 类振荡器[5]、Colpitts 振荡器[6]等多种类型。C类振荡器电路和LC交叉耦合振荡器电路对比如图 6.14 所示,差别在MOSFET

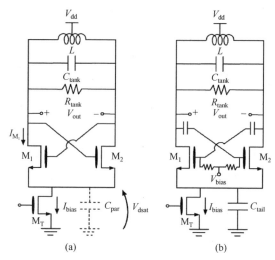

图 6.14　C 类振荡器电路和 LC 交叉耦合振荡器电路比较图

的偏置条件上，C 类振荡器电路偏置电压小于器件的阈值电压，MOSFET 器件开启的导通角小于π；LC 交叉耦合振荡器 MOSFET 器件开启的导通角接近于π，处于 AB 类或者 B 类。在同等条件下，C 类振荡器相噪声最多可以比 B 类好 3.9dB。C 类振荡器比 B 类振荡器更难起振，通常需要通过自动偏置或者振荡模式切换保证振荡器起振。

Colpitts 振荡器电路见图 6.15(a)，其负阻可以表示为

$$\frac{U_{\text{in}}}{I_{\text{in}}} = -\frac{g_m}{\omega^2 C_1 C_2} + \frac{C_1 + C_2}{\text{j}\omega C_1 C_2} \tag{6.50}$$

Colpitts 振荡器的相噪声为

$$L(\Delta\omega) \approx 10\log\left[\frac{K_B T}{2\Delta\omega^2 C^2 I_{\text{bias}}^2} \frac{1}{R_p^2(1-n)^2}\left(\frac{1}{R_p} + \frac{\gamma}{R_p}\frac{1-n}{n}\right)\right] \tag{6.51}$$

式中，R_p 为 LC 振荡器网络的并联等效阻抗；n 为电容比值（$n = C_1/(C_1 + C_2)$）。通过相噪声仿真分析可以发现，$n=1/3$ 时相噪声有最优值（图 6.15(b)）。

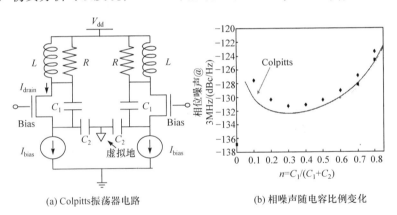

(a) Colpitts振荡器电路　　　　　　(b) 相噪声随电容比例变化

图 6.15　Colpitts 振荡器电路及相噪声特性

6.2.3　分频器

锁相环中的分频器通常由高速的预分频器和相对低速的数字分频器组成，如图 6.16 所示。对于现代的高速预分频器设计，真单相时钟(true single-phase clock，TSPC)分频器是一种比较常见的架构(图 6.17)，因为在纳米尺度 CMOS 工艺中，其

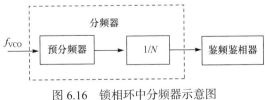

图 6.16　锁相环中分频器示意图

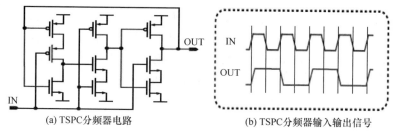

(a) TSPC分频器电路　　　　　　　　　(b) TSPC分频器输入输出信号

图 6.17　TSPC 分频器电路及工作时序

具有只需要单项时钟、等效输入电容小、工作频率高、功耗低等优点。除了 TSPC 高速分频器外，还有其他多种类型的高速分频器架构，如 SCL 分频器、Razavi 分频器、Wang 分频器等。

多模 N 分频器链路如图 6.18 所示，分频器链路由多个 2/3 预标定器单元级联组成，以 6 级级联分频器链为例，分频比由 6 位 CON 信号控制，其表达式为 $N = 2^6 + \sum_{i=0}^{5} 2^i \mathrm{CON}\langle i \rangle$，因此，分频器链路可以覆盖 64～127 的分频范围。在纳米尺度工艺中，一定频率范围内多模 N 分频器可以直接综合产生。

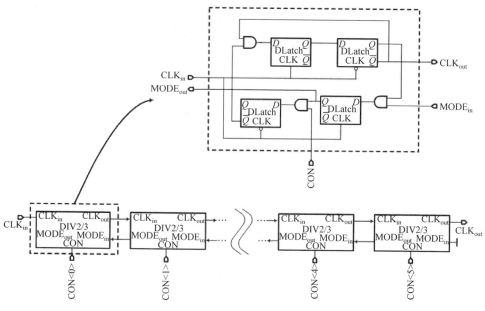

图 6.18　N 分频器链路结构示意图

6.2.4　鉴频鉴相器和电荷泵电路

电荷泵(charge pump)锁相环中的鉴频鉴相器(PFD)电路示意图和输入输出

信号波形图如图 6.19 所示，V_1 和 V_2 信号分别为参考时钟信号 REF 和分频器信号 DIV。当 REF 信号和 DIV 信号都为低电平时，电路中各节点的电压值保持不变。当 REF 上跳至高电平时，UP 被拉高；同样地，当 DIV 上跳至高电平时，DN 被拉高。当 REF 和 DIV 同时为高电平时，中间的反相器将输出 rst 信号，将 UP 和 DN 信号同时复位到低电平。电路输出信号 UP 和 DN 的脉宽差值代表了输入信号的相位差。电路中的延迟单元是为了保证 D 触发器有充分的响应时间，避免"死区"问题。如果没有延迟单元，当 PLL 处于锁定状态时，REF 和 DIV 信号的时间差很小，这使得在 UP 或 DN 信号被拉高之前，rst 信号已经到来，因此，PFD 将不会对 REF 信号和 DIV 信号之间很小的相位差做出响应。加入一个延迟单元，使 UP 和 DN 信号有足够的时间响应 REF 和 DIV 的变化，进而消除"死区"。

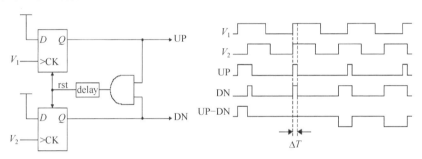

图 6.19　鉴频鉴相器电路示意图和输入输出信号波形

电荷泵电路图如图 6.20 所示，PFD 输出信号 UP 和 DN 控制开关器件对环路滤波器电容进行充放电，将 UP 和 DN 信号的时间差转换为电压信号。在实际电荷泵电路中，工艺波动导致电流镜 MOS 管的尺寸有偏差，以及其他一些工艺和电路设计因素会使得上下两路电流镜输出电流存在差异[3]，如图 6.20(b)所示，横轴是 PFD 检测到的相位差，纵轴是电荷泵的净电荷量，可以注意到曲线的斜率在

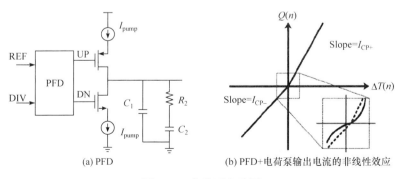

图 6.20　电荷泵电路图

正负半轴是不同的，而且在过零点附近，非线性更为显著(图 6.20(b)放大部分)。对于小数分频锁相环，参考频率和反馈时钟信号始终存在微小的相位差，因此电荷泵在环路锁定状态下工作在非线性最严重的区域，这个非线性带来的结果是锁相环带内噪声恶化，在小数分频锁相环设计中必须考虑到这一点。

图 6.21(a)是将 PFD+上下两路电流偏差小于 4%的电荷泵级联仿真结果用于一个小数分频锁相环的噪声分析结果，和理想电荷泵相比，带内的量化噪声水平被显著抬高了，如果带内的量化噪声和 PFD 贡献的相位噪声可比拟，或者高于 PFD 贡献的带内相噪声就会使锁相环的带内噪声恶化。图 6.21(b)是将一个小数分频锁相环在整数分频和小数分频模式下分别测得的相位噪声曲线叠加后得到的图片，整数分频模式的带内相位噪声代表了 PFD 和电荷泵贡献的相位噪声水平，而在小数分频模式下，带内相位噪声又恶化了近 10dB，这是 PFD+电荷泵非线性引入的量化噪声造成的。

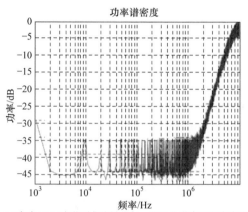

(a) 考虑PFD+电荷泵非线性的归一化量化噪声功率密度谱

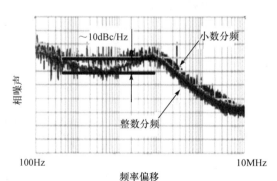

(b) 锁相环整数分频和小数分频实测相位噪声比较

图 6.21　小数分频量化噪声对环路相位噪声的影响

电荷泵上下两路电流失配可以通过电流误差抑制电荷泵电路(图 6.22)来改善。通过在普通电流镜电荷泵的基础上引入运算放大器，使得参考电流支路 A 点电压跟随电荷泵输出端电压(B 点)，从而减小参考电流支路和输出电流支路在电流值上的差别，即减小上下两路电流的差别。上下两路电流失配减小除了改善带内量化噪声，同时也减小了参考时钟杂散。

解决非线性带内量化噪声问题更有效的方法是通过改进 PFD 电路(图 6.23)来实现，和基本 PFD 电路的差别在于上下 D 触发器的 rst 信号引入一个延迟差，从而改变了 PLL 锁定时 CP 的工作状态，如图 6.23 所示。加入了延迟单元后，电荷泵的净充电电流随 REF 与 DIV 的相位差变化的曲线向下平移，因而在 PLL 锁定时的工作点(曲线与 X 轴的交点)，电荷泵的上下电流失配不会在环路中引入非线性，从而极大地减轻了带内噪声的恶化。

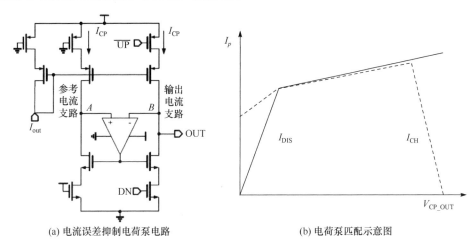

(a) 电流误差抑制电荷泵电路　　　　　(b) 电荷泵匹配示意图

图 6.22　电流误差抑制电路及原理

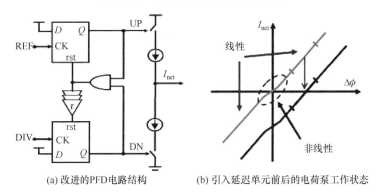

(a) 改进的PFD电路结构　　(b) 引入延迟单元前后的电荷泵工作状态

图 6.23　改进的 PFD 电路及原理

6.2.5 小数分频锁相环[7]

锁相环中的分频比为整数时,锁相环为整数分频锁相环;当分频比为小数时,锁相环为小数分频锁相环[7]。小数分频锁相环由于其频率可以精细调整，参考频率选择相对自由，在射频系统中得到广泛应用。早期，小数分频器采用累加器控制 $N/(N+1)$ 预标定器实现小数分频，如图 6.24(a)所示。在 M 个周期中控制 K 个周期分频比为 N，$M–K$ 个周期分频比为 $N+1$，则分频比的小数部分为 K/M。和整数频率综合器杂散产生机制一样，由于累加器是周期性工作的，小数频率综合器也产生参考杂散，是参考频率的 K/M 倍，并且这个杂散会离载波更近，无法被环路滤波器滤除。为了解决这个问题，发展出了 $\Delta\Sigma$ 调制的小数分频锁相环(图 6.24(a))，通过 SDM 控制 $N/(N+1)$ 预标定器，SDM 的输出是随机变化的，但是其平均值等于目标的小数分频值。SDM 产生的噪声整形，将量化噪声搬移到高频处然后通过环路滤波器滤除。

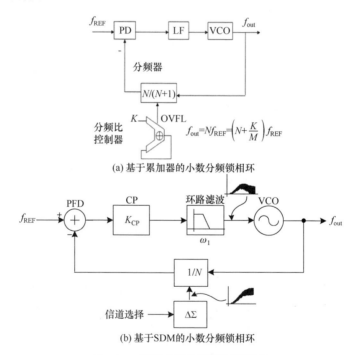

(a) 基于累加器的小数分频锁相环

(b) 基于SDM的小数分频锁相环

图 6.24　两种小数分频锁相环结构

图 6.24(b)是在锁相环广泛使用的 MASH 1-1-1 结构 SDM 信号流图，由三级加法器和单位延迟组成。E_k 是各级加法器量化噪声，整数 F 是固定输入，整数 $N(z)$ 是输出序列的一个固定偏移量。MASH 1-1-1 是 3 阶 SDM 结构，输出序列值是介于 $N(z)–3$ 到 $N(z)+4$ 之间的整数，输出序列对于输入 F 值进行量化。对于 M 位

SDM，其输出序列的平均值为

$$Y = N(z) + \frac{F}{2^M} \tag{6.52}$$

可以推导出 MASH 1-1-1 结构 SDM 的传输函数：

$$N_1(z) = (1 - z^{-1})E_1(z) + F(z) \tag{6.53}$$

$$vN_2(z) = (1 - z^{-1})E_2(z) - z^{-1}E_1(z) \tag{6.54}$$

$$Y(z) = N(z) + z^{-2}N_1(z) + (1 - z^{(-1)})[z^{-1}N_2(z) + (1 - z^{-1})N_3(z)] \tag{6.55}$$

最终得到

$$Y(z) = N(z) + z^{-2}F(z) + (1 - z^{-1})^3 E_3(z) \tag{6.56}$$

$E_k(z)$ 是各级量化噪声，这个传输函数表明，MASH 1-1-1 的输出的量化噪声只包含最后一级加法器带来的噪声成分，并且由因子 $(1 - z^{-1})^3$ 推向高频处。

采用图 6.25 所示的 SDM 的小数分频锁相环可以正常工作，能够得到精确的小数分频比。但是在射频系统应用中，除了频率精度要求外，对工作频率范围、锁定时间(环路带宽)和相位噪声要求也很严格。

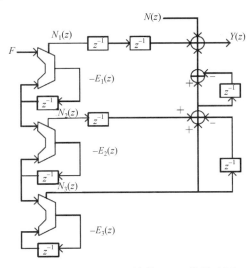

图 6.25　MASH 1-1-1 结构 SDM 信号流图

基于 MASH 1-1-1 结构 SDM 的小数锁相环还存在一些需要克服的问题：① MASH 1-1-1 结构调制器的随机性不足，使其在某些分频比下会引入"杂散"或者"毛刺"，可能会限制锁相环可以使用的频率范围；②电荷泵结构的非线性会使得锁相环带内噪声恶化(分析见电荷泵电路部分)；③SDM 调整所产生的量化噪声会影响锁相环输出信号的带外相位噪声，当环路带宽较大时，量化噪声会严重影响环路稳定性，限制了小数分频锁相环可以采用的最大带宽，增加了锁定时间。

当 MASH 1-1-1 结构 SDM 的输出量化值的小数部分刚好为 0.5 时，输出噪声谱会有严重的杂散干扰，分频比为 0.25 和 0.75 时杂散较为显著，分频比为 0.125、0.375、0.625、0.875 时杂散进一步减弱，以此类推。如果量化值小数部分正好为 0.5，则调制器输出噪声谱上会观察到非常严重的杂散，如图 6.26 所示。量化值小数部分正好为 0.875 时，单个杂散峰值功率减小，但是杂散数量增加。可以推知，随着小数量化值的进一步细分，杂散的数量不断增加，而每个杂散峰的功率不断减小，最终"平滑"成正常的功率谱密度。

进一步分析可以知道，当量化值小数部分为 0.5 时，输出序列有严格的周期性(4 个数为一个周期)，这是造成杂散的原因，即输出序列的随机性不足导致的序列周期性重复。因此要解决杂散的问题，只要增加输出序列的随机性即可。一种改进的 MASH 1-1-1 结构 SDM 如图 6.27 所示[8]，改进的 MASH 1-1-1 结构 SDM

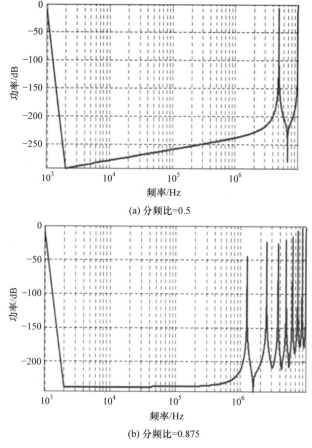

(a) 分频比=0.5

(b) 分频比=0.875

图 6.26　MASH 1-1-1 结构 SDM 噪声功率密度谱

在原始结构的基础上增加了一个新的 3bit 加法器,接收调制器的 3bit 输出序列,并将进位信号输出给原结构中的第二级加法器的进位输入。通过这种方法引入抖动,通过抖动增加输出序列的随机性,消除杂散。

SDM 量化噪声会对锁相环的输出相噪声和环路稳定性造成严重的影响。由锁相环的基础理论可知,对于整数分频锁相环,提高参考频率能够同时提高锁相环的环路带宽,从而加快锁定速度。一般为了保证锁相环线性模型成立,环路带宽最大可以取参考频率的 1/10。小数分频锁相环由于 SDM 噪声的存在,环路带宽最大值一般只能取到参考频率的 1/100,这样严重影响了环路的锁定时间。

SDM 的噪声需要通过环路滤波器滤除,当环路带宽较大时,滤波深度不够,SDM 的噪声在锁相环的带外相噪形成“鼓包”,如图 6.27(b)所示,恶化锁相环带

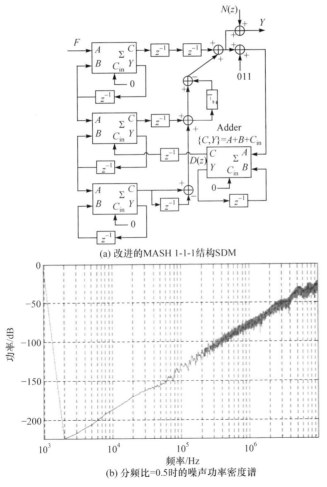

(a) 改进的MASH 1-1-1结构SDM

(b) 分频比=0.5时的噪声功率密度谱

图 6.27　改进后的 MASH 1-1-1 结构 SDM 及其噪声功率谱密度

外相噪声性能，因此无法满足很多射频系统对带外相噪声的要求。在每一个时钟周期，分频器输出的信号周期长短因为 SDM 输出序列的随机性而不同($N[1]\cdot T_{压控振荡器}$，$N[2]\cdot T_{压控振荡器}$，$N[3]\cdot T_{压控振荡器}$，$\cdots$，$N[k]\cdot T_{压控振荡器}$，$\cdots$)并且逐次累加，从而与参考时钟之间产生了相位差，第 k 个周期产生的相位差是

$$\Delta\Phi[k]=\frac{1}{2\pi}\sum_{i=0}^{k-1}\left(N[i]T_{\mathrm{VCO}}-iT_{\mathrm{REF}}\right)$$
$$=\frac{1}{2\pi}\sum_{i=0}^{k-1}\left(N[i]-N_{\mathrm{norm}}\right)T_{\mathrm{VCO}} \tag{6.57}$$

这个相位差也就是 SDM 量化噪声，最后通过环路作用在锁相环输出相噪声上。当滤波器对这个噪声滤波深度不够时就在带外表现出噪声"鼓包"，如果进一步增加环路带宽，SDM 噪声会使振荡器频率偏离可以捕获的频率范围而丧失锁定状态。

一般会采用 SDM 量化噪声补偿技术来抑制 SDM 量化噪声带来的影响，补偿的基本思想是在电荷泵上通过额外的补偿电流消除 SDM 的量化噪声，因为 SDM 量化噪声带来的相位误差也是要通过电荷泵转换成电流误差的，如基于多位 DAC 电流补偿方法、数模转换差分器方法等，具体的方法此处不再赘述。

6.3　全数字锁相环电路技术

随着 CMOS 工艺的不断发展，传统模拟锁相环越来越凸显出结构上的局限性。相比之下，全数字锁相环因其具有许多独特的优势而更具吸引力。一个典型的全数字锁相环结构，包括时间数字转换器(time-to-digital converter, TDC)、数字滤波器、数控振荡器(digital controlled oscillator, DCO)及分频器。全数字锁相环本质是将传统模拟域的相位信息量化转换到数字域的数字信号，从而形成基于数字信号处理的环路结构。该环路本质上还是一个数模混合的环路系统，其基本原理是：时间数字转换器将输入信号间的模拟相位差信号转化为数字信号输出，通过数字滤波器进一步的处理，滤除高频分量，进而控制数控振荡器频率及相位，将数字信号还原回相位信息，从而实现数字环路的锁定，如图 6.28 所示。

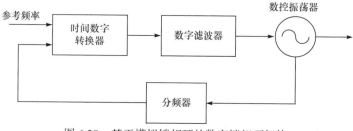

图 6.28　基于模拟锁相环的数字锁相环架构

虽然数字锁相环具有种种优势，数字的灵活性和功能扩展性使其可在射频系统中有着广泛的应用，但在数字锁相环中，也面临着架构选择、功耗性能优化等问题，这也是锁相环数字化中的研究热点。此外，量化噪声带来的输出相噪声的恶化，也是数字锁相环面临的关键问题。在数字环路中，依赖时间数字转换器实现模拟量到数字量的转换，依赖数控振荡器实现数字量到模拟量的转换。因而，数字锁相环中的量化噪声，也主要来自于这两者。这两个电路也是数字锁相环设计和研究最为重要的内容。

6.3.1　数字锁相环的小数分频技术

为了解决参考频率与锁定频率分辨率的矛盾，$\Delta\Sigma$ 调制技术被引入锁相环中，以实现小数分频的功能，$\Delta\Sigma$ 调制技术被广泛地应用在现代混合信号锁相环中。但在数字锁相环中，$\Delta\Sigma$ 的噪声使小数分频的实现面临一系列挑战，如量程和时间量化精度的矛盾等，是锁相环数字化中需要解决的一个核心问题。

1. 基于时间数字转换器的小数分频锁相环

在采用时间数字转换器作为鉴相器的数字锁相环(图 6.29)中，直接引入 $\Delta\Sigma$ 调制器即可实现简单的小数分频，其原理与混合信号锁相环类似，通过改变整数分频比实现长时间下平均的小数分频比。

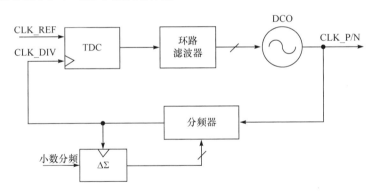

图 6.29　基于时间数字转换器的小数分频架构

但是，当分频比在 N 和 $N+1$ 之间切换时，反馈时钟的相位也会在一个振荡器的时钟周期范围内抖动。如果采用高阶 $\Delta\Sigma$ 调制器，所引起的抖动会更多。而为了确保时间数字转换器可以正确测量反馈时钟与参考时钟的相位差，其量程比反馈时钟的抖动相位范围要大。这意味着量程需要大于数个振荡器周期，通常在纳秒以上的量级。而为了降低时间数字转换器引入的量化噪声，其精度应尽可能小，通常在几到几十皮秒。这样的精度和量程需求，会导致时间数字转换器需要更高的位数和更复杂的结构。

2. 基于开关型鉴相器的小数分频锁相环

开关型鉴相器通过一个时钟对另一个时钟的采样，来判决两者相位提前或落后的关系，其可以简化至由一个触发器构成。利用开关型鉴相器替代极为复杂的时间数字转换器，可以有效地简化数字锁相环的设计复杂度、降低功耗。

开关型鉴相器本身是一个非线性器件，其输出为高电平或低电平。但在实际电路中，由于相位抖动等因素的存在，当两个信号的上跳沿极其接近时，其输出存在一定的不确定态，而此不确定态中的输出分布与相位差存在一定的关系。因此可在锁定中心点附近，将其简化为一个线性原件进行分析，如图 6.30 所示。

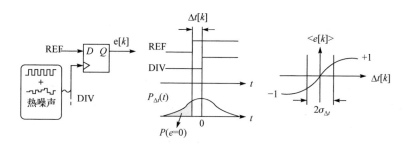

图 6.30　开关型鉴相器的线性化示意图[4]

但是，由于开关型鉴相器的线性区间较窄，其锁定范围也很窄，通常在皮秒量级。如果反馈时钟信号的抖动超过了其锁定范围，会导致锁相环的失锁。在整数分频的数字锁相环中，反馈时钟的抖动来自于振荡器的相位抖动，不会对环路锁定造成影响。但在基于 SDM 的小数分频锁相环中，反馈时钟的抖动主要来自 $\Delta\Sigma$ 调制器，远远超过了开关型鉴相器的锁定范围。

为了解决环路失锁的问题，在分频器链路中引入了一个数控延迟线以补偿 $\Delta\Sigma$ 调制器引入的反馈时钟抖动[9]。在 $\Delta\Sigma$ 调制器控制分频器的同时，将其瞬时的残余相位差取出，并计算得到对应的时间差后，利用数控的延迟线进行调整，以补偿残余相位差导致的抖动。这样，即便采用 SDM 技术后，参考时钟与反馈时钟的边沿仍然可以保持稳定，从而使得采用开关型鉴相器成为可能。与时间数字转换器恰好相反，数控延迟线也被称为数字时间转换器。基于延迟线补偿的小数分频架构如图 6.31 所示。

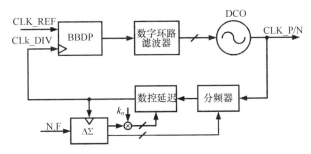

图 6.31 基于延迟线补偿的小数分频架构

采用延迟线补偿方案的一个缺点是延迟线自身的延迟时间对工艺、电压、温度等因素较为敏感，必须附加额外的校准电路进行预校准或实时校准。此外，由于 SDM 的输出为相位值，而延迟线仅能在时域上对信号进行操作，因此，当锁相环工作在不同频率时，需要较为复杂的数字电路实现相位域到时间域的映射。

3. 基于 DPI 的小数分频锁相环

为了避免延迟线小数分频器的波动等问题，可以采用基于 DPI 进行相位域补偿小数分频锁相环方案(图 6.32)[10]。

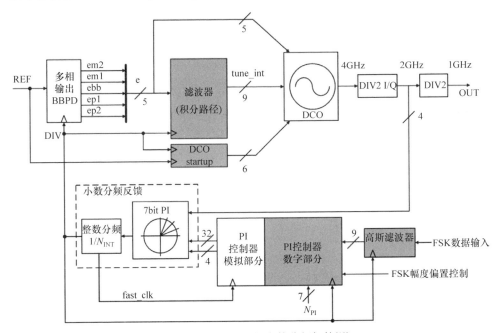

图 6.32 基于 DPI 的小数分频架构[10]

DPI 是根据数字控制码的值改变输出信号的相位，被广泛应用于时钟数据恢复电路中，用来对数据的采样时钟进行相位调整。DPI 是数字控制码到输出相位的转换，是一种时间相位转换器；在数字锁相环中，其功能与延迟线类似，也可以看作数字时间转换器的一种。但与延迟线相比，DPI 工作在相位域，且具备天然 2π 的周期，因而无须相位域与时间域的映射，也无须进行校正，可以避免校准、映射等种种问题，是一种极具竞争力的方案。

但 DPI 本身的非线性也限制了数字锁相环的性能。此外，当其应用在数字锁相环中时，需要较为复杂的控制逻辑和高频控制电路。这不仅增加了锁相环架构的复杂度，还会产生额外的功耗。

6.3.2 高精度时间数字转换器技术

时间精度和量程是时间数字转换器中最重要的两个性能指标，前者影响输出噪声，而后者影响测量范围。自从时间数字转换器的概念被提出以来，有大量的文献对其展开了研究，提出了各种架构的时间数字转换器。而这些文献所要解决的重点问题，是提高时间数字转换器的精度，增加时间数字转换器的量程。

1. 基于模数转换器(ADC)的时间数字转换器

利用 ADC 对混合信号锁相环中的鉴频鉴相器和电荷泵的输出进行采样，便是一个时间数字转换器。此类时间数字转换器多用于对已有模拟锁相环进行简单数字化。但其转换速度往往受限于 ADC，为了提高精度需要很大的功耗。同时由于鉴频鉴相器/电荷泵存在死区、非线性等理想因素，此类时间数字转换器的转换精度也难以提高。

2. 基于游标卡尺的时间数字转换器

基于延迟链的时间数字转换器，是通过将一个信号不断延迟，并利用触发器与参考信号作对比。如图 6.33 所示，其时间分辨精度受限于延迟级的最小延迟时

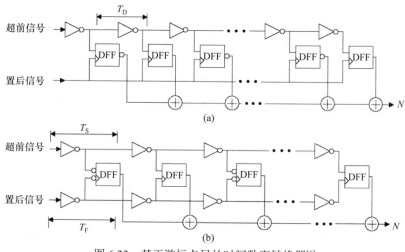

图 6.33　基于游标卡尺的时间数字转换器[6]

间 T_D。在特定工艺中，其最小延迟时间往往是确定的，从而难以进一步提高。

为了提高时间数字转换器的时间分辨精度，文献[11]中将测量的两个信号分别通过一个延迟链。两个延迟链中最小延迟时间分别为 T_S 和 T_F，那么对于每个触发器，其对比的两个信号边沿最小时间差为

$$T_D = T_S - T_F \tag{6.58}$$

即时间数字转换器的时间精度变为两者之差。此工作方式，类似于游标卡尺中，移动游标和尺身刻度的比对，故而被称为游标卡尺时间数字转换器。

3. 基于门控环形振荡器的时间数字转换器

游标卡尺时间数字转换器虽然解决了时间数字精度的问题，但为了增加其量程，需要增加延迟链级数和更多的触发器。而一种基于门控环形振荡器的时间数字转换器[12,13]，可以实现理论上无限长度的转换量程。

如图 6.34 所示，其本质也是一个基于延迟链的时间数字转换器，但其延迟链首尾相连构成了一个环形振荡器。而利用一个计数器记录延迟链最后一级的边沿数，即可测得信号到达前的初始相位。当一个信号到达时，控制逻辑使环形振荡器开始起振，其各节点的相位也在依次变化。当另一个信号到达，测量结束时，一组触发器会记录下当前环形振荡器中各节点的电压,即环形振荡器当前的相位，其与测量前的初始相位作对比，即可测得两信号的时间差。

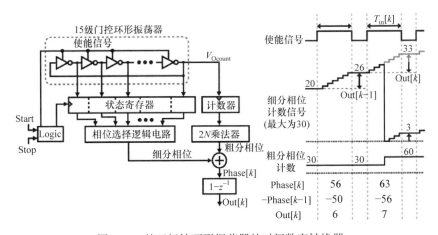

图 6.34　基于门控环形振荡器的时间数字转换器

4. 基于多路门控环形振荡器的时间数字转换器

将游标卡尺时间数字转换器的测量精度和环形振荡器时间数字转换器的量程结合起来，即可实现一个高精度、大量程的时间数字转换器。图 6.35 是一种基于多路门控环形振荡器的时间数字转换器，其基于门控环形振荡器，配合计数器,

可以实现极大的量程。而在环形振荡器的信号传输过程中，通过在每一个延迟级引入多个相位的输入信号，以缩短当前输出级的延迟，相比于利用简单环形振荡器实现的时间数字转换器，其时间分辨率可以显著提高。

5. 基于时间放大的时间数字转换器

另一类时间放大器选择了类似流水线 ADC 的架构。流水线 ADC 通常由两级或两级以上级数构成，每一级对当前输入信号进行判决后，将残余量放大并送入下一级进行第二次比较判断。而时间数字转换器所测量的是时间，准确地说是两个输入信号边沿的时间差。因此，为了采用流水线式的测量架构，引入了一种被称为时间放大器的电路[14,15]。

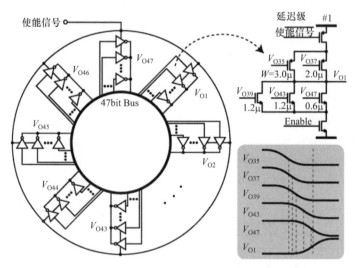

图 6.35　基于多路门控环形振荡器的时间数字转换器[13]

图 6.36 是一个简单的时间数字放大器，其放大的是输入信号边沿的时间差。该时间放大器利用了 R-S 锁存器的亚稳态特性，当锁存器的输入端同时由 0 跳变

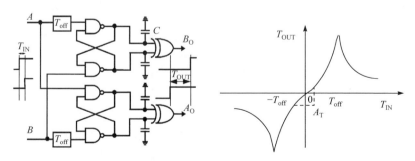

图 6.36　一种时间放大器的结构示意图和其输出特性曲线

为 1 时，其输出会进入亚稳态；经过很短的时间后，两个输出信号会变为一高一低的稳定态。两输入端上跳沿的时间差越大，此稳定时间越短。通过两组 R-S 锁存器，分别测量一路信号与另一路延迟 T_{off} 后的信号，即可得到图 6.36 所示的输出特征曲线。可以发现，其在 $-T_{off} \sim T_{off}$ 的时间差范围内，呈简单的单调关系，从而实现输入时间差的放大。

在引入时间放大器后，时间数字转换器可以容易地实现多级级联结构，从而达到极高的时间分辨精度。但是稳定时间与输入信号时间差为指数关系，两者仅在很小的范围内可以近似为线性，因此其增益存在显著的非线性，会恶化整个时间数字转换器的线性度。

6.3.3　高精度数控振荡器技术

基于电容电感的振荡器(LC 振荡器)，具备良好的相噪声性能，是射频系统中最常用的振荡器，其振荡频率由谐振网络的电感值和电容值决定。

$$f = \frac{1}{2\pi\sqrt{LC}} \tag{6.59}$$

在实际中，数控振荡器一般通过数字码控制的开关电容阵列改变谐振网络的电容值，从而调节振荡频率。实际上传统的 LC 交叉耦合振荡器已经通过开关电容的方式实现数控频率概念，电压控制变容管的频率变化部分占整个调频范围比较小的一部分，一个直接实现全数字振荡器的方法是将控制电压通过多位的 DAC 电路(数字模拟转换器)来产生，控制一个小变容管实现精细频率控制。通过 DAC 来实现全数字控制的方法非常简单，但是 DAC 电路的噪声和控制时钟杂散可能会对最终的相噪声和杂散产生影响。

频率精度由电容阵列电容值的最小步长决定，一个由 3nH 电感和 6.5pF 电容构成的 1.6GHz 的振荡器，如果希望得到 1kHz 的频率精度，则其电容值步长需要达到 8aF。CMOS 工艺中提供的最小电容值往往在几个 fF 的量级，与所要求的 8aF 电容步长相差近 1000 倍。简单的开关电容单元显然无法实现如此高的精度，为了达到如此苛刻的需求，人们提出了各种新型开关电容单元和高精度数控振荡器技术。

1. 新型开关电容单元

改进开关电容单元和阵列，缩小电容步长，是提高数控振荡器频率精度最直接的办法，一直以来就受到了广泛的关注和研究。例如，2007 年报道了一种基于 MOS 电容的开关电容阵列[16]。通过多个不同尺寸的 MOS 电容单元构成的电容阵列，在 90nm 工艺中，实现了 10.0aF 的电容步长，从而将频率精度提高至 5kHz。2012 年报道了一个 1.68GHz 的数控振荡器，通过多种不同开关电容阵列的组合，达到了 0.25kHz 的频率精度[17]。最小单元采用两组不同尺寸的 MOS 管电容切换，以实现 2.0aF 的电容精度。虽然这些开关电容技术可以实现 aF 量级的电容步长，但在实际版图设计中，走线间寄生电容已经远大于 1.0aF，从而使得这些结构对寄生电容过于敏感，需要对电路和版图进行仔细的调整与设计。在 CMOS 工艺中一般有多层金属，通过金属之间的线间电容来实现微小电容控制也是可行的办法，如图 6.37 所示，线间电容的微小变化也是通过开关切换来实现的。

2. 基于 C-2C 级联开关电容阵列技术

一个实现小电容变化的方法是基于 C-2C 电容级联阵列[18]，如图 6.38 所示。通过计算容易知道，电容精度每经过一级 C-2C，电容变化精度就提高到了原来的 1/4，但是需要满足一个近似条件，即电容单元 ΔC 需要远远小于固定电容 C。若不满足此条件将会带来频率调谐非线性的问题，电容本身的寄生效应也是一个线性的影响因素。

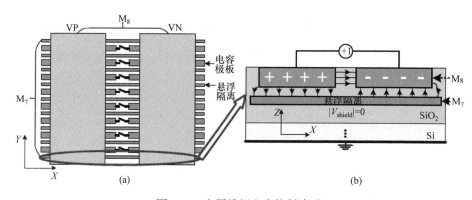

图 6.37　金属线间电容控制阵列

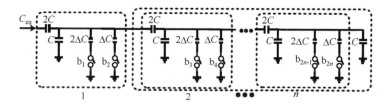

图 6.38　C-2C 电容级联阵列示意图

3. 基于 $\Delta\Sigma$ 调制的抖动技术

无论如何缩小电容阵列的步长，其总受限于半导体工艺所能实现的电容精度。而 $\Delta\Sigma$ 调制的抖动技术可以利用时间换取电容精度的提高。通过不断切换开关电容单元的状态，其电容值在 ΔC 之间跳变。经过长时间的平均值，可以得到比原有电容值步长更小的中间量，从而有效提高频率精度。例如，电容单元在每八个周期中，保持七个周期关闭和一个周期导通，可以实现$\Delta C/8$电容步长。采用抖动技术得到的精度与开和关状态的占空比有关，因此理论上可以实现任意位数的数控精度。由于有规律的抖动会引入固定频率杂散，通常采用基于$\Delta\Sigma$调制，实现伪随机的抖动控制技术。然而，利用$\Delta\Sigma$调制的抖动技术提高频率精度，无法降低有限频率精度引入的量化噪声，其仅能将低频噪声转移到较高的频率处，即噪声整形。为了尽可能降低噪声对锁相环路的影响，通常需要极高的抖动控制频率，一定程度上带来额外的电路复杂度和功耗。

4. 源端电容衰减技术

常见数控振荡器的都是在谐振网络内进行频率调节。源端电容衰减技术[19]，如图 6.39 所示，通过调节振荡器中差分耦合晶体管的源端之间的电容 C，可以达到调节振荡频率的目的。当电容 C 超过一定值后，谐振频率随电容的增加而单调下降，其频率精度可以提高Q_f^2倍（$Q_f = g_m / 2\omega_{LO}C$）。然而，由于其频率精度是由晶体管的跨导决定的，其受工艺、电压、温度等波动影响较大，难以实现稳定的频率调节。

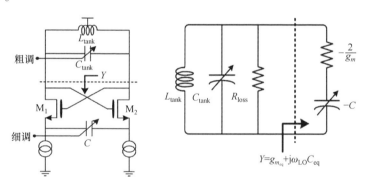

图 6.39　基于源端电容衰减技术的数控振荡器

5. 变压器耦合技术

大多的文献报道都是通过电容阵列的改进实现频率精度的提升，基于变压器耦合也可以实现高精度数控振荡器技术[20]，如图 6.40 所示。通过在振荡器的电感下加入一个耦合线圈，两者可构成一个变压器。由于变压器的耦合作用，通过改变耦合线圈上并联的电容，可以改变变压器的互感，从而调节谐振网络的谐振频点。变压器的设计需要实现较小的耦合因子，才能得到较高的频率精度。

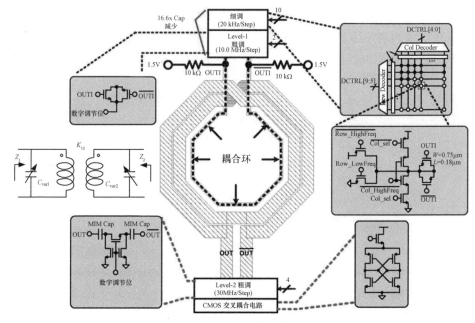

图 6.40　基于变压器耦合的数控振荡器示意图

6. 电感抽头技术

和变压器耦合类似，基于电感抽头[21](图 6.41)也能实现比较高的频率控制精度。基于电感抽头和变压器耦合的数控振荡器电路的主体电路都是 LC 交叉耦合

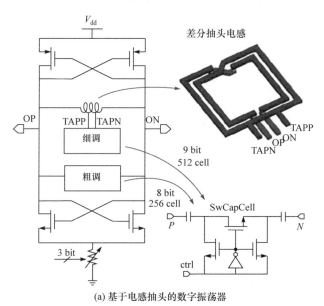

(a) 基于电感抽头的数字振荡器

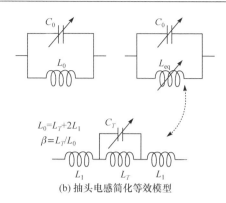

(b) 抽头电感简化等效模型

图 6.41 基于差分抽头电感的 LC 数控振荡电路示意图

振荡器。抽头电感是在主电感中抽出一个小电感和开关电容阵列并联，开关电容的变化会引起抽头电感等效电感值的变化，从而达到精细频率控制的目的。假定 β 为抽头电感比例(抽头电感值/总电感值)，则抽头电感并联开关电容阵列后的等效总电感为

$$
\begin{aligned}
L_{eq} &\approx 2L_1 + L_T\left(1+\omega^2 L_T C_T\right) \\
&\approx L_0\left(1+\beta^2 C_T / C_0\right)
\end{aligned}
\tag{6.60}
$$

式中，L_0 为总电感；C_0 为总电容；C_T 为抽头电感并联的阵列电容值。由式(6.60)可知，通过抽头电感，相同的电容变化引起的频率变化缩小为 $1/\beta^2$。

6.3.4 数字锁相环的环路分析

理论上，全数字锁相环是一个非线性的离散系统。但在环路锁定时，可以将其近似看作线性系统进行分析，因此全数字锁相环的环路特性和传统模拟环非常相似。

在锁相环锁定状态下，其相位域模型可以表示为图 6.42 所示的环路。从参考相位到输出相位的正向开环增益为

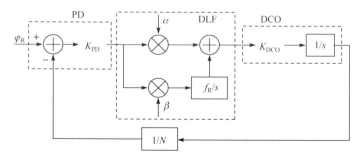

图 6.42 数字锁相环的相位域模型

$$H_{ol}(s) = K_{PD} \cdot \left(\alpha + \beta \cdot \frac{f_{REF}}{s} \right) \cdot K_{DCO} \cdot \frac{1}{s} \tag{6.61}$$

式中，K_{PD} 为鉴相器增益；K_{DCO} 为数控振荡器增益。当数字滤波器的输出量化为 $0 \sim 1$ 时，K_{DCO} 为数控振荡器的频率调节范围，即

$$K_{DCO} = f_{max} - f_{min} \tag{6.62}$$

和模拟锁相环一样，全数字锁相环可以表示为一个典型的两极点系统传输函数：

$$H_{cl}(s) = K \frac{2\omega_n \xi s + \omega_n^2}{s^2 + 2\omega_n \xi s + \omega_n^2} \tag{6.63}$$

式中，ω_n 为环路自然角频率；ξ 为阻尼因子。数字锁相环环路的自然角频率 ω_n 和阻尼因子 ξ 分别为

$$\omega_n = \sqrt{\frac{K_{PD}K_{DCO}}{N} \beta f_{REF}} \tag{6.64}$$

$$\xi = \frac{\alpha}{2} \sqrt{\frac{K_{PD}K_{DCO}}{N \beta f_{REF}}} \tag{6.65}$$

鉴相器的增益 K_{PD} 与采用的电路结构相关。当采用时间数字转换器作为鉴相器时，输出数字码与输入相位差成正比。将输出量程归一化为 1，则相位域增益可以表示为

$$K_{TDC}(s) = \frac{T_{REF}}{2\pi} \cdot \frac{1}{\Delta t_{res}} \tag{6.66}$$

式中，Δt_{res} 为时间数字转换器的精度。在采用开关型鉴相器的锁相环中，由于其输出仅为 0 和 1 两种状态，存在强烈的非线性。但在输入时钟存在噪声的情况下，其在锁定相位附近可以近似为线性。Dalt 利用马尔可夫链推导了开关型鉴相器在时域的增益[22]，相应的其相位域增益为

$$K_{BBPD}(s) = \frac{T_{REF}}{2\pi} \cdot \frac{1}{\sqrt{2\pi}\sigma_j} \tag{6.67}$$

式中，σ_j 是参考时钟的抖动值。因此，在采用开关型鉴相器的数字锁相环中，其具备较高的鉴相器增益，但其环路特征也会受参考频率的噪声影响。

数字锁相环各个电路的噪声贡献和模拟锁相环是基本一致的，参考频率和 TDC 的噪声经过低通滤波之后主要体现在带内；DCO 噪声经过高通滤波后主要体现在带外，如图 6.43 所示。

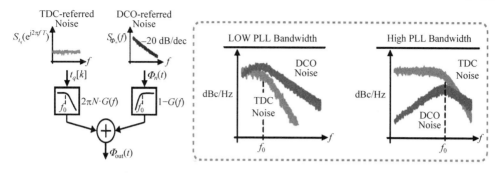

图 6.43　TDC 和 DCO 量化噪声的相噪声贡献示意图

需要注意的是数字锁相环鉴相器的噪声贡献主要是时间数字转换器的量化噪声，由时间数字转换器的量化精度引入的相位噪声为[23]

$$L = \frac{(2\pi)^2}{12}\left(\frac{\Delta t_{\text{res}}}{T_{\text{DCO}}}\right)^2 \frac{1}{f_{\text{REF}}} \tag{6.68}$$

由式(6.68)可知，时间数字转换器的时间分辨精度在很大程度上决定了锁相环带内噪声水平。开关型鉴相器中时间分辨精度正比于时钟的抖动值，时钟的抖动值可以达到 ps 以下量级，因此可以降低锁相环带内噪声水平。

数控振荡器除了本身的相噪声贡献外，还因为数控振荡器的输出频率是一系列离散的频率值，而在锁相环处于锁定状态时，其频率输出为一个特定的精准频率，数控振荡器的输出频率与所要求的特定频率存在误差，即数控振荡器的量化误差。在数字锁相环中，由于数控振荡器有限的频率精度，在频率偏移Δf处引入的量化噪声可以表示为[23]

$$L = \frac{1}{12}\left(\frac{f_{\text{res}}}{\Delta f}\right)^2 \frac{1}{f_{\text{REF}}}\text{sinc}\left[\left(\frac{\Delta f}{f_{\text{REF}}}\right)^2\right] \tag{6.69}$$

在频率偏移Δf比较小的情况下，DCO 的量化噪声贡献也可能和 TDC 的量化噪声贡献可比拟，因此 DCO 的频率分辨率也会影响锁相环带内相噪声水平。

6.3.5　数字锁相环的行为级建模

锁相环由于包含了多个数字、模拟电路，难以进行大规模的仿真验证。因而，对数字锁相环进行行为级建模，搭建系统仿真验证平台，是锁相环设计的重要步骤。

Simulink 是 MATLAB 的一种重要组件，是基于数学方程描述系统的行为级模型。通过搭建简单的信号流程框架图，即可构造较为复杂的系统。其与 MATLAB 紧密集成，可利用 MATLAB 的相关工具和程序进行相应的仿真分析与数据处理。

本节将以 Simulink 为例，介绍数字锁相环及关键电路的行为级模型，并给出相应的仿真验证结果。

1. 基于边沿触发的数控振荡器模型

数控振荡器是数字锁相环中的核心电路，也是行为级建模的关键模块。由于数控振荡器的工作频率是整个锁相环的最高频率，其模型直接影响着整个数字锁相环模型的仿真速度与精度。

数控振荡器的数字模型较为简单，是由数字振荡器控制码(oscillator tuning word, OTW)控制的正弦输出信号，即

$$y = A\sin\left[2\pi(f_c + f_{LSB} \cdot OTW) \cdot t + \varphi\right] \tag{6.70}$$

式中，f_{LSB} 为数控振荡器调节的频率精度。在 Simulink 中，利用正弦函数模块，即可简单实现数控振荡器。如图 6.44 所示，先根据 OTW 计算得到当前数控振荡器的频率，然后对频率进行积分即可得到实时相位。利用 Fcn 函数模块的表达式 $A\sin[u(in)]$ 即可输出相应频率的正弦信号，实现不同 OTW 下对应的频率输出。但是当振荡器输出正弦波时，为了确保输出波形正确，Simulink 的仿真步长应远小于振荡器的时钟周期。这使得仿真时不仅消耗了极大的系统资源，还严重影响了仿真速度。

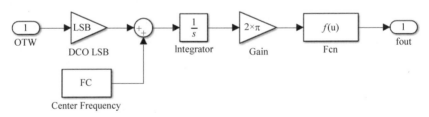

图 6.44　输出正弦波的数控振荡器行为级模型

然而，在数字锁相环的仿真中，由于数字电路系统均是基于时钟边沿触发的，对振荡器中正弦波的过零点非常敏感，而每两个过零点之间的幅度信息却对锁相环没有任何影响，因此，为了简化数控振荡器模型，缩短仿真时间，可以采用一种基于边沿触发的数控振荡器行为级模型。

如图 6.45 所示，在计算得到振荡器的实时相位后，并不利用三角函数计算当前输出值，而是对其取模运算后，判断其相位为 $0\sim\pi$ 还是 $\pi\sim2\pi$。相位小于 π 时输出高电平，而大于 π 时输出低电平。这样便实现了方波输出的数控振荡器模型，消除了上下边沿之间的幅度信息，可显著提高仿真速度。此外，在实际仿真时，图 6.45 中各个增益级中的系数同时除以 π，可变为简单的有理数运算。

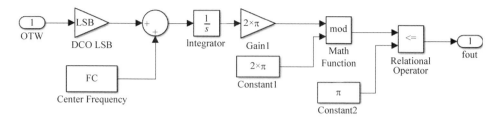

图 6.45　基于边沿触发的数控振荡器行为级模型

2. 基于边沿抖动的时钟噪声模型

在数字锁相环的行为级模型中，为了评估各电路中噪声带来的影响，必须对时钟信号加入一定的抖动以模拟时钟信号的相位噪声。虽然利用延迟模块可以实现此功能，但是延迟模块会导致输出相位的突变，从而引起毛刺。

一种基于边沿抖动的时钟噪声模型，如图 6.46 所示。在输入时钟的下跳沿对仿真时钟进行采样保持，并计算半个周期后的上升沿的时间。此时，输出时钟也下跳为 0，直到仿真时间超过计算得到的上升沿时刻，输出信号变为高电平。在每次计算上升边沿时，加入高斯分布的随机数，即可实现上升沿的随机抖动。

在模型中，输出时钟的下降沿与输入信号对比，并不存在抖动，仅在上升沿存在随机抖动。而在锁相环中，各电路模块通常是基于上升沿触发的。因此，利用该模型可表征系统中各信号的时域抖动，从而反映出相位噪声的影响。

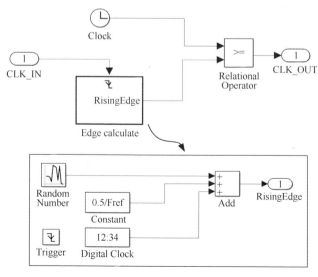

图 6.46　基于边沿抖动的时钟噪声模型

3. 其他关键模块的行为级模型

数字锁相环中，还包括时间数字转换器、数字滤波器、分频器等模块，其结构均相对简单。图 6.47 给出了时间数字转换器和数字滤波器的行为级模型。时间数字转换器通过在时钟的边沿对仿真时间进行采样，计算得到两时钟上升沿的时间差，并进行量化输出。而数字滤波器采用基于时钟边沿触发的 FIR 滤波，分频器则为一个简单的边沿计数器。

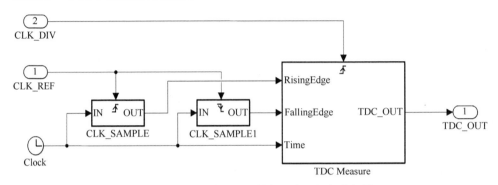

图 6.47　时间数字转换器和数字滤波器的行为级模型

4. 锁相环的行为级建模仿真验证

利用前述各个子模块的行为级模型，即可实现图 6.48 所示的数字锁相环的 Simulink 行为级模型。其加入了一个包含噪声的参考时钟，而锁相环的输出时钟也通过采样记录其上升边沿，以便于利用 MATLAB 进行数据处理和分析。

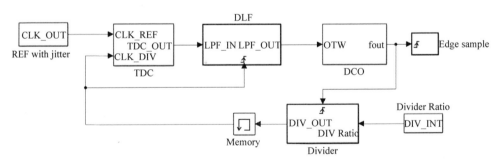

图 6.48　数字锁相环的 Simulink 行为级模型

图 6.49 给出了不同阻尼因子下，锁相环环路锁定过程中的频率控制码曲线。仿真的参考时钟为 32MHz，分频比为 75，目标锁定频率为 2.4GHz。在仿真时间为 10μs 时，加入一个 0.5MHz 的频率跳变，使锁相环重新锁定，便于更加直观地观测锁定过程。从图 6.49 中可以看到，随着阻尼因子的减小，锁定过程中的过冲变大。

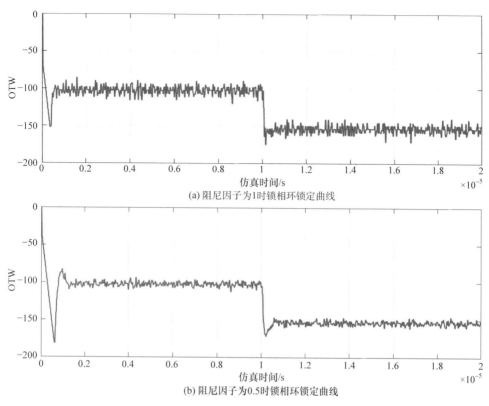

(a) 阻尼因子为1时锁相环锁定曲线

(b) 阻尼因子为0.5时锁相环锁定曲线

图 6.49　不同阻尼因子下的锁相环锁定曲线

数字锁相环中，为了降低数字滤波器的电路复杂度，滤波系数 α 和 β 通常选择 2 的指数次幂，这样仅需要简单的移位操作即可。但有效的系数选择性可能使锁相环无法实现最理想的阻尼因子。需要注意的是，在锁相环的锁定仿真中，初始相位误差可能超过时间数字转换器的量程，导致其输出为满量程 ± 1。此时的时间数字转换器并不工作在其有效的线性范围内，故而整个环路的时域响应也不满足 6.3.4 节所推导的公式，其整个锁定过程如图 6.50(a)所示，其阻尼因子也为 0.5，但初始相差较大。从仿真曲线可以看到，在锁定初期的非线性区间内，锁相环的振荡频率在较大频点之间波动，并以缓慢的速度向目标频点锁定。而一旦进入时间数字转换器的线性区间范围内，锁相环即快速实现了锁定。过慢的锁定时间严重影响数字锁相环的应用，在某些情况下，锁相环甚至长期处于非线性锁定区间而无法真正锁定。在实际电路中，通常需要加入额外的鉴频环路，使锁相环快速进入线性锁定区间。在锁相环锁定之后，对振荡器输出的边沿进行采样，即可计算其每两个边沿的实时周期，从而得到图 6.50(b)所示的相噪声曲线，继而验证其噪声、带宽等特性。

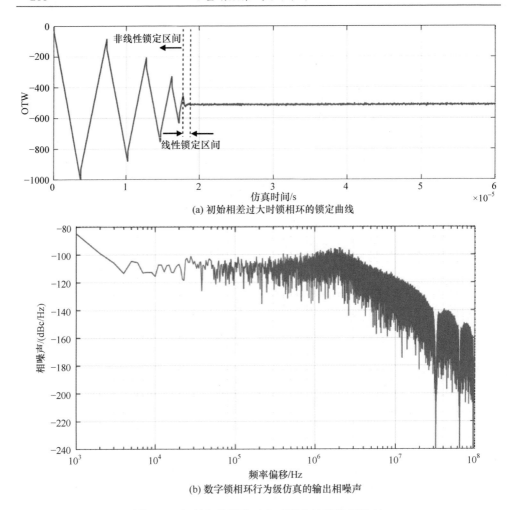

(a) 初始相差过大时锁相环的锁定曲线

(b) 数字锁相环行为级仿真的输出相噪声

图 6.50　初始相位误差过大时锁定过程及相噪声

6.3.6　数字锁相环设计实例

下面简单介绍一个 X 波段的全数字锁相环实现过程。本实例采用 DPI 和时间数字转换器(TDC)结合的小数分频全数字锁相环架构，如图 6.51(a)所示。反馈支路采用 DPI 实现小数分频器。为了克服 DPI 线性度较差的局限，设计了一种高线性度、高精度的 DPI 结构，同时缓解了时间数字转换器量程和精度的矛盾，使得时间数字转换器的精度可以做到很高，实现很低的量化噪声。锁相环行为级仿真的相噪声如图 6.51(b)所示。

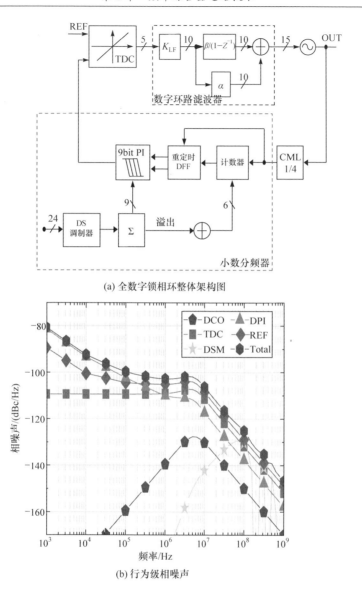

(a) 全数字锁相环整体架构图

(b) 行为级相噪声

图 6.51　全数字锁相环结构及相噪声

　　DPI 的整体架构如图 6.52 所示。输入两项差分信号产生八相时钟信号 CLK0/
CLK45/…/CLK315，高 3bit DPI 控制码选出相邻 45°的两项信号作为 9bit 相位插
值单元的输入，同时选出对应的两项差分信号送入另一组 9bit 相位插值单元中，
经过 RS Latch 后产生互补的两项 rst 信号，最后经过 BUF 得到两项差分输出信
号。为了实现良好的线性度同时减小面积，9bit 相位插值单元高 6 位采用温度计
码，低 3 位采用二进制码。

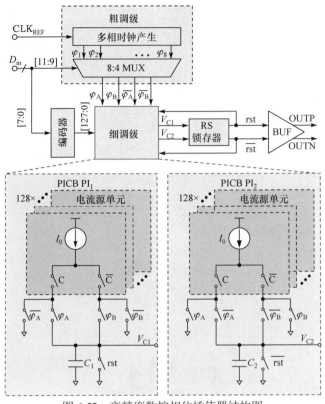

图 6.52　高精度数控相位插值器结构图

　　时间数字转换器采用经典的游标卡尺链结构, 实现 2ps 的延迟精度。5bit 游标卡尺时间数字转换器结构图如图 6.53 所示。采用两级单元库中的反相器 I1、I2 来实现 buffer 功能, 并在 BUF0 中间级加入一个 dummy 反相器单元, 提供负载电容以增加 2ps 的延迟时间。时间数字转换器全部采用标准单元库搭建完成, 版图设计简单, 一致性好, 且可以随着工艺迭代进一步减小面积和功耗。5bit 游标卡尺时间数字转换器输出 $Q[0]\sim Q[30]$ 共 31 位比较结果, 为了保证环路稳定性, 将环路稳定点设置在中间点 $Q[15]$ 处, 即当 REF 上升沿提前 DIV 上升沿 32ps(sbit 延迟链的一半时间)时, 认为环路达到 "边沿对齐" 的稳定状态。

　　DCO 由电感, 粗调、细调、$C\text{-}2C$ 电容阵列, G_m 级和电阻阵列四大部分组成。8bit 粗调单元与总电感相连, 9bit 细调单元与抽头电感首尾相连, 最后 4bit$C\text{-}2C$ 单元由两级 $C\text{-}2C$ 电容单元组成, 每级 $C\text{-}2C$ 电容单元中包含 2bit 的细调单元, 因此最后一级 $C\text{-}2C$ 可以将细调单元缩小到原来的 1/16, 从而满足频率精度的要求。图 6.54 给出了第二级与最后一级固定电容 C 的连接关系, 第一级 $C\text{-}2C$ 电容单元结构与第二级完全一致, 前接 VFN/VFP, 后接第二级 $C\text{-}2C$。G_m 级采用 NMOS 和 PMOS 互补结构, 在 NMOS 源端串联一个 3bit 电阻阵列, 通过切换不同电阻值来调控 DCO 总电流的大小。DCO 测试精度可以达到 9.8kHz/bit。

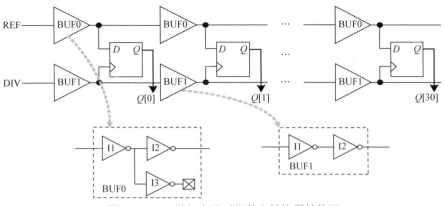

图 6.53 5bit 游标卡尺时间数字转换器结构图

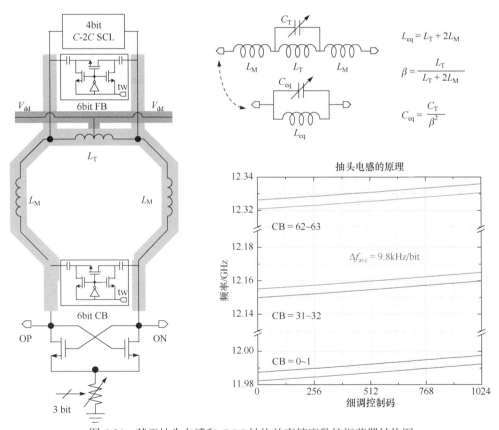

图 6.54 基于抽头电感和 C-$2C$ 结构的高精度数控振荡器结构图

芯片照片和测试相噪声如图 6.55 所示，全数字锁相环的一大优势是环路带宽可配置，因此测试不同带宽下锁相环的输出相噪声如图 6.55(b)所示。

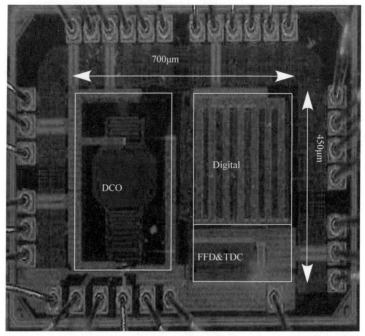

(a) 全数字锁相环芯片照片

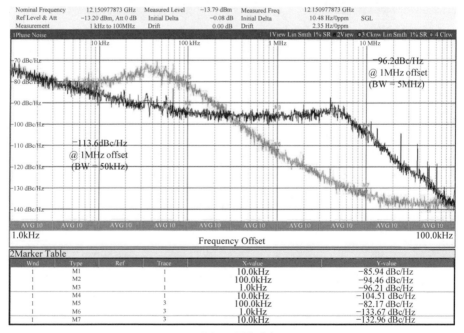

(b) 锁相环测试相噪声

图 6.55　全数字锁相环芯片照片及相噪声测试

参 考 文 献

[1] Dunning J, Garcia G, Lundberg J, et al. An all-digital phase-locked loop with 50-cycle lock time suitable for high performance microprocessors. IEEE Journal of Solid-State Circuits, 1995, 30(4): 412-422.

[2] Staszewski R B, Muhammad K, Leipold D. All-digital TX frequency synthesizer and discrete-time receiver for Bluetooth radio in 130-nm CMOS. IEEE Journal of Solid-State Circuits, 2004, 39(12): 2278-2291.

[3] Herzel F, Osmany S A, Christoph S J. Analytical phase-noise modeling and charge pump optimization for fractional-N PLLs. IEEE Transaction on Circuits and System-I: Regular Papers, 2010, 57(8): 1914-1924.

[4] Hajimiri A, Limotyrakis S, Lee T H. Jitter and phase noise in ring oscillators. IEEE Journal of Solid-State Circuits, 1999, 34(6): 790-804.

[5] Fanori L, Andreani P. Highly efficient class-C CMOS VCOs, including a comparison with class-B VCOs. IEEE Journal of Solid-State Circuits, 2013, 48(7): 1730-1740.

[6] Aparicio R, Hajimiri A. A noise-shifting differential colpitts VCO. IEEE Journal of Solid-State Circuits, 2013, 48(3): 698-709.

[7] Su P, Pamarti S. Fractional-N phase-locked-loop-based frequency synthesis: A tutorial. IEEE Transactions on Circuits and Systems-II: Express Briefs, 2009, 56(12):881-885.

[8] Liu J, Liao H. Sigma-delta modulator with feedback dithering for RF fractional-N frequency synthesizer. IEEE Conference on Electron Devices and Solid-State Circuits, 2005: 137-139.

[9] Tasca D, Zanuso M, Marzin G, et al. A 2.9-4.0-GHz fractional-N digital PLL with bang-bang phase detector and 560FSRMS integrated jitter at 4.5-mW power. IEEE Journal of Solid-State Circuits, 2011, 46(12): 2745-2758.

[10] Nonis R, Grollitsch W, Santa T, et al. DigPLL-Lite: A low-complexity, low-jitter fractional-N digital PLL architecture. IEEE Journal of Solid-State Circuits, 2013, 48(12): 3134-3145.

[11] Yu J, Dai F F, Jaeger R C. A 12-bit vernier ring time-to-digital converter in 0.13 μm CMOS technology. IEEE Journal of Solid-State Circuits, 2010, 45(4): 830-842.

[12] Helal B M, Straayer M Z, Wei G Y. A highly digital MDLL-based clock multiplier that leverages a self-scrambling time-to-digital converter to achieve subpicosecond jitter performance. IEEE Journal of Solid-State Circuits, 2008, 43(4): 855-863.

[13] Straayer M Z, Perrott M H. A multi-path gated ring oscillator TDC with first-order noise shaping. IEEE Journal of Solid-State Circuits, 2009, 44(4): 1089-1098.

[14] Elkholy A, Anand T, Choi W, et al. A 3.7mW low-noise wide-bandwidth 4.5GHz digital fractional-N PLL using time amplifier-based TDC. IEEE Journal of Solid-State Circuits, 2015, 50(4) : 867-881.

[15] Lee M, Abidi A A. A 9b, 1.25ps resolution coarse-fine time-to-digital converter in 90nm CMOS that amplifies a time residue. IEEE Journal of Solid-State Circuits, 2008, 43(4) : 769-777.

[16] Zhuang J, Du Q, Kwasniewski T. A 3.3GHz LC-based digitally controlled oscillator with 5kHz

frequency resolution. Proceedings of IEEE Asian Solid-State Circuits Conference, 2007: 428-431.

[17] Chen J, Rong L, Jonsson F, et al. The design of all-digital polar transmitter based on ADPLL and phase synchronized ΔΣ modulator. IEEE Journal of Solid-State Circuits, 2012, 47(5): 1154-1164.

[18] Huang Z, Luong H C. A dithering-less 54.79-to-63.16GHz DCO with 4-Hz frequency resolution using an exponentially-scaling C-2C switched-capacitor ladder. Symposium on VLSI Circuits, 2015: 234-235.

[19] Fanori L, Liscidini A, Castello R. Capacitive degeneration in LC-tank oscillator for DCO fine-frequency tuning. IEEE Journal of Solid-State Circuits, 2010, 45(12): 2737-2745.

[20] Yao C, Willson A N. A 2.8-3.2-GHz fractional-N digital PLL with ADC-assisted TDC and inductively coupled fine-tuning DCO. IEEE Journal of Solid-State Circuits, 2013, 48(3): 698-710.

[21] Yang F, Wang R, Liu X. A high frequency resolution digitally controlled oscillator with differential tapped inductor. IEEE International Symposium on Circuits and Systems, 2015: 165-168.

[22] Dalt N D. Markov chains-based derivation of the phase detector gain in bang-bang PLLs. IEEE Transaction on Circuits and System-II, 2006, 53(11): 1195-1199.

[23] Staszewski R B, Balasara P T. All-digital Frequency Synthesizer in Deep-submicron CMOS. New Jersey: John Wiley & Sons Inc, 2006.

第7章　低功耗物联网射频集成电路与系统技术

"万物互联"的物联网技术拓展了互联网的连接范围,目的在于将传统的物理世界进一步的网络化和信息化,并实现与信息世界的整合和互联。目前,物联技术及应用发展迅速,2012 年全球联网的设备总数量为 87 亿台,预计到 2020 年,全球将有超过 500 亿台设备通过各种形式实现物联。并且,物联设备占总设备的比例也将由 2012 年的 0.6%上升到 2020 年的 2.7%(图 7.1)[1]。

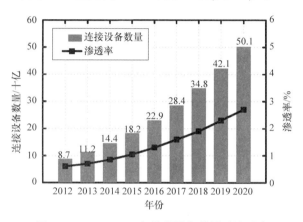

图 7.1　2012～2020 年物联设备数量及渗透率

射频集成电路与系统技术是物联网无线通信技术的基础。按照物联网的无线接入方式,该技术可以分为局域物联网技术(如蓝牙、ZigBee、WiFi、RFID 和 UWB 等)和广域物联网技术(如 NB-IoT、eMTC、LoRa 等)。射频集成电路与系统技术也可以在物联网的传感技术中应用,如处理时间和空间信息的北斗卫星导航系统/GPS、无线定位技术、车载雷达导航技术、毫米波人体行为识别技术等。随着物联网应用的兴起,面向物联网应用场景的射频电路与系统也得到极大发展。

实际上,物联网是一个非常宽泛的概念,从广义上讲与万物互联相关的技术都可以称为物联网技术。由于物联网设备是海量部署,除了成本外,低功耗是物联网技术中非常重要的一个诉求,本章将主要介绍低功耗物联网射频集成电路与系统相关技术。

本章主要内容安排如下:7.1 节介绍低功耗蓝牙电路和系统技术,低功耗蓝牙是低功耗物联网射频技术的一个重要代表。该节比较详细地介绍从低功耗蓝牙协议到系统指标，并且对蓝牙系统关键电路技术进行讨论。7.2 节介绍广域窄带物联网 NB-IoT 技术，重点分析 NB-IoT 射频系统的难点及全集成高效率功率放大器电路技术。7.3 节介绍 UHF 频段 RFID 技术。RFID 技术是一种非对等通信，标签芯片可以实现极低功耗和极低成本，对供电和成本敏感的物联网应用具有重要价值。7.4 节介绍低功耗超宽带 UWB 技术，UWB 技术可以在较高数据率(如 1～10Mbit/s)的应用场景下实现低功耗。7.5 节简要介绍人体信道通信(body channel comunication, BCC)相关的电路和系统技术，BCC 技术主要用于可穿戴式医疗传感设备。

7.1　低功耗蓝牙射频集成电路与系统技术

蓝牙协议是由蓝牙技术联盟(Bluetooth Special Interest Group，SIG)开发的短距离无线通信标准协议，工作在 2.4GHz 附近的工业、科学、医疗用频段(ISM 频段)，无须授权执照。其工作模式包括标准速度模式(basic rate，BR)、增强型速度模式(enhanced data rate，EDR)、高速率模式(high speed，HS)和低功耗模式(low energy，LE)。其中，蓝牙低功耗模式(BLE)自 4.0 版本起被引入蓝牙标准后，由于其低功耗、低成本等优势，在移动电子终端、可穿戴电子设备等领域有着极为广泛的应用。

7.1.1　BLE 系统简介[2]

BLE(Bluetooth Low Energy)设备工作在 2.4GHz ISM 频段，其信道频率范围为 2400～2483.5MHz，总共有 40 个信道，信道间隔为 2MHz。其中三个为广播信道，通过广播信道，BLE 从设备发出广播以便主设备发现并连接。BLE 设备信道选择上采用跳频扩频(frequency-hopping spectrum spread, FHSS)技术，这是 BLE 设备在拥挤的 2.4GHz ISM 频段能够抵抗干扰的核心所在。BLE 设备在一个信道的工作时间称作一个时隙，一个时隙时间长度约定为 1.25ms，其中发射数据和接收数据时间长度分别为 625μs，蓝牙系统收发采用时分双工(time division duplex，TDD)机制。为了避免噪声和干扰，BLE 设备在每个时隙会根据预先设计好的算法跳到除广播信道外 37 个信道中的一个信道进行通信，通过这些算法可以避开信号质量比较差的信道和已经有其他设备工作的信道。

1. BLE 调制方式

BLE 在信道中通信采用的调制方式为高斯频移键控(Gaussian frequency shift keying,GFSK)。其 3dB 带宽乘以比特周期(T_b)为 0.5，调制指数范围为 0.45～0.55。

在该调制方式下，二进制的 1 将由正向频率偏移表示，而二进制的 0 则是由负向频率偏移表示。GFSK 信号可以按如下步骤得到：第一步数据流 $d(t)$ 经过高斯低通滤波，其中高斯滤波的时域和频域数学表示如下：

$$h(t) = e^{-\frac{1}{2}\left(\frac{t}{\tau}\right)^2} \tag{7.1}$$

$$H(\omega) = \tau \cdot \sqrt{2\pi} e^{-\frac{1}{2}(\tau\omega)^2} \tag{7.2}$$

高斯低通滤波器的时域和频域响应如图 7.2 所示[3]，可以得到高斯低通滤波器的带宽为

$$B = \frac{\sqrt{\ln 2}}{2\pi} \frac{1}{\tau} \tag{7.3}$$

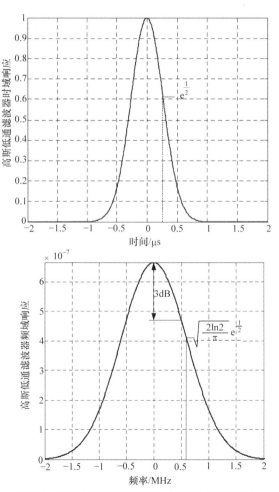

图 7.2 高斯低通滤波器的时域和频域响应曲线

高斯滤波器通常使用相对于比特周期的相对带宽概念，即

$$\mathrm{BT} = \frac{3\mathrm{dB}带宽}{比特率} = \frac{\sqrt{\ln 2}}{2\pi}\frac{T_\mathrm{b}}{\tau} \tag{7.4}$$

因此高斯滤波器相对带宽为 0.5 时，经过高斯滤波后的数据流可以写成如下表达式：

$$G_\mathrm{f}(t) = d(t) \cdot \mathrm{e}^{-\frac{1}{2}\left(\frac{\pi}{\sqrt{\ln 2}}\frac{t}{T_\mathrm{b}}\right)^2} \tag{7.5}$$

可以注意到 $d(t)$ 和 $G_\mathrm{f}(t)$ 用最大值和最小值(+1 和−1)表示数据 "1" 和 "0"，将经高斯滤波后的数据流调制到载波上就得到了 GFSK 信号：

$$\mathrm{GFSK}(t) = \sin\left\{2\pi\left[f_\mathrm{c}t + f_\mathrm{d} \cdot G_\mathrm{f}(t)\right]\right\} \tag{7.6}$$

式中，f_c 是载波中心频率；f_d 是频率偏移量，调制指数为 $2f_\mathrm{d}$ 与比特率的比值，也就是说 f_d 由调制指数确定。GFSK 信号调制过程示意图如图 7.3 所示。

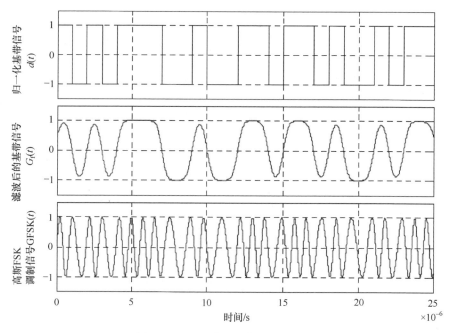

图 7.3　GFSK 信号调制过程示意图

协议对于 GFSK 的参数也有相关规定，在传输 1010 序列时的频率偏移应该不小于传输序列 00001111 时频率偏移的 80%。此外，1M 符号率时，频率偏移不小于 185kHz，而在 2M 符号率时，频率偏移应该不小于 370kHz。此外，协议还规定符号的定时精确性必须小于 50×10^{-6}。过零点误差(zero crossing error)必须小

于一个符号周期的 ±1/8。这里的过零点误差定义为理想符号周期与测试到的过零点时间的差别。

2. BLE 抗干扰要求

由于 2.4GHz ISM 频段日益拥挤，以及 BLE 芯片在手机等系统中集成受电磁干扰严重，这对 BLE 芯片的抗干扰性能要求越来越高。在 BLE 协议中规定了基本的抗干扰性能要求，抗干扰性能主要包括带内干扰和带外干扰，通过干扰是否处在 2400～2483.5MHz 的范围内进行区分(图 7.4)。

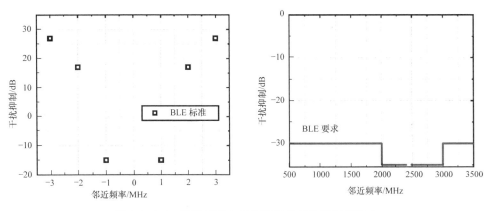

图 7.4　BLE 协议对带内干扰和带外干扰抑制的要求

抗干扰性能是 BLE 设备的一个重要指标，协议对抗干扰性能测试进行了规范。BLE 设备的抗干扰性能测试应该在输入一个比参考灵敏度(协议规定参考灵敏度为–70dBm)高 3dB 的有用信号的条件下进行，在协议规定的干扰存在的条件下，测得的 BER 仍然小于 0.1%，则可以认为该设备满足协议要求。

为了进一步减小接收机设计的复杂性，协议最多允许有 10 个例外的频点可以不满足上述较为严格的带外干扰要求。在这些频点里，协议至少允许 7 个频点在 –50dBm 功率的干扰下满足 BER<0.1%即可。此外最多有 3 个频点的干扰要求可以进一步降低。在接收机设计中，一般系统本振频率谐波处的干扰容易对系统造成较大的影响。BLE 协议的这一例外规定，允许系统可以牺牲谐波抑制能力来降低设计难度和复杂性。但是，目前 BLE 芯片都尽可能抑制协议允许的例外干扰，通过各种技术提高芯片的抗干扰能力。

在评估 BLE 芯片的抗干扰能力时，还会进行互调干扰测试。在测试互调干扰性能时，协议规定此时的测试条件为存在一个功率比参考灵敏度高 6dB 的有用信号(其频率为 f_0)。在协议规定的互调干扰条件下，设备需要满足 BER<0.1%。协议规定的互调干扰条件为：一个干扰信号为频率 f_1 的–50dBm 的静态正弦波信号，

另一个干扰信号为频率 f_2 的 –50dBm 的满足蓝牙协议的 GMSK 调制信号。协议规定 f_0、f_1、f_2 应该满足 $f_0=2f_1-f_2$，且 $|f_2-f_1|=n \times 1\text{MHz}$ 或者 $n \times 2\text{MHz}$，其中 $n=3,4,5$，1MHz 对应 1M 符号率的情况，2MHz 对应 2M 符号率的情况。

3. BLE 灵敏度和功耗

BLE 设备的参考灵敏度为 –70dBm，这个要求非常宽松，但是实际的 BLE 芯片为了更远的工作距离和更稳定的通信质量，灵敏度往往会达到 –90～–80dBm。协议对不同的有效载荷长度定义了不同的比特误码率(bit error ratio, BER)(表 7.1)。在不同的有效载荷长度下，对应的 BER 下的最小接收功率即灵敏度。

表 7.1　不同的最大支持载荷长度下，实际灵敏度对应的比特误码率

最大支持有效载荷长度/B	比特误码率/%
1～37	0.1
38～63	0.064
64～127	0.034
128～255	0.017

BLE 芯片随着工艺和电路技术的进步，功耗持续下降，图 7.5 对近年来公开发表的 BLE 芯片的功耗和灵敏度进行了对比。可以看出，大部分 BLE 接收机的灵敏度都在 –90dBm 左右。

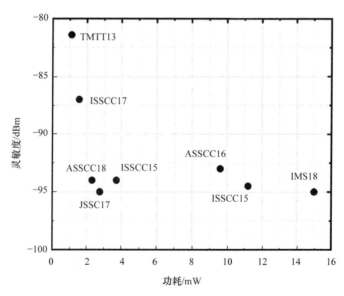

图 7.5　近年来 BLE 接收机功耗与灵敏度情况总结

4. BLE 协议主要规范

BLE 协议相关性能要求总结如表 7.2 所示。

表 7.2 BLE 协议相关性能要求总结

性能要求	灵敏度	−70dBm
	最大接收功率	−10dBm
带外干扰要求	30～2000MHz	−30dBm
	2003～2399MHz	−35dBm
	2484～2997MHz	−35dBm
	3000MHz～12.75GHz	−30dBm
带内干扰要求	同频道干扰，$C/I_{\text{co-channel}}$	21dB
	邻近(1MHz)干扰，$C/I_{1\text{ MHz}}$	15dB
	邻近(2MHz)干扰，$C/I_{2\text{ MHz}}$	−17dB
	邻近($\geqslant$3MHz)干扰，$C/I_{\geqslant 3\text{ MHz}}$	−27dB
	镜像频率干扰，C/I_{image}	−9dB
	邻近(1MHz)干扰对带内镜像频率，$C/I_{\text{image}\pm 1\text{MHz}}$	−15dB
最大发射功率	功率等级 1	10~20 dBm
	功率等级 1.5	−20~10 dBm
	功率等级 2	−20~4 dBm
	功率等级 3	−20~0 dBm
调制特性要求	调制方式	高斯频移键控
	调制指数	0.45～0.55
	过零点误差	小于一个符号周期的 1/8
	最小频率偏移	发射 1010 序列时不小于频率偏移的 80%
发射杂散要求	最小 6dB 带宽	>500kHz
	1M 符号率频偏 2MHz	<−20dBm
	1M 符号率频偏 3MHz 及以上	<−30dBm
	2M 符号率频偏 4MHz	<−20dBm
	2M 符号率频偏 5MHz	<−20dBm
	2M 符号率频偏 6MHz 及以上	<−30dBm

7.1.2　BLE 电路系统指标分析

1. 接收机灵敏度和噪声系数

灵敏度主要由噪声系数、噪声积分带宽，以及系统要求的最小输出信噪比决定，如式(7.7)所示。根据目标信噪比，可以反推出接收机噪声系数的指标。

$$Sensitivity = -174dBm / Hz + 10 \log BW + NF + SNR_{min} \tag{7.7}$$

式中，Sensitivity 为灵敏度；BW 为噪声积分带宽；NF 为信噪比；SNR_{min} 为系统要求的最小输出信噪比。

通常而言，BLE 解调器可以做到在 SNR=15dB 时，完成协议规定误码率的解调。根据–70dBm 的参考灵敏度和 1MHz 的带宽，我们可以计算出其噪声系数大约为 29dB。这个噪声系数对于现有技术而言是很容易实现的。如果要做到–93dBm 的灵敏度，按照上述公式，系统的噪声系数要做到 6dB 以内。

2. 接收机动态范围、基带滤波与 ADC 指标

1) 接收机动态范围

假设接收机灵敏度为–93dBm，那么考虑到协议规定的最大输入能量为–10dBm，接收机的动态范围则应该是 83dB。

根据接收机动态范围可以确定接收机增益范围、滤波能力和模数转换器(ADC)的有效位数。

考虑 ADC 输入前的噪底 Noise Floor$_{ADC,in}$：

$$Noise\ Floor_{ADC,in} = -174dBm / Hz + 10 \log BW + NF + Gain \tag{7.8}$$

式中，Gain 为接收机链路的增益。代入 BW=1MHz，NF=6dB，则有

$$Noise\ Floor_{ADC,in} = -108dBm + Gain \tag{7.9}$$

这意味着 ADC 前的噪底(Noise Floor$_{ADC,in}$)折算到天线端必须低于–108dBm，才能满足解调的要求。

2) ADC 指标

在接收机中，ADC 用于将接收链路的模拟信号转换为多位数字信号以对数字基带进行处理。对于一个接收机的系统指标设计，标准的流程应该是从 ADC 指标的制定开始。对于 ADC 而言，动态范围(dynamic range，DR)指标决定了 ADC 分辨有用信号的能力，而 ADC 的有效位数 Bit$_{ADC}$ 也与动态范围存在如式(7.10)所示的直接关系：

$$DR = 6.02Bit_{ADC} + 1.76 \tag{7.10}$$

BLE 系统中 ADC 动态范围的设计分配方案如图 7.6 所示。

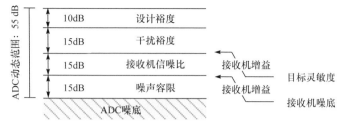

图 7.6　ADC 动态范围分配

图 7.6 中，ADC 的动态范围可以表示为噪声容限、接收机信噪比、干扰裕度 (blocker margin，BM) 和设计裕度四个部分组成。下面将分别进行讨论。

(1) 噪声容限。首先为了降低 ADC 自身噪底对输入中频有用信号的影响，设计中给出了 15dB 的噪声容限，这意味着 ADC 自身引入的噪声最多占接收机热噪底的 3%，从而保证不会恶化链路噪声水平。

(2) 接收机信噪比。这里的接收机信噪比指的是数字基带能够解调的底线要求，设置为 15dB。

(3) 干扰裕度。ADC 前的信号中不仅包括有用信号，还包括被基带滤波后的干扰信号。蓝牙系统对干扰也提出了一系列要求，当该干扰高于有用信号的时候，要求模数转换器动态范围有能力应对不同大小的干扰，这样才不会导致 ADC 饱和。因此需要在动态范围中加入干扰裕度。干扰裕度与射频和中频系统设计紧密相关，如果在射频端引入了带外干扰抑制技术，或者基带滤波器具有高阻带抑制技术，则干扰裕度指标也可以放低。在此给予 15dB 的干扰裕度。当干扰裕度确定后，也就确定了基带滤波器的滤波能力需求，从而确定模拟基带的阶数和滤波形式。

(4) 设计裕度。这里要考虑几个因素。首先是调制信号具有峰值因子(crest factor)，其峰值比平均值大一点。其次，还需要考虑到真实系统中还有许多非理想因素，因此在设计时考虑 10dB 的设计裕度。

考虑上述影响因素后，ADC 的动态范围定为 55dB，计算可得对应 ADC 的有效位数为 9bit。

3) 接收机增益范围

假设 ADC 输入端的最大输入信号功率为 4dBm(对应峰峰值电压为 1V)，那么当输入信号为-10dBm 时，需要的最小增益则为 14dB。考虑 ADC 的量化噪底为-51dBm(4dBm-55dB)，解调需要的信噪比为 15dB，再考虑 6dB 的设计裕度，则接收机需要实现的最大增益为-51dBm+15dB+6dB-(-93dBm)=63dB。其中-93dBm 为设计的灵敏度。因此，接收机的增益范围应该设置为 14~63dB。

4) 基带滤波指标

BLE 协议给出的带内干扰如图 7.4 所示，这意味着接收机必须要在表 7.3 所示干扰存在的情况下正常工作。考虑到在 ADC 设计时为干扰抑制留出了 15dB 的裕度，因此基带滤波能力的要求也会有相应的降低。基带滤波至少需要将干扰信号滤波到不大于灵敏度 15dB 的水平，一般 3 阶低通滤波器即可，更高阶的滤波器可以降低 ADC 采样率的要求。对于 1MHz 的系统带宽而言，考虑到 GFSK 的滤波特性，滤波器带宽可以设置为略小于系统带宽。中频选择需要考虑镜像干扰。协议中规定了接收机必须能抵抗比有用信号高 9dB 的镜像干扰信号。考虑 6dB 的设计裕度，那么系统的镜像抑制能力必须大于 15dB。综合低功耗和镜像抑制的要求，考虑将中频设置为 1~2MHz。

表 7.3　协议规定的带内干扰情况

干扰频率	比率
同频干扰, $C/I_{co\text{-}channel}$	21 dB
邻近 (1 MHz)干扰, $C/I_{1\,MHz}$	15 dB
邻近 (2 MHz) 干扰, $C/I_{2\,MHz}$	~17 dB
邻近 (≥3 MHz) 干扰, $C/I_{\geqslant 3\,MHz}$	~27 dB
镜像频率干扰, C/I_{image}	~9 dB
邻近(1 MHz) 干扰与带内镜像干扰, $C/I_{image \pm 1\,MHz}$	~15 dB

ADC 的采样率需要折中考虑，过高的采样率会导致功耗增加，但过低的采样率会使得滤波器抗混叠能力要求变高，也就是滤波能力提高。ADC 的采样率设置为大于 10M/s，可以使所有的混叠进入带内干扰比噪底低许多。

3. 接收机线性度指标

当存在互调干扰时，进入带内的 IMD3 项的能量为

$$\text{IMD3} = \frac{3}{4}\left|a_3\right|A_1^2 A_2 \tag{7.11}$$

式中，A_1 和 A_2 分别是输入的双音信号的幅度。根据 IIP3 的定义，代入式(7.11)并在等式两边取对数，可得

$$\text{IIP3} = \frac{2P_1 + P_2 - \left(\text{IMD3} - A_v\right)}{2} \tag{7.12}$$

式中，A_v 代表系统的小信号增益。P_1 与 P_2 分别为 A_1 与 A_2 对应的能量，而为了避免三阶交调恶化信噪比，考虑 3dB 的设计裕度，即 IMD3-A_v 比系统噪底低 3 dB，将最大可能的干扰值代入，那么系统最终的 IIP3 定义为

$$\mathrm{IIP3} \geqslant \frac{2P_1 + P_2 - \mathrm{Sensitivity} + \mathrm{SNR} + 3\mathrm{dB}}{2} \tag{7.13}$$

考虑到协议中规定的最严峻情况，双音干扰信号能量均为−50dBm。假设此时灵敏度为参考灵敏度−70dBm，而 SNR=15dB，则可以计算出系统的 IIP3 应至少大于−31dBm。假设系统的灵敏度要做到−93dBm，那么系统 IIP3 要大于−19.5dBm。

同理，我们可以计算出 BLE 系统的 IIP2 指标要求。与 IIP3 分析同理，可得系统的 IIP2 为

$$\mathrm{IIP2} = P_1 + P_2 - (\mathrm{IMD2} - A_v) \tag{7.14}$$

为了避免二阶交调恶化信噪比，考虑 3dB 的设计裕度，即 IMD2-A_v 应比系统噪底低 3dB，将双音的干扰值代入，那么系统最终的 IIP2 定义为

$$\mathrm{IIP2} \geqslant P_1 + P_2 - \mathrm{Sensitivity} + \mathrm{SNR} + 3\mathrm{dB} \tag{7.15}$$

协议里并没有规定特定的二阶交调干扰场景。因为二阶交调干扰一般都是位于带外，所以会被输入的选频特性滤掉不少。同时，由于射频接收机一般做成差分性，IIP2 性能会比 IIP3 好很多，IIP2 指标一般不是 BLE 系统设计的瓶颈。

另外考虑到协议要求的最大输入能量为−10dBm，那么系统在最小增益模式下接收到−10dBm 时，至少不能恶化信噪比。

4. 频率综合器指标分析

1) 相位噪声

为确保干扰不对自身信道造成影响，要求此输出噪声不能恶化自己信道的信噪比，即

$$P_{\mathrm{noise}} \leqslant P_{\mathrm{signal}} - \mathrm{SNR} \tag{7.16}$$

因此，可以得到本振偏移频率 Δf 处的相位噪声必须满足：

$$L(\Delta f) \leqslant P_{\mathrm{signal}} - P_{\mathrm{interfer}} - 10\log B - \mathrm{SNR} \tag{7.17}$$

在通信标准协议中，通常会在一个频段内规定若干相邻的通信信道以满足多个无线终端的同时通信。而对于工作在其中某一具体信道的射频收发机而言，其相邻信道其他终端的发射信号会构成极大的干扰信号。通常，通信协议规定了通道内干扰信号功率和收到信号功率的比值，以确保所有无线终端的通信不会互相干扰。

蓝牙低功耗中，信道带宽为 1MHz。对于蓝牙的数字基带，通常需要 15dB 的信噪比才能达到需要的误码率。因而，对于蓝牙低功耗系统而言，其接收机要求的本振信号，在 Δf =2MHz 处的相位噪声应低于

$$L(\Delta f) \leqslant -17\mathrm{dB} - 10\log(1\mathrm{MHz}) - 15\mathrm{dB} = -92\mathrm{dBc/Hz} \tag{7.18}$$

相应地，其在 3MHz 处要求相位噪声应低于−102dBc/Hz。类似地，GSM 通

信标准中，其在 3MHz 处的相位噪声要求为–138dBc/Hz。蓝牙低功耗协议正是通过降低对相位噪声的要求，以降低射频收发机的复杂度，从而实现低功耗、低成本等优势。

2) 锁定频率分辨率和锁定时间

锁定频率分辨率是指锁相环可以锁定输出的频率间隔。由于频谱资源的稀缺性，每个通信协议都会严格规定所需的信道的中心频点，以避免不同无线通信端的相互影响。BLE 协议中，规定了 2402～2480MHz 的 40 个信道，包括 3 个广播信道和 37 个数据信道，信道中心频率间隔 2MHz。因此，对于锁相环而言，其必须能够输出以 2MHz 为间隔的一系列频率值。虽然 BLE 的频率间隔是 2MHz，理论上可以采用整数锁相环，但是由于参考频率采用 2MHz，环路带宽和带内相噪声性能恶化严重，因此在射频系统中，通常采用基于 ΣΔ 调制技术的分频器，以实现小数分频比，小数分频精度需要满足 BLE 对载波频率精度的规范要求。

在射频系统中，射频收发机的本振或载波往往需要根据情况调整锁相环的输出频率。而锁相环在切换频率的过程中，难以实现频率的即时响应，往往需要一定的稳定时间。因此，在射频通信系统中，锁相环的锁定时间也是设计的重要指标之一。蓝牙低功耗协议中，如图 7.7 所示，从广播信道切换到数据信道之间有 1.25ms 的时间间隔，在此期间不仅需要锁相环完成频率切换功能，还需要完成射频收发机的配置工作等，但是对蓝牙的频率综合器在锁定时间方面的要求不算太高，环路带宽在 100kHz～1MHz 均可满足要求。

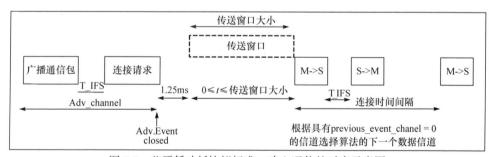

图 7.7　蓝牙低功耗协议标准：建立通信的时序示意图

5. 发射功率

根据不同应用，满足 BLE 对功率的分类要求。目前应用最广的蓝牙收发机，最大发射功率设置在 0dBm 附近。蓝牙发射机功率也可以按最高要求–20～+20dBm 设计，但是困难在于较低发射功率时，功率放大器的效率比较低。蓝牙协议的信号采用 GFSK 调制，属于恒包络信号。因此功率放大器可以选用非线性的结构来提升效率。其输出网络需要有一定的滤波能力来满足协议对发射频谱和杂散的要求。功率放大器的效率要求和系统的功耗水平约束相关。

7.1.3 BLE 收发机参考设计指标

对于低中频架构的蓝牙收发机(图 7.8)，总结前面涉及的指标(表 7.4)如下。

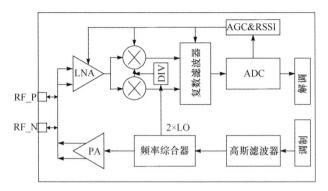

图 7.8 低中频蓝牙系统架构

表 7.4 蓝牙收发机指标

指标项		备注	值	单位
频率			2400~2482	MHz
接收机	噪声系数		6	dB
	灵敏度	BER<0.1% @ 1Mbit/s	−93	dBm
	接收机最大信号能量	天线端	−10	dBm
	中频		2	MHz
	IIP3		−19.5	dBm
	镜像抑制		15	dB
	ADC 有效位数		9	bit
	ADC 采样率		10	M/s
	接收机增益范围		14~63	dB
发射机	频道间隔		2M	MHz
	数据率		1M	bit/s
	带宽		1.2	MHz
	频率偏差		±250	kHz
	调制指数		0.5	
	发射能量		0~2	dBm
	邻近信道抑制比	±500 kHz	−20	dBc
		±2MHz	−20	dBm
		≥±3MHz	−30	dBm
频率综合器	环路带宽		1	MHz
	相噪声	@2MHz	−92	dBc
		@3MHz	−102	dBc

7.1.4　低功耗蓝牙关键电路与系统技术

BLE 芯片系统和电路技术围绕 BLE 应用所要求的低功耗、低成本、小尺寸和日益提高的抗干扰能力等问题展开。

1. 系统架构选择

零中频、低中频和滑动中频收发机架构是现代射频集成系统最常用的几种架构，一般蓝牙采用低中频或者滑动中频收发机架构。其主要原因可以概括如下。

(1) 不同于宽带的 FSK 调制，GFSK 调制通常在零频附近有着较为丰富的能量分布，因此直流偏移和 $1/f$ 噪声会对接收机性能影响比较严重。

(2) 虽然低中频或者滑动中频收发机架构有镜像干扰的问题，但是由于蓝牙受 FHSS 跳频和先侦听后通信(listen before talk)等技术防止干扰的影响，蓝牙可以选择比较干净的信道进行通信。

在接收机架构考虑上，滑动中频架构相对于低中频架构的优点在于 I、Q 本振信号可以通过第一本振分频得到，无须额外的 I、Q 本振信号产生电路，I、Q 本振信号产生电路所需要的功耗占 BLE 芯片总功耗较为显著的比重，因此滑动中频架构对于实现更低功耗有一定优势，但是滑动中频的第一本振信号的镜像干扰无法抑制。低中频架构中一般采用振荡器工作在 2 倍本振频率，通过除 2 电路产生 I、Q 两路信号，或者多相滤波器产生 I、Q 信号，两者均需要付出额外的功耗代价。

2. 振荡器频率拖动效应

由于有低成本、小尺寸的要求，现代 BLE 芯片都有非常高的集成度。射频前端的输入输出匹配无源器件和振荡器的电感一般都集成在片上。对于这种高集成度射频收发机，振荡器频率拖动问题是一个系统级设计挑战[4]。振荡器频率拖动是指由于发射机信号通过各种耦合途径(如电感耦合、衬底耦合、电容耦合及电磁辐射等)，注入振荡器电路中对振荡器频率形成的注入拖动。振荡器频率拖动会导致频率源的相噪声恶化甚至失锁、发射机 EVM 恶化而不能满足发射信号质量要求。振荡器频率拖动问题的挑战在于振荡器和功率放大器之间的耦合途径很难预测，确定耦合途径是耗力、耗时的一项工作。图 7.9(a)是一个常用的发射机架构，振荡器频率工作在 2 倍本振频率上，功率放大器由于非线性会产生二次谐波，通过耦合途径使振荡器频率发生拖动。在实际设计中，由于前述各种耦合途径的存在，在射频域功率放大器到振荡器之间实现高隔离度是非常困难的。

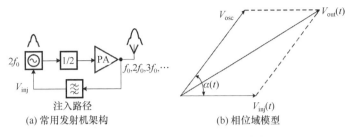

图 7.9 常用的发射机架构与相位域模型

图 7.9(b)是频率拖动的相位域模型，根据这个模型，振荡器频率拖动效应公式如下：

$$f_{\text{out}} = f_{\text{osc}} - \frac{V_{\text{inj}}(t)}{V_{\text{osc}}} \frac{f_{\text{osc}}}{2Q} \sin \alpha \tag{7.19}$$

式中，f_{osc} 是振荡器自由振荡频率；$V_{\text{inj}}(t)$ 是时变的注入拖动信号；V_{osc} 是振荡信号幅度；$\alpha(t)$ 是注入信号和振荡信号瞬时的相位差；Q 为振荡器的品质因子。公式等号右边第二项描述的是频率拖动效应，即

$$f_{\text{pull}}(t) = -\frac{V_{\text{inj}}(t)}{V_{\text{osc}}} \frac{f_{\text{osc}}}{2Q} \sin \alpha \tag{7.20}$$

为了抑制振荡器频率拖动效应，最直接的方法是改变振荡器工作频率，图 7.10(a)的振荡器工作在 4 倍本振信号频率处，功率放大器 4 倍频谐波分量会比 2 倍频谐波分量小十几 dB，因此可以显著抑制频率拖动，代价是振荡器需要工作在更高频率，功耗会显著上升。图 7.10(b)的振荡器工作在 2/3 倍本振信号频率处，避开了功率放大器的谐波，从而很好地抑制了频率拖动。如前所述，滑动中频有第一镜像干扰问题，另外，更低的振荡频率也会带来一定的芯片面积代价。

振荡器频率拖动问题是高集成度收发机长期存在的问题，虽然不断有新的技术手段抑制频率拖动(如自适应频率拖动抑制技术、"8" 字形或者 "蜂窝" 形振荡器电感设计等)，但仍需要发展更为有效的技术解决频率拖动问题。BLE 收发机在发射功率比较小的情况下，如 0dBm 发射功率，基本可以不考虑频率拖动效应，但是 BLE 收发机的最高发射功率可以到 20dBm，在系统设计时需要考虑频率拖动效应。

3. 全集成 BLE 射频前端电路技术

蓝牙协议对于低成本的要求，使得高度集成化成了 BLE 发展的趋势。在 BLE 收发机设计中，将天线接口电路(如功率放大器的匹配网络、射频收发开关)集成到芯片中，能极大地降低系统成本，因此其成为许多低成本 BLE 收发机的选择。这部分电路也被称为 RFIO 电路。

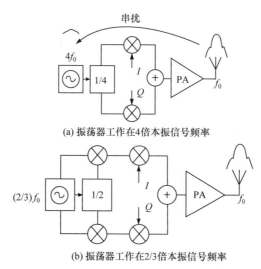

(a) 振荡器工作在4倍本振信号频率

(b) 振荡器工作在2/3倍本振信号频率

图 7.10　振荡器工作在不同的频率

RFIO 电路主要面临以下两个问题。

(1) LNA 和 PA 所需要的匹配网络形式不同。如何合理地设计匹配网络，使系统在接收和发射模式都能达到较好的性能。

(2) 如何在匹配网络上实现滤波，提高抗干扰能力。

一般而言，PA 和 LNA 的匹配网络中均存在电容元件，将这些电容元件做成可调元件，就可以实现接收/发射通道的阻抗调谐。再通过合理的配置，就可以分别实现接收和发射模式匹配。图 7.11 给出了一种 BLE 收发机 RFIO 电路设计的例子[5]，该工作中，匹配网络均采用片上元件，LNA 和 PA 共用一个端口，直接接到天线，极大地降低了系统成本。

上述 RFIO 电路中，采用开关来进行模式的切换。当开关闭合时，进入发射模式，接收通道呈现高阻抗，不影响发射机匹配。当开关断开时，进入接收模式，

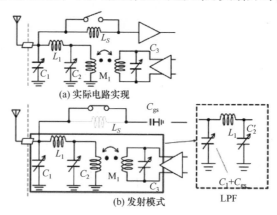

(a) 实际电路实现

(b) 发射模式

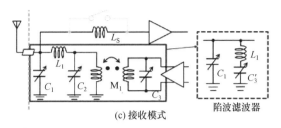

图 7.11 一种 BLE 收发机 RFIO 电路设计

通过调节电容值同样可以使发射通道呈现高阻抗，从而不影响 LNA 工作。此时，PA 的匹配网络还可以体现出陷波滤波器的作用，辅助增强抗干扰能力。该匹配网络的插入损耗仅有 0.5dB 左右。

集成无源器件和 LNA、PA 电路协同设计有助于同时提高接收机和发射机的性能。图 7.12 为 LNA 和 PA 共享集成变压器及集成变压器架构[6]，该集成变压器主、次线圈比设计为 2∶6(匝数比 N=3)。当接收机工作时，集成变压器主、次线圈上可以获得 3 倍的电压增益，从而可以去掉有源 LNA，降低功耗，同时混频器的匹配阻抗为 $450(N_2 R_s)\Omega$，无源混频器开关器件尺寸可以设计得比较小，减小本振信号的驱动级负载，有助于减小本振信号驱动级功耗。对于发射机，由于大部分蓝牙系统发射功率比较低(0dBm 左右)，而正常工作电源电压下最大输出功率远大于 0dBm，发射功率回退到 0dBm 会严重降低发射效率。集成变压器使负载阻抗提升，可以使发射机在正常工作电源电压下最大发射功率约为 0dBm，从而获得较好的发射效率。通过设计集成变压器的输出匹配网络，还可以使功率放大器工作在 E/F 类模式，进一步提高发射机效率。

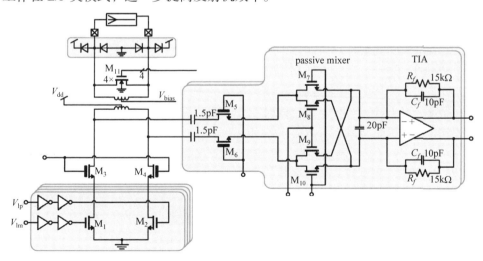

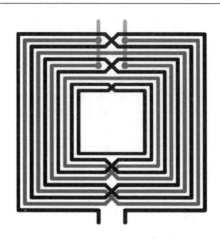

图 7.12　LNA 和 PA 共享集成变压器架构及集成变压器

　　全集成 BLE 射频前端电路技术随着系统对功耗、集成度的要求越来越高,必将涌现出更多的新技术,如 RF-IF 电流复用、极低电源电压(<0.2V)电路技术等。

　　4. 低功耗锁相环和两点调制电路技术

　　BLE 协议采用高斯频移键控(GFSK)调制方式,是一种简单的二进制调制方式,其输出波形为恒包络波形。采用传统的上混频发射机架构实现调制,会消耗大量的芯片面积和功率,因此在 BLE 发射机中,通常都是采用基于锁相环调制的发射机架构,并采用非线性功率放大器,实现系统架构的简化和功耗的降低。

　　由于锁相环的输出频率为参考频率与分频比的乘积,利用锁相环实现调制时,可以将数据信息调制至锁相环的参考频率上,或者通过改变分频比来实现。前者依然需要较为复杂的数字模拟转换电路来实现,而后者的控制为数字控制码,可以在全数字域内实现信息调制,因此,BLE 发射机中一般均采用后者。然而,由于锁相环的环路带宽限制,调制信息中的高频信息不可避免地会被滤波器滤掉,因此简单的锁相环调制难以满足较高数据率的发射机需求。两点调制技术就是在这种背景下诞生的,该技术通过同时在分频比和振荡器控制点进行信息调制,实现宽带的频率相位调制。图 7.13 在锁相环环路中,分频器到输出点的传输函数为低通特征,而振荡器控制点到输出的传输函数为高通特征。因此,通过合理设计,可以实现一个带宽更宽的传输函数,从而实现高速调制。

　　在模拟锁相环中,为了实现两点调制,需要精确估计环路中的模拟参量。然而这些参量受工艺、电压、温度等影响较大,会对调制结果产生影响。而在全数字锁相环中,整个环路工作在数字域,因此两点调制和所需的计算校准均可以在数字域灵活实现,全数字锁相环的两点调制技术逐渐被广泛采用。

　　基于 TDC 的 ADPLL,TDC 需要覆盖数控振荡器(DCO)的周期,功耗通常达到

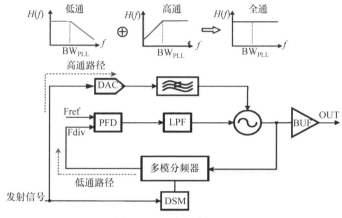

图 7.13　两点调制原理

几 mW, 这是无法在 BLE 收发机芯片中直接使用的, 如图 7.14(a)所示。为了降低 TDC 的功耗, 一个有效的策略是采用数字时间转换器(digital to time converter, DTC)+短 TDC[7], 如图 7.14(b)所示。DTC 覆盖主要的时间量程, TDC 覆盖一小部分时间量程。因为 DTC 的数字控制码是可以预知的, 所以 DTC 的功耗可以做得非常低。将 TDC 量程减小为原来的 1/10 甚至更小, 可以极大地降低功耗。

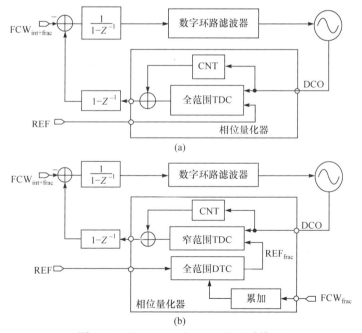

图 7.14　基于 DTC+短 TDC 的电路模型

图 7.15 给出了一种基于 DTC+短 TDC 的电路实现[8]。在该电路中提出了一种

类比于照相机的"快照"电路，DTC 的输出信号 $FREF_{dly}$ 触发"快照"电路捕获 DCO 输出信号 CKVD2 的第一边沿信号 $CKVD2_S$，$CKVD2_S$ 信号在每个参考时钟周期只产生一次。短 TDC 对 $FREF_{dly}$ 和 $CKVD2_S$ 信号的时钟差进行量化。

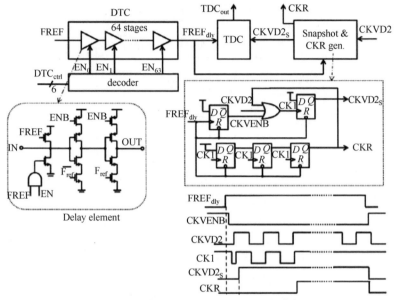

图 7.15　一种基于 DTC+短 TDC 的电路实现

短 TDC 可以根据不同的电路需求进行构造，采用"快照"电路只是其中一种方法。更为直接的方法是将 DTC 置于 ADPLL 环路中(图 7.16)。

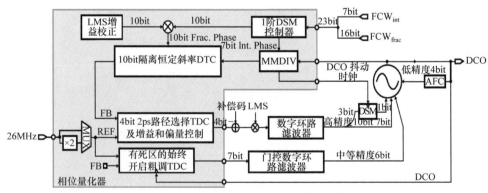

图 7.16　DTC 置于 ADPLL 环路的架构

DCO 的输出经过分频后，频率降至接近参考时钟，这个信号先经过 DTC 后再通过短 TDC 和参考时钟进行量化。DTC 有很多种实现方法，如数控时间延迟、数控相位插值等方法。

5. 相位域解调技术

传统的接收机解调在幅度域进行，利用低功耗 ADC 和数字解调电路虽然也可以实现比较高的能量效率，但是幅度域解调容易受到干扰信号影响。BLE 采用 GFSK 调制，信息调制在相位域，因此可以采用相位域解调技术来实现解调。相位域解调技术相比于传统解调技术的优点是有比较好的抗干扰能力。相位域 ADC、相位跟踪解调等技术都是针对相位域解调提出的非传统解调技术。

图 7.17 给出了基于相位域 ADC 的接收机系统框图[9]，在 I、Q 平面将中频信号映射为 N bit 多路输出信号：

$$i_k = \cos(\theta_k) \cdot i(t) + \sin(\theta_k) \cdot q(t) \tag{7.21}$$

$$q_k = -\sin(\theta_k) \cdot i(t) + \cos(\theta_k) \cdot q(t) \tag{7.22}$$

在解调电路中对各路信号进行过零判决，即可给相位的量化输出。

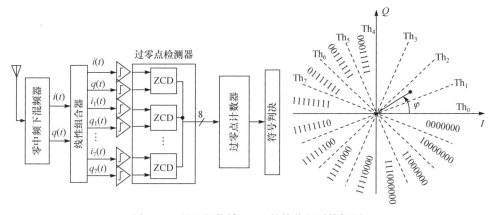

图 7.17　基于相位域 ADC 的接收机系统框图

图 7.18 给出了一个 4bit 的相位域 ADC[5]，其中量化的三角函数可以近似如下，近似量化值通过电流拷贝来实现：

$$\sin\left(\frac{\pi}{8}\right) = \cos\left(\frac{3\pi}{8}\right) \approx \frac{5}{13}, \quad \sin\left(\frac{\pi}{4}\right) = \cos\left(\frac{\pi}{4}\right) \approx \frac{9}{13}$$

$$\sin\left(\frac{3\pi}{8}\right) = \cos\left(\frac{\pi}{8}\right) \approx \frac{12}{13}, \quad \sin\left(\frac{\pi}{2}\right) = \cos(0) \approx \frac{13}{13} \tag{7.23}$$

图 7.19 展示了一种基于滑动中频的相位跟踪解调原理[10]。该结构中第一次下变频和传统的滑动中频一致，第二中频通过分频实现 4bit 相位选择。4bit 相位选择器和第二混频器、低通滤波器、比较器、相位积分器构成了调制相位信号的跟踪环，这个跟踪环的行为级模型如图 7.20 所示。射频输入与本振的频率误差会转化为低频的干扰，从而导致解调输出错误。因此引入一个数字载波频率跟踪环路来辅助校正 DCO 的频率漂移。

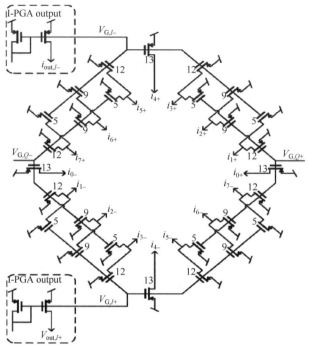

图 7.18　4bit 相位域 ADC

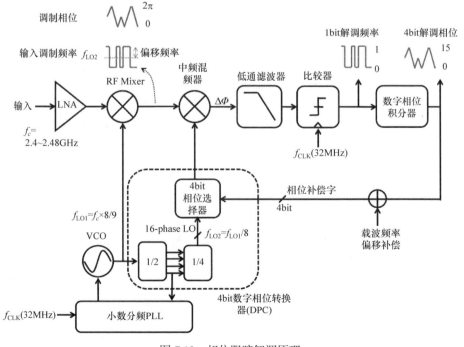

图 7.19　相位跟踪解调原理

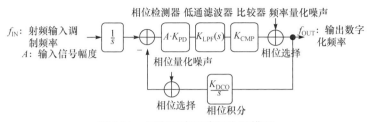

图 7.20　相位跟踪环路行为级模型

7.1.5　BLE SoC 芯片实例

本节将简要给出一个有规模商业应用的 BLE SoC 芯片的射频收发机设计实例(图 7.21)[11]，加深对 BLE 收发机芯片设计的认识。射频收发机架构采用的是传统的低中频架构。

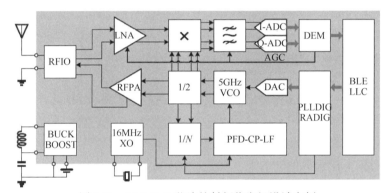

图 7.21　BLE SoC 芯片的射频收发机设计实例

从低成本和使用的便捷性考虑,在芯片中集成了 DC-DC 转换器和 RFIO 电路。为了适应不同外部电池的需求,DC-DC 转换器既可以工作在降压(Buck)模式,从 3V 锂电池产生 1.4V 电源电压,也可以工作在升压(Boost)模式,从 0.9V 碱性电池产生 1.4V 和 2.5V 电源电压。

集成 RFIO 电路如图 7.22 所示。

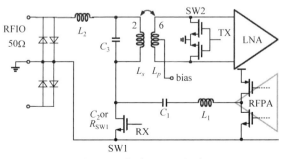

图 7.22　集成 RFIO 电路

有效的 PA 和 LNA 匹配网络如图 7.23 所示。

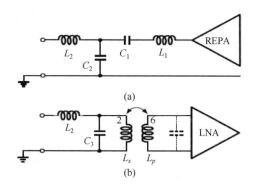

图 7.23 PA 和 LNA 匹配网络

PA 采用单端 D 类功率放大器结构,有助于在正常工作电压(1.2V)下实现低发射功率和高发射效率。如图 7.23(a)所示,其中 L_2 和 C_2 实现阻抗转换和低通滤波功能,将 50Ω 转换至 120Ω 左右,L_1 和 C_1 是谐振网络,谐振频率在 2.44GHz 附近。谐振网络和低通滤波配合可以将谐波抑制到 -50dBm 以下。PA 电路(图 7.24)包括差分转单端电路、驱动级和输出级电路。PA 的漏端效率为 50%,PAE 为 45%。驱动级反相器的偏置采用工艺波动自适应偏置技术,抵抗 PVT 波动。单端结构的问题是偶数阶失真,因此,该方案通过单次在片校正偶数阶失真,使得驱动级的偶数阶失真和输出级的偶数阶失真相互补偿。

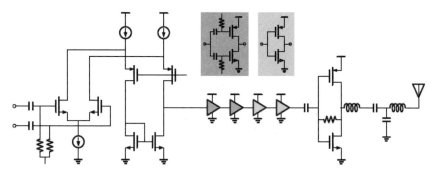

图 7.24 PA 电路

LNA 差分电路如图 7.25 所示,差分结构有助于抵抗电源电压等共模噪声。L_2 和 C_3 提供阻抗匹配,变压器采用 2:6 匝数比的集成变压器结构,收发复用电感 L_2。LNA 采用恒定 g_m 偏置,放大级采用差分 Cascade 结构,负载为 LC 谐振网络。通过阻抗转换、2:6 变压器和 LC 谐振网络等技术,LNA 增益可以达到 27dB,噪声为 5dB,电流仅为 1mA。

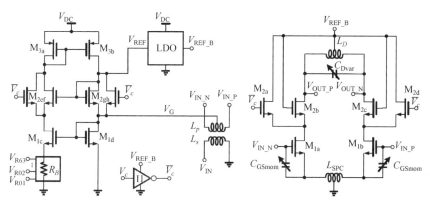

图 7.25　LNA 差分电路

本振信号(LO)驱动级功耗在射频收发机整体功耗中有较高的占比，降低 LO 驱动级功耗也是 BLE 收发机芯片设计的重要考虑因素。为了降低 LO 驱动级功耗，该射频收发机中采用了降低信号幅度和电荷复用两个原则。N 叠层驱动级中利用 $C_s \gg C_L$ (负载电容)实现电荷复用，通过叠层有效降低信号幅度。混频器采用了交叉开关跨导结构。LO 驱动级+混频器电路(图 7.26)，这种结构具有良好的镜像抑制能力(imaging rejection ratio，IRR)，镜像抑制可以达到 35dB，远高于 BLE 镜像抑制要求。

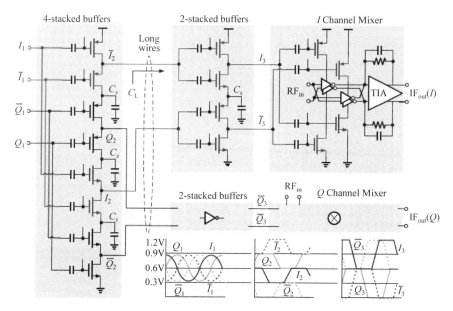

图 7.26　LO 驱动级+混频器电路

射频收发机采用了传统的模拟锁相环结构。VCO 采用了 LC 结构，其中开关电容阵列如图 7.27 所示，8 个相同的电容阵列通过 A、B 电压实现三种控制状态，由此可以产生 48 种组合。通过查表方法使用其中线性最好的 16 种组合。VCO 工作在 2 倍工作频率上，通过优化设计电感线圈阻抗，功耗仅为 1.1mW。

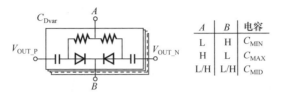

图 7.27　开关电容阵列

ADC 电路采用了 200MHz 10bit 逐次逼近 ADC 结构(图 7.28)，该 ADC 可以工作在差分模式和单端模式。在 ADC 中单元电容小于 1.0fF，有助于实现低功耗。

该射频收发机芯片通过多种技术组合取得良好的综合性能，如图 7.29 所示，

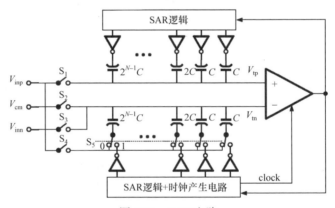

图 7.28　ADC 电路

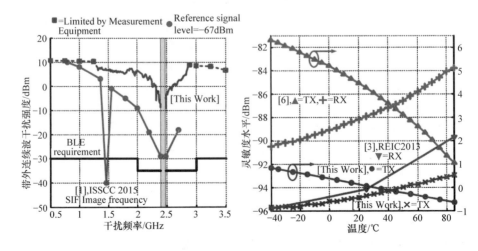

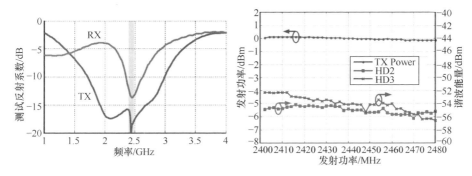

图 7.29　射频收发机芯片性能

包括抗干扰能力、灵敏度、发射效率、谐波抑制等，芯片总功耗为 10mW。

7.2　低功耗广域物联网射频与系统电路技术

物联网应用按通信速度可以分为高速率、中速率和低速率三种。其中，高速率和中速率已经有了比较成熟的网络接入技术和市场，而占比最大的低速率应用场景，技术还不够完善，具有较大的发展前景。这一类低速率的应用，其主要特点为节点数大、通信触发频率极低(几天甚至几个月才通信一次)、通信距离远。典型的应用案例包括智能电表、空气监测、农业监测等。而对于这些低速率的应用，低功耗广域窄带物联网技术提供了一个非常完美的解决方案(图 7.30)[12]。

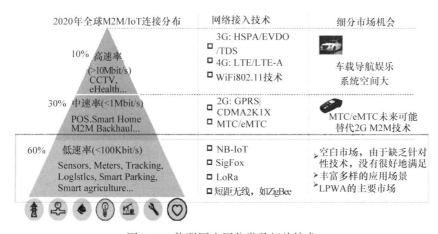

图 7.30　物联网应用分类及相关技术

低功耗广域窄带物联网是物联网的重要组成部分，其典型特征包括广覆盖、低功耗、低成本、大连接。目前，低功耗广域窄带物联网主要包括四种协议标准，即 NB-IoT、eMTC、LoRa 和 SigFox。这四种协议均能满足低功耗广域窄带物联网的长距低速的要求，但也有各自独特的特点。

根据建网特点可以简单地将四种协议分为两类。NB-IoT 和 eMTC 均是由运营商运营基于蜂窝网络，并使用授权频段建网。而 LoRa 和 SigFox 则属于私有网络，需要用户自行建网，使用无执照频段。由运营商运营的主要优点在于用户不需要自行建立和维护网络，只需要使用运营商提供的 SIM 卡即可接入网络。缺点是所有的信息必须经过运营商，且会收取流量费用。对于一些不希望信息经过运营商，且对流量费用敏感的厂商，就不太适合选用由运营商经营的网络，而 LoRa 和 SigFox 则是更好的选择。而对于一些不想自行建网维护的厂商而言，由运营商经营的 NB-IoT 和 eMTC 就是更好的选择。

四种协议的主要技术特点总结如表 7.5 所示。

表 7.5　四种协议的主要技术总结

项目	LTE-M (eMTC)	LTE Cat NB1 (NB-IoT)	LoRa	SigFox UNB
频带	授权频段 700～2100MHz	授权频段 700～2100MHz	未授权 ISM 频段 868/915/433MHz	未授权 ISM 频段 868/915/433MHz
最小传输带宽	180kHz	3.75kHz	125kHz	100Hz, 600Hz
接收机灵敏度	−132dBm	−137dBm	−137dBm	−147dBm
完全双向	是	是	是	否
调制方式	BPSK,QPSK, 16QAM,64QAM	p/2 -BPSK, p/4 -QPSK1	LoRa modulation1, GFSK	D-BPSK
数据率	最高 1000Kbit/s	最高 100Kbit/s	0.3～38.4Kbit/s	100bit/s
标准	LTE (Release 12)	LTE (Release 13)	LoRaWAN	无

四种协议均具有较窄的带宽，这与实现低功耗广域窄带物联网的要求是一致的。较窄的带宽可以提高接收机的灵敏度，增加链路预算，从而增加整个系统的覆盖率。另外，系统的带宽变窄，许多系统模块的功耗也会降低，也有利于增加系统寿命。

7.2.1　NB-IoT 简介[13]

由于四种协议均具有窄带宽、低功耗的特点，对应的射频收发机电路与系统也具有一定的相似之处。目前，有关 NB-IoT/eMTC/LoRa/SigFox 的射频收发机电路与系统技术的文献还比较少。本节将以 NB-IoT 为主要的例子，介绍其协议与射频电路及系统技术相关内容。

NB-IoT 的终端分为两类，分别支持 Single-Tone 和 Multi-Tone。前者的带宽为 3.75kHz 和 15kHz，主要应用于低成本的物联网终端，实现更广的覆盖和更低的功耗；后者的带宽为 15kHz 的整数倍，提供更高的数据率，用于替代传统的 CDMA/GPRS 物联网应用，功耗和成本较前者高。

此外，NB-IoT 还分为三种部署场景，分别称为 Standalone、Guard-band 和 In-band。Standalone 不依赖于 LTE，适合于对 GSM 频段的重新利用；Guard-band 部署在 LTE 的保护带内；In-band 则部署在 LTE 带内。

NB-IoT 对频带的规定如表 7.6 所示。

表 7.6　NB-IoT 协议中规定的频带

频带号码	上行频率范围 / MHz	下行频率范围 / MHz
1	1920～1980	2110～2170
2	1850～1910	1930～1990
3	1710～1785	1805～1880
5	824～849	869～894
8	880～915	925～960
12	699～716	729～746
13	777～787	746～756
17	704～716	734～746
18	815～830	860～875
19	830～845	875～890
20	832～862	791～821
26	814～849	859～894
28	703～748	758～803
66	1710～1780	2110～2200

其中，中国的三大运营商取得的 NB-IoT 频段如表 7.7 所示。

表 7.7　三大运营商取得的 NB-IoT 频段

运营商	上行频率/MHz	下行频率/MHz	频段宽度/MHz
中国联通	909～915 1745～1765	954～960 1840～1860	6 20
中国移动	890～900 1725～1735	934～944 1820～1830	10 10
中国电信	825～840	870～885	15

考虑以上因素，若要覆盖 NB-IoT 的所有应用频段，则需要覆盖的频率区间为 699～960MHz、1710～2200MHz。

根据 3GPP NB-IoT 相关协议，NB-IoT 收发机的主要参考技术指标如表 7.8 所示。

表 7.8　NB-IoT 收发机的主要参考技术指标

指标项		备注	值	单位
频率		视具体要求选择	699～960,1710～2200	MHz
接收机	噪声系数		6	dB
	灵敏度		−130	dBm
	接收机最大信号能量		−25	dBm
	IIP3		−15.4	dBm
	带宽		180	kHz
	邻近信道抑制	200kHz 偏移时	30	dB
发射机	调制方式与对应的 EVM 要求	QPSK,BPSK	17.5	%
		16QAM	12.5	%
		64QAM	8	%
	带宽	单音模式	3.75	kHz
	载波频率偏差	载波小于 1GHz	±0.2	×10^{-6}
		载波大于 1GHz	±0.1	×10^{-6}
	最小发射功率		−40	dBm
	最大发射功率	两种类别	20/23	dBm
	频谱杂散要求	±0 kHz	26(测量带宽 30kHz)	dBm
		±100kHz	−5(测量带宽 30kHz)	dBm
		±150kHz	−8(测量带宽 30kHz)	dBm
		±300kHz	−29(测量带宽 30kHz)	dBm
		±500～1700 kHz	−35(测量带宽 30kHz)	dBm
	带外杂散要求 (1.7MHz 外)	9kHz ≤ f < 150kHz	−36(测量带宽 1kHz)	dBm
		150kHz ≤ f < 30MHz	−36(测量带宽 10kHz)	dBm
		30MHz ≤ f < 1000MHz	−36(测量带宽 100kHz)	dBm
		1GHz ≤ f < 12.75GHz	−30(测量带宽 1MHz)	dBm
		12.75 GHz ≤ f < 上行频带边界的 5 阶谐波	−30(测量带宽 1MHz)	dBm
频率综合器	相噪声	@1MHz	−110	dBc

7.2.2 NB-IoT 收发机关键电路和系统技术

NB-IoT 收发机芯片和 BLE 芯片相似，研发也都围绕着如何降低系统成本、减小功耗和尺寸展开，在射频电路和系统技术方面有很多相通之处，但应用场景不同也带来了很多不同的考虑。BLE 芯片需要瞬时功耗和静态功耗都比较低，而 NB-IoT 因为通信触发频率极低，所以主要要求静态功耗极低。静态功耗控制主要和数字电路相关，在本节不进行详细讨论。从表 7.6 可以注意到 NB-IoT 覆盖非常宽的频段，如果要面向全球客户应用，NB-IoT 收发机需要覆盖 700～2200MHz 的宽频段范围，即使只针对中国 NB-IoT 频段设计，也需要覆盖多个频段。宽频段覆盖的要求给 NB-IoT 收发机电路和系统设计带来诸多挑战。挑战一：从低成本和小尺寸的角度，希望 NB-IoT 芯片使用时不需要片外 SAW 滤波器或者尽可能少的 SAW 滤波器。无 SAW 滤波器的芯片设计，因为频段范围存在各种强干扰，对射频接收机的线性和频率综合器的相噪声提出了非常苛刻的要求。若同时满足电路线性和相噪声的苛刻要求，就很难兼顾低功耗的要求。挑战二：射频发射机采用单一匹配网络覆盖宽频段，同时具有较高的发射效率、回退发射效率、良好的谐波抑制能力。挑战三：NB-IoT 最大发射功率可达 23dBm，由于 BLE 芯片普遍发射功率不高，振荡器拖动问题并不严重；而在高度集成的 NB-IoT 芯片中避免振荡器拖动问题是非常具有挑战性的。

另外，由于 NB-IoT 系统需要覆盖很远的距离，接收机必须实现高灵敏度，发射机必须实现高发射功率，而这必须要在低功耗的条件下实现。为了适应 Guard-band 和 In-band 的部署方式，发射机的带外杂散必须要满足严苛的协议要求。举例来说，对于 3.75kHz 带宽的 NB-IoT 发射机系统，在 9kHz 偏移处的抑制必须大于 36dBc，这对于传统发射机架构也有一定挑战。

NB-IoT 芯片方面的研究工作才刚刚兴起，电路和系统方面的研究成果不如 BLE 芯片系统全面。下面以 750～960MHz 低功耗 NB-IoT 收发机芯片为例[14]，对 NB-IoT 系统和关键电路问题进行分析。芯片选择工作在 750～960MHz 频段，规避了宽频段对 NB-IoT 芯片设计的挑战。芯片系统架构如图 7.31 所示。该收发机包括一个低中频接收机，一个小数分频锁相环，一个全数字 Polar 发射机及模拟基带和 ADC 等电路模块。接收机针对 180kHz 带宽模式，发射机针对 3.75kHz 带宽模式。考虑到系统的带宽仅为 180kHz，如果选用零中频架构，则 1/f 噪声的影响将很难消除。因此，接收机架构选用低中频，中频频率选 120kHz，其中考虑了 NB-IoT 信道有 30kHz 的带边保护。

芯片发射机为了较高的发射效率和良好的带外噪声与杂散抑制，采用了 Polar 发射机架构(图 7.31)。为了获得良好的带外发射频谱，需要仔细进行数字信号处理。60kHz 采样率的 I、Q 基带信号经过 480kHz 频率上采样后进行 FIR 滤波，然后 I、Q 信号经过 Cordic 算法分离为幅度和相位域信号。为了更好地抑制上采样问题，相位信号通过微分操作变为频率信号后输出给频率综合器中的 MASHΔΣ 调制器，相位信号经过 VCO 电路的积分操作后恢复。相位域信号和幅度控制信号(ACW)经过"与门"操作控制全数字发射机(DPA)的发射，通过查表方式消除 DPA 的幅度-幅度失真。AM、PM 调制电路如图 7.32 所示。仿真结果表明相位信息上采样为 480kHz 后经过ΔΣ调制器已经将噪底抑制到足够低的水平；同样，幅度信号上采样为 2.4MHz，镜像抑制能力可以达到 60dB。

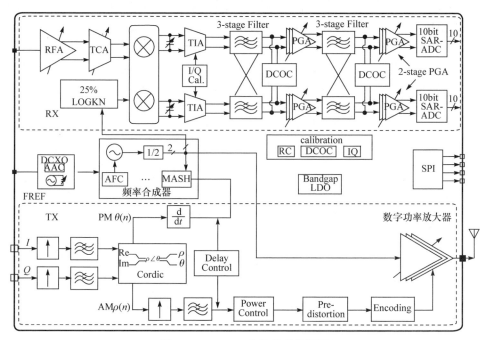

图 7.31　NB-IoT 收发机系统框图

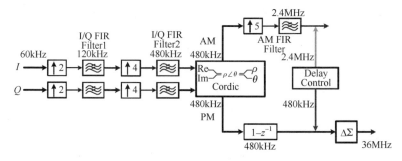

图 7.32　AM、PM 调制电路

采用了逆 D 类 PA 结构，DPA 阵列由 63 个 16×DPA 单元、15 个 1×DPA 单元、2bit 二进制 DPA 单元(一个 0.5×DPA 单元和一个 0.25×DPA 单元)与一个高速 ΔΣ调制器控制的 0.25×DPA 单元，如图 7.33 所示。高速ΔΣ调制器控制的 0.25×DPA 单元目的是获得更高的幅度控制精度。DPA 匹配网络采用片外高品质无源器件，有助于获得较高的发射机效率。DPA 最大输出功率为23dBm，漏端效率为50%左右。

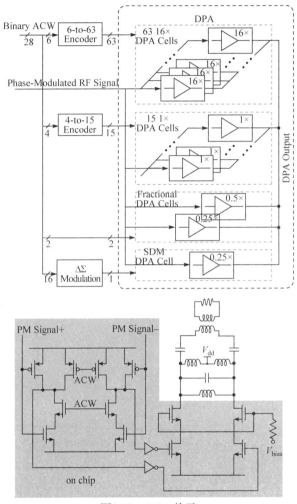

图 7.33　DPA 单元

由于系统对于灵敏度的要求较高，该接收机中采用电感负反馈型有源 Balun 低噪声放大器。此外，选用电流驱动的无源混频器，降低接收机链路的1/f噪声。在接收机中对 I、Q 本振信号和增益进行了校正处理。

频率综合器采用传统的模拟ΔΣ小数分频结构，其中 VCO 采用了 Class C LC 振荡器结构。

芯片的主要测试性能如图 7.34 所示,图 7.34(a)为发射频谱和星座测试图;图 7.34(b)为发射功率和效率测试曲线。

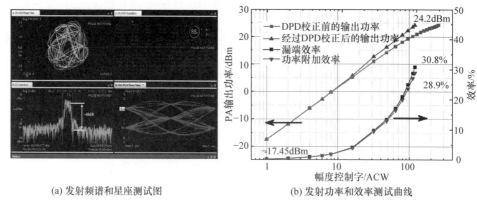

(a) 发射频谱和星座测试图　　　　(b) 发射功率和效率测试曲线

图 7.34　芯片的主要测试性能

NB-IoT PA 的效率、集成度对于整体芯片性能至关重要。针对 NB-IoT 使用了 700MHz～2.0GHz 的授权频带这一特点,全集成功率 Doherty 放大器电路结构[15]仅使用一个片上匹配网络,实现了对 699～915MHz 和 1710～1980MHz 两个频带的支持。

同时,考虑到 NB-IoT 中使用了高阶调制,因此信号的峰均比(PAPR)较高 (>6dB),PA 一般工作在几 dB 的回退状态。因此,该 PA 采用了 Doherty 结构,以提高在 6dB 功率回退(PBO)下的效率。其功率回退效率提升原理如图 7.35 所示。

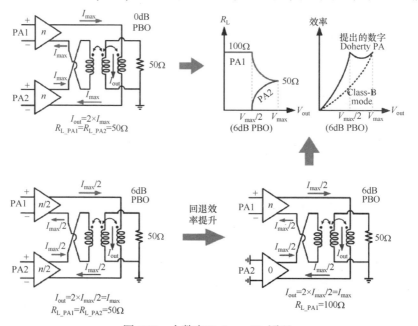

图 7.35　全数字 Doherty PA 原理

传统的 Class-B 模式下，在功率回退一半时，两路 PA 均关闭一半，效率损失比较严重。而在提出的 Doherty PA 中，在功率回退时，关闭一半的 PA，提升这一部分 PA 的输出阻抗，从而提升整体效率。

全数字 Doherty PA 结构如图 7.36 所示。基本单元采用开关电容结构。幅度调制上具有 10bit 的精度，包括两个 9bit 的 Sub-PA。

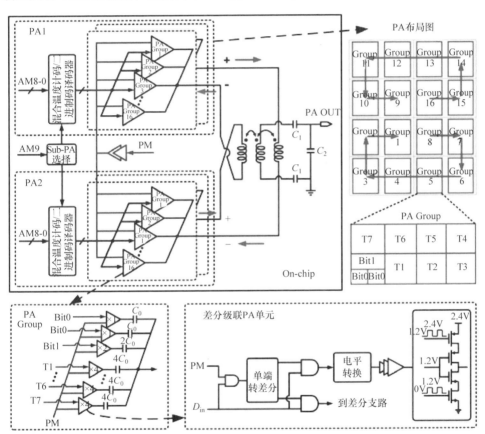

图 7.36　全数字 Doherty PA 结构图

图 7.37 是双频段变压器的结构图及其仿真效果。可以看出，该变压器网络在比较宽的频带内都能实现很好的匹配效果。在较宽的频率范围内，PA 无源损耗小于 1.6dB。

该 PA 采用 55nm CMOS 工艺实现。在 0.85/1.7GHz 的工作频率下能够实现 28.9/27dBm 的峰值功率输出，以及 36.8%/25.4%的峰值功率附加效率(PAE)；同时在 6dB 功率回退情况下，仍能够实现 29.9%/16.8%的 PAE。

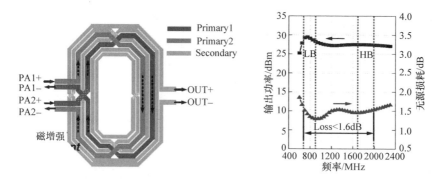

图 7.37　双频段变压器结构图及其仿真效果

7.3　基于非对等通信的 RFID 电路与系统技术

RFID 技术由于是基于非对等通信的，对低功耗、低成本的物联网应用具有非常重要的价值。在前面所介绍的蓝牙、ZigBee、NB-IoT 等技术中，通信双方的无线收发机的工作模式是基本相同的、芯片架构也是基本相同的，是一种对等的通信方式。而 RFID 技术中通信双方的工作模式是不相同的，RFID 技术通信双方分别为 RFID 阅读器和 RFID 标签端，RFID 阅读器和传统的无线收发机工作模式基本相同，而 RFID 标签通过包络检波和背散射调制技术与阅读器进行通信，无须传统复杂的 PA、频率综合器、低噪声放大器等电路，因此 RFID 标签芯片是一种极其简单的无线通信芯片，在功耗和成本上比传统收发机至少 3～4 个数量级，对于海量部署的物联网终端设备，RFID 技术在功耗和成本上的优势是极具吸引力的。

在物联网环境中，微型的计算节点将会被越来越广泛地嵌入各种类型的物体对象中。目前在广义的物联网中，各类物理对象的计算能力差异巨大。随着半导体技术的发展和通信技术从最基本的 2G 向具有更高数据率的 3G、LTE 演进，以智能手机、平板电脑为代表的智能终端具有强大的本地计算和通信能力。但是一些简单的(如仓储物品、日用消费品)或者是对应用场景有特殊需求的(如穿戴医疗设备、智能家具)物理对象本身并不具有智能性。随着无线通信技术的发展和传感器技术的普及，越来越多的物体对象上将被附加电子标签并成为一个智能节点，而对于节点的自动识别将不仅限于标识，对传感感知量等数据的采集、分享和协同使用将进一步提高物联网的有效性。这也是未来大数据和云计算时代对海量底层数据的根本要求。

传统的 RFID 技术起步较早，大多应用于工业或商业特殊应用场合，例如，仓储物品和农业畜牧的短距定位、物流链的辅助管理等。基于物联网的深入发展，将出现更多的新型应用，其不局限于传统的物品识别定位功能。最近，美国密歇根大学开发出一项基于 RFID 的新技术，这项名为"IDAct"的技术，通过在日常用品，如煎锅、药品、茶杯等中植入 RFID 标签，然后通过算法感知和判断人的日常活动，可以判断人是否移动过药瓶或者做饭，或者物品是否被移动过等，由此衍生出更多的基于物联网的服务。美国密歇根大学的研究人员认为，这是向真正沉浸式的物联网体验迈出了关键的一步。

RFID 技术覆盖的工作频率从几百 kHz 到微波频段非常广的频率范围，不同的频段对应不同的应用场景，如 125kHz 主要用于动物追踪、13.56MHz 用于近场通信(NFC)，UHF 频段用于物流和防伪等。UHF RFID 技术因为通信距离、数据率、天线尺寸等因素被认为非常适合各种物联网应用而受到重视，本节主要介绍 UHF RFID 相关技术。

7.3.1　UHF RFID 工作原理和通信协议

1. UHF RFID 系统工作原理简介

图 7.38 为一个典型的 UHF RFID 系统工作架构及原理框图。系统工作过程如下。

(1) 阅读器接收指令开始进行与标签节点的通信过程，发射机发射固定频率的无调制连续载波信号(continuous-time wave，CW)，在通信范围内的节点接收到能量载波并通过整流电路充电完成自启动；

(2) 阅读器在发射固定时间的载波信号以后开始发射调制数据，该阶段数据一般为询问指令；

(3) 标签节点自启动后，接收并通过包络检波解调阅读器发射的询问指令，当指令校验后，确实为阅读器通信目标，则标签节点启动背散射(back scattered)模块，通过改变天线反射系数返回应答确认；

(4) 阅读器收到目标节点应答确认，建立链路通信连接；

(5) 在之后的通信过程中，阅读器将持续发射连续载波信号用于节点的供电，并在此期间进行多次指令传输。节点持续通过阅读器载波获取能量，并完成数据识别、感知量采集、写入读取、数据返回发射等行为。其中特别地，在背散射数据返回的过程中，阅读器载波发射不能中断。

在标签节点背散射数据返回的过程中，阅读器需要持续发射大功率载波给无源节点功能。在该过程中，可将 RFID 系统看作一个同时同频工作系统，且阅读器发射的是高功率载波信号。通常载波信号幅度远大于标签节点返回的调制数据，数量级在 10^8 以上，且该泄漏信号位于返回信号信道中间。阅读器接收机在接收调制数据的同时将受到该高功率载波的影响，衍生出一系列对性能产生严重影响的问题。

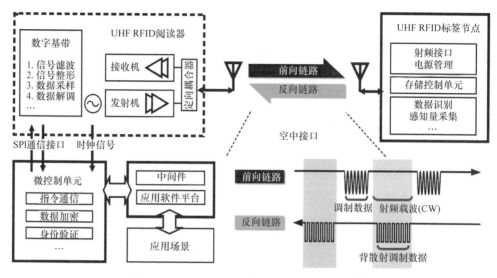

图 7.38　UHF RFID 系统工作架构及原理框图

链路功率传输特性可分为阅读器至标签节点前向阶段和标签节点至阅读器反向阶段两个过程。

1) 阅读器至标签节点前向阶段

阅读器至标签节点的前向阶段决定了阅读器发射机发射功率后在空间可获取的功率随距离的变化情况，即离阅读器一定距离的标签节点可获得的能量水平。通常在对阅读器的配置中，会选择具有一定增益的天线来获得具有方向性的辐射特性，从而满足实际应用中目标识别方向的特异性。本书规定阅读器发射机实际发射功率为 $P_{\text{TX\_reader}}$，阅读器天线的增益为 $G_{\text{TX\_reader}}$，定义阅读器有效全向辐射功率(effective isotropic radiated power，EIRP)为

$$\text{EIRP} = P_{\text{TX\_reader}}(\text{dBm}) + G_{\text{TX\_reader}}(\text{dBi}) \tag{7.24}$$

EIRP 通常用来确定发射的最大功率限制，因为 EIRP 确定了一个阅读器的峰值功率密度，而不是实际发射功率 $P_{\text{TX\_reader}}$。由于在较近的频段内，过高的发射功率密度会对相邻频道产生影响，各个地区通常会对最高有效全向辐射功率做出限制。中国 RFID 标准和 ISO18000-6C 都规定非授权发射机在采用 6dBi 增益天线的情况下，最高只能发射 1W(30dBm)功率，即对应 EIRP 不能超过 36dBm。

对于在自由空间中的天线场分布，根据近场区和远场区可分为菲涅尔区(Fresnel)和夫琅禾费区(Fraunhofer)。在菲涅尔区中，天线场分布呈现感应场特性，其特点是电场随距离的变化呈现三次方衰减。UHF RFID 系统的工作距离远在菲

涅尔区的边界之外，故对于 UHF RFID 的标签节点而言，其接收阅读器载波的空间距离处于夫琅禾费区中，电场随距离变化呈现平方衰减。在距离阅读器发射天线 r 处，标签节点能够获取的功率可以表示为

$$P_{RX\_tag} = EIRP \frac{A_e}{4\pi r^2} \qquad (7.25)$$

式中，A_e 为带有天线增益为 G_{tag} 的标签节点的有效接收面积，其表达式为

$$A_e = G_{tag} \frac{\lambda^2}{4\pi} \qquad (7.26)$$

通过上述公式，在自由空间中，无源标签节点接收到的功率为

$$P_{RX\_tag} = P_{TX\_reader} G_{TX\_reader} L_{polar} \frac{A_e}{4\pi r^2} = P_{TX\_reader} G_{TX\_reader} G_{tag} L_{polar} \left(\frac{\lambda}{4\pi r}\right)^2 \quad (7.27)$$

式中，L_{polar} 反映了阅读器天线和标签天线之间极化不匹配引起的部分衰减。式 (7.27) 是 UHF RFID 系统前向链路中标签节点接收功率的表达式，即 Friis 公式。在系统参数确定的情况下，可以通过式 (7.27) 计算获得标签节点在固定目标距离上能够获得的激活能量，而对于标签节点而言，其接收灵敏度，即其最低激活能量，需要低于 P_{RX_tag} 3dB 以上以获得足够的裕度水平。由式 (7.27) 变换，可以获得在标签节点灵敏度固定为 P_{sen_tag} 的条件下，正向链路受限通信距离 $R_{forward}$ 为

$$R_{forward} = \frac{\lambda}{4\pi} \sqrt{\frac{P_{TX\_reader} G_{TX\_reader} G_{tag} L_{polar}}{P_{sen\_tag}}} \qquad (7.28)$$

2) 标签节点至阅读器反向阶段

与其他通信系统不同的是，在 UHF RFID 系统中由于目标节点无源，反向链路能量的发射源也为阅读器发射机，只不过经过了标签节点的背散射调制。故在对于反向链路的目标参数计算中，标签节点的接收功率与其发射功率之间相差了一个背散射传输损耗 T_b，该背散射传输损耗与标签节点不同的调制方式所产生的阻抗变化有关。将背散射标签节点也看作存在一个发射机，其发射功率为

$$P_{TX\_tag} = P_{TX\_reader} G_{TX\_reader} G_{tag} L_{polar} \left(\frac{\lambda}{4\pi r}\right)^2 T_b \qquad (7.29)$$

该标签节点返回能量到达阅读器天线的过程中，也经历了与正向链路类似的空间衰减。能量以标签节点为中心，发射至自由空间中的远距离阅读器天线，处于夫琅禾费区的阅读器所能获得的背散射信号接收功率可以表示为

$$P_{RX\_reader} = P_{TX\_reader} G_{TX\_reader}^2 G_{tag}^2 L_{polar}^2 \left(\frac{\lambda}{4\pi r}\right)^4 T_b \qquad (7.30)$$

由式(7.30)可见，在该无源目标标签节点系统中，阅读器发射功率为正向和反向链路唯一的功率源。故在不考虑功率泄漏影响下，该通信系统中高发射功率是远距通信的前提要求。同时，阅读器接收到的返回信号能量与阅读器和标签节点的天线增益呈正相关，提高无源天线的增益可以有效增加目标方向上的通信距离，但是也会相应地增加方向性，从而降低可工作范围。由反向链路工作的 Friis 公式经过变换可以获得在阅读器灵敏度固定为 $P_{\text{sen\_reader}}$ 的条件下，该系统的反向链路受限通信距离 R_{reverse} 为

$$R_{\text{reverse}} = \frac{\lambda}{4\pi} \sqrt[4]{\frac{P_{\text{TX\_reader}} G_{\text{TX\_reader}}^2 G_{\text{tag}}^2 L_{\text{polar}} T_b}{P_{\text{sen\_reader}}}} \tag{7.31}$$

图7.39给出了该无源标签节点系统在不同阅读器性能配置下的信道工作特性。图 7.39(a)展示的是一种普通性能配置：阅读器发射功率为 20dBm，阅读器天线增益为 6dBi，标签节点天线增益为 3dBi，极化失配为 2dB，阅读器和标签节点灵敏度分别为–70dBm 和–30dBm 条件下链路的通信情况。可见在该配置下，由于发射功率较低，且阅读器灵敏度较低，故反向链路成了系统的通信距离受限因素，最大距离约为 10m。图 7.39(b)展示的是目标高性能配置，区别主要体现在阅读器发射功率提高到了 30dBm，且阅读器接收机灵敏度达到–90dBm。在该高性能配置下，系统的通信距离大大提高，能够达到 50m 左右。在实际的情况中，提高系统性能所要解决的核心问题也在于解决高发射功率下能够保持阅读器接收机高灵敏度的问题，同时需要兼顾物联网移动应用中所要求的高集成度、低成本和低功耗。

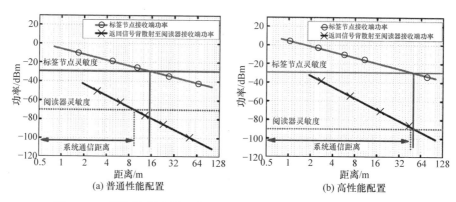

图 7.39　不同阅读器发射功率和接收机灵敏度系统对应通信识别距离

2. UHF RFID 通信协议

目前全球的 UHF RFID 技术根据地区不同共存几种协议体系。主要包括国际

化标准组织(International Organization for Standardization, ISO)制定的 ISO 18600-6C 标准协议、EPC global 组织制定的 EPC global Class1 Gen2 标准协议、我国标准化管理委员会制定的国家标准 GB/T 29768—2013。目前全球使用最广泛的协议为 EPC global Class1 Gen2 标准。下面简要介绍 EPC global Class1 Gen2 标准和国家标准 GB/T 29768—2013。

1) EPC global Class1 Gen2 标准[16]

EPC global Class1 Gen2 标准由美国统一代码协会(Uniform Code Council, UCC)和国际物品编码协会共同推出,致力于向电子标签用户提供标准化的服务并创建包括众多成员企业的"物联网"。EPC global Class1 Gen2 中包括射频通信交互标准、物理层标准、逻辑接口标准等。在此主要对本书所关注的与阅读器射频部分功能和性能设计相关的标准协议进行说明与分析。

协议规定 RFID 的工作范围处于超高频、860~960MHz 频段,同时阅读器的频率需要满足当地射频规范和射频环境要求。阅读器还需要支持在密集阅读器环境(dense-reader environments)中的工作模式。对于信道带宽,EPC global Class1 Gen2 并没有具体规定,而是由各个地区的无线电委员会来制定的,例如,欧洲标准为 200kHz,美国标准为 500kHz,而中国国标为 250kHz。

阅读器的信号调制包括双边带幅移键控调制(DSB-ASK)、单边带幅移键控调制(SSB-ASK)及反相幅移键控调制(PR-ASK)三种方式。图 7.40 显示了 UHF RFID 阅读器在三种不同的调制方式下的链路数据处理过程。阅读器发射给标签节点的基带数据一般采用脉冲宽度编码(pulse-interval encoding,PIE),经过阅读器数字基带滤波和射频调制发射至标签节点并检得波形。标签节点返回数据必须支持 FM0 编码和米勒编码方式,其返回信号数据率通常由阅读器发射命令确定,以 FM0 编码为例,数据率为 40~640Kbit/s 可调。

EPC global Class1 Gen2 定义了在单一阅读器环境下和密集阅读器环境下的发射机频谱规范。同时规定,在各个地区须遵循当地制定的频谱规范标准。EPC 规定第一邻道抑制比 ACPR1 为–20dBc,次邻道抑制比 ACPR2 为–50dBc,第三邻道抑制比 ACPR3 为–60dBc,如表 7.9 所示。在密集阅读器环境下,邻道抑制比要求将相应提高。

2) 中国国家标准 GB/T 29768—2013[17]

中国的国家标准 GB/T 29768—2013 于 2013 年正式实施,其绝大部分物理层规范与 EPC 标准相同,区别在于部分射频规范、编码方式、防冲撞机制等。该标准规定了射频读写器的工作频段为 840~845MHz 和 920~925MHz,这与 EPC 协议中 860~960MHz 的规定工作频段存在差异。

(1) EPC 标准中没有对阅读器发射信号信道带宽进行具体规定,其说明需要遵守各个地区的无线管理委员会的规定。中国国家标准对信道带宽做了一定义说明:前述频带内总共规定 40 个信道，信道带宽为 250kHz，信道中心频率由式(7.32)确定：

$$f_c = \begin{cases} 840.125 + 0.25n \\ 920.125 + 0.25n \end{cases} \quad n = 1, 2, \cdots, 19 \tag{7.32}$$

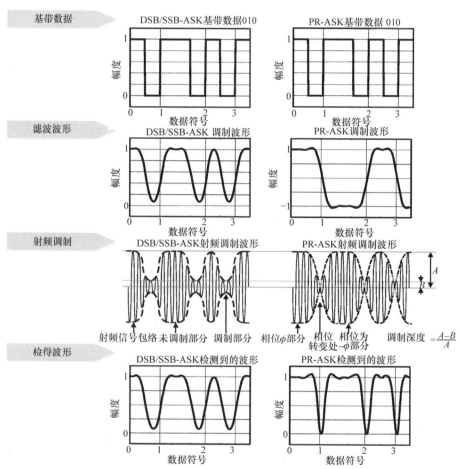

图 7.40　UHF RFID 阅读器在三种调制方式下的链路数据处理过程

(2) 中国国家标准中重新定义了发射机频谱规范要求。GB/T 29768—2013 规定第一邻道抑制比 ACPR1 为–40dBc，次邻道抑制比 ACPR2 为–60dBc，第三邻道抑制比 ACPR2 为–65dBc。该标准与 EPC 标准相比，第一邻道内的功率泄漏要求高了 20dB。第一邻道与主信道频域距离仅为 125kHz，很容易受主信道频谱扩散影响，因此中国国家标准频谱规范比 EPC 标准要求要严格很多。

表 7.9 总结了中国国家标准 GB/T 29768—2013 和 EPC global Class1 Gen2 标准中与阅读器射频模拟设计部分相关的系统指标，可以作为系统设计参考。

表 7.9 中国国家标准 GB/T 29768—2013 与 EPC 协议规定部分系统指标

系统指标	EPC global Class1 Gen2	中国国家标准 GB/T 29768—2013
工作频段	860~960 MHz	840~845MHz，920~925 MHz
发射信道带宽	根据各地区要求规定	250kHz
邻道抑制比	ACPR1：−20dBc	ACPR1：−40dBc
	ACPR2：−50dBc	ACPR2：−60dBc
	ACPR3：−60dBc	ACPR3：−65dBc
阅读器发射编码方式	PIE 编码	TPP 编码
阅读器发射调制方式	DSB-ASK，SSB-ASK，PR-ASK	
标签返回编码方式	FM0 编码，米勒编码	
标签返回调制方式	OOK，PR-ASK	
标签数据率	FM0：40~640Kbit/s	

7.3.2 UHF RFID 阅读器芯片技术

1. 阅读器系统关键问题分析

如前所述，标签和阅读器通信是通过背散射调制技术实现的，阅读器发射机需要持续发射连续载波，标签才能背散射调制数据(图 7.41)，由于阅读器发射机到接收机的隔离度是有限的，阅读器接收机接收到的调制信号是叠加在连续载波上的，并且连续载波的强度远高于背散射信号，这对阅读器接收机的性能产生非常严重的影响。

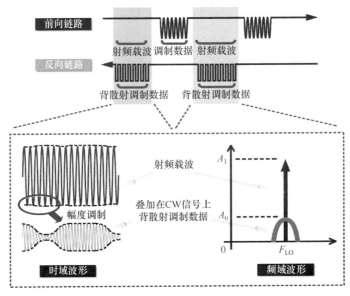

图 7.41 背散射调制数据返回阶段阅读器天线端时域和频域波形

　　我们可以注意到 RFID 阅读器的工作方式和雷达是类似的，发射机和接收机是同频、同时工作的，为了实现发射机到接收机的隔离，一般会采用定向耦合器(directional coupler)或者环形器进行收发隔离，或者通过独立的收发天线进行隔离。无论采用哪一种方式，收发之间的隔离度是有限的，一般隔离度为 30～40dB，发射信号泄漏到接收端恶化接收机性能。发射泄漏信号会通过多种作用机制恶化接收机的灵敏度。

　　1) 泄漏信号相位噪声和幅度噪声的影响

　　泄漏信号携带发射链路的幅度噪声和相位噪声，通过混频进入接收信号信道内恶化接收机的灵敏度(图 7.42)。

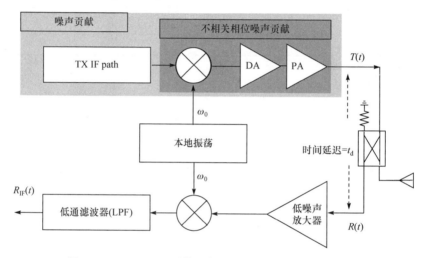

图 7.42　UHF RFID 系统正常工作模式射频载波信号链路

　　泄漏信号的相位噪声包括两部分：一是和本振信号同源的关联相位噪声；二是发射链路贡献的非关联相位噪声。根据自相关理论，关联相位噪声在关联时间长度内经过混频后会在一定程度上相互抵消，关联相位噪声在接收机的残余噪声谱密度为

$$S_{\Delta\phi}(\Delta f) = S_{\phi}(\Delta f)(16\pi^2 t_d^2 \Delta f^2) \tag{7.33}$$

　　以一个典型系统为例，基带数据带宽为 250kHz，$4\sin^2(\pi t_d \Delta f)$ 的值大约在 10^{-8} 量级，对应噪声频谱在 250kHz 偏移处衰减幅度大于 80dB。这意味着相关相位噪声可以通过混频在极大程度上被抵消，基本不会影响带内的噪声水平。而非关联相位噪声则没有这种噪声抵消效应，经混频后恶化接收链路的信噪比。有的阅读器芯片为了降低非关联相位噪声的影响，接收机不是从本地振荡电路直接产生本地振荡信号，而是从功率放大器的输出信号耦合出一路信号作为本地振荡信号，

这样泄漏信号相位噪声和本地振荡信号相位噪声都是同源噪声，通过自相关作用很大程度上可以被抵消。但是本振信号缓冲级贡献的非关联相位噪声仍然存在，因此优化缓冲级的相位噪声性能也是设计中需要关注的问题。

幅度噪声的主要来源包括压控振荡器中部分热噪声和闪烁噪声的转化、发射链路上模拟基带部分热噪声、上混频器和驱动放大器热噪声的贡献等。此外，由于幅度调制-相位调制转换机制(AM-PM conversion)的存在，部分调幅噪声也会转化为相位噪声。通常，由于限幅机制的存在，调幅噪声在发射载波信号总噪声中的比例非常低，一般低于相位噪声 30dB 以上，因此在普通通信系统和接收机灵敏度低于−80dBm 的 UHF RFID 阅读器系统中几乎不考虑其影响。但对于更高灵敏度的阅读器系统，幅度噪声的贡献是需要考虑的。

2) 1/f 噪声和干扰信号的相互作用

1/f 噪声和干扰信号在接收机中有多种作用机制恶化接收机的信噪比(图 7.43)。在零中频接收机中，为了降低 1/f 噪声的影响，一般会采用无源混频器结构。无源混频器因为没有 DC 电流，1/f 噪声比较小。在不考虑低噪声放大器的非线性影响的情况下，大的泄漏干扰信号和本振信号混频后会在混频器输出端形成较大的 DC 偏移量，这个 DC 偏移量会引起无源混频的 DC 电流上升，从而使 1/f 噪声的

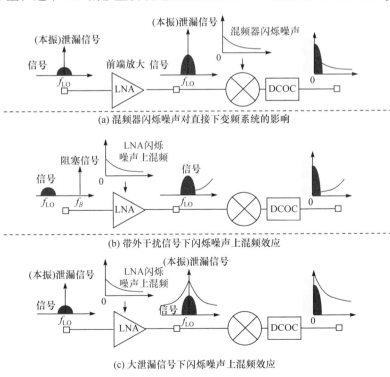

(a) 混频器闪烁噪声对直接下变频系统的影响

(b) 带外干扰信号下闪烁噪声上混频效应

(c) 大泄漏信号下闪烁噪声上混频效应

图 7.43 1/f 噪声和干扰信号在接收机中的作用机制

贡献上升，如图 7.43(a)所示。如果在混频器输入端，泄漏信号功率为 0dBm 左右水平，接收机噪声恶化到 3～4dB 水平。考虑低噪声放大器的非线性，低噪声放大器的器件 1/f 噪声和干扰信号会有一个上变频过程。如果干扰信号在信道外，1/f 噪声上变频过程对接收机信噪比恶化不显著，如图 7.43(b)所示。但是干扰信号在信号带内，如发射机泄漏信号，1/f 噪声上变频过程将严重影响接收机的信噪比，如图 7.43(c)所示。

　　在阅读器接收机中 1/f 噪声和干扰信号的相互作用对接收机信噪比的恶化是非常难解决的问题，尤其是通过低噪声放大器的上变频过程，该噪声一旦产生后，自身无法在前端通过电路手段消除。图 7.44(a)给出了 1/f 噪声在低噪声放大器中的上混频过程，图 7.44(b)给出了 1/f 噪声上混频对接收机噪声系数的影响，可以注意到，泄漏信号为-5dBm 时，噪声系数恶化超过 10dB。

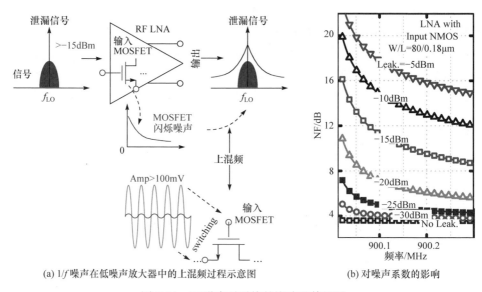

(a) 1/f 噪声在低噪声放大器中的上混频过程示意图　　　　(b) 对噪声系数的影响

图 7.44　1/f 噪声对系统的影响及其机理

　　1/f 噪声和强干扰相互作用问题需要从几个角度进行解决。包括：①尽可能降低泄漏信号能量。使用片外或者片内泄漏载波杀除技术，或者采用具有极深隔离度的定向耦合器技术；②采用合适的射频前端架构，避免闪烁噪声上混频效应的凸显，例如，采用无低噪声放大器的接收机前端架构；③在保证性能水平的前提下降低射频放大级自身的 1/f 噪声。

　　3) 大泄漏信号下接收链路的减敏/阻塞

　　由于系统前端的非线性因素，该强干扰泄漏信号会导致接收机的有用小信号增益水平降低甚至不具有放大能力，该现象称为大泄漏信号下的链路阻塞或者减敏，当发射功率为 30dBm 时，最小可检测有用信号功率为-90dBm，假定定向耦合器隔离度和耦合度分别为 50dB 和 15dB 时，接收端泄漏信号和有用小信号的能量之差可达到 85dB。在其他通信系统中，带外大干扰的存在也会导致链路阻塞现象，但是一般泄漏能量在−30dBm 以下，并且也存在多种片上高选择性前端技术来进一步滤除其影响，因此，UHF RFID 阅读器中存在的大泄漏信号阻塞问题相比而言要严重得多。

4) 泄漏信号引起的直流偏移快速消除问题

在 UHF RFID 阅读器芯片和标签节点的通信过程中，与其他系统不同的是阅读器每次发射命令后都需要持续发射单音载波信号对无源节点进行供能并等待节点信息返回，而节点信息返回是一个需要快速响应的突发通信过程。在图7.45中，给出了 EPC Class1 Gen2 对链路通信的时序要求，在中国 RFID 中也有类似的时序要求。以其中单标签响应(single tag reply)时间段为例，阅读器发射询问(query)信号结束后立即发射供能载波，标签节点接收到命令后返回 RN16 信号，两者时间间隔为 T_1，因此阅读器需要具有在 T_1 突发时间段内迅速消除泄漏载波下混频所引起大直流偏移的能力。协议给出了链路定时参数，T_1 的最大值为 10 倍 Tpri，而 Tpri 为链路频率倒数。对于协议规定最高的 640Kbit/s 的数据率，有 T_1 应为 15μs，即阅读器接收机需要在 15μs 内对泄漏大直流偏移进行快速消除。

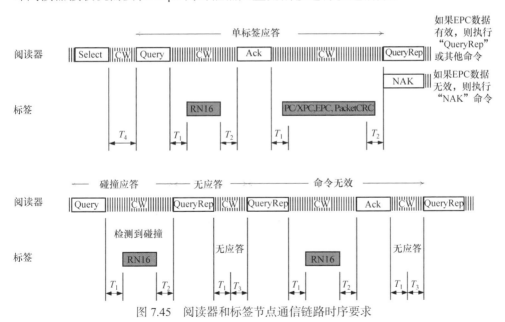

图 7.45 阅读器和标签节点通信链路时序要求

2. 阅读器芯片关键电路技术

1) 泄漏信号消除电路技术

同时同频的发射机泄漏信号是引起噪声恶化、链路阻塞等根本问题的所在。因此直接将泄漏到接收端的载波信号通过电路技术手段消除是一个直观的解决方法。

目前，在 CMOS 上提出的技术主要包括"死区"放大器[18]、有源泄漏抑制等。"死区"放大器的射频前端采用 Class-B 工作态的共源放大器作为主放大级。通过选择合适的偏置电压仅放大泄漏信号幅度上叠加的有用信号，等效地消除大部分载波(图 7.46)。有源泄漏抑制的前端技术对泄漏信号进行消除。如图 7.47 所示，主通道放大有用信号和泄漏载波,而辅助通道则保存泄漏载波的幅度和相位信息。在输出端，通过控制辅助通路的增益和相位，与主通路信号相加，则可在一定程度上抵消泄漏载波。

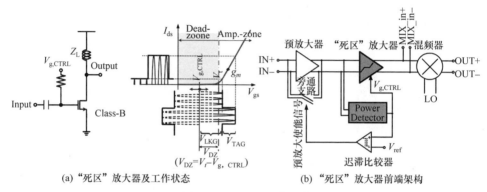

(a)"死区"放大器及工作状态　　　　(b)"死区"放大器前端架构

图 7.46　　"死区"放大器

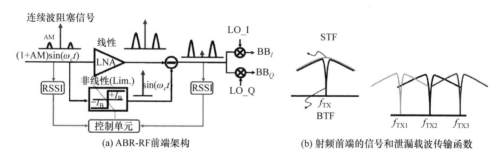

(a) ABR-RF前端架构　　　　(b) 射频前端的信号和泄漏载波传输函数

图 7.47　一种有源泄漏消除方案

上述泄漏信号杀除电路技术均基于引入具有限幅(Limit)特性的前端传输函数或者辅助通路,从而在接收端射频域实现载波的部分消除,其原理如图 7.48 所示。

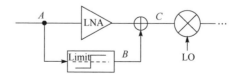

图 7.48　引入 Limit 辅助通路前端消除原理图

不考虑板级有限的信号时延,在信号返回周期中,输入点 A 返回信号 $A_{\text{Signal}}(t)$ 和载波共存形成的信号表达式为

$$R_A(t) = \left[A_{\text{Leak}}[1 + \alpha(t)] + A_{\text{Signal}}(t) \right] \cos[\omega_0(t) + \phi(t) + \theta] \tag{7.34}$$

式中, A_{Leak} 为泄漏载波能量幅度; $\alpha(t)$ 为归一化载波调幅噪声分量; $\phi(t)$ 为相位噪声分量; θ 为固定相移。在点 A 提取电压信号,通过幅度 Limit 模块后,在点 B 的补偿信号表达式为

$$R_B(t) = -A_{\text{Leak}} \cos[\omega_0(t) + \phi(t) + \theta] \tag{7.35}$$

由式(7.35)可见,经过 Limit 效应后,补偿信号中的调幅噪声量和有用信号量都被摒除,仅剩余频率信息量。在点 C 加和消除后,输出信号为

$$R_A(t) = \left[A_{\text{Leak, ERR}} + A_{\text{Leak}} \cdot \alpha(t) + A_{\text{Signal}}(t) \right] \cos[\omega_0(t) + \phi(t)] \tag{7.36}$$

表达式(7.36)中, $A_{\text{Leak,ERR}}$ 是主、辅助通路相位、幅度失衡导致的载波残余,由于很难实现精确的主、辅通路的相位和幅度匹配,泄漏载波的杀除能力通常在25dB 左右。 $A_{\text{Leak}} \cdot \alpha(t)$ 是载波调幅噪声的绝对量,由于 Limit 辅助通路在消除幅度上有用信息的同时消除了幅度噪声信息,故基于此原理的技术无法杀除载波中的幅度噪声。此外,在点 A 大泄漏信号摆幅很高,如低通滤波器采用 CMOS 有源结构,不可避免地会引起闪烁噪声上混频效应的恶化。

另一种典型的泄漏载波消除电路技术基本原理如图 7.49(a)所示[19],其利用基于调幅调相的射频域消除机制。该类技术都需要在功率放大器(PA)输出端口或者定向耦合器某一端口抽取另一路载波泄漏信号,通过辅助链路精确地调相和调幅,在射频端以−180°和泄漏信号相加完成消除。这种技术从理论上来说能够完全消除泄漏及泄漏幅度上的调幅噪声。相比于前述基于Limit特性的辅助通路消除方案,该手段能够完成载波和边带调幅噪声的消除,但在实现中存在较大的困难。当相位和幅度任意一维变量在主通路和辅助消除通路存在差异时,理论消除水平便会大大下降,如图 7.49(b)所示,当调幅精度误差为 0.8dB 时,相位误差只有小于 1°才能获得 20dB 的隔离度水平。因此其消除效果严重依赖于相位调整和幅度匹配精度。集成产品 Impinj R2000 相比于其前一代 R1000 产品而言,主要的提升是引入了射频载波消除(self-jammer cancellation, SJC)技术,从而使得灵敏度从−70dBm提升到了−82dBm。

2) 集成定向耦合器技术

集成定向耦合器技术作为同频全双工技术的核心元件,是解决上述泄漏到接收端载波信号的一种有效手段。

一般地,定向耦合器是一种具有功率定向传输特性的四端口无源器件,通常由称为主线和副线的两段耦合传输线构成,传输线长度为 1/4 波长。如图 7.50 所示,

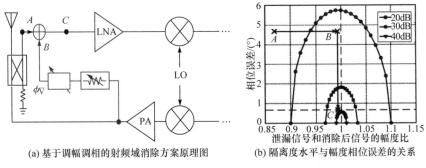

(a) 基于调幅调相的射频域消除方案原理图　　　(b) 隔离度水平与幅度相位误差的关系

图 7.49　典型的泄漏载波消除电路技术基本原理图

主线构成定向耦合器的输入端(input port)和直通端(direct port)，副线构成定向耦合器的隔离端(isolated port)和耦合端(coupled port)。所谓定向耦合，也就是通过四分之一波长传输线的线间耦合，主线输入端的功率的大部分直接传输到直通端，小部分耦合到副线中，并且在副线中功率只传向耦合端口，隔离端口则几乎无功率或者只有很少功率输出。片上集成的隔离器件，特别是低成本的 CMOS 工艺，对于面向移动终端应用的同频自干扰抑制具有重要的意义。对于片上集成的定向耦合器，通常的方案是利用在片电感或者集成变压器实现片上等效传输线电路从而实现定向耦合器[20,21]。

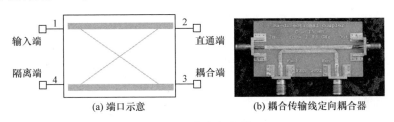

(a) 端口示意　　　　　　　(b) 耦合传输线定向耦合器

图 7.50　定向耦合器

3) 直流泄漏快速消除电路技术[22]

　　混频器之后的直流泄漏信号由泄漏消除电路解决，应对直流失调电压最有效的方法就是采用交流耦合的方法。交流耦合电路等效于一个一阶 RC 高通滤波器，直流消除的时间与高通滤波器截止频率成反比。根据协议规定，必须要在 15μs 以内消除直流泄漏信号，这就意味着高通截止频率必须至少是 1/15μs，即 66kHz，如此高的截止频率也会将有用信号的一部分消除。相反，如果为了避免影响窄带有用信号，那么高通截止频率必须在几 kHz 以下，但是这样消除泄漏信号的时间就会变得很长，无法满足协议规定的时间要求。

　　为了应付这样一个矛盾，图 7.51 给出了一种快速切换截止频率的泄漏信号消除电路。该电路是一个等效的交流耦合电路，后续电路为 PMA，该 PMA 可以提供很高的输入阻抗(>MΩ)。与简单的交流耦合方式不同，该结构增加了一组串联开关(serial switch)和并联开关(parallel switch)。当发射机开始发射 CW 载波的时候，泄漏信号就会到来，那么通过数字控制使得并联开关在泄漏信号到来之前闭合，而串联开关则断开，那么此时交流耦合的高通截止频率会很高，泄漏信号就会被快速地消除，当然有用信号也会一并被消除，但此时有用信号还没有到来；15μs之后，并联开关被断开而串联开关则被闭合，由于后级 PMA 提供了很高的输入阻抗，那么交流耦合的高通截止频率就被迅速地切换到接近 0Hz 的频率，这样有用信号就可以通过，而泄漏信号已经被快速消除，而此时也无法通过交流耦合电容。图 7.52 给出了上述数字控制信号的时域波形。于是，通过这样的快速切换截止频率的泄漏消除电路，可以有效地快速消除直流泄漏信号。

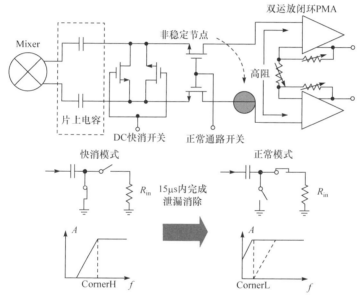

图 7.51　快速切换截止频率的泄漏信号消除电路工作原理示意图

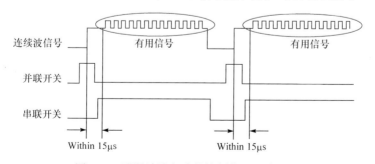

图 7.52　泄漏消除电路的控制信号时域波形

7.3.3　UHF RFID 标签芯片技术

UHF RFID 标签芯片对无线数据传输的需求有低功耗、低数据率、高可靠性等特点，充分利用被动模式同频无线通信技术的低功耗优势，将传感器数据以背散射的方式向网外传输。UHF RFID 标签芯片主要包括能量采集/电源管理模块、调制解调模块、片上时钟源模块、嵌入式存储器模块及数字基带模块等(图 7.53)。此外，在天线与芯片之间通过片外阻抗匹配网络实现天线与芯片之间的阻抗匹配。

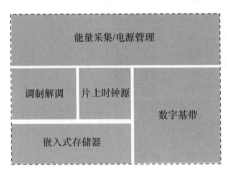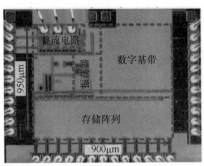

图 7.53　RFID Tag 芯片典型架构和芯片照片

在 UHF RFID 标签芯片所使用的背散射无线通信中，在前向通信阶段，基带数据经过编码后，通常采用 ASK 调制方式发送到背散射通信方，这样接收到的信号经过简单包络检波后就能解调出编码后的信号。在功耗要求比较高的应用场景中，这样的非相干解调能降低解调的功耗。此外，在数据编码中，通过脉冲宽度、长度调制的编码方式，能够使得不管是发送数据 0 还是发送数据 1，ASK 调制后的载波有更多时间维持为高电平，从而能够提供更多的射频能量。这有利于芯片利用载波的能量，通过电磁能量采集，为芯片供电。实现 UHF RFID 标签芯片的低功耗和高性能，关键的是高效率/高灵敏度电磁能量采集技术和低功耗片上时钟产生电路等技术，下面简要介绍高效率/高灵敏度电磁能量采集电路和低功耗片上时钟产生电路，其他电路如调制解调器、嵌入式存储器和数字基带电路设计可参考文献[23]~文献[25]。

1. 高效率/高灵敏度电磁能量采集技术

在 UHF RFID 标签芯片中，通常采用整流电路来实现能量采集。本质上来说，整流电路实现的是交流到直流(AC-DC)的转换，天线将电磁波转变为电信号后，整流电路通过将高频交流信号转变为直流信号，从而为芯片供电。如图 7.54(a)所示，通过两对二极管与电容构成的倍压电路可以实现最基本的整流电路；从电路功能角度，倍压电路由钳位电路(clamping circuit)和检波电路(envelop detector circuit)构成[26]，两者均由一个二极管和一个电容组成。在钳位电路中，每当输出端电压降为零以下时,二极管导通对输出端进行电荷补充,从而相比于输入信号,输出信号建立起非零的 DC 电平；在检波电路中，二极管阻止输出电容上的反向漏电，从而将输出电压保持在输入信号的峰值电平。在理想情况下，经过钳位电路抬高 DC 和检波电路保持峰值后，倍压电路将输入交流信号转变为输出直流信号，最终稳定输出电压为输入交流信号幅度值的两倍，如图 7.54(b)所示。实际整流电路经过多级倍压电路级联而成,从而将输出电压提升至电路需求的工作电压,完成对芯片的供电。

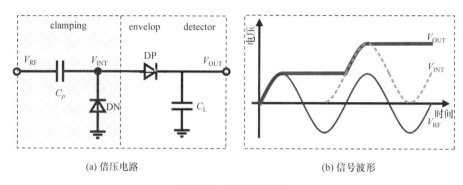

(a) 倍压电路　　　　　　　　　　　(b) 信号波形

图 7.54　AC-DC 转换

通过二极管构建整流电路，二极管存在较大的开启电压，从而导致整流电路的灵敏度和效率均较低，大大降低了其应用的广泛性。采用晶体管作为整流器件的 CMOS 整流电路，具备低成本、高效率等优势。

如图 7.55 所示，为传统 CMOS 整流电路，其核心在于同时使用 NMOS 和 PMOS 晶体管分别代替钳位电路和检波电路中的二极管，充当整流器件。两个整流 MOS 晶体管均为二极管接法，相当于 MOS 二极管，从电荷转移的角度可以这样理解：在输入信号的负半周期时，NMOS 晶体管导通，对中间节点进行充电，积累电荷；在输入信号的正半周期时，PMOS 晶体管导通，前半周期积累的电荷向输出负载电容搬移；两个过程交替反复，从而输出电压逐渐升高。这中间 MOS 晶体管存在两个非理想的因素：第一个非理想因素是 MOS 晶体管均存在阈值电压，因此输入信号需要达到一定摆幅，电荷搬运过程才会开始，并且在正负半周期中均存在一段时间 MOS 晶体管无法开启；第二个非理想因素就是 MOS 晶体管存在反向的漏电，造成的现象就是前半周期搬运的电荷在另外半个周期的时候无法充分转移到输出，而是通过原来的晶体管泄漏掉，并且随着整流过程，电压升高，MOS 晶体管的漏电越来越大。非理想因素的存在，使得 CMOS 整流电路的输出电压最终达到一个稳态，此时前半个周期搬运的电荷在下半个周期又泄漏回去，从而输出电压保持不变，即

$$V_{OUT} \approx 2(V_{RF} - V_{th}) \tag{7.37}$$

式中，输入信号幅度为 V_{RF}；NMOS 和 PMOS 晶体管阈值电压均为 V_{th}。

为解决器件阈值电压对整流电路灵敏度和效率的影响，图 7.55(b)给出了一种阈值电压补偿的整流电路[27]。这种阈值补偿整流电路是两级级联的整流电路，第一级由 MOS 晶体管 MN_1/MP_1 和 MN_2/MP_2 组成，第二级由 MN_0/MP_0 组成。第一级整流器对第二级的 MN_0 或者 MP_0 器件阈值进行补偿,补偿的基本思想是利用整流器在无电流负载或者极轻电流负载下可以在很低的输入信号下启动。第一级整流器的负载是第二级器件的栅电容，只有非常小的漏电流，因此可以在很低的输入信号下获得整流电压，

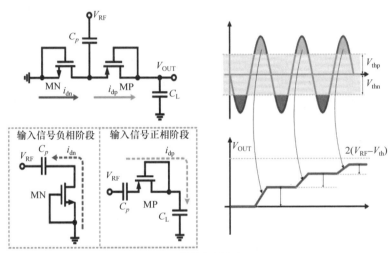

(a) CMOS整流电路原理

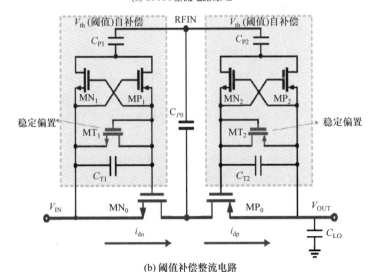

(b) 阈值补偿整流电路

图 7.55　高性能整流电路

从而降低 MN$_0$ 和 MP$_0$ 器件的阈值电压，第二级整流电路因此也能在很低的输入信号下获得整流能量，提高整流电路的灵敏度，同时提高整流效率。

另外，在设计中需要注意的是整流电路同时取决于天线匹配的输入阻抗，一般设计在 10～200Ω。

2. 低功耗片上时钟产生技术

在 UHF RFID 标签芯片中，时钟产生模块是一个关键的模块，用于提供时钟信号或者用于同步定时。低功耗芯片系统中的常用时钟产生技术主要包括晶体振荡器、弛豫振荡器和环形振荡器三种。从功耗和频率波动等方面考虑，弛豫振荡器是低频率时钟产生电路的一个较好折中，因此被广泛应用在芯片的低功耗片上时钟产生中[28,29]。然而，如何进一步地提高弛豫振荡器的频率稳定性、降低功耗，仍然具有挑战性。

CMOS 片上弛豫振荡器频率稳定性的瓶颈在于电路自身的非理想性带来的延迟，图 7.56(a)是一种传统的弛豫振荡器结构，延迟主要来源于比较器的延迟。为了减小比较器的延迟，最直接的方法是提高比较器的工作电流，这种方法不适合极低功耗电路设计。这种弛豫振荡器结构的工作过程如图 7.56(b)所示，交替对电容 C_1 和 C_2 进行充放电，产生振荡周期，振荡频率由电阻、电容的乘积决定。

在不明显增加电流的情况下，提高频率稳定性的方法是补偿比较器等电路的延迟[30]，如图 7.57(a)所示。振荡器周期(图 7.57(b))划分为充电周期(charge phase)、放电周期(discharge phase)、预充电周期(pre-charge phase)、保持周期(hold phase)四个过程，其中充电周期、放电周期为半周期正常充放电过程，预充电周期、保

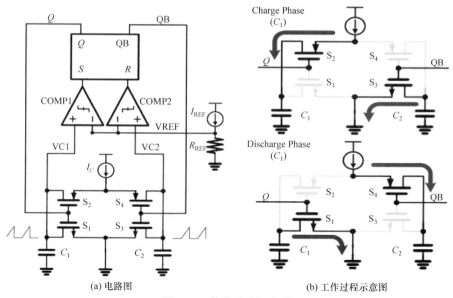

(a) 电路图　　　　　　　　　　(b) 工作过程示意图

图 7.56　传统弛豫振荡器

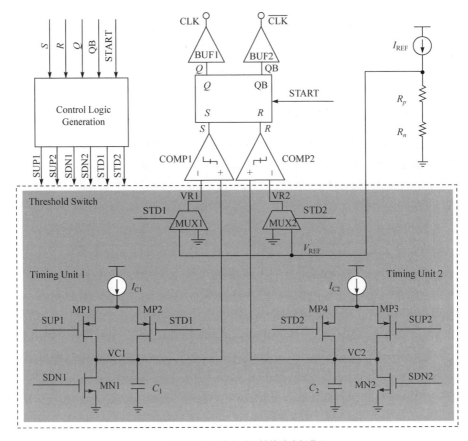

(a) 半周期预充电延迟补偿弛豫振荡器

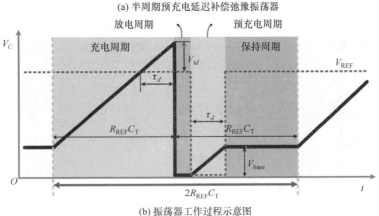

(b) 振荡器工作过程示意图

图 7.57　振荡器工作时序图

持周期为半周期预充电过程，用于补偿比较器的延迟，预充电压正比于比较器延迟，这样振荡器的周期基本不受比较器延迟影响。

7.4　超宽带射频集成电路与系统技术

7.4.1　UWB 通信技术简介

超宽带(ultra-wide band，UWB)技术在 20 世纪 50 年代末就已经出现了，但在此后的很长一段时间内都只被用于军事雷达或其他一些军用通信设备上，但随着无线通信的飞速发展，人们对无线通信的需求越来越高，直到 2002 年 2 月美国联邦通信委员会(Federal Communications Commission, FCC)终于批准 UWB 技术可用于民用产品上，且于同年 4 月批准将 3.1～10.6GHz 的免授权频段分配给 UWB 使用。

UWB 技术近些年得到广泛关注，这是用户需求提升和 UWB 技术自身的突出特点所决定的。UWB 技术具有较高的相对带宽(射频带宽与中心频率之比)，根据FCC 规定，UWB 频谱的带宽在−10dB 处应该满足信号的相对带宽大于20%，或信号的绝对带宽大于 500MHz，可见，UWB 系统的频谱带宽相比于其他无线通信技术确实较高。图 7.58(a)给出了 UWB 信号与窄带信号带宽的对比情况。实际上，除

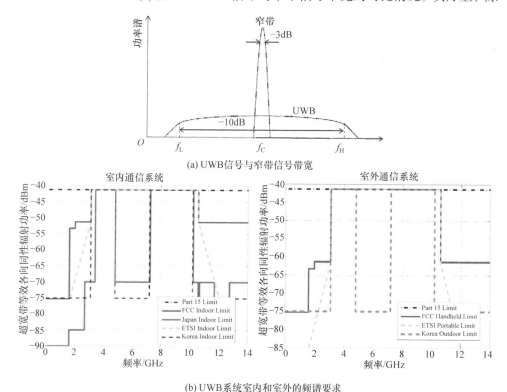

(a) UWB信号与窄带信号带宽

(b) UWB系统室内和室外的频谱要求

图 7.58　超宽带频谱

美国 FCC 之外，欧洲的 ETSI 等国际标准组织都给出了 UWB 频谱室内、室外的详细规定，如图 7.58(b)所示。同时由于带宽较宽，为防止 UWB 信号对其他窄带系统信号产生太强的干扰，规定 UWB 最大的频谱能量不能超过–41.3dBm/MHz。

多频带正交频分复用(multi-band orthogonal frequency division multiplexing MB-OFDM)UWB、直接序列(direct-sequence)UWB 主要面向高数据率应用。面向低功耗物联网应用的 UWB 系统主要有脉冲无线电(impulse-radio，IR)UWB、调频(frequency modulation，FM) UWB 和 Chirp UWB。

UWB 技术与其他一些无线通信技术相比，主要有以下突出特性。

1. 发射功率低

UWB 技术多应用于短距离通信，其发射机的发射功率可低于 1mW，这大大降低了设备对电源的要求。如前面所介绍，FCC 规定 UWB 信号的发送功率谱密度必须低于–41.3dBm/MHz，这也与国际上其他几大标准组织达成共识，不难发现，尽管 UWB 信号的带宽达到 GHz 以上，覆盖了许多窄带通信技术的通频带，但在实际环境中 UWB 信号的强度甚至低于环境噪声，这不仅保证了 UWB 技术与其他窄带通信技术在频带利用上的共存性，缓解了日益紧张的频带资源需求，而且使得 UWB 信号的隐蔽性非常好，不容易被截获。当然，也正是这一特性，使得 UWB 脉冲信号比其他无线信号更加难以探测。

2. 传输速率高

根据香农公式 $C = B\log_2\left(1 + \dfrac{P}{BN_0}\right)$(其中 B 为信道带宽，N_0 是高斯白噪声功率谱密度，P 为信号功率)可得，要想提升信道容量，要么增大带宽，要么提高信号功率，而 UWB 系统由于带宽很宽，虽然发射功率很低，但仍获得了非常高的传输速率，可以达到几百 Mbit/s，远高于蓝牙等其他无线通信系统，即使面向极低功耗应用，数据率也很容易达到 Mbit/s。

3. 多径分辨能力强

常规的无线通信信号持续时间一般都比较长，通常远大于多径传播延时，故而多径传播效应对通信质量或数据传输速率产生了较大影响。相比于常规无线通信信号，UWB 发射信号为持续时间极短的窄脉冲，因此多径分辨力很强，我们可通过 Rake 接收机分集接收多径信号能量，从而达到可观的对抗多径衰落的效果。大量实验曾表明，对常规无线电信号多径衰落达 10～30dB 的传输环境，对 UWB 信号的衰落最多不到 5dB。除此之外，极高的时间和空间分辨率也赋予了 UWB 信号高精度的测距及定位能力。

7.4.2　UWB 射频系统关键问题

1. 同步技术

同步接收是无线通信系统中的一个重要问题，同步技术的发展直接影响接收机接收信号的质量。在传统的有载波无线通信系统中，接收机需要一个与发射端同频同相的相干载波来对接收信号进行同步解调或相干检测，而对于一般不采用载波调制的 IR UWB 信号，由于发射脉冲持续时间很短，接收端稍有偏差即会对信号带来很大的幅度和相位上的偏差，如何准确评估信号传输时间等就成为问题，在保证功耗及其他重要指标合格的要求下，这给接收端电路的设计带来了很大的挑战。

2. 带外干扰抑制

我们已经知道，IR UWB 信号的一系列携带信息的窄脉冲的突出特点之一是发射功率谱密度极低，通常其信号强度低于环境噪声，也就是说通信信号是被埋没于噪声底下的，与之相反，常规无线电信号的强度大都远高于环境噪声，而 UWB 作为一种超宽带技术，它与通频带内的其他窄带信号一同传输时，除了要注意尽量避开已有的窄带系统频带以外，如何避免窄带信号对自己的传输造成干扰也就成了大家关心的问题。

对于 UWB 信号抗窄带干扰一般从发射端和接收端两方面进行研究。在发射端的主要手段和目标有进行脉冲波形设计、平滑功率谱密度等，而在接收端则将重点放在低噪声放大器、滤波器等电路器件的干扰抑制研究上。

3. 多径传输

多径传输是无线通信系统必然要面临的一大问题，在常规无线通信方式中，多径传输会引起信号能量衰落、降低数据传输速率，从而影响通信质量。虽然对于 IR UWB 信号而言，超高的多径分辨率加上能够分集接收信号的 Rake 接收机使之具备了天然的抗多径能力，能够有效对抗多径传输引起的信道衰落问题，但随着技术发展及需求的提升，脉冲发送速率逐渐提高，多径传输问题依然是 UWB 无线通信的一大挑战。

7.4.3　UWB 射频集成电路和系统技术

1. UWB 发射机

对 UWB 系统，发射机中影响通信质量和系统功耗的主要模块是脉冲信号发生器。脉冲宽度、频谱平滑度、波形等是发射机中主要需要考虑的技术指标。和传统发射机相比，因为发射功率比较低，UWB 功率放大器一般采用非常简单的结构实现。下面介绍主要的几种面向低功耗应用的 UWB 信号产生技术。

1) IR UWB 信号产生技术

IR UWB 信号是持续时间极短的脉冲串，极短的持续时间本身就提供了大带宽，且功率谱密度很低。基于这种无载波的脉冲无线电的 UWB 系统，我们可以通过改变脉冲的特征来传递信息，如脉冲幅度调制(PAM)、脉冲相位调制(PPM)、通断键控(OOK)等。

脉冲产生部分是 UWB 发射机的重要组成之一，近些年，因为 UWB 技术的迅猛发展而得到广泛关注。理论上只要符合前面所讲的 UWB 系统带宽定义的脉冲信号都是可用的，但实际上我们在设计脉冲产生器时除了要考虑满足基本要求，还要兼顾其辐射有效性、频谱平滑度等其他因素。一般产生超宽带系统所需的窄脉冲的方式有两种：一种是采用隧道二极管或其他模拟电路的阶跃效应产生冲激脉冲信号的模拟方法；另一种是采用数字器件产生脉冲信号的数字方法。模拟方法相对简单，但脉冲形状和宽度难以控制，数字方法复杂一些，但脉冲形状和宽度容易控制，给设计和使用带来了很大的灵活性。常用的 UWB 脉冲主要有：高斯脉冲及其各阶导数、基于正弦波的脉冲、Rayleigh 脉冲、Hermite 脉冲等，其中以高斯脉冲及其各阶导数的应用最为常见(图 7.59)。

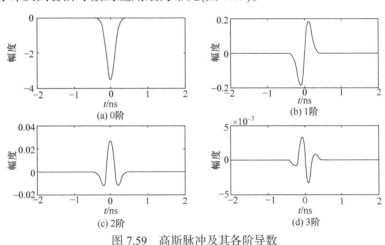

图 7.59　高斯脉冲及其各阶导数

下面介绍两种常用 IR UWB 信号产生电路。基于数字的 IR UWB 信号产生电路 [31]，在该电路中同时包含了位置调制信号，类似的其他调制如相位调制、幅度调制也可以构造相应电路。5bit 数字控制时间延迟电路(DTC)产生位置编码信息，经过边沿触发电路(trigger generator)产生边沿信号，边沿信号到达 UWB 脉冲信号产生（pulse generator）电路后，经过三级脉冲合成电路作用，最终在输出级叠加，形成高阶高斯脉冲信号(图 7.60)。

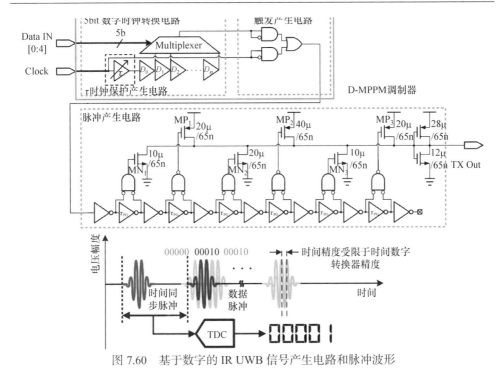

图 7.60　基于数字的 IR UWB 信号产生电路和脉冲波形

　　另外比较常用的 IR UWB 信号产生电路是基于脉冲信号控制的振荡器电路, 基本电路结构如图 7.61 所示[32]。脉冲产生电路通过延迟级和与门产生 ns 时间尺度的短脉冲, 这个短脉冲控制振荡器电路的尾电流源让振荡器在脉冲宽度内产生

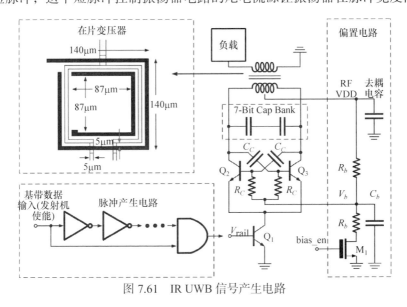

图 7.61　IR UWB 信号产生电路

振荡。这种 IR UWB 信号产生电路工作原理比较简单，但是需要保证振荡器在短时间内能够很好地起振，以及相对比较精确地控制脉冲时间宽度的产生。

2) FM UWB 信号产生技术[33]

FM UWB 信号产生分两步，如图 7.62 所示。第一步，产生由二进制数据调制的三角子载波；第二步，三角子载波调制射频载波频率，形成恒定包络的频率调制信号，信号频谱平整并且带外滚降陡峭。FM UWB 相对于 IR UWB 的优点在于接收机没有同步问题，但是发射机持续发射信号对低功耗设计不利。FM UWB 具体电路实现可以采用 DCO 或者 VCO，通过子载波信号控制振荡器频率变化。

3) Chirp UWB 信号产生技术[34]

Chirp UWB 可以看作 FM UWB 的改进，FM UWB 信号是持续发射的，不利于低功耗，Chirp UWB 信号也是调频信号，但是信号不是持续发射的，可以控制信号发射的占空比，如图 7.63 所示，通过低占空比信号控制，降低发射功耗。

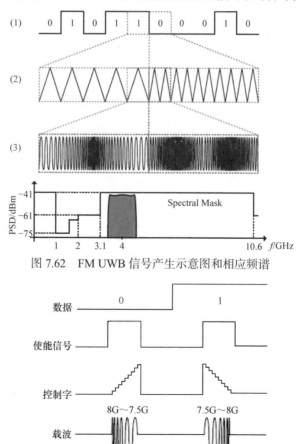

图 7.62　FM UWB 信号产生示意图和相应频谱

图 7.63　Chirp UWB 信号产生电路

2. UWB 接收机技术

可以注意到 FM UWB 和 Chirp UWB 的提出很大程度上是为了解决 IR UWB 接收机的同步问题，因此 FM UWB 和 Chirp UWB 的接收机实现相对比较简单。图 7.64 是一个 FM UWB 接收机的示意图[33]。

　　FM UWB 接收机的解调过程简单分析如下，FM UWB 在接收机低噪声放大器端口接收到的信号可以表示为

$$s_{\text{in}}(t) = A\cos\left[\omega_c t + \varphi(t)\right] \tag{7.38}$$

式中，ω_c 是载波频率信号；$\varphi(t)$ 是三角子载波（$m(t)$ 归一化到[−1,+1]）的积分。

$$\varphi(t) = \Delta\omega \int_{-\infty}^{t} m(t)\mathrm{d}t \tag{7.39}$$

式中，$\Delta\omega = \pi B_{\text{UWB}}$，$B_{\text{UWB}}$ 为 FM UWB 调制信号带宽。

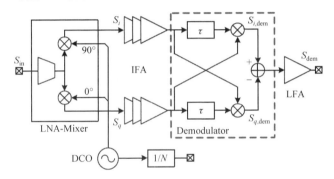

图 7.64　FM UWB 接收机的示意图

经过下变频后，I、Q 两路的信号分别为

$$S_{i,\text{dem}}(t) = -\frac{A^2}{4}\cos\left[\omega_{\text{OFF}}(t-\tau) + \varphi(t-\tau)\right] \times \sin\left[\omega_{\text{OFF}}(t) + \varphi(t)\right] \tag{7.40}$$

$$S_{q,\text{dem}}(t) = -\frac{A^2}{4}\cos\left[\omega_{\text{OFF}}(t) + \varphi(t)\right] \times \sin\left[\omega_{\text{OFF}}(t-\tau) + \varphi(t-\tau)\right] \tag{7.41}$$

两项信号的差值为

$$S_{\text{dem}}(t) = \frac{A^2}{4}\cos\left[\omega_{\text{OFF}}\tau + \varphi(t) + \varphi(t-\tau)\right] \tag{7.42}$$

进一步简化可以得到

$$S_{\text{dem}}(t) = \frac{A^2}{4}\cos\left[\omega_{\text{OFF}}\tau + \tau \cdot \Delta\omega \cdot m(t)\right] \tag{7.43}$$

为简单解调过程，可以令 $B_{\text{UWB}}\tau = \pi/2$。

IR UWB 接收机一般有相干解调和非相干解调两种[35]，如图 7.65 所示。所谓

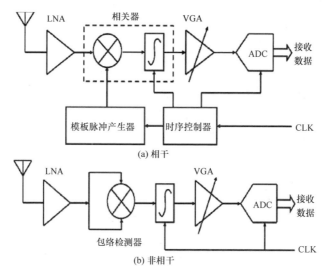

图 7.65　IR UWB 相干和非相干解调接收机示意图

相干解调，指的是接收机中的本地振荡器的相位与接收信号之间保持严格的对应关系，即完成所谓的载波恢复。这种收发机架构中，一般要求有精确的频率参考源，通常要求应用锁相环电路，然而在目前的收发机系统中，锁相环电路往往占据全系统的相当一部分功耗，这对目前追求超低功耗的趋势是一个很大的阻碍。为了避免收发机系统对于功耗较大的频率参考源的依赖，实现系统超低功耗的目标，基于非相干检波的收发机系统被越来越多地应用和发展，但是非相干解调 IR UWB 的主要问题是抗干扰能力差、灵敏度也较差。

7.5　无线人体传感网射频集成电路与系统

7.5.1　无线人体传感网

　　随着全球老龄化社会的来临，老年人的健康问题，如各种慢性疾病、医疗保健等成为社会发展的重要挑战。不仅如此，现在的年轻人生活、工作压力越来越大，普遍处于亚健康状态，这成为不可忽视的问题。因而人们越发希望能够在既能保证医疗水平的同时又不至于增加医疗成本，方便、快捷地监控自身的健康状况。个人通信与智能手机的普及，推动了传感器技术和医疗电子领域的发展，无线人体传感网(wireless body sensor network，WBSN)应运而生，其主要着眼于人体数据采集、传输与处理，为解决上述问题开辟方向。

　　无线人体传感网能够通过遍布于人体体表和体内的小型传感器节点，实时监测、感知、采集人体及周围环境的各项物理、化学指标，如心电信号(ECG)、脉搏、血压等，并把采集到的数据通过无线通信的方式发送给位于人体上的网络管理器。网络管理器将收集到的信息进行处理后再通过无线通信方式发送给外部网络基站，由其传输给外部通信网络，最终到达远程医疗数据中心或者终端用户，可以实现远程医疗等应用。医护人员可以对患者进行远程实时监控，患者无须在医院接受治疗，从而大大节约了临床资源，还有效地降低了医疗监护的人力成本。

除了医疗应用外，无线人体传感网还用于娱乐和生活中。娱乐应用如智能眼镜等提供短距离无线通信等。智能生活应用如贴于人体体表的温度传感器将人体的体温数据传输给空调自动调节空调温度、风向等使人体温度达到舒适值。

人体传感网局限于人体环境及个人应用，其对用于数据传输的无线通信系统提出了新的要求：

(1) 高稳定性。运动的人体对通信信道有很大的影响。由于人体的运动对于电磁波遮蔽的影响，无线通信系统在人体不同的位置接收到的信号有很大的不同，这对于无线数据的传输的稳定性提出了很高的要求。

(2) 较高数据率。虽然某一单一的生理数据采集的数据率并不高，但是考虑到 WBSN 是一个由多种传感器节点组成的传感网，多个同类型传感器(如 ECG)或者多个不同类型的传感器同时工作时，网络控制器的无线通信系统应当具有高数据率以应对此种情况。此外，娱乐应用也会涉及较高数据率的情况。

(3) 低功耗。无线人体传感网中的传感器节点或者是网络管理器是体积小巧的电子设备，只能由小电量的电池或其他方式提供有限的能量，因此其工作寿命非常依赖于它的功耗。

(4) 高安全性。数据主要是患者的医疗信息，属于个人隐私，因此数据传输的高安全性是必须满足的。另外，由于 WBSN 仅仅围绕人体工作，其电磁干扰进入人体必须满足相关标准的规定。

(5) 高集成度。高集成度是降低集成电路成本和便携性的最主要途径。

7.5.2　体表通信环境传输特性

借助新技术和新标准，现有的无线人体传感网的无线通信系统可以实现高数据率、低功耗等性能。然而，高可靠性却未能很好地解决，这成为无线人体传感网的无线通信系统的关键问题。应用于无线人体传感网的无线通信系统可靠性低的主要因素有以下两个方面。

1. 体表通信与阴影效应

阴影效应(shadow effect)，一般意义上指的是在无线通信系统中，在运动的情况下，由于大型建筑物和其他物体对电磁波的传输路径的阻挡而在传播接收区域上形成半盲区，从而形成电磁场阴影，引起接收电磁波能量的起伏变化。对于无线人体传感网来说，阴影效应的影响更为明显。因为现有的大部分无线通信系统均采用天线作为电磁波发射和接收的部件，无论采用 2.4GHz 左右工作频率的蓝牙系统还是 ZigBee 系统或者是工作频率更高的 UWB 系统。由于无线人体传感网的特点，收发机芯片很小且贴于人体上工作，其天线的方向性等性能受人体的影响很大，从而使得整个收发机的性能恶化。人体在运动过程中，躯干或者四肢的遮挡使得网络管理器与内部传感器节点及网络管理器与外部网络基站的通信出现较为严重的阴影效应，如图 7.66 所示。特别是随着工作频率的升高，天线的尺寸相应缩小，加之在 WBSN 系统中应用的便携性和成本的考虑，小尺寸平面天线的应用使得上述影响更加明显。

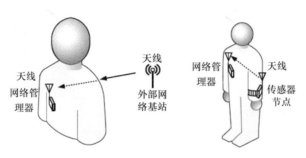

图 7.66　无线人体传感网中无线通信的阴影效应示意图

　　人体信道通信系统可以一定程度上避免网络管理器与内部传感器节点之间通信的阴影效应，这是由于频率小于 70MHz 时，电磁波在人体体表信道传输主要以 Zimmerman 提出的电容耦合方式进行，而在大于 70MHz 后，则是以表面波传输机制为主导。表面波传播机制可以使得电磁波沿着人体体表进行爬行，从而网络管理器与内部传感器节点之间通信受到人体肢体运动的影响较小，如图 7.67 所示。但是 HBC 系统只能够实现无线人体传感网内的数据交换，而网络管理器与外部网络基站的通信仍需要借助传统的无线通信系统，那么前面所分析的问题依

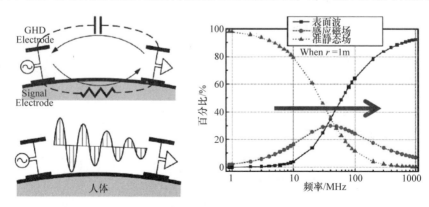

图 7.67　电磁波在人体信道中的传播机制

然存在，随着人体的运动，网络管理器不能很好地对外进行数据交换，甚至无法通信，阴影效应将会严重影响实际使用，降低整个网络传输的可靠性，增加通信解码的误码率。

2. 有效通信距离短

在现阶段的研究中，应用于 WBSN 系统的网络管理器中负责对外交换数据的无线收发机都工作在微波频段(0.3～30GHz)。而微波的特点是频率高、波长短、直线传播，在传播方向上，它几乎绕不开障碍物。因为电磁波的衍射能力与波长有关，以蓝牙的 2.4GHz 工作频率为例，它的波长仅有 12.5cm，所以其绕射能力非常有限。

然而从无线人体传感网系统的三个主要应用可以看出，其主要的应用场景是在室内，一般的室内空间比较拥挤，不够开阔，其中房间中的墙壁是最主要的障碍物。由于无线通信系统工作在微波频段，电磁波近乎直线传播，绕射能力非常弱，身处在障碍物后面的外部无线接收设备会被障碍物阻挡，所以对于直线传播的无线微波信号来说，只能是"穿透"障碍物以到达障碍物后面的无线设备，如图 7.68 所示。而"穿透"障碍物的路径损耗比空气中的损耗大得多，对于发射功率本不大的 WBSN 系统来说，到达外部基站的能量可能非常微弱，在穿透多层墙壁之后可能就会低于外部基站的接收机的灵敏度，使得整个系统无法正常传输信号。较短的室内有效通信距离限制了传统的无线人体传感网在实际应用过程中的活动范围，给使用造成了不便。那么降低工作频率能够有效地解决此问题，然而随着频率的下降，天线尺寸将会相应增大，过大的天线显然无法应用于 WBSN 系统中。

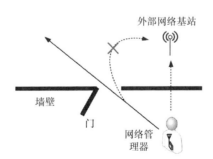

图 7.68　采用微波工作频率的网络管理器与不同房间内的外部网络基站通信示意图

7.5.3　无线人体传感网通信方式

在高频下(频率>100kHz)，人体有着较好的导电率，Zimmerman 在 1995 年就以此提出了以人体传输信号的人体通信模型[36]。随着近年来对人体信道的研究逐步深入，人们发现人体作为信号传输介质对于 100MHz 左右的电磁波具有较低的传输损耗。这意味着位于人体上的传感器节点采集到的生理数据利用人体作为数据传输的通道，可以以较低的发射功率传输给网络控制器进行处理，从而降低了功耗。那么基于此特点的人体信道通信(BCC)成为应用于 WBSN 系统的重要方案。例如，2011 年发表在 ISSCC 上的文献，实现了一个 BCC 架构的无线通信系统。利用人体信道通信频率较低(40～120 MHz)的特点，降低了频率综合器和收发机射频前端的工作频率，从而达到了 0.24nJ/bit 的超低单位比特功耗水平。

7.5.4　人体信道通信收发机技术进展

人体信道通信(BCC)以人体作为通信的信道，在可穿戴的收发机之间进行通信。人体信道可工作在 150MHz 以下，且不需要大天线，这大大降低了收发机的功耗和体积。同时，BCC 基于近场耦合机制通信，路径损耗约为 30dB/dec，远小于基于无线通信的信道损耗。同时，天线不用驱动低阻天线，从而降低了功耗。

但是 BCC 容易受到干扰的影响。由于人体天线效应(图 7.69(a))的影响，人体会收集环境中的电磁波，40～400MHz 频率范围对应的波长与人体相当，相应的电磁波极易对 BCC 造成影响。其中，无绳电话 46～50MHz、调频收音机 88～108MHz、步话机 140MHz 频段干扰明显(图 7.69(b))。

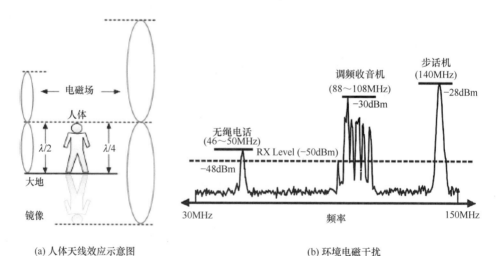

(a) 人体天线效应示意图　　　　　　　　　　(b) 环境电磁干扰

图 7.69　人体天线效应示意图和环境电磁干扰

下面以具体实例介绍人体信道通信系统的发展情况。

文献[37]通过自适应调频方案实现对干扰的抑制。其原理是将 30～120MHz 频段(研究表明该频段通信的信噪比最高)分成 4 个 25MHz 的频段，通信在 4 个频段中快速调频，且只在干净的信道间调频，从而保证通信的可靠性。

系统采用 FSK 调制方式和零中频接收架构, 如图 7.70 所示, 为了降低解调功耗, 提出基于 DLL 的解调结构(图 7.71)。

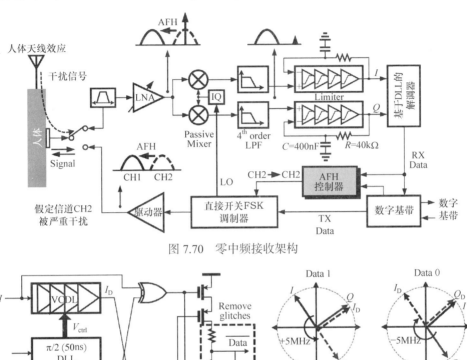

图 7.70 零中频接收架构

图 7.71 基于 DLL 的解调结构

该结构最终实现了 60Kbit/s～10Mbit/s 数据率和 0.37nJ/bit 的功耗, 灵敏度为 −65dBm。

针对娱乐和健康服务应用的大数据率需求, 文献[38]提出了超再生双频段全双工收发机概念, 该收发机采用以 40MHz 和 160MHz 为中心的两个 40MHz 频段(如图 7.72), 既避开了调频收音机的干扰频段, 又可充分利用双频段的数据率。收发机的系统架构如图 7.73 所示, 通过在片集成 R-C 双工器, 实现全双工通信。该结构实现了最高 80Mbit/s 的发射数据率, 功耗为 79pJ/bit, 以及 100Kbit/s 的接收数据率, 其功耗仅 42.5μW。

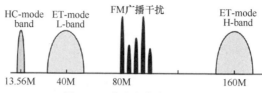

图 7.72　　收发机的频段分布

除了人体天线引入的空间电磁波干扰外，不同人体状态和姿态对应的人体通道路径损耗差异性较大，且 BCC 过程中的耦合存在多个回流通道，产生类似空间多径的效应，严重影响 BCC 的通信误码率，如图 7.74 所示。文献[39]针对双耳助听器应用提出了一种准正交频分多址(P-OFDM)调制方式。该方案将基带16-QAM 调制的 OFDM 符号通过 BFSK 发射出去，既可解决人体多径效应，又能避免幅度域的空间电磁干扰。传统 OFDM 方式发射功率峰均比较高，不利于低功耗实现，新方案射频部分通过 BFSK 调制去掉了 ADC、DAC 和 PA 的功耗，实现了 1Mbit/s 的数据率和 1.4mW 的功耗，如图 7.75 所示。

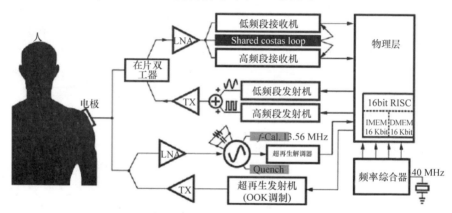

图 7.73　　双频段全双工超再生收发机系统架构示意图

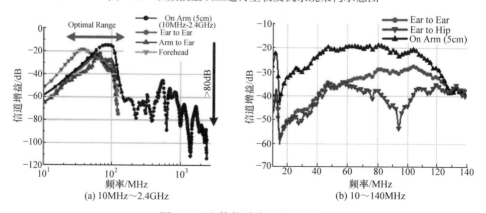

图 7.74　　人体信道路径损耗特性

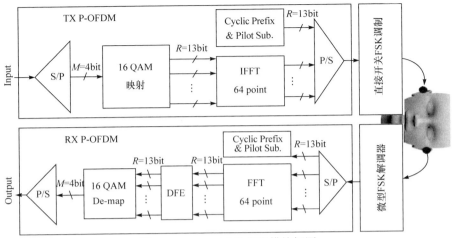

图 7.75 P-OFDM 收发机模块框图

文献[40]为了降低 BCC 收发机的成本和体积，提出了一种无参考频率的时钟恢复方案。该方案采用基于注入锁定原理的时钟恢复电路，通过信号过零点检测电路产生的脉冲信号注入 VCO 中恢复时钟(图 7.76)。

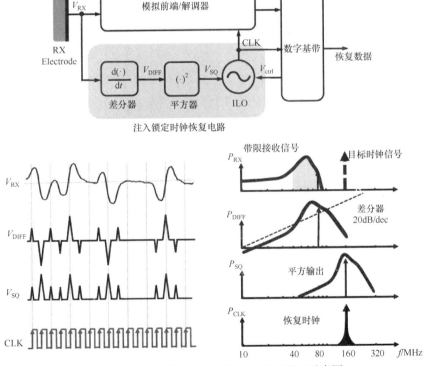

图 7.76 无参考频率的时钟恢复方案及原理示意图

参 考 文 献

[1] Pozar D M. Microwave Engineering. 4th ed. New Jersey: John Wiley & Sons, 2012.

[2] Bluetooth SIG. Specification of the bluetooth system V5.1. http//www.Bluetooth.org [2019-11-1].

[3] Ahmed E E. Bluetooth/WLAN receiver design methodology and IC implementations. College Station: Texas A&M University,2003.

[4] Puma L G, Carbonne C. Mitigation of oscillator pulling in SoCs. IEEE Journal of Solid-State Circuits, 2016, 51(2): 348-356.

[5] Sano T, Mizokami M, Matsui H, et al. A 6.3mW BLE transceiver embedded RX image-rejection filter and TX harmonic-suppression filter reusing on-chip matching network. IEEE International Solid-State Circuits Conference, San Francisco, 2015:241-242.

[6] Masuch J, Restituto M D. A 1.1-mW-Rx -81.4-dBm sensitivity CMOS transceiver for bluetooth low energy. IEEE Transaction on Microwave Theory and Techniques, 2013,61(4): 1660-1673.

[7] Liu H L, Tang D X, Sun Z, et al. A sub-mW fractional-N ADPLL with FOM of −246dB for IoT application. IEEE Journal of Solid-State Circuits, 2018, 53(12): 3540-3552.

[8] Chillara V K, Liu Y H, Wang B, et al. An 860μW 2.1-to-2.7GHz all-digital PLL-based frequency modulator with a DTC-assisted snapshot TDC for WPAN(bluetooth smart and ZigBee) application. IEEE International Solid-State Circuits Conference, 2014: 172-174.

[9] Samdian S, Hayashi R, Abidi A. Demodulators for a zero-if bluetooth receiver. IEEE Journal of Solid-State Circuits, 2003, 38(8): 1393-1396.

[10] LiuY H, Ba A, van den Heuvel J H C, et al. A 1.2nJ/bit 2.4GHz receiver with a sliding-if phase-to-digital converter for wireless personal/body area networks. IEEE Journal of Solid-State Circuits, 2014, 49(12): 3005-3017.

[11] Prummel J, Papamichail M, Willms J, et al. A 10mW bluetooth low-energy transceiver with on-chip matching. IEEE Journal of Solid-State Circuits, 2015, 50(11): 3077-3087.

[12] Yang W, Wang M, Zhang J, et al. Narrowband wireless access for low-power massive internet of things: A bandwidth perspective. IEEE Wireless Communications, 2017, 24(3): 138-145.

[13] Evolved Universal Terrestrial Radio Access (E-UTRA); User Equipment (UE) radio transmission and reception, document TS 36.101, 3GPP. 2008.

[14] Song Z, Liu X, Zhao X, et al. A low-power NB-IoT transceiver with digital-polar transmitter in 180-nm CMOS. IEEE Transactions on Circuits and Systems I: Regular Papers, 2017, 64(9): 2569-2581.

[15] Yin Y, Xiong L, Zhu Y, et al. A compact dual-band digital polar doherty power amplifier using parallel-combining transformer. IEEE Journal of Solid-State Circuits, 2019, 54(6): 1575-1585.

[16] Information technology: Radio frequency identification for item management. Part 6: parameters for air interface communications at 860 MHz to 960 MHz. ISO-IEC 18000-6C, 2013-01-15.

[17] 中国国家标准化管理委员会. 信息技术射频识别 800/900 MHz 空中接口协议:GB/T 29768-2013, 2013-9-18.

[18] Lee S S, Lee J, Lee I Y, et al. A new TX leakage-suppression technique for an RFID receiver using a dead-zone amplifier. IEEE International Solid-State Circuits Conference, San Francisco, 2013: 92-93.

[19] Cisco Corporation. Indy® R2000 reader chip (IPJ-R2000) electrical, mechanical, & thermal specification, 2015-7-30.

[20] Sun J, Li C, Geng Y, et al. A highly reconfigurable low-power CMOS directional coupler. IEEE Transactions on Microwave Theory and Techniques, 2012, 60(9): 2815-2822.

[21] Ye L, Zheng Y, Wang J, et al. Miniature CMOS stacked spiral-coupled directional coupler with -67-dB isolation and -0.8-dB Insertion loss. IEEE Electron Device Letters, 2012, 33(7): 919-921.

[22] Ye L, Liao H L, Song F, et al. A single-chip CMOS UHF RFID reader transceiver for Chinese mobile applications. IEEE Journal of Solid-State Circuits, 2010, 45(7): 1316-1329.

[23] Karthaus U, Fischer M. Fully integrated passive UHF RFID transponder IC with 16.7-μW minimum RF input power. IEEE Journal of Solid-State Circuits, 2003, 38(10): 1602-168.

[24] Nakamoto H, Yamazaki D, Yamamoto T, et al. A passive UHF RF identification CMOS tag IC using ferroelectric RAM in 0.35-μm technology. IEEE Journal of Solid-State Circuits, 2007, 42(1): 101-110.

[25] Tang L, Zhuang Y, Liu W, et al. A clock-free decoder and continuous BLF generator for EPC global Gen2 UHF RFID tags. Analog Integrated Circuits and Signal Processing, 2010, 65(2): 265-271.

[26] Bolic M, Simplot-Ryl D, Stojmenovic I. RFID Systems: Research Trends and Challenges. New Jersey: John Wiley & Sons, 2010.

[27] Wang J, Zheng Y, Wang S, et al. Human body channel energy harvesting scheme with −22.5 dBm sensitivity 25.87% efficiency threshold-compensated rectifier. IEEE International Symposium Circuits and System, 2015: 89-92.

[28] Denier U. Analysis and design of an ultralow-power CMOS relaxation oscillator. IEEE Transactions on Circuits and Systems I: Regular Papers, 2010, 57(8): 1973-1982.

[29] Tokunaga Y, Sakiyama S, Matsumoto A, et al. An on-chip CMOS relaxation oscillator with voltage averaging feedback. IEEE Journal of Solid-State Circuits, 2010, 45(6): 1150-1158.

[30] Zheng Y, Zhou L, Tian F, et al. A 51-nW 32.7-kHz CMOS relaxation oscillator with half-period pre-charge compensation scheme for ultra-low power system. IEEE International Symposium Circuits and System, 2016: 830-833.

[31] Lee G, Park J, Jang J, et al. An IR-UWB CMOS transceiver for high-data-rate, low-power, and short-range communication. IEEE Journal of Solid-State Circuits, 2019, 54(8): 2163-2174.

[32] Huang K K, Brown J K, Ansari E, et al. An ultra-low-power 9.8GHz crystal-less UWB transceiver with digital baseband integrated in 0.18μm BiCMOS. IEEE Journal of Solid-State Circuits, 2013, 48(12): 3178-3189.

[33] Kopta V, Barras D, Enz C C. An approximate zero if FM-UWB receiver for high density wireless sensor networks. IEEE Transaction on Microwave Theory and Techniques, 2017, 65(2): 374-385.

[34] Song H, Liu D, Rhee W, et al. A 6-8GHz 200MHz bandwidth 9-channel UWB transceiver with 8 frequency-hopping subbands. IEEE Asian Solid-state Circuits Conference, Taiwan, 2018: 295-298.

[35] Hu J, Zhu Y, Wang S, et al. An energy-efficient IR-UWB receiver based on distributed pulse correlator. IEEE Transaction on Microwave Theory and Techniques, 2013, 61(6): 2447-2459.

[36] Zimmerman T. Personal area networks (PAN): Near-field intrabody communication. Cambridge:

MIT, 1995.

[37] Bae J, Song K, Lee H, et al. A 0.24nJ/b wireless body-area-network transceiver with scalable double-FSK modulation. IEEE International Solid-State Circuits Conference, San Francisco, 2011: 34-36.

[38] Cho H, Kim H, Kim M, et al. A 79pJ/b 80Mb/s full-duplex transceiver and a 42.5μW100kb/s super-regenerative transceiver for body channel communication. IEEE Journal of Solid-State Circuits, 2016, 51(1): 310-317.

[39] Saadeh W, Altaf M A B, Alsuradi H, et al. A pseudo OFDM with miniaturized FSK demodulation body-coupled communication transceiver for binaural hearing aids in 65nm CMOS. IEEE Journal of Solid-State Circuits, 2017, 52(3): 757-768.

[40] Kulkarni V V, Lee J, Zhou J, et al. A reference-less injection-locked clock-recovery scheme for multilevel-signaling-based wideband BCC receivers. IEEE Transactions on Microwave Theory and Techniques, 2014, 62(9): 1856-1866.

第8章 可重构射频集成电路与系统技术

8.1 可重构射频系统简介

用户需求的强力推动和无线通信技术的迅速发展，促使现代个人数字终端集成了电话、数据服务、个人局域网、定位导航、蓝牙、视频电视等诸多功能，其中低成本、高性能的多频段、多标准兼容的射频收发机(图 8.1(a))是实现现代个人数字终端的重要基础。在一个系统内集成多种功能、模式，并可通过软件配置的收发机系统，称作可重构射频收发机系统。与现有多频段、多标准兼容的射频收发机相比，可重构射频收发机(图 8.1(b))具有更高的集成度和高度灵活的可配置性。

实现不同的功能需要不同的标准或协议作支撑，仅就手机通信标准而言，就包含从 2G、3G 到 4G、5G 所涵盖的数十个标准。这些标准涉及不同的频段、带宽、调制方式和编码方法等。图 8.2 展示了全球范围内，6GHz 以下的主流通信标准的频段分布，包括手机通信(GSM、DCS、WCDMA、WiMAX、LTE 等)、定位

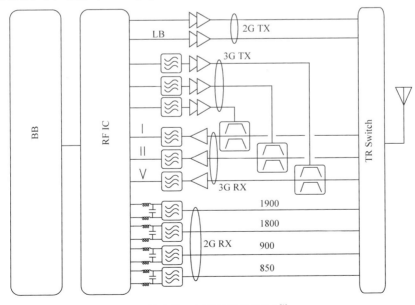

(a) 现有多模、多频射频收发机架构[1]

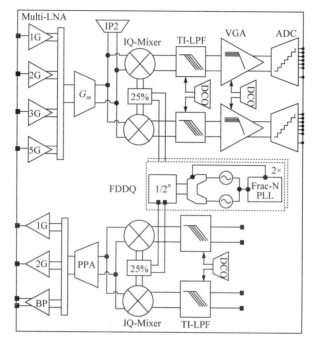

(b) 可重构射频收发机架构[2]

图 8.1　射频发射机架构

导航(GPS、北斗卫星导航系统等)、数字电视和广播(FM、DTV 等)、蓝牙及近场通信(near field communication，NFC)等。正是这些标准支撑了现今丰富多彩的无线生活。不同国家和地区的具体频段会有所区别，但是一个共同的事实是：频谱资源作为一种宝贵的资源，正变得越来越稀缺。从图 8.2 中可以看到，3GHz 以下的频谱已经相当拥挤；手机通信的准 4G 标准 LTE 更是早已规划了多至 43 个频段，覆盖 600MHz～3.5GHz 的宽频带范围；在部分国家或地区，450MHz 附近频段也被划作 CDMA 使用。5G 标准最高频率覆盖到了毫米波波段，如 28GHz、38GHz，甚至更高频率。

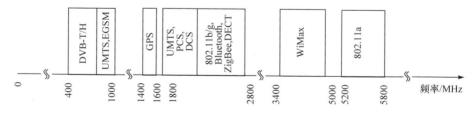

图 8.2　6GHz 以下的当前主流通信标准的频段分布

通信协议的载体是硬件，射频收发机作为硬件的最前端发挥着重要作用。

图 8.3 描述了射频部分在整个接收机中的位置。射频接收机的作用是将天线接收到的信号放大和下变频，同时需要进行选频，尽量滤除干扰，保留有用信号。然后经 ADC 转成数字信号后交由数字基带处理。其中射频接收机往往决定了整个系统的噪声(或灵敏度)、抗干扰能力等关键指标。图 8.3(b)和(c)分别给出了一个多模手机解决方案的芯片与 PCB 实例图。该芯片为一个包含数字基带的 SoC，兼容 GSM/GPRS/EDGE 等标准并可支持蓝牙和 FM 收音机。

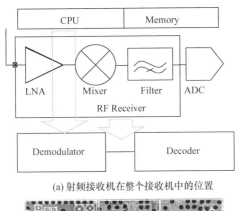

(a) 射频接收机在整个接收机中的位置

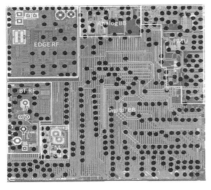

(b) SoC 芯片照片实例

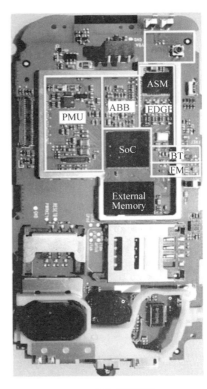

(c)PCB实物图

图 8.3　射频接收机及其实例

　　为使移动设备可以满足各种各样的要求，一个基本前提是射频收发机能够兼容多个标准。如在国内，主要的 3G 网络包括中国联通的 WCDMA、中国移动的 TD-SCDMA 和中国电信的 CDMA2000，手机的射频收发机支持某项标准才能在相应运营商中做出选择。从商业的角度讲，一个支持多标准的收发机，能吸引不同国家和地区、采纳不同标准的消费者；从实用的角度讲，一个支持多标准的收发机，能使消费者在单一便携设备中享受更多的功能。总之，一个支持多标准的收发机，已经成为进入市场的入门条件，如目前手机 5 模 13 频是标准配置，未来更多频段、更多标准的射频收发机在手机中集成是必然的趋势。现有多频、多标准的射频收发机随着通信技术的发展，片外元件(声表面滤波器、双工器、射频开关、片外功率放大器等)越来越多，其的缺点就凸显出来：一是会占据较多的手机空间；二是片外元件成本逼近甚至超过射频收发机芯片本身的成本。可重构射频收发机技术的发展一方面在很大程度上能够解决片外元件过多问题，实现更高的集成度；另一方面可重构射频收发机可以通过高度灵活的可配置性适应通信技术的发展。目前可重构射频收发机研究主要针对 6GHz 以下频段，目标是实现 6GHz 以内高度可配置、高度集成化的射频收发机系统。

本章主要介绍可重构收发机架构及其关键电路技术，进一步讨论了面向可重构应用的全数字发射机相关技术。

8.2　可重构射频收发机技术挑战

8.2.1　接收机系统要求分析

对于 6GHz 以内的可重构接收机，其面临最大的问题是带外干扰问题。图 8.4 描述了多标准接收机中的两种干扰来源。图 8.4(a)描述了无论本地有或者无发射机，接收机都可受到的干扰。这类干扰可分为两种：其一是频率较近处，称为近端干扰；其二是频率较远处，尤其是有用信号频段的谐波频率附近，称为远端干扰。由于频谱规划时对有用信号的保护，近端干扰能量一般较小，远端干扰能量则可能较大。

图 8.4(b)描述了频分双工(FDD)系统所特有的干扰，即发射机(TX)向接收机(RX)的泄漏。FDD 系统中发射机向接收机的泄漏能量大，频率间隔小，通常是决定接收机带外线性度性能最苛刻的因素。FDD 系统中，发射机和接收机同时工作，以载波频率的不同区分二者。例如，在使用最广泛的 GSM 900MHz 频段，上行频率(发射机)为 890～915MHz，下行频率(接收机)为 935～960MHz。由于发射机和接收机通常在同一片上并共用天线，而隔离二者的双工器一般隔离度有限，因此泄漏对接收机的影响较大。仍以 GSM 900MHz 为例，终端功率放大器的最大发射功率为 33dBm(Power Class 5)，通常双工器的发射机-接收机之间的隔离度在 50～60dB，则泄漏到接收机的能量可高达–17dBm。这个泄漏能量将作为干扰直接影响接收机性能，恶化接收机灵敏度。为了抑制泄漏信号对接收机的影响，接收机前面一般都需要 SAW 滤波器(即天线和射频前端之间的射频带通滤波器，后面将会进一步介绍)进一步滤除干扰信号，在可重构射频收发机中希望去除 SAW 滤波器，这对射频电路设计带来了巨大的挑战。

对于可重构接收机，由于无片外滤波器，系统对射频电路带外干扰的抗干扰能力提出了非常高的要求。多频段、多标准兼容的可重构接收机，首先需要在各

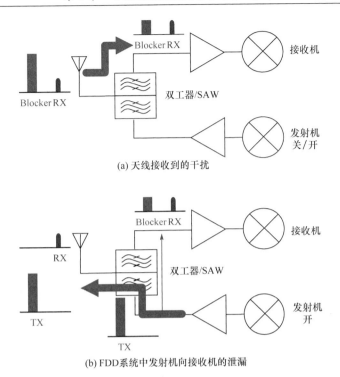

(a) 天线接收到的干扰

(b) FDD系统中发射机向接收机的泄漏

图 8.4　多标准接收机中的干扰问题

分立的频段上满足各子标准的要求，然后在频段的整合过程中，需要满足因多标准共存而提出的抗干扰能力要求。对抗干扰能力要求可以归纳为以 OB IIP3 和 OB IIP2 为代表的近端抗干扰能力与以谐波抑制能力为代表的远端抗干扰能力。

1. 远端干扰抑制能力

远端干扰主要指谐波下变频过程中引入的干扰，谐波干扰的来源复杂，简单地可以分为协议内干扰和协议外干扰两类。以数字电视系统为例，由于自身规划的带宽范围从 0.1GHz 覆盖至 0.9GHz，协议内部即可以产生谐波抑制问题。协议也对干扰能量、干扰位置等做出详细规定。对于以手机通信为代表的多频段系统，谐波抑制问题多来自于协议外，如 2600MHz 频段对 850MHz 频段的干扰。协议对干扰能量、干扰位置等并未做出明确的规定，也无法具体地确定谐波抑制比指标。在第 4 章射频接收机集成电路技术部分，对谐波干扰的工作原理已进行过较为详细的描述，因此在这里不再重复，谐波干扰原理图重画如图 8.5 所示。

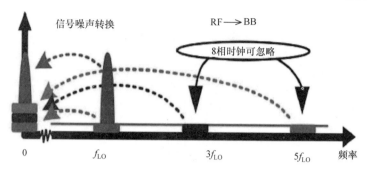

图 8.5　谐波干扰原理示意图

2. 近端干扰抑制能力

对于单一标准，协议一般给出了接收机需要满足的干扰模式。仍以 GSM 为例，图 8.6 给出了 GSM 900MHz 接收机的干扰模式图。它规定了信号带宽为 0.2MHz，接收机的灵敏度应达到–99dBm。在 20MHz 频率外，可以存在高达 0dBm 的干扰，这是近端带外干扰最苛刻的要求。GSM 协议规定，接收机需要在接收比灵敏度高 3dB 的信号时能够抵抗力频带最近为 20MHz 的 0dBm 的强干扰信号。因为此时有用信号很弱，需要在低噪声放大器之前对干扰大信号进行滤波，否则会使低噪声放大器阻塞。由于干扰信号很强，且离信号频率很近，所以需要滤波具有非常良好的带外滤波能力，一般采用声表面波滤波器(SAW)，带外抑制能力可达 60dB。如果采用电感、电容实现射频滤波器性能，电感、电容的品质因子 Q 要求非常高(超过 100)，在 CMOS 工艺中实现是不现实的。在可重构收发机中，一个重要的研究方向是在不使用片外 SAW 滤波器的条件下满足协议规定的性能，这对接收机射频滤波能力和线性度提出了非常高的要求。

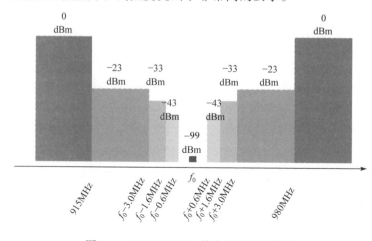

图 8.6　GSM 900MHz 接收机的干扰模式

目前，已有相当多的文献对目前主流的无线标准作了详细分析和总结，本章不再具体分析。表 8.1 给出了几种常见协议的系统指标。

表 8.1　常见协议的系统指标

协议	频点/GHz	BW/MHz	NF/dB	OB IIP3/dBm	OB IIP2/dBm
GSM	0.9/1.8	0.2	6	−18	49
UMTS	2.1	3.84	6	−4	46
LTE	0.7~2.7	1.4~100	7	−6	58
WiMAX	2.4~2.9*	1.5~20	7.5	−11	28
DVB-T/H	0.1~0.9	5~8	6	−2**	40**

*仅包含 3GHz 以下频段；

**最大增益回退 20dB 时的指标。

近端的频率选择性一般由各标准自身确立的干扰模式决定，可将各分立标准的指标直接组合为可重构接收机的总体指标。尤其是 FDD 接收机中，最严格的干扰来自于发射机，这种组合是合理的。

无论近端干扰抑制能力，还是远端干扰抑制能力，混频器都是决定系统 OB IIP3、OB IIP2 和谐波抑制比的瓶颈。若前端在混频之前已具备频率选择性，带外线性度指标可随之放宽。换言之，若 LNA 具备一定的频率选择性，对信号和干扰的放大作用有一定的区分度，则混频器的设计压力将大幅减轻。前端在混频之前，对带外干扰多 1dB 的抑制能力，则混频器 OB IIP3 的要求可以减小 0.5dB，OB IIP2 的要求可以减小 1dB，谐波抑制比的要求可以减小 1dB。

8.2.2　本振信号系统要求分析

一个无 SAW 滤波器的收发机前端示意图如图 8.7 所示，双工器对收发信号提

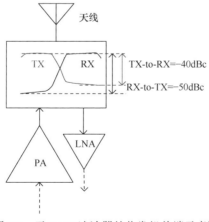

图 8.7　无 SAW 滤波器的收发机前端示意图

供一定隔离度。以 WCDMA 收发机为例，发射机和接收机的频率间距为 45MHz，发射机-接收机的隔离一般在 40dB 左右。假设最大发射功率为 26dBm，由于相噪声泄漏大，接收机端口的噪声为

$$26\text{dBm} - 40\text{dB} + \text{PN} = -14\text{dBm} + \text{PN} \tag{8.1}$$

如果接收机的噪声系数为 3dB，则接收机的噪底为-171dBm。如果要求相噪声对噪声系数的影响小于 0.5dB，则可以计算得到泄漏的相噪声要比接收机要求的噪底低 9dB，因此对 WCDMA，在 45MHz 频偏处相噪声为

$$\text{PN} = -\frac{180\text{dBm}}{\text{Hz}} + 14\text{dBm} = -166\text{dBc} \tag{8.2}$$

很显然，提高发射机-接收机的隔离度可以降低对相噪声的要求。同理，可以得到 GSM、LTE 等标准在无 SAW 滤波器条件下的相噪声要求，例如，GSM 在 20MHz 频偏处的相噪声要求为-162dBc。

上面分析了由于发射机泄漏干扰的相噪声要求，发射机-接收机频率间隔在几十 MHz 范围，对本振信号带外的相噪声有比较高的要求；由于可重构收发机要适应多个标准协议，在不同的标准协议中对近带干扰有不同的约束，以及高阶调制对相噪声的要求，本振信号的带内相噪声一般要求也比较高。

对于本振信号的另外一个挑战是宽频率范围覆盖，如面向 Sub 6GHz 可重构收发机应用，本振信号频率需要覆盖 6GHz 以下所有频段。频率综合器需要采用尽可能少的振荡器覆盖宽频率范围，同时需要在覆盖宽频率范围满足低相位噪声的要求。

8.2.3　发射机系统要求分析

对于一个任意的发射信号可以表示为

$$y(t) = \left[A(t) + A_n(t) \right] \cos\left[\omega_k t + \varphi(t) + \varphi_n(t) \right] \tag{8.3}$$

式中，$A_n(t)$ 和 $\varphi_n(t)$ 分别为幅度噪声和相位噪声。如上面所述，对于可重构发射机，由于要去除 SAW 滤波器，发射信号携带的相噪声会影响接收通道的灵敏度；同样，发射机携带的幅度噪声同样会影响接收通道的灵敏度。理论上，发射机携带的幅度噪声贡献应不高于相位噪声的贡献，也应低于接收机噪底 9dB。

传统发射机主要有 *I/Q* 直接上变频发射机和 Polar 发射机结构。*I/Q* 直接上变频发射机因为发射链路上的模拟滤波器、可变增益放大器和上混频器对输出幅度噪声有显著贡献，在可重构发射机中很难满足发射噪声要求，所以一般不采用。Polar 发射机将信号分成相位域和幅度域分别进行调制，相位域信号一般通过频率综合器将相位信号调制到输出端，链路上的主要噪声为 VCO 和本振驱动级的噪声，幅度噪声贡献不大；幅度域信号调制在功率放大器的电源上，一般需要经过ΔΣ调制后再经过滤波器滤除幅度噪声。相对而言，Polar 发射机结构比 *I/Q* 直接上变频结构更容易处理发射机幅度噪声，因此在可重构发射机中经常采用 Polar 发射机结构。

随着通信数据率的不断提高，发射机一般会采用更宽的带宽和更高的调制阶数来提高发射机数据率，会对 Polar 发射机带来多个方面的挑战。对于带宽更宽的相位调制信号，因为信号调制在频率综合器上，对于频率综合器的宽带响应能力提出了更高的要求；同样对于幅度域信号调制，ΔΣ的调制速度和滤波带宽都需要增加。另外，带宽更宽的信号调制对幅度域调制和相位域调制的时间匹配有更高的要求，在第 5 章，对于幅度域和相位域信号的时间失配所带来的影响进行相关讨论，时间失配会导致频谱展宽，甚至超出协议的频谱规范。更高阶数的调制对发射机带来的是更高的峰均比，也就意味着发射机需要在更大的回退功率上有较好的发射效率。如 1024QAM 调制，峰均比超过 10dB，而传统 Doherty 功率放大器电路可以在回退 6dB 时维持较高的发射效率，因此对于更高的峰均比需要新型功率放大器结构。

和本振信号一样，发射机也需要覆盖宽频带工作范围，也同样希望发射机的功率放大器个数越少越好。和窄带匹配功率放大器相比，宽带匹配功率放大器的发射效率会降低。

8.3　可重构接收机系统和关键电路技术

根据接收机可处理的频段范围和接收机自身的频带特点，可将接收机分为窄带接收机和宽带接收机、可调谐窄带接收机。前者仅能处理单频段信号，后两者可以处理多频段信号。图 8.8 给出这三种接收机的转换增益在频域上的示意图。

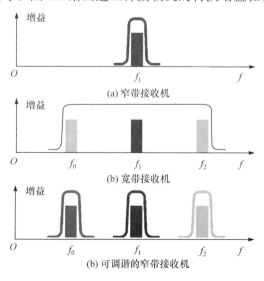

图 8.8　不同类型的接收机

图 8.8(a)展示的是窄带接收机，即仅处理单频段的接收机。此类接收机的功能最简单和明确，直接接收有用信号并滤除带外干扰。目前多频、多标准接收机可以看作一组窄带接收机的组合，因此需要很多片外滤波器。图 8.8(b)展示的是宽带接收机，它能够接收较宽频段范围内的信号。但与此同时，干扰也会被接收。图 8.8(c)展示的则是频率可调谐的窄带接收机。它本质上是一个窄带接收机，需要滤波器可以调谐工作频率，从而覆盖较宽的范围。这种接收机可以处理较宽频段范围内的信号，同时滤除带外干扰。它与宽带接收机的区别在于具备频率选择性。频带可调谐的窄带接收机代表了理想的多频段、多标准兼容的接收机方案。宽带接收机和频带可调谐接收机是目前可重构接收机最重要的两个发展方向。

接收机的核心是下变频，仅作一次变频的零中频或低中频架构是最常见的接收机架构。其他较为复杂的架构，如两次变频、滑动中频等，在某些特殊的系统中可能用到。多次变频架构由于频谱规划复杂(如考虑镜像干扰的频率规划、考虑谐波干扰的频率规划)，不适用于多频段、多标准兼容的接收机。总之，零中频、低中频这类简单架构更适用于此类接收机。尤其是前者，因为不存在镜像问题，是最常见的架构。多标准接收机需要处理多频段信号，考虑到无处不在的干扰，通常在零中频或低中频架构的基础上加入新的特点，从而区别于传统接收机。

本节主要介绍可重构接收机架构和电路技术，及面向可重构应用的模拟基带电路设计。

8.3.1　可重构接收机架构

1. 基于 SAW 滤波器的多通道架构

多通道架构顾名思义，在射频前端中存在多个通道，每一个通道分别处理一个频段的信号。每一个通道通常是一个简单的窄带接收机，多个通道组合成一个多标准兼容的接收机，可以看作图 8.8(a)中窄带接收机的组合。

图 8.9 给出了一款用于手机通信的四通道接收机的示意图[3]。对于 GSM 850MHz、EGSM 900MHz、DCS 1800MHz 和 PCS 1900MHz 四个频段，该接收机分别采用相应的 SAW 滤波器滤除带外干扰。SAW 滤波器的引入，使接收机在混频之前具备了频率选择性，可以大大缓解混频器谐波抑制比及 OB IIP3、OB IIP2 等抗带外干扰能力指标的设计压力。多通道架构作为一种简单、易于实现的架构，在业界和学术界，均被广泛应用。这种高度定制的设计可以最大限度地挖掘电路的性能，从而针对具体标准进行噪声系数或 HR、IIP3、IIP2 等指标的优化设计。这种方案的缺陷也是显而易见的，片外元件数太多，随着通信向 5G 演进，这种方案片外元件数急剧上升，已成为 5G 通信芯片面临的巨大挑战。

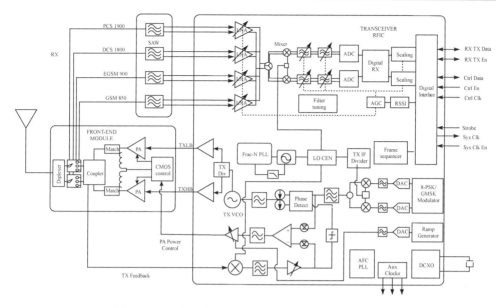

图 8.9　四通道、支持 GPRS/EDGE 的接收机示意图[3]

2. 电流域接收机前端架构

传统的 LNA 同时放大了有用信号和干扰信号, 使 LNA 输出端存在一个较大的电压摆幅, 较易使后级的混频器饱和。以 IIP3 为例, 定量的分析可以从级联系统的线性度公式得到

$$\frac{1}{A_{\text{IIP3}}^2} \approx \frac{1}{A_{\text{IIP3,1}}^2} + \frac{\alpha_1^2}{A_{\text{IIP3,2}}^2} + \frac{\alpha_1^2 \alpha_2^2}{A_{\text{IIP3,3}}^2} + \cdots \tag{8.4}$$

式中, α_1 和 α_2 分别表示第一级、第二级的电压增益; A_{IIP3} 表示各级的 IIP3(以电压幅度表示)。从该公式可以看出, LNA 增益越高(α_1 越大), 第二级线性度压力越大。通常的接收机中第二级为混频器, 因此射频前端中线性度压力较大的是混频器。从整个接收机的角度讲, 下混频之后在模拟基带的中频频域较易对带外干扰进行滤波。模拟基带具备频率选择性, 带外线性度压力较小。因此, 在整个接收机中, 混频器也是制约系统线性度的瓶颈。

从另一角度分析非线性的来源。MOS 器件作为一种跨导放大器(从栅向源漏看), 其特征是将电压转换为电流。若栅源之间存在大电压摆幅, MOS 器件将偏离基本的小信号假设, 从而产生非线性。因此, 若混频器工作在电流域, 即在混频之前电路无电压增益, 线性度的压力将大大缓解。

图 8.10 是电流域接收机架构示意图。该架构对天线接收的信号通过跨导放大器(trans conductance amplifier, TCA)直接进行电压-电流转换(电流模式 LNA), 在电

流域完成滤波, 最后再经 TIA 的电流-电压转换恢复电压域模式。

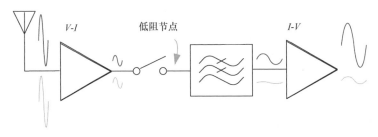

图 8.10　电流域接收机架构示意图

　　该架构的特点是, 在混频和对干扰进行滤波之前, 电路中唯一可能有较大电压摆幅的节点是天线端的输入节点, 其他节点为理论上的低阻节点, 因而主要的非线性因素在 TCA。

　　下面给出一个基于电流模式 LNA 的可重构接收机实现例子[4], 该接收机采用 28nmCMOS 工艺实现了 0.4~6GHz 的频率覆盖, 同时在接收机中实现了 HR3/HR5 谐波抑制及可重构模拟基带。

　　接收机系统框图如图 8.11 所示, 为了实现 0.4~6GHz 覆盖频率, 电流模式

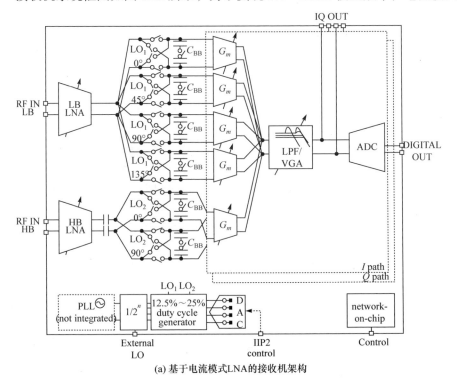

(a) 基于电流模式LNA的接收机架构

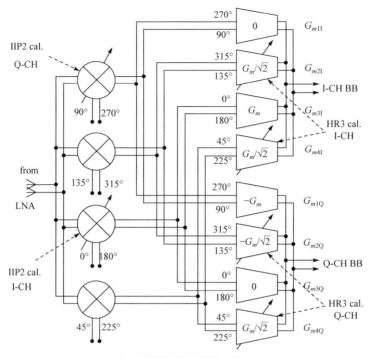

(b) 低频段谐波抑制混频电路

图 8.11 接收机系统框图

LNA 采用 LB-LNA 和 HB-LNA 两种不同的电路结构, 其中 LB-LNA 频率覆盖范围为 0.4～3GHz, HB-LNA 频率覆盖范围为 2.5～6GHz。低频段混频采用 8 相时钟驱动, 并且在混频器后跟随谐波抑制跨导级(图 8.11); 高频段混频采用 4 相时钟驱动, 不需要考虑谐波抑制问题。为了进一步提高接收机的 IIP2 和谐波抑制能力, 在电路中内嵌了相应的校正电路。

下面对接收机中采用的关键电路进行简要介绍。LB-LNA 和 HB-LNA 电路结构如图 8.12 所示, 其中 LB-LNA 采用具有电阻共模反馈的反相器(NP 互补放大)电路, 因为后级的混频器输入阻抗远小于反相器电路输出阻抗, 所以电路工作在电流模式, 是一个跨导放大器。通过隔直电容, 反相器的 PMOS 和 NMOS 可独立偏置。为了降低噪声系数, PMOS 和 NMOS 选取了较大的跨导值, 分别为 54mS 和 43mS。这种反相器电路的输出阻抗为

$$R_{\text{out}} = 2\frac{r_{\text{ds}}(R_S + R_F)}{r_{\text{ds}} + R_S + R_F + G_m r_{\text{ds}} R_S} \tag{8.5}$$

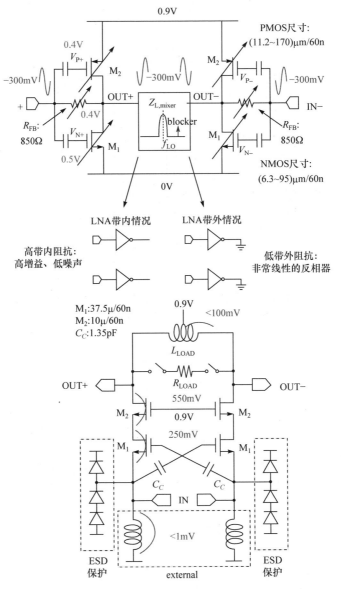

图 8.12　LB-LNA 电路结构和 HB-LNA 电路结构[4]

电路设计的输出阻抗实际为 128Ω，后级混频的输入阻抗需要比该输出阻抗小一个数量级，实际设计为 11.4 Ω。该 LNA 电路的噪声系数公式如下：

$$F=1+\frac{R_F\left(r_{ds}+G_m r_{ds}R_S\right)^2}{R_S\left(r_{ds}-G_m r_{ds}R_F\right)^2}+\frac{\gamma G_m r_{ds}^2\left(R_S+R_F\right)^2}{R_S\left(r_{ds}-G_m r_{ds}R_F\right)^2} \tag{8.6}$$

理论计算得到噪声系数为 1.6dB，其中假定 $\gamma=1.5$。

　　HB-LNA 采用了交叉电容耦合 LNA 电路结构，交叉耦合结构可以增强跨导($\approx 2g_m$)，降低电路噪声系数。负载采用 Q 值较低的电感覆盖 2.5～6GHz 的频率范围。

　　低频段谐波抑制混频电路如图 8.11(b)所示，谐波抑制能力主要依赖于多相时钟相位精度和跨导级跨导匹配精度。这两者在实际电路中均有失配，但是不要分别校正，仅需要校正图中 G_{m2I}、G_{m4I} 和 G_{m2Q}、G_{m4Q} 即可。跨导单元采用粗调和细调结合的方法取得了 10bit 的精度。在校正中，HRR3 和 HRR5 不能同时被校正，只能校正其中一个。

　　开关失配、非线性会导致 IIP2 性能恶化，IIP2 校正有多种方法，在接收机中采用补偿混频器开关管阈值电压的方法，如图 8.13 所示。在混频器差分开关管的直流偏置上通过 6bit DAC 补偿 IIP2 等效的电压偏差值。

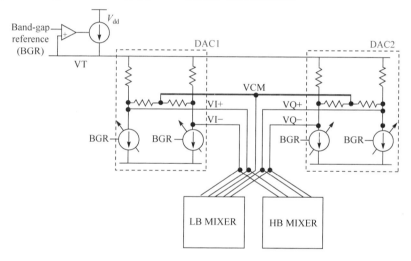

图 8.13　IIP2 校正方法示意图[4]

　　多相时钟产生电路在可重构接收机中是一个重要电路模块，在该接收机中多相时钟产生电路如图 8.14 所示，通过开关选择覆盖 LB 和 HB 所需要的时钟和占空比。在多相时钟产生电路设计中需要注意优化尺寸，可使时钟产生电路具有良好的相噪声。

　　采用上述各项技术，接收机取得了良好的综合性能。具体性能见图 8.15 和图 8.16。

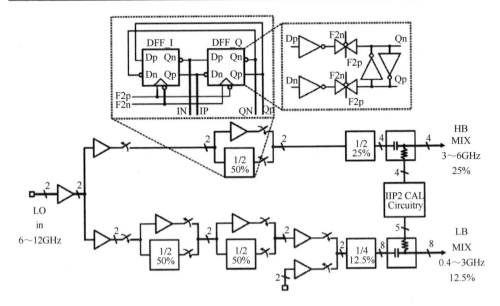

图 8.14　多相时钟产生电路[4]

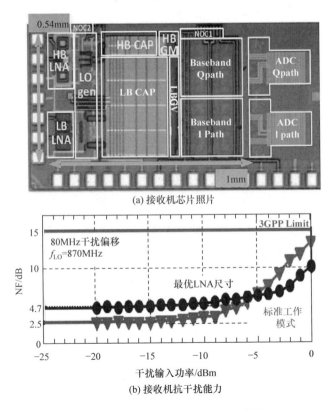

(a) 接收机芯片照片

(b) 接收机抗干扰能力

图 8.15　接收机芯片与抗干扰性能[5]

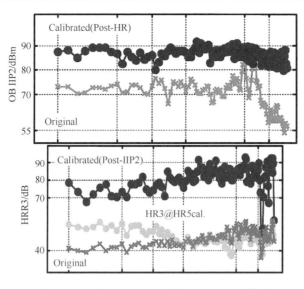

图 8.16 接收机 OB IIP2 性能和 HRR3 性能[4]

3. Mixer first 接收机前端架构

上述 TCA-开关-TIA 的架构，主要的非线性来源是 TCA。一种更为激进的方案是将 TCA 去掉，通过开关和 TIA 直接连接在天线上进行匹配与下变频，称为 Mixer first 架构[5]，如图 8.17 所示。开关有多相信号驱动，常见的有 4 相信号和 8 相信号，4 相信号时信号占空比为 25%，而 8 相信号时占空比为 12.5%。虽然采用 8 相信号，信号驱动级功耗会显著上升，但是在 $3f_{LO}$ 和 $5f_{LO}$ 处不会产生折叠信号，并且对 $3f_{LO}$ 和 $5f_{LO}$ 处谐波有一定的抑制能力，如图 8.17(b)所示。

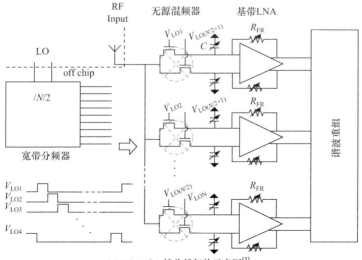

(a) Mixer first接收机架构示意图[5]

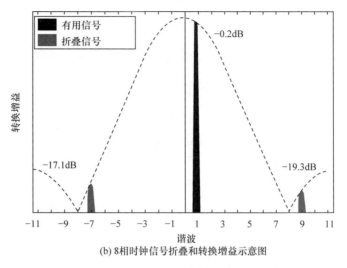

(b) 8相时钟信号折叠和转换增益示意图

图 8.17　Mixer first 架构及其原理

图 8.18 给出了 Mixer first 架构的多相时钟信号波形、混频器输入点 V_x 的时域波形和线性时不变等效模型。

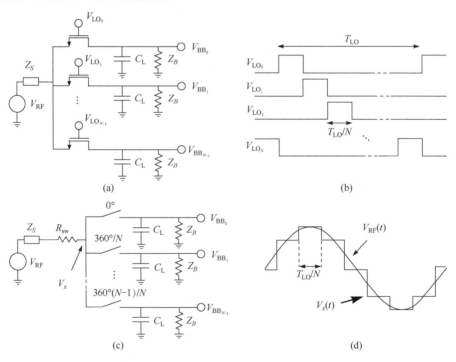

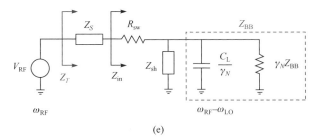

(e)

图 8.18 Mixer first 架构多相时钟信号波形、混频器输入点 V_x 时域波形及线性时不变等效模型

根据线性时不变模型，可以得到输入阻抗为

$$Z_T = Z_S + Z_{in} = Z_S + R_{sw} + Z_{sh} // (\gamma_N Z_{BB}) \tag{8.7}$$

其中，

$$\gamma_N = \frac{\mathrm{sinc}\left(\dfrac{\pi}{N}\right)^2}{N}$$

$$Z_{sh} = (R_S + R_{sw}) K_{N0}$$

$$K_{N0} = \frac{N_{\gamma_N}}{1 - N_{\gamma_N}} = \frac{\mathrm{sinc}\left(\dfrac{\pi}{N}\right)^2}{1 - \mathrm{sinc}\left(\dfrac{\pi}{N}\right)^2}$$

$$Z_{BB} = \frac{R_B}{1 + j(\omega_{RF} - \omega_{LO}) R_B C_L}$$

Mixer first 接收机架构由于缺乏 LNA 压制噪声，噪声性能一般较差，功耗也较大。为了降低接收机噪声，噪声消除概念被用于 Mixer first 架构中，如图 8.19 所示。该结构可以理解为电流域接收机架构和 Mixer first 架构的组合。电流域接收机可以等效为压控电压源，而 Mixer first 接收机可以等效为电流控制电压源，如图 8.19 所示。

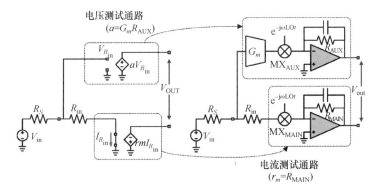

图 8.19 噪声消除 Mixer first 接收机架构[6]

上述噪声消除 Mixer first 接收机架构的噪声消除原理如图 8.20 所示。

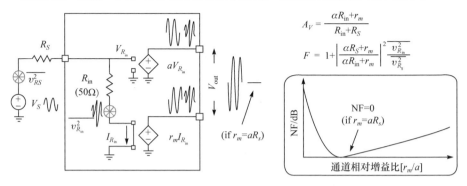

图 8.20　Mixer first 接收机架构的噪声消除原理[6]

　　将 Mixer first 接收机结构中的混频器等效为噪声电流源，这个噪声电流源在源端电阻上 R_S 和输出电阻 r_m 上的噪声电压是反相的，在源端电阻 R_S 上的噪声电压经电压控制电压源后的噪声和 r_m 上的噪声电压为同相；同时输入信号在 Mixer first 通道的输出电压信号和在电流域通道的输出电压信号是反相的，因此信号经过差分操作后得到加强，而噪声电压信号因为同相被消除。图 8.21 给出了该噪声消除 Mixer first 结构的噪声消除性能和抗强干扰的性能。

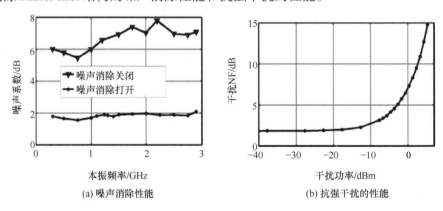

图 8.21　Mixer first 接收机

4. 基于片上射频滤波器的接收机

　　在第 4 章对 N 通道片上射频滤波器已经进行了较为详细的介绍，其工作原理如图 8.22 所示。

　　从射频端看到的阻抗可以写作

$$Z_{RF}(f) = Z_{sw} + N \sum_{k=-\infty}^{+\infty} |a_k|^2 Z_{BB}(f - kf_{LO}) \tag{8.8}$$

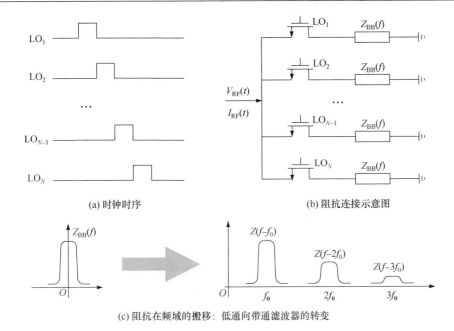

(a) 时钟时序　　　　　　　　　　　　(b) 阻抗连接示意图

(c) 阻抗在频域的搬移：低通向带通滤波器的转变

图 8.22　阻抗变换滤波器

式中，Z_{sw} 为开关的阻抗；a_k 为 $1/N$ 占空比矩形波的傅里叶级数。

图 8.23 为一个无片外 SAW 滤波器接收机电路示意图，其中低噪声放大器是典型的共栅放大器结构，为了抑制强带外干扰，在输入集成变压器次级线圈上挂载了 N 通道片上射频滤波器，这个片上滤波器给带外干扰信号提供了低阻通道而不影响信道信号。集成变压器提供 9dB 电压增益，同时提高了放大级的匹配阻抗，使片上滤波器有较好的滤波性能。由于射频端看到的 N 通道片上滤波器阻抗至少为 Z_{sw}，此类滤波器的理论最大抑制能力为

$$\text{RejRatio}(f \to \infty) = \frac{Z_{sw} + N|a_k|^2 Z_{BB}(DC)}{Z_{sw}} \tag{8.9}$$

因此，对于 N 通道片上滤波器，提高输入匹配阻抗可以提高滤波性能。但一级片上滤波往往不足以抑制较强的带外干扰信号，因此该方案在共源共栅级的输入端又挂载了一个 N 通道片上射频滤波器，通过两次片上滤波器可以抑制较强的带外干扰信号。

N 通道片上滤波器可以作为负载挂载在电路不同的节点上，如 LNA 的输入点、中间节点或输出节点，完成多阶滤波。

N 通道片上滤波器结构简单，但是也有一些非理想因素需要考虑，如相噪声、开关的二阶非线性效应及 I、Q 相位失配等。其中开关的二阶非线性效应可以通过版图技术和陡峭的本振信号边沿来降低。I、Q 相位失配会导致镜像信号产生，

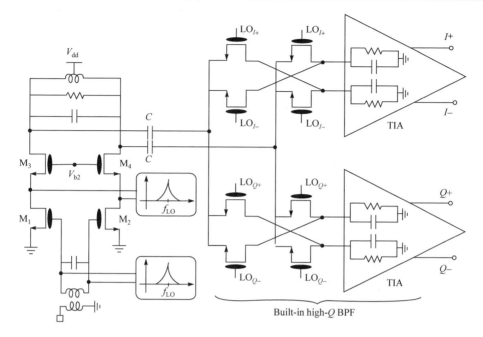

图 8.23　无片外 SAW 滤波器接收机[1]

从而导致接收机的信噪比恶化。在可重构接收机中经常采用 I、Q 相位校正技术来减小 I、Q 两路的相位信号失配。此外，本振信号和干扰信号互易混频，将本振信号的相位噪声及干扰信号的相位噪声都下变频到信号带内，从而会影响接收机的噪声系数，如图 8.24 所示。

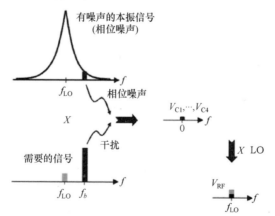

图 8.24　本振信号和干扰信号互易混频影响噪声系数

　　在第 4 章 N 通道滤波器部分曾经介绍了 N 通道滤波器可以实现射频带通滤波器，也可以实现射频带阻滤波器(陷波滤波器)。利用射频陷波滤波器，结合前馈消除技术可以实现射频带通滤波器，采用这种思想的接收机如图 8.25 所示。前馈通路利用阻抗变换技术将一个基带域的高通滤波器搬移至射频域，形成一个中心频率在 f_{LO} 的陷波滤波器。将此前馈通路的信号与 LNA 放大的信号作差，对于 f_{LO} 频率附近的信号系统有正常的放大作用，对于偏离 f_{LO} 频率的信号则因相抵消而被抑制，其抑制效果如图 8.25(b) 所示。此类基于前馈或反馈技术形成的滤波效应实现的接收机，其缺点主要表现为两点：其一，滤波效果取决于信号通路和辅助通路的匹配程度，包括增益和相位的匹配；其二，辅助通路一般贡献较大的噪声。尤其是前者在较宽的频率范围内较难保证，限制了此类技术在 SAW-less 接收机中的应用范围。

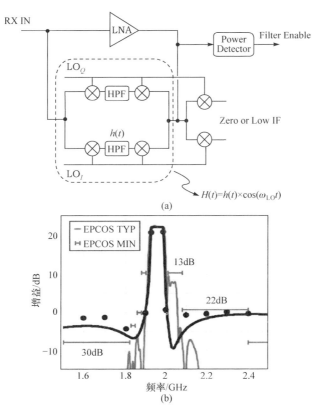

图 8.25　利用前馈技术和凹陷射频滤波器实现的带通滤波器[1]

采用射频带通滤波器和带阻滤波器组合，可以形成在特定频率处的深凹陷，有助于对特定频率处的强干扰抑制，原理如图 8.26 所示[7]。

图 8.27 给出了一种基于 N 通道带通、带阻滤波器组合的电路实现方案，深凹陷频率是可以通过带通、带阻的电容大小进行调制的。

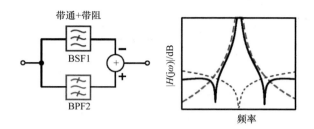

图 8.26　带通滤波器和带阻滤波器组合原理及效果[7]

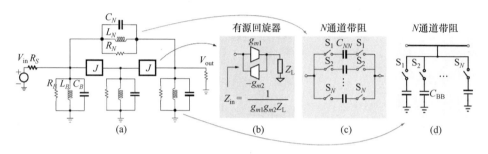

图 8.27　基于带通、带阻滤波器组合的电路实现示意图[7]

5. 可重构接收机小结

LNA-less 架构去掉了 LNA，因而噪声性能较差。更为激进的 Mixer first 架构，其线性度将进一步提升，但噪声性能也更差。图 8.28(a)总结了各种架构的噪声与线性度之间的定性关系。图 8.28 (b)则总结了各种架构的成本与性能之间的定性关系。其中，性能包含线性度、噪声、功耗等，而成本主要考虑外围器件数目、芯片面积等。

总之，传统的基于 SAW 滤波器的多通道架构采用片外滤波器减轻了片上通路的设计压力，具备最好的抗干扰能力。尽管 SAW 滤波器存在一定的插入损耗，但片上电路设计灵活，仍具备优越的噪声性能。缺点为成本较高，一方面是因为 SAW 滤波器价格昂贵，另外一方面是因为片上的面积较大。SAW-less 的架构减少了片外元件，在成本上具备优势，但就目前的技术水平，在抗干扰能力上距离有 SAW 滤波器的架构尚有一定的距离。基于阻抗变换滤波器的接收机，可以在前端实现高 Q 值的射频滤波器，虽不能解决谐波抑制问题，但仍是一种有价值的技术手段。

8.3.2　高度可配置模拟基带电路技术

现代射频通信系统中经常要求多协议兼容，因此对模拟基带也提出了适应不同协议的要求，基于连续时间滤波器和分立时间滤波器都可以实现可重构模拟基

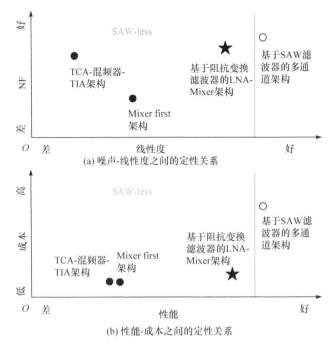

图 8.28　不同架构的接收机对比

带，可重构的目标是实现滤波阶数、增益、噪声、功耗等性能根据通信协议要求高度可配置。在第 4 章，对基本模拟基带已经进行过较为详细的介绍。下面介绍一种基于有源 RC 滤波器的低功耗可重构模拟基带电路。

有源 RC 滤波器中因为有运算放大器，可以实现滤波和信号放大功能的融合。在这个可重构模拟基带电路中，主要是设计了一种新型的低功耗运算放大器电路，在此基础上实现可重构能力。

新型的低功耗运算放大器电路的核心是采用新型的输出缓冲级提高 GBW 同时降低功耗。两级增益的运算放大器的 GBW 主要受限于缓冲级的带宽、放大级和缓冲级之间的极点。提高缓冲级带宽的基本方法是采用推挽式源跟随缓冲级，基本电路原理如图 8.29 所示。推挽式源跟随缓冲级的带宽基本接近简单的源跟随缓冲级带宽的两倍。简单采用推挽式源跟随缓冲级并不能极大提升运算放大器的 GBW，因为此时运算放大器的 GBW 主要受限于放大级和输出级之间的极点。通常放大级的输出是高阻节点，该高阻特性和在此节点的寄生电容构成的极点是提升运算放大器 GBW 的主要障碍。

设计实例中提出了极点补偿电路技术，极大提高了运算放大器的 GBW。极点补偿电路技术的原理和相应的小信号等效电路图如图 8.30 所示。放大级输出信号需要经过 DC 电平变换才能正常驱动缓冲，通过给 R_1、R_2 电阻加上偏置电流即可实现。为了补偿这个极点，在 DC 电平变换通道上给 R_1、R_2 电阻各并联一个电容和 C_1、C_2，选择合适的 C_1 和 C_2 电容值可实现极点补偿。

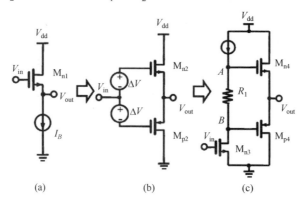

图 8.29　推挽式源跟随缓冲级[8]

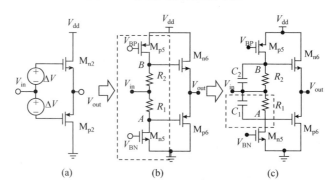

图 8.30　基于极点补偿的推挽式源跟随缓冲级

由图 8.30 所示的小信号等效电路图，可以得到极点补偿电路的传输函数如下：

$$\frac{V_A}{V_{in}} = \frac{r_{ds,Mn5}/(1+j\omega r_{ds,Mn5}C_A)}{r_{ds,Mn5}/(1+j\omega r_{ds,Mn5}C_A)+R_1/(1+j\omega R_1 C_1)} \tag{8.10}$$

满足条件：

$$R_1 C_1 = r_{ds,Mn5} C_A \tag{8.11}$$

传输函数可以退化成：

$$\frac{V_A}{V_{in}} = \frac{r_{ds,Mn5}}{r_{ds,Mn5}+R_1} \tag{8.12}$$

　　输出缓冲级的输入寄生电容被补偿之后，放大级输出节点的极点基本不受输出缓冲级影响，而是由自身的输出阻抗和寄生电容决定的。M_{n5} 和 M_{p5} 采用了自适应偏置技术迫使 M_{p6} 和 M_{n6} 电流成比例跟随参考电流 I_B，电路原理如图 8.31 所示。

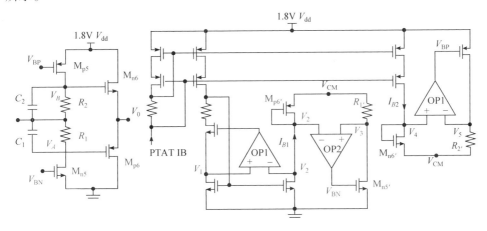

图 8.31　缓冲级的自适应偏置电路技术

　　完整的运算放大器电路结构如图 8.32 所示，其中放大级为简单的自偏置差分放大级，输出级偏置电路如图 8.32 所示。

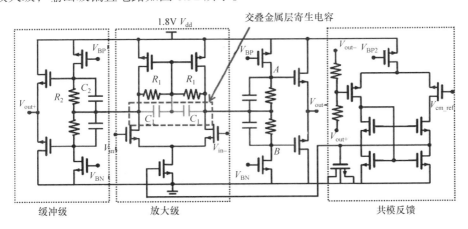

图 8.32　基于新型输出缓冲级的低功耗运算放大器电路示意图

　　运算放大器闭环增益随工艺波动在不同偏置技术的情况，如图 8.33 所示，可以看到没有采用自适应偏置技术的闭环增益波动比较严重。

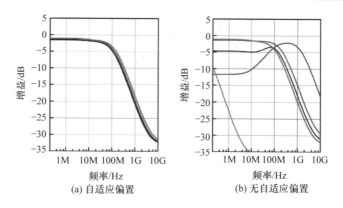

图 8.33　运算放大器闭环增益波动情况

与 G_m-C 滤波结构一样,基于通用的 Biquad 级可以构建高阶滤波器,一个 6 阶低通滤波器和 Biquad 级如图 8.34 所示。在模拟基带电路中有多种可配置能力,通过电容阵列实现滤波带宽可配置;通过控制电阻比例,实现增益可配置;通过运算放大器输入级阵列实现功耗、噪声可配置;通过控制 Biquad 级的开启数目,实现滤波阶数的配置。通过联合配置各级增益和滤波特性可以适应多种不同通信协议的要求。

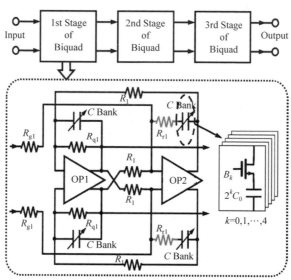

(a) 6阶低通滤波器电路示意图

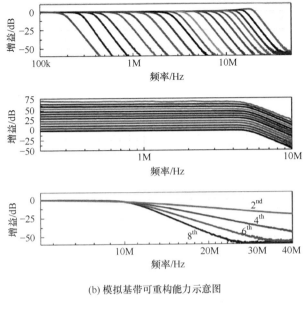

(b) 模拟基带可重构能力示意图

图 8.34　模拟基带架构与性能

8.4　面向可重构应用的频率综合器电路技术

第 6 章对频率综合器电路已经进行了详细的介绍，在本节主要介绍和可重构收发机相关的宽频段、极低相噪声电路技术。

8.4.1　宽工作频率范围频率综合器电路技术

在可重构收发机中一般频率覆盖范围都比较宽，例如，8.3 节的可重构接收机频率覆盖范围为 0.4～6GHz，也就是频率综合器中的振荡器需要覆盖比较宽的频率范围。振荡器的频率覆盖范围较宽会恶化振荡器的相噪声，一般振荡器通过开关电容来调整频率范围，宽频率范围要求开关电容阵列位数和总电容值都比较大，随着开关数量和电容值上升，振荡器 LC 网络 Q 值就会下降，从而影响振荡器的相噪声。

宽频率覆盖的频率综合器大致有如下几种架构[9]。

1. 多锁相环频率综合器架构

多锁相环频率综合器架构中包括两个独立的锁相环及一个单边带混频器，射频输出可以从 PLL_1、PLL_2 及两者混频结果中选择一路作为输出频率。通过两个独立的锁相环和一个单边带混频器，频率综合器可以覆盖非常宽的频率范围，例如,6GHz以下所有频率,同时每个锁相环本身需要覆盖的频率可以极大地减小。多锁相环结构存在两个锁相环同时工作的状态,在CMOS工艺中通过衬底耦合、电磁耦合等多种耦合途径可能出现两个频率的各阶交调信号而落在有用信号带内,对有用信号形成干扰。

多锁相环频率综合器架构如图8.35所示。

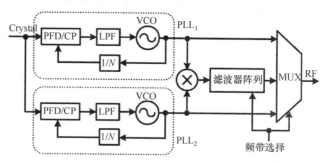

图8.35　多锁相环频率综合器架构[9]

2. 多VCO频率综合器架构

多VCO频率综合器架构如图8.36所示,为了覆盖宽频率范围,可以采用两个以上的VCO电路,根据需要的工作频率选择其中一个VCO开启工作。多个VCO直接覆盖宽频率范围,在最低频率和最高频率上VCO的增益(K_{VCO})差别较大,导致环路带宽波动。在模拟锁相环情况下,可以通过设计使K_{VCO}在各个频率上基本一致;对于数字锁相环,则可以直接调整环路带宽参数使环路带宽保持不变。

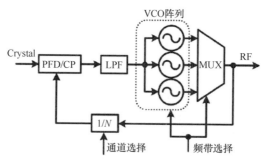

图8.36　多VCO频率综合器架构

3. 多频段选择频率综合器架构

多频段选择频率综合器架构(图8.37)通过不同分频比和单边带混频器合成所需要的频率。与多锁相环频率综合器架构相比,多频段选择频率综合器不会产生新的交调成分。

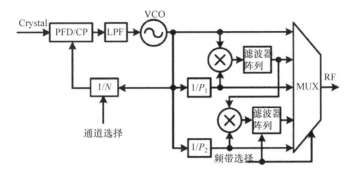

图 8.37 多频段选择频率综合器架构

图 8.38 给出了一个 0.4~6GHz 的频率综合器架构,该频率综合器采用多 VCO 和多频段选择频率综合器架构[10]。其中两个 VCO 频率范围分别为 3~4.8GHz 和 4~6GHz,通过分频是可以直接产生 0.4~6GHz 的所有频率,但是在 3~6GHz 范围无法直接产生 I/Q 信号,因此通过使两个 VCO 耦合工作在正交模式,在 3~ 4.8GHz 范围内直接产生 I/Q 正交信号;然后通过单边带混频器和分频后的信号进行混频得到 5~6GHz 范围的 I/Q 正交信号。

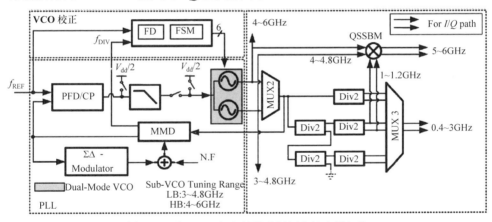

图 8.38 多 VCO 和多频段选择频率综合器架构

单边带混频器电路结构如图 8.39 所示,输入信号和 LO 信号均为正交信号,通过正交信号可以在输出抑制镜像信号,只保留 $\omega_{LO} + \omega_{RF}$ 或者 $\omega_{LO} - \omega_{RF}$ 频率信号。

除了上述宽频率范围覆盖架构外,也可以通过小数分频(如 1.5 分频)、先倍频再分频(如先 3 倍频再 2 分频)等方案实现,但这些方案也有各自的问题需要解决,如小数分频的信号占空比不是 50%,需要通过占空比调制电路,使信号占空比为 50%;先 3 倍频再 2 分频方案等价实现了 1.5 分频比,没有占空比问题,但是需要实现 3 倍频电路。

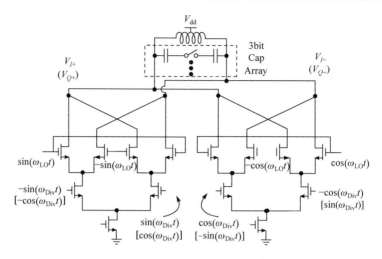

图 8.39　单边带混频器电路结构

8.4.2　低相噪声频率综合器电路技术

如前所述，在可重构收发机中对频率综合器的带内和带外相噪声都有比较高的要求。由锁相环环路噪声理论我们知道，带外相噪声主要由振荡器的相噪声决定。提高振荡器相噪声主要有两个途径：一是优化振荡器谐振网络的品质因子；二是减小谐振网络电感的电感量(这会带来功耗的上升)。带内相噪声主要由参考时钟、输入缓冲级和鉴频鉴相器的相噪声水平决定，并且正比于 N^2(分频比)。因此降低带内相噪声也有两个途径：一是提高参考时钟频率、降低分频比；二是去除鉴频鉴相器等电路的噪声贡献。

1. 参考时钟倍频电路技术

参考时钟一般由晶体振荡电路产生，由于受限于晶体的尺寸，晶体振荡器的最高振荡频率不超过 50MHz。为了降低分频比，提高带内相噪声水平，需要在芯片内实现低相噪声参考时钟倍频电路。

以 2 倍频时钟产生电路为例，传统的 2 倍频时钟产生电路由延迟单元和简单的数字逻辑单元构成，如图 8.40(a)所示，这种时钟产生电路的缺点是时钟占空比不是 50%，需要额外的占空比纠正电路。图 8.40(b)为带有占空比校正的 2 倍频和 4 倍频时钟产生电路示意图[11]。占空比校正电路(duty correction circuit, DCC)迫使 2 倍频时钟信号($2X$)和 2 倍频时钟的反信号($2\overline{X}$)直流电压分量一致，从而保证占空比。

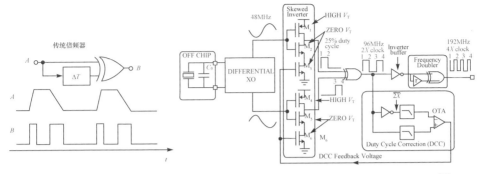

(a) 传统的2倍频时钟产生电路　　　　　　(b) 带有占空比校正的2倍频和4倍频时钟产生电路[11]

图 8.40　2 倍频时钟产生电路架构对比

　　上述 DCC 电路基于模拟环路，容易受到滤波电路和 OTA 电路性能的影响。图 8.41 给出了一种基于数字校正环路的 4 倍频时钟产生电路[12]。Doubler2 的输出 $y(t)$ 包含参考频率和 2 倍频时间边沿误差 ε_{40} 和 ε_{80}。CalPLL 的输出信号 $x(t)$ 和 $y(t)$ 经过 B 电路后得到三个边沿时间误差，即 $E_{y1}-E_{x1}$、$E_{y2}-E_{x2}$、$E_{y3}-E_{x3}$，分别调整 $\Delta\Phi$、ΔT_1 和 DCC 电路使环路稳定，最终可以得到 50%占空比并且杂散比较小的二倍频信号。

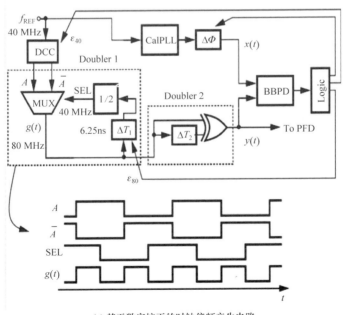

(a) 基于数字校正的时钟倍频产生电路

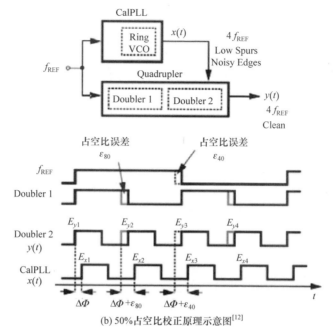

(b) 50%占空比校正原理示意图[12]

图 8.41　4 倍频时钟产生电路及原理

时钟倍频电路也可以基于倍频延迟链锁定环路(multiplying delay locked loop, MDLL)来实现。

传统的 MDLL 系统框图如图 8.42(a)所示[13]，MDLL 电路中包含一个传统锁相电路和一个时钟边沿替换的逻辑电路。边沿替换逻辑电路选择参考时钟(REF)边沿或者延迟链的输出作为延迟链的输入，如果选择延迟链的输出作为延迟链的输入，则延迟链形成经典的环形振荡器，MDLL 电路实际上是一个传统的锁相环路。MDLL 电路的基本工作原理如图 8.42(b)所示，如果是 N 倍频，在第 N 个周期边沿替换电路，选择参考时钟的边沿作为延迟链的输入。从相噪声理论，我们知道相位误差是随着时间累加的，通过干净的参考时钟边沿替换可以打断相位误差累加过程，从而实现良好的相噪声性能。和直接倍频电路相比，MDLL 电路仍然有相位误差累加过程，相噪声会比直接倍频电路略差，但是非常方便地实现了任意倍频数。

2. 亚采样频率综合器电路技术

对于传统模拟锁相环，从相噪声理论可以知道锁相环输出相噪声中，鉴相器和电荷泵的相噪声贡献倍乘了环路分频数 N 的平方，从而恶化锁相环的带内相噪声。亚采样频率综合器电路可以使鉴相器电荷泵噪声不再乘以 N^2，从而提高带内相噪声水平。

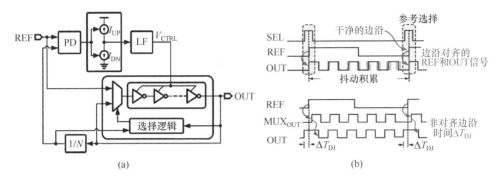

图 8.42 传统 MDLL 系统框图及 MDLL 工作原理[13]

传统锁相环的结构框图和相位域模型如图 8.43 所示，从 VCO 输出到 CP 输出的增益为 $\beta_{CP} = K_d / N$，通过环路增益计算可知，PD/CP 的噪声会被放大 N^2 倍。

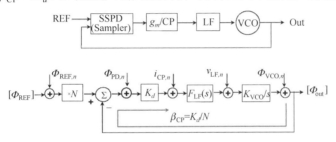

图 8.43 传统模拟锁相环和相噪声模型

亚采样锁相环(图 8.44)反馈支路上没有分频器，因此从 VCO 输出到 CP 输出的增益为 $\beta_{CP} = K_d / N$，PD/CP 的噪声不会被放大 N^2 倍。实际上，亚采样锁相环中的增益 β_{CP} 远大于传统锁相环的增益 β_{CP}，因此 PD/CP 的噪声贡献被大大抑制，不再是锁相环带内相位噪声的主要来源。

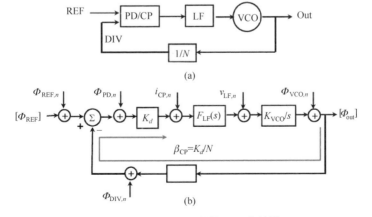

图 8.44 亚采样锁相环结构和相位域模型

　　亚采样鉴相器和电荷泵电路示意图如图 8.45 所示[14]，采样器和电荷泵共同构成了类似传统模拟锁相环中的 PFD+CP 结构。通过低频的参考时钟对高频 VCO 输出进行亚采样，理想锁定情况下，对于整数倍数的 VCO 输出，采样电压值为一个固定值，如图 8.45(b)所示；对于存在相位误差的情况，如图 8.45(c)所示，采样电压值会偏离该固定值，由于 VCO 高频近似正弦输出，偏离量与时间误差近似线性关系，该电压可以作为环路滤波器的输入来控制 VCO。

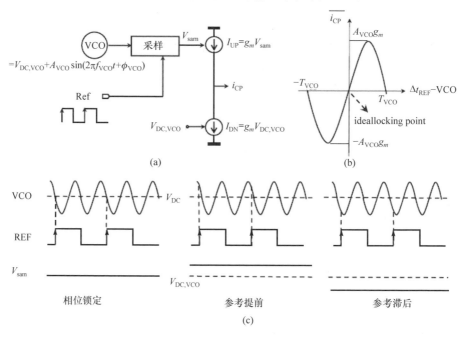

图 8.45　亚采样鉴相器和电荷泵电路示意图[14]

　　由于亚采样锁相环无法分辨 $N \cdot \text{REF}$ 和其他倍数谐波，很容易错误锁定到其他倍数频率上，一般还需要一个锁频环(FLL)来辅助锁定到附近频率。FLL 可以通过合理设计 PFD 死区 "Dead Zone(DZ)" 使得锁定后 FLL 的 PFD/CP 不会对主环路产生影响，也可以关掉 FLL 节省功耗；当然，关闭 FLL 不是必需的，FLL 处于常开状态可以实时监测频率误差应对干扰，提升系统的健壮性，同时 PFD/CP 引入的噪声由于被主环路衰减，可以忽略不计。对于亚采样锁相环，带内噪声主要由参考噪声决定，因此其带内噪声可达到–120dBc 水平，如图 8.46 所示。

　　亚采样锁相环本质上只适用于整数分频比，因此通过发展适用小数分频比，可以大大提高亚采样锁相环技术的适用范围。目前的解决方案是在参考源输入路径上加入一个由 SDM 控制的数字转换器(DTC)，而主环路仍保持整数分频比工作

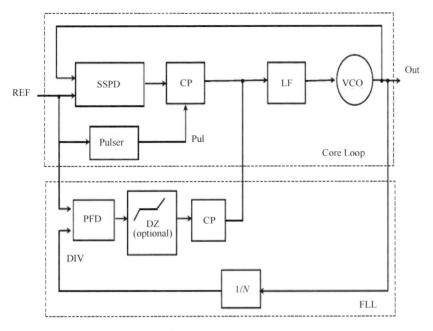

(a) 完整的亚采样锁相环结构

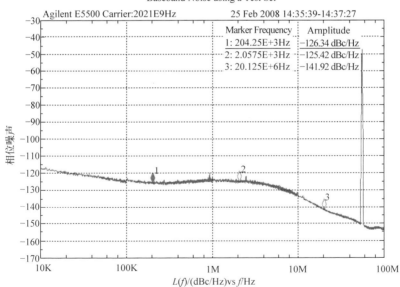

(b) 2.2GHz亚采样锁相环相噪声测试曲线

图 8.46　亚采样锁相环及其相噪曲线

模式[15]，如图 8.47 所示。所以，高线性度的 DTC 将会对改善系统性能有很多好处。亚采样锁相环参考杂散比较严重，可以通过 DTC 随机化等技术抑制。由于亚采样锁相环具有优异的带内相噪声性能，近年来很多应用于 5G 毫米波系统的锁相环，也采用亚采样结构以实现较好的噪声性能。

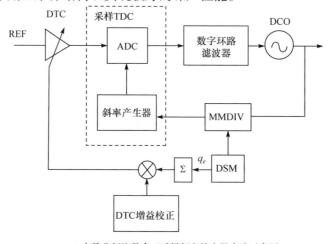

(a) 小数分频比数字亚采样频率综合器电路示意图

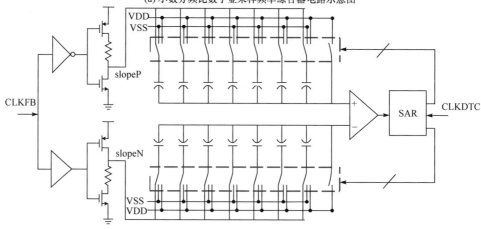

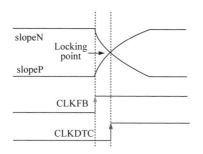

(b) 时钟采用TDC电路示意图[15]

图 8.47　亚采样频率综合器及 TDC 电路架构

8.5　可重构发射机系统和关键电路技术

随着通信技术的发展，为了进一步提高系统的数据吞吐量，新出现的宽带通信协议往往采用了更加高阶的调制方法，同时信道带宽也更宽。举例来说，LTE协议采用的最高阶的调制方式为 64-QAM，而 5G NR 协议中已经加入了 256-QAM调制方式。WiFi 协议的最高阶调制方式也从 64-QAM(802.11g)逐步演进到了1024-QAM(802.11ax)。另外，为了提高频谱效率，协议往往采用正交频分多路复用技术(OFDM)。

这些技术虽然提高了系统的吞吐量，但也使得调制信号的峰均比越来越大。这给功率放大器(PA)的设计带来了巨大挑战。这主要体现在三个方面：第一，高阶调制信号不是恒包络信号，因此必须采用线性功率放大器，而线性功率放大器效率往往较低；第二，高的峰均比使功率放大器必须工作在回退功率点，这进一步降低了功率放大器的效率；第三，发射机架构必须适应更宽的信道带宽，如从20MHz 信道带宽提高到 80MHz 甚至更高。

本节将进一步讨论各种发射机架构在宽带可重构应用中面临的问题，同时介绍高效率回退电路技术和全集成双工器技术。

8.5.1　宽带发射机架构和相关电路技术

数字化射频发射机将数字-模拟转换、上变频、功率放大集成在一个电路里，极大简化了发射机设计，使其具备模拟射频发射机所难以实现的高度灵活性，这已经成为可重构发射机最为重要的发展方向。

为了兼容多个通信标准，需要支持多个工作频率、多种调制方式、调制带宽，使得射频发射机在设计时，面临更多矛盾和挑战。虽然大部分射频发射机架构，都可以通过数字基带运算实现对各种调制方式的兼容，但其所实现的性能与消耗的代价存在巨大的差异。这也是正交发射机、极坐标发射机、相差发射机及其他新型发射机架构相继被提出的重要原因。表 8.2 总结和对比了常见发射架构在不同调制应用中的性能。在射频系统设计中，针对通信系统的调制方式、调制带宽、信号特征等特性，可以选择最优的射频发射机架构以实现最优的射频发射性能。在多标准兼容的射频系统中，为了实现单个射频发射机对多种调制方式的良好支持，不仅需要实现数字基带内的可重构性，还需要射频前端在满足所有调制方式的基础上，尽可能实现较好的发射频率。但目前所报道的数字化射频发射机架构，都面临着发射机可重构性与发射性能的矛盾，即任何单一发射架构都难以在多种调制方式下实现最佳发射性能的问题。这是多标准数字发射机设计中面临的主要挑战。

表 8.2　常见发射机架构性能总结与对比

性能	正交发射架构	极坐标发射架构	相差发射架构
高峰均比调制	差	优	差
基带宽带调制	优	中	中
宽工作频率	中	中	优
多模重构	优	中	中
发射效率	中	优	中
校准算法	复杂	较复杂	简单

　　下面以一个概念性的通用全数字射频发射机为基础讨论可重构发射机架构和关键电路技术，如图 8.48 所示。

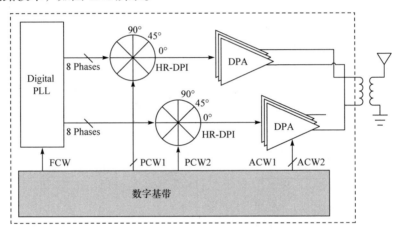

图 8.48　全数字发射机架构

　　全数字发射机架构由两条支路构成，每条支路均包括一个相位插值器构成的数字相位调制模块和一个数控功率放大器构成的数字幅度调制模块。发射的载波信号也由数字锁相环产生。整个发射机输出的射频调制信号可以表示为

$$y(t) = A_1(t)\cos\left[2\pi f(t) + \varphi_1(t)\right] + A_2(t)\cos\left[2\pi f(t) + \varphi_2(t)\right] \tag{8.13}$$

式中，幅度 $A_1(t)$ 和 $A_2(t)$、相位 $\varphi_1(t)$ 和 $\varphi_2(t)$ 及频率 $f(t)$ 分别由幅度控制码 (amplitude control words，ACW)、相位控制码(phase control words，PCW)和频率控制码(frequency control words，FCW)确定，这些控制字均可由数字基带根据相应的调制方式和发射机配置产生。通过控制码配置，该全数字发射机理论可以配置成主要的发射机架构及其组合。

　　在通用全数字发射机中，FCW 和 PCW 选择固定值，信号通过 ACW 进行调

制，此时发射机为正交发射机工作模式。数字正交发射机具备良好的宽带调制适
应性，没有明显的带宽展宽效应。现代无线系统的数字基带带宽已经扩展到
20MHz，甚至超过 100MHz。而基于数控功率放大器的正交发射架构，在数字基
带中完成上采样和滤波器过程后，直接控制功率放大器的输出幅度，其调制速率
仅受限于数字基带的时钟，更适合宽带、高速的数字基带调制系统。

　　数字正交发射机的性能要求简单分析如下[16]，假定数字基带的数字化 I/Q 矢
量经过上采样后的有效位数为 N_b，支持一个 m 位 QAM 调制发射，理论上
$N_b > \log_2 \sqrt{\dfrac{m}{4}}$ 即可，但是 N_b 会影响量化噪声，从而影响输出频谱的规范(mask)。
因此DPA的有效位数一般都设计得比较高，也就是保证DPA具有大的动态范围，
从而保证发射机具有良好的带外频谱特性。图 8.49 是不同 DPA 位数的发射机频
谱仿真结果，基带信号带宽为 80MHz，256-QAM 调制。仿真中 I、Q 基带信号经
过上采样，上采样时钟为 CKR (频率为 f_{CKR} =300MHz)，发射频谱被 sinc 函数调
制，可以表达如下：

$$\mathrm{sinc}(f) = \mathrm{sinc}^2\left(\frac{f - f_0}{f_{\mathrm{CKR}}}\right) \tag{8.14}$$

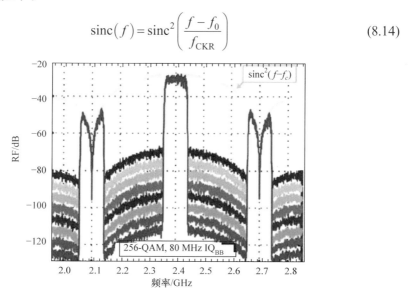

图 8.49　不同 DPA 位数的发射机频谱仿真结果
曲线从上到下分别对应 5～12bit 精度

　　I、Q 信号加和是全数字正交发射机中最具挑战性的问题，传统 DPA 经常采
用逆 D 类和 E 类功率放大器结构，I、Q 信号加和是在电流域完成的，I、Q 通道
之间的隔离及 I、Q 通道本身的线性都对发射信号质量有严重的影响。

　　根据正交发射机的信号处理过程，可以得到

$$I_{\mathrm{path}} = \left(I_p - I_n\right) \times I_{\mathrm{BB_{UP}}} = 2I_p \times I_{\mathrm{BB_{UP}}} \tag{8.15}$$

$$Q_{\mathrm{path}} = \left(Q_p - Q_n\right) \times I_{\mathrm{BB_{UP}}} = 2Q_p \times Q_{\mathrm{BB_{UP}}} \tag{8.16}$$

I/Q 两路功率合成后可以得到

$$IQ = 2I_p \times I_{\mathrm{BB_{UP}}} + 2Q_p \times Q_{\mathrm{BB_{UP}}} \tag{8.17}$$

式中，I_p、I_n 和 Q_p、Q_n 为载波四相正交信号；$I_{\mathrm{BB_{UP}}}$ 和 $Q_{\mathrm{BB_{UP}}}$ 为上采样后的基带信号。

由式(8.15)～式(8.17)可知，需要保证 I、Q 通道加和的正交性，否则 EVM 下降、误码率上升和频谱再生问题就会显现。

如果四相载波信号占空比为 50%，可以验证正交性如下：

$$\frac{1}{T_0} \int_0^{T_0} \left[\left(I_p - I_n\right) \times \left(Q_p - Q_n\right)\right] = 0.25 \neq 0 \tag{8.18}$$

也就是说占空比为 50%时不满足正交性要求。当信号占空比为 25%时，则可以得到上述积分为 0，满足正交性要求。当其他条件理想时，对不同占空比 I、Q 信号进行发射信号星座图仿真可以得到如图 8.50 所示的星座图，可以注意到 50% 占空比信号时发射信号星座图质量显著恶化。当四相信号占空比为 25%时，相当于 DPA 工作在 2 倍载波频率上，会导致 DPA 发射效率降低。

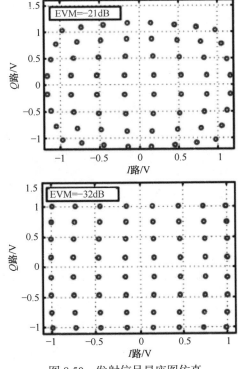

图 8.50　发射信号星座图仿真

为了解决 DPA 四相信号占空比为 25%和 DPA 非线性问题，目前 DPA 研究的
一个发展方向是采用基于开关电容的功率放大器结构(switched capacitor PA，
SCPA)。SCPA 电路示意图如图 8.51 所示[17]。

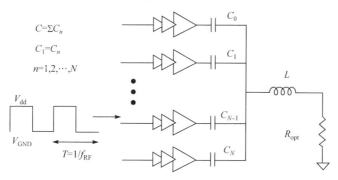

图 8.51　SCPA 电路示意图

SCPA 是在输出端精确控制电容比例的 D 类功率放大器。通过精确控制 SCPA
的输出电容比例就可以控制功率放大器的输出电压，因此可以实现射频信号线性
加和。如图 8.51 所示，SCPA 由一个电容阵列构成，电容一个极板连接输出匹配
网络(图中用一个电感 L 表示)，另一个极板连接反相器的输出，这个极板通过反
相器要么接电源电压(V_{dd})要么接地平面(V_{GND})。数字译码电路可以开启或者关闭
任意一个反相器。当反相器开启时，射频信号驱动反相器对电容进行充放电；当
反相器关闭时，电容一端保持接地，输出信号幅度受开启的反相器数量控制；所
有反相器开启时，输出幅度最大，随着反相器开启数量减少，输出电压幅度也线
性降低。输出匹配网络需要滤除开关信号的高阶谐波，因此匹配滤波器是一个带
通滤波器。SCPA 输出电流可以表示为

$$V_{out} = \frac{2}{\pi}\frac{n}{N}V_{dd} \tag{8.19}$$

式中，n 是开启的电容单元数目；N 是总的电容单元数目。由此，输出功率和输
入功率可以表示为

$$P_{out} = \frac{2}{\pi^2}\left(\frac{n}{N}\right)^2\frac{V_{dd}^2}{R_{opt}} \tag{8.20}$$

$$P_{SC} = C_{in}V_{dd}^2 f \tag{8.21}$$

其中，

$$C_{in} = \frac{n(N-n)}{N^2}C_T$$

式中，C_T 为阵列总电容。

SCPA 的效率为

$$\eta_{\mathrm{SCPA}} = \frac{P_{\mathrm{out}}}{P_{\mathrm{out}} + P_{\mathrm{SC}}} = \frac{4n^2}{4n^2 + \dfrac{\pi n(N-n)}{Q_{\mathrm{nw}}}} \tag{8.22}$$

式中，Q_{nw} 是匹配网络的品质因子：

$$Q_{\mathrm{nw}} = \frac{2\pi f L}{R_{\mathrm{opt}}} = \frac{1}{2\pi f C_T R_{\mathrm{opt}}} \tag{8.23}$$

SCPA 用于正交发射机中，只要保证 I 路电容阵列充电在 Q 路电容开启前完成，I、Q 两路就没有相互作用，I、Q 信号可以采用 50%占空比。另外，SCPA 的工作原理保证了 SCPA 电路具有良好的线性。

以一个 7bit 的基于 SCPA 的正交发射机为例，可以仿真在不同输出功率和匹配网络 Q 值条件下的效率，如图 8.52 所示。

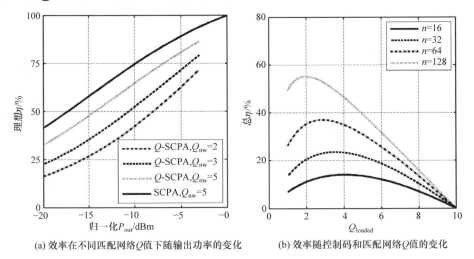

(a) 效率在不同匹配网络 Q 值下随输出功率的变化　　　(b) 效率随控制码和匹配网络 Q 值的变化

图 8.52　效率的变化情况

从图 8.52(a)可以注意到正交发射机的效率永远小于单路 SCPA 的效率，这也是正交发射机的一个固有缺点，跟功率放大器是何种结构无关。由于是正交加和，在发射机为最大输出功率时，I、Q 两路无法同时工作在最大输出功率状态，因此效率低于单路功率放大器效率。正交发射机在功率回退时，I、Q 两路需要工作在更深的功率回退状态，因此发射机效率也就更低。对于正交发射机效率降低，在 SCPA 电路中可以通过 I、Q 单元共享结构来解决。

在 SCPA 电路中，为了解决功率回退问题，发展出了 G 类功率放大器。先简单回顾一下峰均比和回退效率问题。峰均比(PAPR)指的是调制信号的峰值功率与

平均功率的比值。在使用 OFDM 的调制信号中峰均比要更加大，这是因为 OFDM
中，不同频率的子载波在时域上作叠加，其时域信号幅度将呈现出高斯分布，出
现较大的摆动。如图 8.53 所示，是一个使用了 OFDM 的高阶调制信号的时域波
形，可以看出，其峰值功率要远大于平均功率。

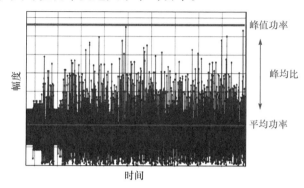

图 8.53　使用 OFDM 的高阶调制信号的峰均比

PAPR 这一指标之所以重要，与功率放大器的特性有着密切的关系。所有的
功率放大器，即使线性功率放大器在输入幅度足够大的时候，也会呈现出压缩的
特性，如图 8.54 所示。

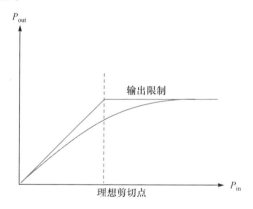

图 8.54　功率放大器的压缩特性

功率回退是相对于 PAPR 很高的信号而言的，为了保证其发射信号的质量，
要使功率放大器在发射该信号时，均处在比较线性的范围内，发射的平均功率必
须回退至较低的功率。举例来说，对于一个在功率小于 20dBm 时处于线性状态的
功率放大器而言，如果要发射 PAPR=10dB 的信号(其平均功率为 10dBm，峰值功
率为 20dBm)，那么功率放大器发射的峰值功率只能为 20dBm，对应的平均功率
仅 10dBm。这意味着功率放大器只能在平均功率为 10dBm 的情况下工作。然而，

功率放大器的效率高低与其发射的功率大小呈现正相关的关系。发射功率越大，其效率越高，较低的平均功率就意味着低的平均效率。

G类功率放大器原理非常简单，即在反相器中采用高、低两个电源电压。功率回退时选择低电源电压工作，这样就能保证在功率回退时，SCPA 选择较大的控制码，由图 8.55(b)可以知道 SCPA 控制码越大，效率越高。

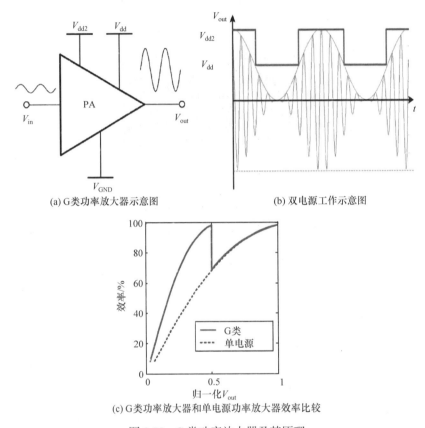

(a) G类功率放大器示意图   (b) 双电源工作示意图

(c) G类功率放大器和单电源功率放大器效率比较

图 8.55　G 类功率放大器及其原理

G类功率放大器双电源电压电路结构如图 8.56 所示[18]。由于开关采用了反相器结构，非常适合实现双电源电压结构，一般选择 $V_{dd2} = 2V_{dd}$。

随着工艺的进步，反相器可以工作在更高的频率下，效率也可以得到提升，在可重构发射机研究中得到了更多的关注。

在图 8.48 的通用全数字发射机中，选择 I、Q 通道中的一路工作，信号调制在 PCW 或 FCW 和 ACW 控制码上，此时发射机为极坐标发射机工作模式。

极坐标发射机使用了相位域调制，在数字基带中由笛卡儿坐标映射为极坐标时需采用反三角函数变换，这并不是一个线性函数变换，因而会造成信号频谱的

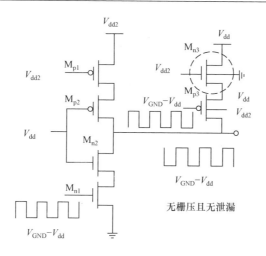

图 8.56　G 类功率放大器双电源电压电路结构[18]

扩展。通常来讲，其过采样带宽需要超过 I/Q 基带带宽的 5 倍以上，对于宽带应用时会为数字基带带来更大的压力，相位域信号调制到射频输出端相应地也需要更宽的带宽。传统极坐标发射机相位信息一般调制在锁相环的数字控制振荡器 (digital controlled oscillator, DCO) 上，信号带宽增加会增大 DCO 调谐范围的要求。频率调制信号 $f_{\mathrm{MOD},n}$ 和采样频率 F_s 有如下关系：

$$f_{\mathrm{MOD},n} = \frac{1}{2\pi}\frac{\mathrm{d}\varphi}{\mathrm{d}t} \approx \frac{F_s}{2\pi}(\varphi_n - \varphi_{n-1}) \tag{8.24}$$

当相邻信号相位跳变为 $\pm\pi$ 时，要求 DCO 的调谐范围为 $\pm F_s/2$。因此在锁相环设计中需要在带内、带外信号失真和调谐范围之间折中，也就对锁相环宽带相位调制应用形成了限制。

相位调制也可以采用开环调制方式，如通用全数字发射机中采用的数字控制相位差值器 (digital phase interpolator, DPI)，但对 DPI 的线性、工作频率、调制速度有较高的要求。

极坐标发射机中 DPA 是单路的，没有 I、Q 通道之间的相互影响，对于 DPA 的非线性失真校正也就相对简单。DPA 可以通过单元器件尺寸补偿、自适应偏置和动态调整输出电容等技术使 AM-AM、AM-PM 失真减小，甚至可以不用校正。

在极坐标发射机中为了提高回退效率，DPA 可以采用 G 类功率放大器、Doherty 功率放大器等结构。

在图 8.48 的通用全数字发射机中，通过不同控制码的使用，可以实现正交发射机和极坐标发射机混合使用，可以更好地适应可重构发射机对于调制方式、调制带宽的多目标要求[19]。基于 SCPA 实现了正交发射机和极坐标发射机的混合集成，并通过集成变压器的优化设计来提高发射效率，如图 8.57 所示。

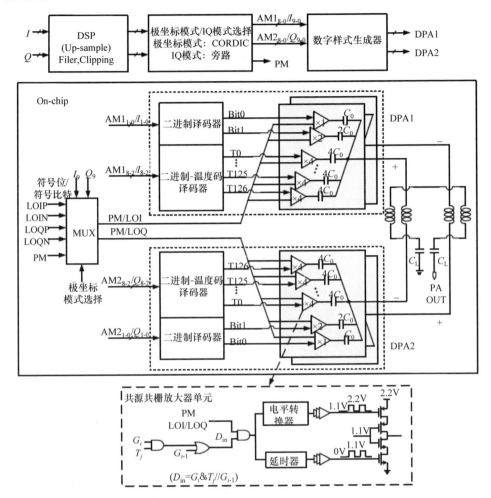

图 8.57　基于 SCPA 的正交发射机和极坐标发射机混合电路示意图[19]

在通用全数字发射机中(图 8.48),信号调制在 PCW 控制码上,FCW 和 ACW 选择固定值,此时发射机为差相发射机工作模式。差相发射机又被称作采样非线性元件线性功率放大(linear amplification with nonlinear component, LINC)的发射机,从工作原理上讲,差相发射机具有良好的线性。差相发射机除了相位调制的频谱展宽问题外,主要的问题是功率回退时效率下降比较厉害和功率合成时效率损失。

对于差相发射机功率回退时效率下降比较厉害的问题,一个解决方法是功率放大器采用多幅度输出,根据不同的发射功率,功率放大器选择不同的输出幅度,通过这个方法可以减小由相位补偿带来的功率损失。一个多幅度差相发射机的工作原理和效率如图 8.58 所示[20]。

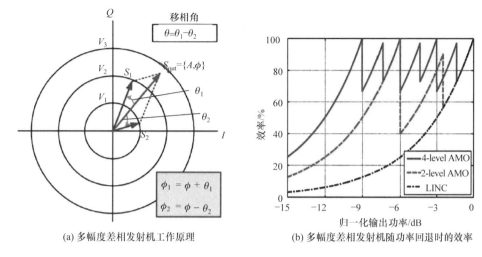

(a) 多幅度差相发射机工作原理　　　　(b) 多幅度差相发射机随功率回退时的效率

图 8.58　多幅度差相发射机的工作原理和效率

可以注意到差相两路的幅度可以独立控制，多幅度差相发射机可以理解为极坐标发射机和差相发射机混合使用。多幅度差相发射机在幅度之间切换时，幅度的突变会导致输出的非线性。图 8.59 给出了一个 4 幅度差相发射机矢量合成及输出波形图，可以注意到幅度的突变导致输出信号不连续。

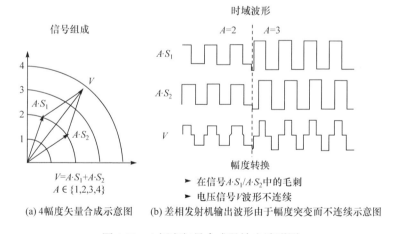

(a) 4幅度矢量合成示意图　　(b) 差相发射机输出波形由于幅度突变而不连续示意图

图 8.59　4 幅度矢量合成及输出波形图

针对多幅度差相发射机输出信号不连续的问题，这里提出了一种三相调制技术。三相调制技术的基本原理如下：

$$V(t) = A(t) \cdot S_0(t) + S_1(t) + S_2(t) \tag{8.25}$$

$$S_0(t) = \cos\left[\omega_c t + \Phi(t)\right] \tag{8.26}$$

$$S_1(t) = \cos\left[\omega_c t + \Phi(t) + \theta(t)\right] \tag{8.27}$$

$$S_2(t) = \cos\left[\omega_c t + \Phi(t) - \theta(t)\right] \tag{8.28}$$

将 $S_0(t)$、$S_1(t)$ 和 $S_2(t)$ 代入 $V(t)$ 中，可以得到 $V(t)$ 为

$$V(t) = \left[A(t) + 2\cos(\theta(t))\right]\cos\left[\omega_c t + \Phi(t)\right] \tag{8.29}$$

式中，$\Phi(t)$ 是基带信号相位；$\theta(t)$ 是差相信号角度。

　　三相调制技术的矢量合成和输出波形如图 8.60 所示，三相调制技术通过控制差相角度，抑制由相位补偿带来的效率损失，同时使输出波形连续从而提高输出线性。

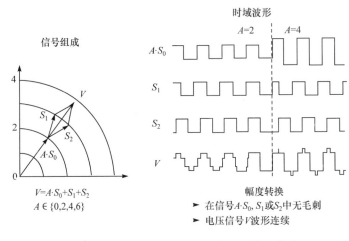

图 8.60　三相调制技术的矢量合成和输出波形

　　图 8.61 是基于三相调制技术的差相发射机系统框架示意图[21]，通过下面的功率合成分析，可以知道三相调制技术差相范围减小，可以使输出阻抗变化范围减小，更容易实现输出匹配，但是多路输出使功率合成网络更加复杂。

　　差相发射机功率合成主要有隔离功率合成技术和非隔离功率合成技术两种。隔离功率合成技术如 Wilkson 功率合成器、混合功率合成器等，隔离电阻会带来功率损耗，但是差相两路相互有良好的隔离度，输出具有良好的线性；反之，非隔离功率合成技术无隔离电阻性损耗，但是差相两路会相互影响，从而影响输出线性。

　　差相发射机一般采用λ/4 传输线实现非隔离功率合成，但是面向可重构应用，由于工作频段集中在 6GHz 以内，λ/4 传输线很难在 CMOS 工艺中集成，一般会采用 LC 等效的λ/4 传输线或者集成变压器来替代[22]，如图 8.62 所示。

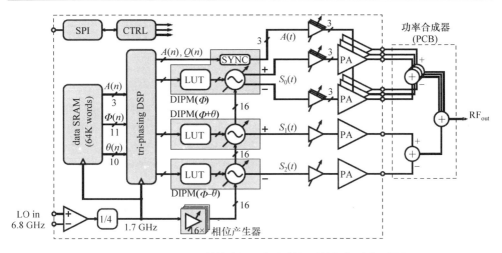

图 8.61　基于三相调制技术的差相发射机系统框架示意图[21]

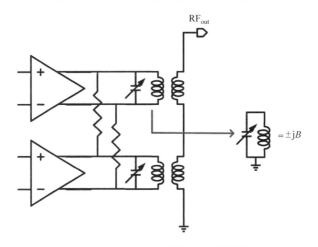

图 8.62　集成变压器替代 λ/4 传输线

8.5.2　全集成双工器技术

在传统 FDD 收发机中，采用片外双工器隔离发射信号到接收端的泄漏，其工作原理如图 8.63 所示[23]。对于多频段的 FDD 收发机，则需要采用多个双工器。在可重构收发机中，如果可以集成可调谐的双工器，则可以极大地简化系统设计。

近年来，全 CMOS 集成的全双工器取得了很好的进展，在可重构系统中的应用也受到了关注。CMOS 工艺中采用片上变压器实现基于电平衡的双工器，如图 8.64 所示。图 8.64(a) 的结构中，接收机是单端的，通过平衡阻抗 Z_{BN} 补偿发射机到接收机的泄漏信号，实现隔离，在接收机端口看到的发射机泄漏信号幅度很小。图 8.64(b) 的结构中，接收机是差分的，平衡阻抗 Z_{BN} 和天线阻抗保持一致，

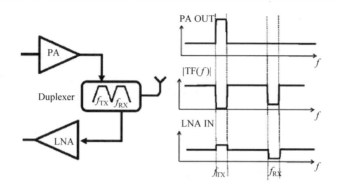

图 8.63　基于片外双工器的 FDD 收发系统工作过程[23]

天线端口和平衡端口的信号幅度与相位一致，但是其信号幅度很大，对接收机形成很大的困扰，因此很少采用。图 8.64(c)的结构中，接收机也是差分的，通过变压器次级线圈后，主线圈天线端口和平衡端口的大信号相互抵消了。这种结构的接收机是全差分的，并且具有良好的共模抑制能力，因此 CMOS 集成双工器一般采用这种结构。图 8.64 (c)的结构，根据工作原理可以得到发射端口、接收端口及平衡端口的阻抗分别为

$$R_{\text{TX}} = R_{\text{RX}} = 2R_{\text{ANT}} \left(\frac{N_1}{N_2} \right)^2 \tag{8.30}$$

$$R_{\text{BAL}} = R_{\text{ANT}} \left(\frac{N_1}{N_2} \right)^2 \tag{8.31}$$

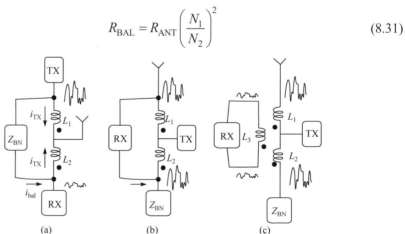

图 8.64　基于电平衡的双工器

图 8.65 为集成双工器在实际应用时的示意图，集成双工器可以获得良好的隔离，实际测试结果隔离度可以达到 60dB 左右。为了保持良好的隔离性能，基于简单的电阻和电容阵列很难在宽频率范围平衡复杂的天线阻抗。为了实现天线阻

抗跟踪，在宽频率范围应用中，平衡网络通常用可变电感和可变容器来平衡实际天线的虚部，这提高了电路设计的复杂度，并且会占用很大的芯片面积。平衡端口因为承受了发射机的大信号摆幅，所以开关阵列抗高压设计也需要关注。

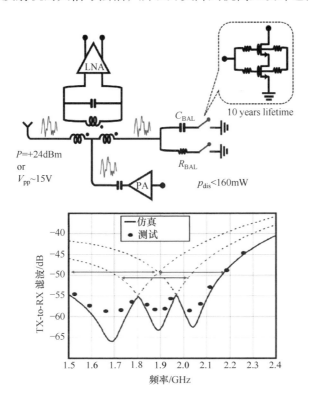

图 8.65 集成双工器在收发机中应用的示意图及集成双工器测试和仿真曲线

参 考 文 献

[1] Darabi H, Mirzaei A, Mikhemar M, et al. Highly integrated and tunable RF front ends for reconfigurable multiband transceivers: A tutorial. IEEE Transactions on Circuits and Systems I: Regualr Papers, 2011, 58 (9): 2038-2050.

[2] Ingels M, Giannini V, Borremans J, et al. A 5mm^{2}40nm LP CMOS transceiver for a software-defined radio platform. IEEE Journal of Solid-State Circuits, 2010, 45 (12): 2794-2806.

[3] Pullela R, Tadjpour S, Rozenblit D, et al. An integrated closed-loop polar transmitter with saturation prevention and Low-IF receiver for quadBand GPRS/EDGE. IEEE International Solid-State Circuits Conference - Digest of Technical Papers, 2009: 112-114.

[4] Liempd B V, Borremans J, Marens E, et al. A 0.9 V 0.4–6 GHz harmonic recombination SDR receiver in 28 nm CMOS with HR3/HR5 and IIP2 calibration. IEEE Journal of Solid-State Circuits, 2014, 49 (8): 1815-1826.

[5] Yang D, Andrews C, Molnar A, et al. Optimized design of N-phase passive mixer-first receivers in

wideband operation. IEEE Transactions on Circuits and Systems I: Regualr Papers, 2015, 62 (11): 2759-2770.

[6] Wu H, Mikhemar M, Murphy D, et al. A blocker-tolerant inductor-less wideband receiver with phase and thermal noise cancellation. IEEE Journal of Solid-State Circuits, 2015,50(12): 2948-2964.

[7] Hasan M N, Gu Q J, Liu X, et al. Tunable blocker-tolerant on-chip radio-frequency front-end filter with dual adaptive transmission zeros for software-defined radio applications. IEEE Transactions on Microwave Theory and Techniques, 2016, 64 (12): 4419-4433.

[8] Ye L, Shi C, Liao H, et al. Highly power-efficient active-RC filters with wide bandwidth-range using low-gain push-pull opamps. IEEE Transactions on Circuits and Systems I: Regular Papers, 2013, 60 (1): 95-107.

[9] Peng K C, Lee C H, Chen C H, et al. Enhancement of frequency synthesizer operating range using a novel frequency-offset technique for LTE-A and CR applications. IEEE Transactions on Microwave Theory and Techniques, 2013, 61 (3): 1215-1226.

[10] Zhou J, Li W, Huang D, et al. A 0.4–6-GHz frequency synthesizer using dual-mode VCO for software-defined Radio. IEEE Transactions on Microwave Theory and Techniques, 2013, 61 (2): 848-859.

[11] Ghahramani M M, Rajavi Y, Khalili A, et al. A 192MHz differential XO based frequency quadrupler with sub-picosecond jitter in 28nm CMOS. IEEE Radio Frequency Integrated Circuits Symposium (RFIC), Phoenix, 2015: 59-62.

[12] Song F, Zhao Y, Wu B, et al. A fractional-N synthesizer with 110 FSRMS jitter and a reference quadrupler for wideband 802.11ax. IEEE International Solid-State Circuits Conference: Digest of Technical Papers, San Francisco, 2019: 264-266.

[13] Elshazly A, Inti R, Young B, et al. Clock multiplication techniques using digital multiplying delay-locked loops. IEEE Journal of Solid-State Circuits, 2013,48 (6): 1416-1428.

[14] Gao X, Klumperink E M, Bohsali M, et al. A low noise sub-sampling PLL in which divider noise is eliminated and PD/CP noise is not multiplied by N^2. IEEE Journal of Solid-State Circuits, 2009, 44 (12): 3253-3265.

[15] Gao X, Burg O, Wang H, et al. A 2.7-to-4.3GHz, 0.16psrms-jitter, -246.8dB-FOM, digital fractional-N sampling PLL in 28nm CMOS. IEEE International Solid-State Circuits Conference: Digest of Technical Papers, San Francisco, 2016: 174-176.

[16] Alavi M S, Staszewski R B, de Vreede L C N, et al. A wideband 2$\times$ 13-bit all-digital I/Q RF-DAC. IEEE Transactions on Microwave Theory and Techniques, 2014, 62 (4): 732-752.

[17] Yuan W, Aparin V, Dunworth J, et al. A puadrature switched capacitor power amplifier. IEEE Journal of Solid-State Circuits, 2016, 51(5) :1200-1212.

[18] Yoo S M, Walling J S, Degani O, et al. A class-g switched-capacitor RF power amplifier. IEEE Journal of Solid-State Circuits, 2013,48 (5): 1212-1224.

[19] Park J S, Wang Y, Pellerano S, et al. A CMOS wideband current-mode digital polar power amplifier with built-in AM–PM distortion self-compensation. IEEE Journal of Solid-State Circuits, 2018,53 (2): 340-352.

[20] Godoy P A, Chung S, Barton T W, et al. A 2.4-GHz, 27-dBm asymmetric multilevel outphasing power amplifier in 65-nm CMOS. IEEE Journal of Solid-State Circuits, 2012, 47(10): 2372-2384.

[21] Lemberg J, Martelius M, Roverato E, et al. A 1.5–1.9-GHz all-digital tri-phasing transmitter with an integrated multilevel class-D power amplifier achieving 100-MHz RF bandwidth. IEEE Journal of Solid-State Circuits, 2019, 54(6): 1517-1529.

[22] Lee H, Jang S, Hong S, et al. A hybrid polar-LINC CMOS power amplifier with transmission line transformer combiner. IEEE Transactions on Microwave Theory and Techniques, 2013, 61 (3): 1261-1271.

[23] Mikhemar M, Darabi H, Abidi A, et al. A multiband RF antenna duplexer on CMOS: Design and performance. IEEE Journal of Solid-State Circuits, 2013, 48 (9): 2067-2079.

第9章 硅基毫米波集成电路与系统技术

9.1 硅基毫米波系统概述

本章将介绍硅基毫米波集成电路与系统技术，以毫米波雷达系统和相关电路为主。硅基毫米波系统可分为毫米波通信系统和毫米波雷达系统。与射频通信相同，毫米波通信系统的发射机和接收机处于通信的两端，传输双方未知的信息；而毫米波雷达系统发射和接收已知特性的信号，通过比较接收机与发射机信号之间的微小差别计算目标的速度、距离等特性。

9.1.1 毫米波通信频段

随着通信事业尤其是个人移动通信的高速发展，无线电频谱的低端频率已趋饱和，即使采用复杂调制或各种多址技术提高频谱的利用率，也无法满足未来通信发展的需求，因而实现高速、宽带的无线通信势必将在高频段开发新的频谱资源。毫米波由于其天线尺寸小、可用频带宽等优点，可以有效地解决高速宽带无线通信面临的问题，因而在未来通信中有着广泛的应用前景。

国际电信联盟发布了从 24～86GHz 的全球可用频率建议列表，频率分布如下：24.25～27.5GHz, 31.8～33.4GHz, 37～40.5GHz, 40.5～42.5GHz, 45.5～50.2GHz, 50.4～52.6GHz, 66～76GHz 和 81～86GHz。其中空气传输损耗小，适用于长距离通信的 28GHz、39GHz 和 72GHz 频段将成为未来 5G 通信的主要频率。此外，很多短距离高速毫米波通信技术都使用 60GHz 频率，例如，Wi-Gig(60GHz WiFi)、IEEE 802.11ay 和 IEEE 802.11ad 协议、Wireless USB 等应用。主要因为这一频率位于 ISM 频带，无须通信许可，并且由于这一频率处于氧气吸收峰处，传输距离短、墙壁穿透能力差，安全性较高。

9.1.2 毫米波雷达概述

毫米波雷达在定位、测速、成像和生物医疗等领域有着广泛的应用，由于毫米波的波长短，其测量精度也相对较高。最近兴起的自动驾驶更使得 77GHz 频段的车载雷达成为研究热点。相比于激光雷达，毫米波雷达具有成本低廉、抵抗恶劣气候能力强的特点，因此备受自动驾驶应用的青睐。长久以来砷化镓和锗硅一直是毫米波雷达的主流工艺，而随着 CMOS 工艺节点的不断推进，器件的高频性能有了显著提高(40nm 工艺节点的 f_t 已经达到 250GHz)。因此越来越多的毫米波雷达芯片选择了 CMOS 工艺以获得更低廉的价格及更好的数字兼容性。

毫米波雷达根据雷达发射波形可分为脉冲雷达和连续波(CW)雷达两种。而连续波雷达在加入不同调制方式之后又会有不同的特性，常用的有调频连续波(FMCW)雷达和调相连续波(PMCW)雷达，图 9.1 为雷达分类。

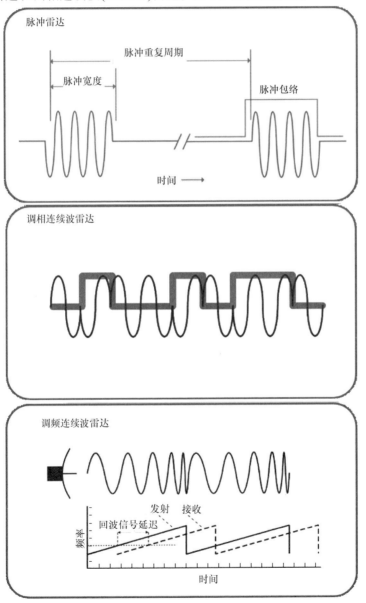

图 9.1 雷达分类

　　脉冲雷达的发射信号是一段连续波脉冲，通过检测发射和返回脉冲的时间差及多普勒频移来获取目标的距离及位置信息。脉冲雷达不需要复杂的调制，因此结构简单。由于脉冲雷达发射的是脉冲信号，一般情况下平均功耗会略低于连续波雷达。然而脉冲雷达发射的脉冲非常短促，因此在相同发射信噪比下，脉冲雷达的瞬时功率要求比连续波雷达高很多。而先进 CMOS 工艺受栅氧厚度及沟道长度限制，通常无法获得足够的发射功率，所以全集成的 CMOS 脉冲雷达比较少见。

　　连续波雷达对峰值功率要求较低，适合 CMOS 片上集成。未加调制的连续波雷达只能测量目标的方位角及通过多普勒效应测量目标的速度，而目标的距离信息无法测量。当附加上调制信号时则可以测量目标距离，配合方位角测量可以准确定位目标位置。常见的调制方式有线性调频及 BPSK 调制，前者通过测量发射信号与接收信号的频率差计算目标位置，而后者通过计算接收与发射的基带信号相关性得到距离信息。一个典型的调相连续波(PMCW)雷达结构如图 9.2 所示[1]。由于 BPSK 是一种简单的数字调制方式且距离信息是通过计算信号相关性得到的，PMCW 雷达通常是数字密集型架构，理论上更适合在 CMOS 工艺下集成。但是 PMCW 雷达的测距精度与符号率成正比，因此为了得到较高的测距精度(约 10cm)则需要 GHz 量级的符号率，这对于模拟基带、数模转换器提出了很高的设计要求。此外，PMCW 雷达需要多个信号处理通路、信号处理运算量非常大，因此相比于调频连续波(FMCW)雷达来说应用范围较小。FMCW 雷达将在后面详细介绍。

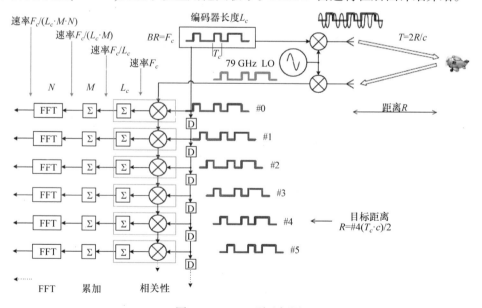

图 9.2　PMCW 雷达框图

9.1.3　硅基毫米波电路难点

　　毫米波通信和雷达电路相比，低频段射频集成系统存在诸多挑战，如 CMOS 工艺的截止频率限制、衬底的损耗和串扰、无源器件的建模、版图布局设计等。此外，毫米波在空气中损耗很高，如果采用传统射频收发机的架构，将很难实现可用的工作距离。基于传统的射频收发机，如果要达到可用的工作距离，就必须显著地增大发射机的功率。而且，硅基毫米波功率放大器的发射功率要远低于低频波段的功率放大器。因此，为了利用有限的发射功率来达到可用的通信距离，毫米波收发机芯片往往采用多单元的相控阵收发机，并行多路的接收机和发射机通路。另外，由于毫米波的波长变得很短，天线尺寸、相应的无源器件和传输线的尺寸也变小，从而有机会在单个硅基芯片上集成多单元的相控阵收发机来实现可用的毫米波无线通信和雷达系统。

9.2　毫米波系统链路预算

　　链路预算是在一个通信系统中对发送端、通信链路、传播环境(大气、同轴电缆、波导、光纤等)和接收端中所有增益和衰减的核算。其通常用来估算信号能成功地从发射端传送到接收端之间的最远距离，也可以用来根据应用场景确定收发机的性能指标。下面分别对通信系统和雷达系统链路预算进行说明。

9.2.1　毫米波通信链路预算

　　在一条通信链路中，接收到的信号信噪比可以用下式计算：

$$\text{SNR} = P_t + G_t + G_r - \text{PL}(R) - L_{\text{shadow}} - L - [\text{KT} + 10\log_{10}(\text{BW}) - \text{NF}] \quad (9.1)$$

$$\text{PL}(R) = 20\log_{10}\left(4\pi\frac{R}{\lambda}\right) \quad (9.2)$$

式中，P_t 指的是发射机的发射功率；G_t 表示发射端的天线增益；G_r 表示接收端的天线增益；$\text{PL}(R)$ 表示自有空间传输路径损耗；L_{shadow} 表示阴影损耗；L 表示系统实现过程中的其他损耗；KT 表示热噪底；BW 表示信号带宽；NF 表示接收机的噪声系数。

9.2.2　毫米波雷达链路预算

　　雷达的工作方式为发射信号经目标反射后再由接收机接收，因此雷达链路包括去程和回程两次信号传输过程。

　　根据 Friis 传输方程可以得到如下关系：

$$P_r = LP_tG_tG_r\sigma\frac{\lambda^2}{(4\pi)^3 R^4} \tag{9.3}$$

式中，P_r 是接收机接收到的功率值；L 是雷达系统损耗，包括但不仅限于收发天线的极化失配、传输线介质损耗、介质-空气界面反射损耗等；P_t 是发射机的发射功率；G_t 和 G_r 则分别是发射机及接收机的天线增益；σ 是目标的雷达散射截面积(radar cross section, RCS)；λ 是雷达发射信号的波长；R 是被测目标与雷达的距离；G_t、G_r、σ、λ 和 R 均由雷达系统的应用决定，在不同雷达系统中各项参数可能有很大的区别。

而接收机需要的最小可接收功率则可根据接收机灵敏度公式确定：

$$P_{\text{sen}} = -174\text{dBm}/\text{Hz} + \text{NF} + 10\log\text{BW} + \text{SNR}_{\min} \tag{9.4}$$

式中，NF 为接收机噪声系数；BW 为接收机基带带宽；$\text{SNR}_{\min}$ 则为系统所需的最小信噪比。

9.2.3 阵列天线与增益

高增益的天线在毫米波通信链路中是必要的。以通信系统为例，假设通过输出功率是 10dBm 的发射机和噪声系数是 10dB 的接收机来实现 1GHz 的通信带宽，这是 CMOS 毫米波通信技术中十分常见的指标要求。对于 1GHz 带宽，接收机本底噪声已经为 –74dBm，这意味着在 10dB 的信噪比前提下，收发系统只能容忍大约 74 dB 的路径损耗。具体来说，在自由空间中 60GHz 的电磁波传输 1m 的传输损耗为 68dB，28GHz 的电磁波传输 10m 的传输损耗为 81.4dB。显然 74dB 的传输损耗对于全向天线来说是一个非常苛刻的传输指标，即使对于视距传播(大约 1m)也是如此。我们假设发射端和接收端的天线增益为 2dB，再加上 10dB 的阴影损耗，已经没有链路余量。对于雷达系统，相应的传输损耗更大，链路预算更紧张。

由上面的分析可以知道，收发机的天线增益有助于降低链路中对路径损耗的要求。评价发射机系统性能一个重要的指标是有效全向辐射功率(EIRP)，指的是发射机供给天线的功率 P_t 与在给定方向上天线绝对增益 G_t 的乘积，同样的发射功率情形下，EIRP 越大表示天线方向性越强。对于简单的偶极子天线，增益是固定的，路径损耗与波长 λ 的平方成比例，这限制了无线通信系统的工作范围，特别是当考虑了毫米波系统较差的噪声性能和有限的功率输出能力。高度定向的天线可用于降低路径损耗要求，例如，碗碟或喇叭形的天线，但是这些天线成本更高也更耗费空间，并不适合当前的消费级应用。

在当前的毫米波通信系统中，得到最广泛应用的方案是使用天线阵列代替单天线。由于毫米波的波长比射频域电磁波波长更小，天线尺寸也更小，这使得移动通信、WiFi 等应用场景中可以使用更多的天线并形成天线阵列。例如，一个 60GHz 的通信系统中采用 16 副天线组成的天线阵列和一个 5GHz 的通信系统中采用的单个偶极子天线占用几乎相同的面积，前者却可以提供更大的天线增益。阵列中往往还是采用可变增益放大器和移相器，形成相控阵系统，用于实现任何天线指向。这种波束成形技术通过相干原理大大提高天线增益。天线阵列的使用还可以用于多入多出(MIMO)技术，实现 MIMO 的两种基本功能，即空间分集和空间多路，从而提供了对多径衰落的恢复能力，也可以提高通信的数据率。天线阵列的另一个好处是可以同时进行空间功率合成，大大简化发射机的设计，进一步提高 EIRP，降低毫米波通信链路对空间传输损耗的要求。

9.3　相控阵技术

9.3.1　相控阵原理

相控阵示意图如图 9.3 所示，系统整合了多个发射机单元，每个发射机单元的天线按照特定的间距 d 排列，通常按照 $\lambda/2$ 的间隔排列。对于 θ 传播方向，信号从每副天线传播到同一个平面的距离可以分别表示为

$$\begin{cases} L_0 = 0 \\ L_1 = d\cos\theta \\ L_2 = 2d\cos\theta \\ \qquad\vdots \\ L_{N-1} = (N-1)d\cos\theta \end{cases} \tag{9.5}$$

因此，前后相邻的两个单元，信号传播距离的差为

$$\Delta L = d\cos\theta = \frac{\lambda}{2}\cos\theta < \lambda \tag{9.6}$$

由于相邻两个单元之间的间距通常为 $\lambda/2$，那么相邻单元之间信号传播距离之差不可能达到一个波长。相控阵收发机可以控制每个单元的信号延迟，如果让后一个单元的信号总是比前一个单元的信号延迟 $\Delta\tau$ 的时间，那么式(9.5)将被改写为

$$\begin{cases} L_0 = 0 \\ L_1 = d\cos\theta + \Delta\tau \cdot c \\ L_2 = 2d\cos\theta + 2\Delta\tau \cdot c \\ \qquad\vdots \\ L_{N-1} = (N-1)d\cos\theta + (N-1)\Delta\tau \cdot c \end{cases} \tag{9.7}$$

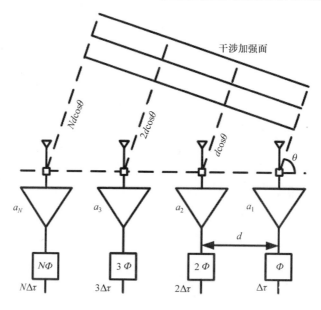

图 9.3　相控阵示意图

那么前后相邻单元之间，信号传播距离之差就可以表示为

$$\Delta L = d\cos\theta + \Delta\tau \cdot c \tag{9.8}$$

如果这个距离之差正好等于信号的波长，即满足式(9.9)的关系，那么就意味着在该方向上，信号的传播通过干涉机制而被加强。

$$\Delta L = d\cos\theta + c\Delta\tau \xrightarrow{可以推出} \cos\theta = \frac{\lambda - c\Delta\tau}{d} \tag{9.9}$$

因此，可以通过改变和控制信号延迟 $\Delta\tau$ 的大小，使得信号在特定方向 θ 上得以加强，而偏离这个方向，信号之间相互抵消，从而形成了在特定方向传播的能量波束。阵列的规模越大，那么在特定方向 θ 上的信号加强就越大，其余方向上信号就会越弱，从而形成更为精细、能量更加集中的波束。发射机可以通过这样的相控阵实现向特定方向上集中发射能量，接收机也可以通过这样的方式，加强接收特定方向上的能量。

与传统射频收发机架构相比，相控阵收发机有许多优势。相控阵技术能够在特定传播方向上显著提高链路的信噪比。一个 N 单元的相控阵发射机，信噪比的提升可以表示为

$$\Delta\text{SNR} = 20\log N \tag{9.10}$$

这意味着一个 4 单元的相控阵发射机可以使信噪比提升 12dB。如果收发都采用这样的 4 单元相控阵结构，那么在传输链路上，信号的信噪比可以提升 24dB，这对增加通信距离有非常重要的意义。阵列规模越大，单元数目越多，能量波束

就越集中，信噪比提高的好处就越多，因此通过增加相控阵的规模可以获得更远的通信距离。此外，能量波束的方向可以被控制与调节，即相位电子扫描。相控阵接收机只对某一方向上的信号进行加强接收，而对于来自其他方向的强干扰信号，相控阵接收机并不敏感，因此，相控阵技术显著地增强了接收机的抗干扰能力。

9.3.2 相控阵收发机架构

相控阵收发机按移相处理在系统中的位置不同，可分为射频(RF)移相架构、本振(LO)移相架构和基带(BB)移相架构。

1. 射频移相架构

基于射频通路的相控阵技术(图9.4)，在每个单元的射频通路上串接延迟单元或者移相器，各个通路的信号经过相加以后，进入下混频器，变成模拟基带信号。通过控制每个单元的延迟时间依次为$\Delta\tau, 2\Delta\tau, \cdots, N\Delta\tau$，或者控制每个单元的相移依次为$\Delta\Phi, 2\Delta\Phi, \cdots, N\Delta\Phi$，从而实现方向可控的能量波束。

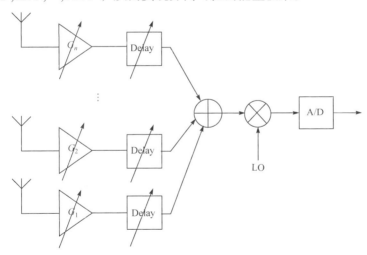

图9.4 基于射频通路的相控阵技术

然而在射频通路上实现相移技术，有着诸多的挑战。

(1) 增益损耗。直接在毫米波频段工作的延迟单元和移相器，损耗往往比较大。对于接收机而言，由于移相器和延迟单元串联在射频通路的混频器之前，它们引入的损耗会直接恶化系统的噪声系数；同样，对于发射机而言，移相器和延迟单元会浪费系统宝贵的发射功率，增加系统的功耗开销。

(2) 带内增益波动。由于毫米波通信系统的信号带宽最大可达7GHz，在如此宽的带宽内，移相器和延迟单元无法实现一致的增益(损耗)，从而影响了系统的性能。对于移相器和延迟单元而言，减小增益纹波是一个非常大的挑战。

(3) 通道间增益失配。在不同的相位(延迟)设置下，移相器和延迟单元很难实现相同的增益或损耗，因此各个单元的链路增益将难以保持一致，从而削弱了相控阵收发机的优势。

(4) 线性度要求高。由于信号直接通过移相器和延迟单元，移相器和延迟单元的线性度将会限制系统的线性度；对于发射机而言，所要处理的信号往往很大，线性度的问题就更加突出。相比于无源移相器，有源移相器的线性度往往更差。

2. 本振移相架构

基于本振通路的相控阵技术(图 9.5)，通过控制每个单元中混频器的本振信号相位，依次为 $\Delta\Phi, 2\Delta\Phi, \cdots, N\Delta\Phi$ ，来实现方向可控的能量波束。

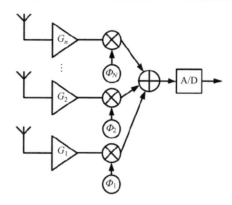

图 9.5　基于本振通路的相控阵技术

与基于射频通路的方法相比，基于本振通路的相控阵技术具有以下优点。

(1) 接收机噪声特性好。由于取消了串接在射频通路上的延迟单元或相移器，避免了引入损耗，从而对接收机的噪声特性有很大的好处。

(2) 发射机的发生功率大。由于不存在射频通路上的延迟单元或相移器，避免了发射功率的浪费，有利于发射机系统的低功耗。

(3) 降低了线性度的要求。由于不存在射频通路上的延迟单元或相移器，在混频器之前 LNA 之后，没有限制线性度的模块存在。当然，由于架构的不同，基于本振通路相移技术的接收机，对混频器的线性度要求较高。

(4) 不存在带内信号增益纹波的问题。由于相移操作在本振通路上完成，对于不同的相位配置，即使本振信号存在增益波动，混频器的转换增益对本振信号的幅度也不敏感。而且，基于本振通路的相移操作，只针对单一频点信号进行，因此容易实现恒定的本振信号幅度。

由于混频器的转换增益对本征信号的大小不敏感,对于各个不同相位的情况,系统的转换增益几乎一致,各个单元的链路增益可以保持很高的一致性,从而达到良好的相控阵的效果。

3. 基带移相架构

基于基带的相控阵技术(图 9.6),可以在模拟基带中实现,也可以在数字基带中实现,在数字基带中实现比在模拟基带中实现具有更高的灵活性。在数字阵列架构中每个相控阵通道使用 ADC 进行数字化,然后使用数字信号处理(DSP)单元处理所有通道信号,执行相位控制功能并进行空间方向性滤波。因为强大的干扰信号在数字信号处理之后才被消除,所以每个信道的射频混频器和 ADC 及 DSP单元必须具有足够的动态范围来处理干扰信号。此外,每个通道都需要一个完整的射频链路,这两个因素导致了设计时系统功耗非常高。

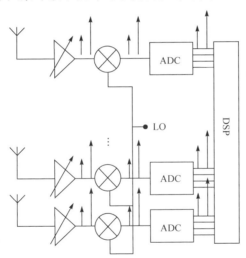

图 9.6　基于基带的相控阵技术

数字阵列的主要优点是高度灵活性。可以使用 DSP 单元实现各种复杂的信号处理算法。这种相控阵也称为智能天线,广泛用于蜂窝电话行业。这些算法允许智能天线区分所需信号、多径和干扰信号,以及计算它们的到达方向。此外,智能天线可以自适应地更新其波束方向图,以便利用波束的主瓣跟踪所需信号。多波束和多输入多输出(MIMO)功能(将在本章后面更详细地讨论)也可以合并到智能天线中。

4. 三种架构的对比

时间延迟元件允许系统在大信号带宽上工作，这意味着无线通信系统可以具有更高的通信速度和雷达具有更高的距离分辨率，而基于射频移相器的架构只能在中等带宽上运行。全无源射频移相器和延迟元件具有较强的干扰抑制能力，有源射频移相器和本振移相架构则干扰抑制能力较弱，往往需要消耗大量的功耗抑制强干扰的影响。基于基带移相的数字阵列架构在干扰抑制方面是最差的，并且需要花费很大的功耗来提高每个通道的混频器和 ADC 的动态范围。

就面积而言，射频移相器和时间延迟元件的面积占用最多，但是基于射频通道的相位插值器是一个例外。可以发现，采用多通道共享 PA、LNA、混频器等模块可以减轻射频相移架构的面积要求。基于本振移相架构，增益波动和噪声性能要求相对较低，因此，移相器通常可以在较小的芯片面积内实现。然而，该架构每个通道都需要混频器，这在一定程度上增加了芯片面积要求。基于基带移相的架构，由于在每个通道中需要混频器和 ADC，往往面积开销最为明显。

在功耗方面，由于基于射频通道的架构只需要一个混频器，其功耗开销相对较低，特别当移相器/延迟元件是无源结构时。然而，应该注意，如果移相器/延迟元件插入损耗高，则可能需要射频放大级，这需要增加额外功耗。本振移相架构具有中等功耗要求，主要是因为在每个信号路径中都需要混频器。混频器的功耗通常不可忽略，因为它们需要承受强大的带内干扰。将本振分配到不同通道所需的缓冲器也会开销额外功耗。此外，由于每个通道都需要高动态范围的混频器和 ADC，数字阵列架构是三者中功耗最大的架构。

9.3.3　相控阵的非理想效应分析

相控阵中非理想效应会导致发射/接收信号中的幅度和相位不匹配，从而对波束方向图产生不利影响。本节将分析传统射频移相阵列的通道之间的相位失配的影响，还将简单地通过天线波束方程来分析失配对波束指向角和旁瓣抑制比(side lobe rejection ratio，SLRR)的影响。通道间失配有两个可能的来源：一个来源是加工工艺带来的失配，另一个是集成相控阵和片外天线时封装不匹配引起的。

1. 波束指向误差

对于阵元间隔半个波长的相控阵而言，其阵列的指向性方程可以表示为

$$AF(\Delta\phi,\theta_m) = \left[\frac{\sin\dfrac{N(\Delta\phi - \pi\sin\theta_m)}{2}}{\sin\dfrac{\Delta\phi - \pi\sin\theta_m}{2}} \right]^2 \qquad (9.11)$$

式中，$\Delta\phi$ 表示相邻两个阵元发射的信号相位差，波束指向角可以表示为

$$\theta_m = \arcsin \frac{\Delta \phi}{\pi} \tag{9.12}$$

文献[2]中分析了相控阵各个阵元之间失配对于波束方向的影响，指出通道间幅度的失配对于波束方向的影响远小于相位之间的失配，在分析波束指向误差时只分析相位失配的影响即可，相位失配的影响可以表示为

$$\Delta \theta_m \approx \frac{-\sum\limits_{m=1}^{N}\sum\limits_{n=1}^{N}(\delta_m - \delta_n)(m-n)}{\pi \cos \theta_m \dfrac{(N-1)N^2(N+1)}{6}} \tag{9.13}$$

式中，$\Delta \theta_m$ 表示波束指向误差；θ_m 表示在没有失配时的控制码为 m 的波束指向；δ_m 表示控制码为 m 时通道的相位误差。假设不同控制下，各通道的失配是不相关的，那么波束指向平均的均方误差可以表示为

$$\sigma_{\text{beam}}^2 = \frac{12\sigma_{\text{phase}}^2}{\pi^2 \cos \theta_m^2 (N-1)N(N+1)} \tag{9.14}$$

图 9.7 展示了通过式(9.14)算得的理论波束指向均方误差和 $\sigma_{\text{phase}}=5°$ 和 $10°$ 的传统射频相控阵的 300 次迭代蒙特卡罗仿真结果。从图 9.7 中可以得出，随着阵元数量 N 的增加，波束指向均方误差以 N_3 的速率下降。

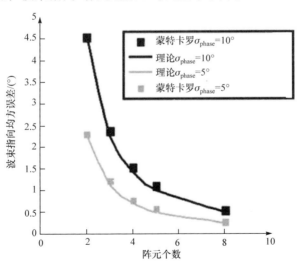

图 9.7　波束指向均方误差与阵元个数的关系

2. 旁瓣抑制比

天线方向图上，最大辐射波束称为主瓣，主瓣旁边的小波束称为旁瓣。当不考虑幅度误差和相位误差时，主瓣、旁瓣和零点的位置可以通过对式(9.11)中的波

束指向方程中的 θ_{in} 求微分得到。主瓣位置和旁瓣位置的关系为

$$\tan\frac{N(\Delta\phi - \pi\sin\theta_{\text{in}})}{2} = N\tan\frac{\Delta\phi - \pi\sin\theta_{\text{in}}}{2} \tag{9.15}$$

旁瓣抑制比(SLRR)指的是主瓣的功率和最大功率的旁瓣的功率之比,可以表示为

$$\text{SLRR}_0 = \frac{N^2}{\text{AF}(\Delta\phi, \theta_{\text{lobe}})} = \frac{N^2\sin^2\left(\dfrac{\phi_{N,\text{lobe}}}{2}\right)}{\sin^2\left(\dfrac{N\phi_{N,\text{lobe}}}{2}\right)} \tag{9.16}$$

$$\sigma^2_{\text{AF,err}(\Delta\phi, \theta_{\text{lobe}})} = 2\sigma^2_{\text{phase}}\frac{\sin^2\left(\dfrac{N\phi_{N,\text{lobe}}}{2}\right)}{\sin^2\left(\dfrac{\phi_{N,\text{lobe}}}{2}\right)}\left[N - \frac{\sin(N\phi_{N,\text{lobe}})}{\sin\phi_{N,\text{lobe}}}\right] \tag{9.17}$$

旁瓣抑制比的均方误差可以表示为

$$\sigma^2_{\text{SLRR}} = 2N^4\sigma^2_{\text{phase}}\frac{\sin^6\left(\dfrac{\phi_{N,\text{lobe}}}{2}\right)}{\sin^6\left(\dfrac{N\phi_{N,\text{lobe}}}{2}\right)}\left[N - \frac{\sin(N\phi_{N,\text{lobe}})}{\sin\phi_{N,\text{lobe}}}\right] \tag{9.18}$$

图9.8展示了通过式(9.18)算得的理论旁瓣抑制比均方误差和 $\sigma_{\text{phase}} = 2.5°$ 和 5° 的传统射频相控阵的 300 次迭代蒙特卡罗仿真结果。

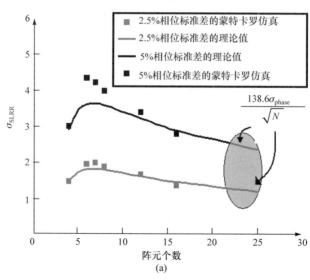

(a)

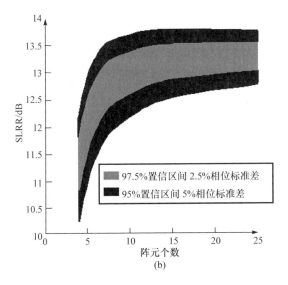

图 9.8 旁瓣抑制比均方误差与阵元个数的关系

3. 封装方式的影响

由于封装的对称性很难保证，封装很容易引入通道间失配，如前面所述，相控阵带来两个好处：第一个是发射功率的增加和接收机处信噪比的改善，这减轻了链路预算要求；第二个是天线增益的增加，以及空间干扰和多径效应的降低。对于链路预算敏感的系统，波束指向的准确性较重要。而在空间干扰和多径效应占主导地位的环境中，旁瓣抑制比更关键。前面的分析和仿真结果表明，对于典型的阵列大小和失配状况，信道失配对旁瓣抑制的影响大于对波束指向角的影响。这意味着对空间干扰和多径效应敏感的应用而言，封装引入的失配更受关注。准确、稳健和失配小的封装技术，特别是对于天线阵列系统，在毫米波频率中还有待继续研究。目前，倒装焊天线键合和片上天线等技术在解决这一问题方面表现出良好前景(图 9.9)[3,4]。

4. 量化误差

移相器可产生一组离散的相位或者延迟，但相位或延迟的个数有限，因此相控阵系统可实现的发射接收角度也是被量化的。在有 N 个阵列单元的基于射频通道的相控阵接收机中，每个移相器具有 $n$bit 控制码，可以实现 $2n$ 个相位选择，例如，一个 3bit 的移相器可以实现 $-180°$，$-135°$，$-90°$，$-45°$，…，$180°$相位，相应的移相器分辨率可以表示为 $\Delta\phi_{\text{res}} = \dfrac{360°}{2^n} = 45°$，信号接收角度的分辨率可以表示为

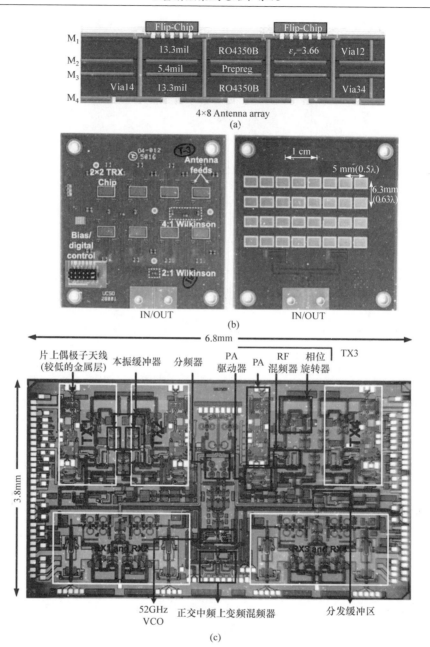

图 9.9　封装天线与片上天线示例

$$\Delta\theta_{\mathrm{res}} = \arcsin\frac{\Delta\phi_{\mathrm{res}}}{\pi} = \arcsin\frac{1}{2^{n-1}} = 14.48° \tag{9.19}$$

　　假设接收到的正交调制信号为 $i(t)\sin(\omega t)+q(t)\cos(\omega t)$，$IQ$ 两路的本振信号为 $\sin(\omega t)$ 和 $\cos(\omega t)$，射频移相器的 ϕ_k 设置为 $(k-1)\Delta\phi$，$\Delta\phi$ 需要设置为最接近

$\pi\sin\theta_{in}$ 的相位。IQ 两路合成得到的最终信号可以表示为

$$I_{comb}(t) = \frac{i(t)}{2}\sqrt{AF(\Delta\phi,\theta_{in})}, \quad Q_{comb}(t) = \frac{q(t)}{2}\sqrt{AF(\Delta\phi,\theta_{in})} \tag{9.20}$$

在评估量化误差的影响时,有以下假设:混频器产生的高阶谐波被全部滤掉,接收到的信号带宽与载波频率相比较小。若 $\Delta\phi \neq \pi\sin\theta_{in}$,主瓣的峰值功率降低,天线的方向性变差,会导致接收机的信噪比降低。信噪比下降的根源在于接收机信号接收方向和发射机的波束指向方向的失配,所导致的信噪比降低可以表示为

$$SNR = SNR_0 \times \frac{AF(\Delta\phi,\theta_{in})}{N^2} \tag{9.21}$$

式中,AF 指的是天线阵列指向性方程,当 $\Delta\phi \to 0$ 时,$AF \to 1$,SNR_0 表示的是没有量化误差时的接收机信噪比。信噪比之所以与 N^2 成反比,是因为此公式中假设不同的天线接收到的噪声是不相关的。相应的 EVM 可以表示为

$$EVM = \frac{1}{\sqrt{SNR}} = \frac{1}{\sqrt{SNR_0}} \times \frac{N}{\sqrt{AF(\Delta\phi,\theta_{in})}} \tag{9.22}$$

从式(9.22)可以看出,阵元数量越多,EVM 恶化更加明显,这是因为阵元数量的增加使得波束的宽度变窄,使得信号入射方向与波束指向的不匹配更加明显。$\Delta\phi$ 趋近于 0 时,$AF(\Delta\phi,\theta_{in})$ 趋近于 1,从而 $EVM = \frac{N}{\sqrt{SNR_0}}$。

9.4　MIMO 技术

9.4.1　MIMO 技术原理

多入多出(MIMO)技术指在发射端和接收端分别使用多副发射天线和接收天线,使信号通过发射端与接收端的多副天线传送和接收,从而改善通信质量。它能充分利用空间资源,通过多副天线实现多发多收,在不增加频谱资源和天线发射功率的情况下,可以成倍地提高系统信道容量。

图 9.10 是 MIMO 系统的一个原理框图。发射端通过空时映射将要发送的数据信号映射到多副天线上发送出去,接收端将各副天线接收到的信号进行空时译码从而恢复出发射端发送的数据信号。根据空时映射方法的不同,MIMO 技术大致可以分为两类:空间分集和空间复用。

1. 空间分集

采用多副收发天线的空间分集可以很好地对抗传输信道的衰落。空间分集包括发射分集、接收分集和接收发射分集三种。

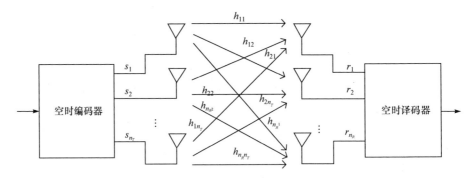

图 9.10 MIMO 系统的一个原理框图

发射分集是在发射端使用多副发射天线发射信息，通过对不同的天线发射的信号进行编码达到空间分集的目的，接收端可以获得比单天线高的信噪比。发射分集包含空时发射分集(space time transmit diversity，STTD)、空频发射分集(space frequency transmit diversity，SFTD)和循环延迟分集(cyclic delay diversity，CDD)几种。

空时发射分集通过对不同的天线发射的信号进行空时编码(space-time coding，STC)达到时间和空间分集的目的，在发射端对数据流进行联合编码以减小由信道衰落和噪声导致的符号错误概率。空时编码通过在发射端的联合编码增加信号的冗余度，从而使得信号在接收端获得时间和空间分集增益。该方法可以利用额外的分集增益提高通信链路的可靠性，也可在同样的可靠性下利用高阶调制提高数据率和频谱利用率。基于发射分集的空时编码技术的一般结构如图 9.11 所示。

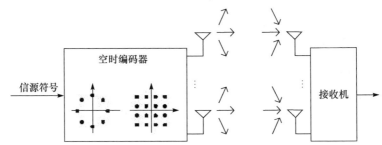

图 9.11 基于发射分集的空时编码技术的一般结构

空频发射分集与空时发射分集类似，不同的是空频发射分集是对发送的符号进行频域和空域编码，将同一组数据承载在不同的子载波上面获得频率分集增益。两天线空频发射分集原理图如图 9.12 所示。

循环延迟分集是一种常见的时间分集方式，可以通俗地理解为发射端为接收端人为制造多径。LTE 中采用的延时发射分集并非简单的线性延时，而是利用编码特性采用循环延时操作。根据 DFT 特性,信号在时域的周期循环位移(即延时)相当于频域的线性相位偏移, 因此 LTE 的循环延时分集是在频域上进行操作的。下行发射机时域循环位移与频域相位线性偏移的等效示意图如图 9.13 所示。

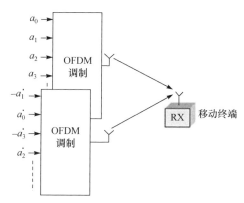

图 9.12　两天线空频发射分集原理图

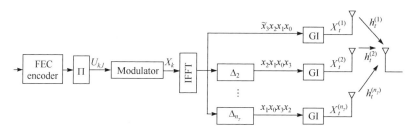

图 9.13　等效示意图

接收分集指多副天线接收来自多个信道的承载同一信息的多个独立的信号副本。由于信号不可能同时处于深衰落情况中, 在任一给定的时刻至少可以保证有一个强度足够大的信号副本提供给接收机使用,从而提高了接收信号的信噪比。

接收分集原理示意图如图 9.14 所示。

2. 空间复用

空间复用是"空间信道复用", 在多径丰富的情况下, 多天线所处不同空间位置构成的多个空间信道可以区分开来, 因而可以用相同的频率并行传输信息, 即实现多个码流同时传输。空间复用最典型的编码方式是垂直分层空时码, 另外, 空间复用也可以用预编码实现。与空间分集类似, 空间复用要求多个空间信道具有独立性。空间分集主要是为了提高通信的稳定性和抗干扰性能, 以及提高传输距离;空间复用的主要目的是提高通信的数据率,下面详细介绍空间复用的原理。

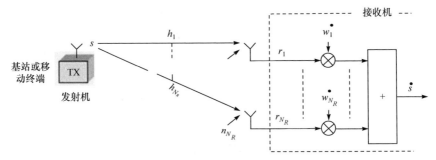

图 9.14　接收分集原理示意图[①]

　　图 9.15 描述了 MIMO 空间复用基本原理，这里从最简单最容易理解的两路信号输出、两路信号输入开始介绍。一个高数据率的比特流分成多个低数据率的比特流，分别通过 M 副天线发射相同频率的信号，N 副天线接收这些发射出来的信号。这里我们以 2×2 的系统举例，接收到的信号可以表示为

$$\begin{bmatrix} r_1 \\ r_2 \end{bmatrix} = \begin{bmatrix} h_{11} & h_{12} \\ h_{21} & h_{22} \end{bmatrix} \cdot \begin{bmatrix} s_1 \\ s_2 \end{bmatrix} + \begin{bmatrix} n_1 \\ n_2 \end{bmatrix} \Leftrightarrow r = H \cdot s + n \tag{9.23}$$

式中，s 和 r 是接收和发射信号矢量；n 是接收机的噪声矢量；H 是空间传输过程中的信道矢量。然后，接收机可以通过用信道矩阵的逆矩阵来对发送比特流进行卷积，得到原始数据：

$$\hat{s} = H^{-1} \cdot r = s + H^{-1} \cdot n \tag{9.24}$$

这样就可以在同一个频率信道中传递多组数据。例如，每个数据流的数据率是54Mbit/s，那么 2×2 的 MIMO 系统可以实现两倍于原始数据的传输速率，即108Mbit/s。

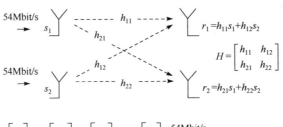

图 9.15　MIMO 空间复用基本原理

　　如果在发射机和接收机天线之间的环境中存在显著的多径损耗，则式(9.24)中信道矩阵 H 是存在逆矩阵的。由于信号传输是通过不同路径传输，TX1 的发

[①] 图中黑点表示每个通道乘以相应权重。

送信号以随机相位到达两副接收器天线，这可以视为 TX1 从特定方向到达接收天线。类似地，TX2 的信号可看作来自与 TX1 不同的方向。MIMO 系统可以根据两个信号的入射角度来区分这两个信号。

9.4.2　MIMO 串扰问题

当 TX1 和 TX2 的距离较近时，或者 TX 和 RX 的信道之间有严重串扰时，信道矩阵 H 将接近于 0 矩阵，这会导致接收信号的噪声显著提高。对比没有串扰的情况(H=[1 0; 0 1])与完全串扰的情况(H=[1 1; 1 1])，即信道矩阵 H 是不可逆的。这种非理想的 MIMO 串扰可以发生在无线信道中、天线之间以及芯片各个信道之间。在理想的多径传输过程中，信道间的串扰可能非常小。当天线之间的距离较大时，天线之间的串扰也可以忽略。这里重点分析芯片上各个信道之间的串扰。

图 9.16 的发射机中各通道间的串扰用矩阵 A 来描述，接收机中各通道间的串扰用矩阵 B 来描述，这样 MIMO 系统接收到的信号可以表示为

$$r = (B \cdot H \cdot A) \cdot s + B \cdot n \tag{9.25}$$

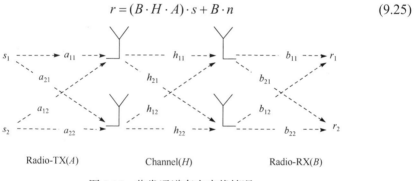

图 9.16　收发通道存在串扰情况

这里假设接收机的串扰主要发生在信道噪声和接收机噪声出现之前。得到原信号为

$$\hat{s} = (B \cdot H \cdot A)^{-1} \cdot r = r + A^{-1} \cdot H^{-1} \cdot n \tag{9.26}$$

式中，A、B、H 必须都是可逆矩阵，否则无法实现空间复用。

发射机串扰会引起噪声放大，降低 MIMO 性能。图 9.17(a)描述了在存在发射机串扰的情况下 2×2 的 MIMO 系统的误包率(PER)随信噪比的变化。可以看出，与理想情况相比，20dB 的隔离度造成的系统恶化可以忽略。从图 9.17(b)可以看出 MIMO 系统对于接收机的串扰并不敏感，因而对于 MIMO 系统来说发射机通道之间的串扰应当优先考虑，并且发射机通道间的隔离应该至少需要 20dB。

在大多数高速链路中，可以通过增加通道之间的距离来提高隔离度，但会开销更大面积增大成本。也可以使用差分 *I/O* 来降低串扰，但会开销双倍的 *I/O* 功耗并增加输入输出引脚。还有一些 MIMO 系统，通过牺牲数据率来缓解串扰问题。

此外，文献[5]中采用了串扰消除的技术来降低串扰的问题。

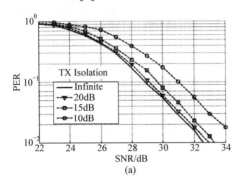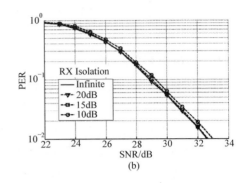

图 9.17　收发通道隔离度与误包率

9.5　毫米波雷达技术

调频连续波雷达是目前最常见的 CMOS 雷达系统，其系统复杂度适中且对发射机发射功率要求较低，并且具有良好的测距测速能力，被广泛应用于自动驾驶及成像等领域。因此本节将重点介绍调频连续波雷达。

9.5.1　调频连续波雷达原理

调频连续波雷达通过检测发射信号与接收信号间的频率差来测量目标的距离和速度，而目标的方位角则需要空间阵列来获得。调制信号为三角波的调频连续波雷达测距测速原理如图 9.18 所示。

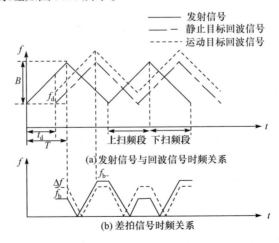

图 9.18　FMCW 雷达测距测速原理

由于发射信号经目标反射之后接收的过程会有一定的时延Δt，从而接收信号与发射信号之间会有正比于Δt的频率差f_b，f_b与目标距离成正比。

调频连续波雷达的距离分辨率可表示为

$$\Delta R = \frac{c}{2B} \tag{9.27}$$

式中，c为光速；B为调频连续波雷达的扫频带宽。

倘若被测目标在与雷达的连线方向上运动速度不为零则会产生多普勒效应，使得调频连续波雷达测量到的上扫频段频率差f_{b+}和下扫频段频率差f_{b-}不相等，利用这一性质我们可以得到速度分辨率Δv为

$$\Delta v = \frac{c}{f_0 T} \tag{9.28}$$

式中，f_0为发射信号的中心频率；T为扫频周期。对于锯齿波调制的调频连续波雷达，由于没有下扫频段，无法使用该方式测量目标速度，只能通过计算两次测量目标距离差除以两次测量的时间间隔得到目标速度。

雷达的角分辨率理论上取决于天线的波束宽度，而天线的波束宽度则与天线孔径和雷达中心频率有关，天线孔径越大，雷达中心频率越高；天线波束宽度越窄，角分辨率越高。在不采用合成孔径和多天线技术时，天线孔径则取决于天线尺寸，因此受天线物理尺寸限制，单天线孔径通常是有限的。当采用合成孔径或者多天线技术时，天线的等效孔径得以大幅提升，因此雷达的角分辨率甚至可以达到 0.001rad。

从以上分析可以看出，理想状态下为了提高雷达的测距测速精度及角分辨率需要较宽的扫频带宽以及较高的中心频率。而毫米波雷达在这两点相对于低频雷达都具有较大的优势，这也是毫米波雷达得以迅速发展的原因。

9.5.2　高精度调频连续波雷达技术

1. 宽带高测距精度雷达系统

由于调频源扫频带宽是唯一在理论上制约测距精度的参数，如何获得更大的扫频带宽及收发机带宽是当前毫米波雷达设计的重点问题。下面我们将调频源扫频带宽和收发机带宽分开讨论。

调频源的扫频带宽一般来说取决于振荡器的调谐范围。对于一个 LC 振荡器来说，通常电感值L是固定的，因此调谐范围由电容的变化范围决定。电容通常使用变容管或者开关电容实现，而这两者的电容开关比在低频下都很难大于 4∶1。而在高频下由于电容Q值随频率增加而降低，毫米波段下大多使用高Q值的开关电容来代替变容管。开关电容Q值增大带来的副作用是电容开关比的降低，为了

保证良好的振荡器相噪性能，通常开关电容的开关比小于 3：1。除此之外电感线圈及振荡器的负阻差分对管也会引入一定的寄生电容，因此毫米波段下宽带调频源的实现是有一定难度的。

正如前面所述，高频振荡器受限于无源器件的性能，通常难以同时实现低相位噪声和高带宽，因此目前最常见的解决方案是采用低频锁相环配合倍频器得到一个毫米波频率综合器。该方案利用低频下电容 Q 值较高的特点，可以得到一个宽带低相噪的振荡器，而倍频器通常不会引入太多的噪声恶化，因此该方案比直接设计一个高频振荡器具有明显的性能优势。为了获得更大的调谐范围，还可以采用一些其他的电路设计技巧。Ng 等为 77GHz 调频连续波雷达设计了一款中心频率为 4.25GHz 的宽带调频源，并通过 18 倍频产生 77GHz 输出。其中宽带振荡器的设计如图 9.19 所示[6]。通常的压控振荡器为了保证调频的线性度会使用变容管电压偏置在中间线性度较好的一段范围内，但是这样会减小开关比从而限制调频范围。而文献[6]使用了一组工作在开关状态的变容管作为频率粗调开关，从而获得了接近 4：1 的电容开关比，再使用一组偏置在中间电平的小尺寸变容管作为频率细调单元，这样的设计兼顾了调频线性度和调频带宽，从而为雷达系统提供了较高的理论测距精度。

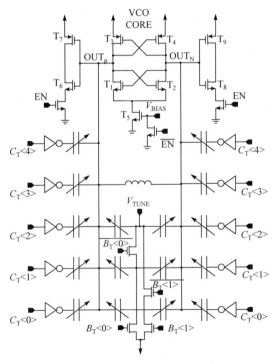

图 9.19 宽带 VCO 原理图[6]

除了设法增大电容的开关比之外，采用一些特殊的 LC 网络设计技巧也能极大地提高振荡器的调谐范围。文献[7]采用π形 LC 网络的 47.6～71.0GHz 调谐范围的压控振荡器如图 9.20 所示。该工作通过切换不同的负阻单元可以使 LC 网络谐振在不同模式，从而获得 39%的调频范围。

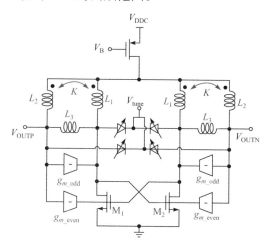

图 9.20　π形 LC 网络压控振荡器原理图[7]

对于一个宽带雷达系统而言，仅有宽带调频源是不够的，发射机和接收机的带宽及带内平坦度也是约束雷达测距精度的关键参数。由于毫米波频段下 CMOS 器件性能退化，单级放大器所能提供的增益有限，低噪声放大器和功率放大器通常都采用多级级联的结构以获得足够的增益与输出功率。而毫米波放大器的带宽通常受到级间匹配和输入输出匹配网络带宽的限制。通常的匹配方式有传输线匹配和变压器匹配两种,而变压器占用面积更小、设计灵活度更高且具有隔直特性,因此应用更广泛。

一个高 K 因子(耦合系数)的变压器通常具有较高的功率传输效率，但是其带宽一般较窄，不适用于宽带雷达系统。在分析毫米波放大器的级间匹配时，通常可以将共源级差分对管简化为理想的 G_m 级来处理，因此直接影响电压增益的二端口匹配网络参数是 Z_{21} 而不是 S_{21}。因此可以放弃高 K 因子的变压器而采用低 K 因子的变压器或其他类型的匹配网络来构建一个四阶宽带滤波器。文献[8]中总结了四种常用的四阶级间匹配网络(图 9.21)，这四种结构的频率响应与紧密耦合(K 因子较高，并且谐振在中心频点)的变压器传递函数对比(图 9.22)，可以看出这四种四阶网络都可以得到宽带匹配的效果，其中图 9.21(b)和图 9.21(c)的匹配效果最好,带内波动最小。但是在实际应用中变压器主次线圈之间必然会存在寄生电容,因此图 9.21(c)所示的电路在实际应用中应该按照图 9.21(d)所示的结构进行分析。图 9.21(b)所示的电路结构在实际应用中也难以实现，原因在于四个电感的版图难以设计，且电感之间会存在互感以及寄生电容，从而使得实际的电路模型与理论不符。还有一点需要注意的是，四阶网络的 Q 值不能太高，否则会引入较大的带内波动，因此 R_1、R_2 的值需要仔细选择。

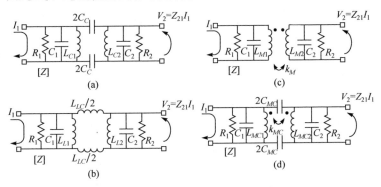

图 9.21　四种四阶匹配网络结构[8]

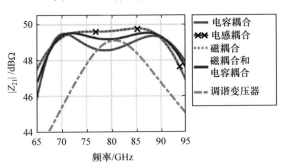

图 9.22　四种不同匹配网络的频率响应特性[8]

利用图 9.21(d)所示的匹配技术，该研究组实现了一款基于 28nm CMOS 工艺的 E 波段宽带低噪声放大器(图 9.23)。该低噪声放大器一共有四级，级间均采用四阶滤波器进行匹配，而输入端则采用跨导增强共栅级输入，从而利用共栅结构的宽带特性来完成宽带输入匹配。该低噪声放大器最终实现了 27.5GHz 的 3dB 带宽，且带内增益波动<1dB。

文献[10]利用上述原理并使用 65nm CMOS 工艺研制了一款 Ka 波段的毫米波功率放大器(图 9.24)。相对于低噪声放大器而言，该功率放大器的匹配网络设计更为复杂。因为低噪声放大器的每个 G_m 级可以采用相同尺寸的晶体管，所以低噪声放大器的四阶匹配网络可以近似认为是对称的。但是对于功率放大器来说，为了能发射尽可能大的输出功率，各级晶体管的尺寸通常是递增的，这就破坏了四阶网络的对称性，从而会影响匹配网络的带宽以及带内波动。文献中详细分析

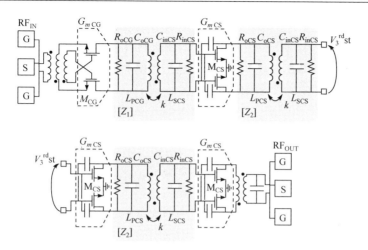

图 9.23 E 波段宽带低噪声放大器[9]

了非对称四阶匹配网络的频率响应以及设计方法，并以此为基础设计出了一款中心频率为 32GHz、功率附加效率为 32.9%的功率放大器，该功率放大器的带宽达到了中心频率的 63%。

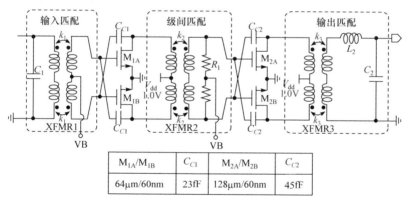

M$_{1A}$/M$_{1B}$	C_{C1}	M$_{2A}$/M$_{2B}$	C_{C2}
64μm/60nm	23fF	128μm/60nm	45fF

图 9.24 Ka 波段宽带功率放大器[10]

如前面所述，对于固定中心频率的调频连续波雷达而言，雷达的测距精度在理想情况下只与扫频带宽有关。然而在实际应用中，雷达系统的精度通常还会受到调频源相噪声和频率非线性、接收机噪声系数以及收发机带内增益波动等非理想因素的影响[11]。因此在设计雷达系统时应当充分考虑各种非理想因素的影响。

2. 高角分辨率雷达系统

如前面所述，雷达的角分辨率仅与发射的波束宽度有关，波束越窄则角度分辨率越高。而波束宽度则取决于天线孔径，孔径越大则波束越集中。特定中心频率单通道雷达系统因为受限于天线尺寸而通常难以得到较高的角分辨率，但是依然可以通过一些特殊的技术得到更大的等效天线孔径。

多入多出(MIMO)技术是常见的提高雷达角分辨率的技术，通过将雷达布置成阵列，然后利用时分或者码分技术区分阵列中不同单元的输出，最后将接收到的信号整合起来即可得到一个等效的大孔径雷达。时分技术是当前最常用的MIMO技术，该技术最大的优点是操作简单，但是由于阵列中一个时刻只有一个雷达发射通道在工作，工作效率较低。码分技术适用于调相雷达，使用该技术的雷达所有通道同时工作，发射一系列正交编码，因此发射功率更大，工作速度效率更高。

除此之外，合成孔径技术也是常用的增大雷达等效孔径的技术之一。该技术是利用一个小天线沿着长线阵或面阵的轨迹等速移动并辐射相参信号，把在不同位置接收的回波进行相干处理，从而获得较高分辨率的成像结果。随着目前小型无人机的发展，机载合成孔径雷达也是当前的研究热点之一。

9.5.3　雷达抗干扰技术

雷达的抗干扰技术也是雷达系统的研究重点之一。雷达的干扰主要来源有收发通道之间的干扰，近距离障碍物干扰等。而抗干扰的基本思路主要有两种：一是消除干扰，二是提高接收机的线性度。

在通常的雷达系统中收发通道之间的隔离约为-20dB，当发射机发射功率较大时接收机可能进入饱和状态从而降低雷达灵敏度。最简单的收发通道串扰抑制方法是在芯片版图上将收发通道距离尽量放大，并且采用高增益天线，这样能在一定程度上减小串扰。除了这种被动的串扰消除方式，还可以采用图 9.25 所示的主动串扰消除技术。该系统先通过数字基带检测发射机的串扰信号，然后通过在接收机前端主动注入一个等幅度反相信号来消除发射机的泄漏干扰。

障碍物干扰也是常见的干扰源之一，如车载雷达应用中车辆保险杠的反射信号，以及地形成像合成孔径雷达中地面的反射信号。这些干扰反射信号的强度往往远大于目标物体的反射强度，因此需要设法消除。在大多数情况下地面及保险杠等障碍物的位置相对固定且反射信号的频点远离目标信号，因此可以采用图 9.26[13]所示的基带滤波技术消除干扰。该机载合成孔径雷达系统使用了 12 阶可调带通滤波器消除地面反射信号，提高了系统灵敏度且放宽了对模数转换器的精度需求。

除了消除干扰之外，提高接收机线性度也是提高雷达系统抗干扰能力的途径之一。在雷达系统中，低噪声放大器由于带宽较宽所以受各种干扰影响最大，而下混频之后的基带由于带外干扰已经被滤除，所以对于线性度的要求没有那么苛刻。为了提高整个接收机的线性度，在图 9.27[14]所示的雷达系统中混频器之前仅

有一个 G_m 级起到预放大作用。因为单级 G_m 级增益较低，所以 P1dB 较高，线性度较好。混频器则选用线性度较高的无源双平衡混频器，这也得益于先进 CMOS 工艺的发展，使得无源混频器可以在毫米波波段使用。测试结果显示该前端的 P1dB 为–8.5dB，因此具备很强的抗干扰能力。

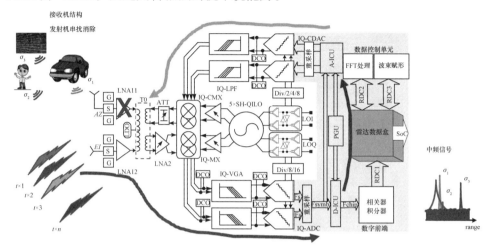

图 9.25　收发机串扰消除技术[12]

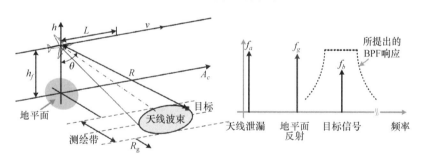

图 9.26　高阶带通滤波器消除地面反射信号干扰[13]

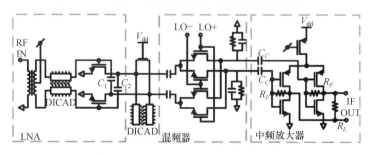

图 9.27　高阶线性度接收机前端[14]

9.6　硅基毫米波关键电路

本部分将主要介绍以前各章节涉及较少且在毫米波系统中比较关键的电路技术，包括倍频器、移相器和线性频率源。

9.6.1　倍频器

毫米波倍频器用于将输入信号频率翻倍以达到更高频率的要求。相对于直接实现目标频率的方法而言，倍频器的引入可以降低整个电路设计的难度。倍频器往往需要谐波产生电路来产生高次谐波。基于混频器、器件非线性和 push-push 对管等结构都可以实现谐波产生功能，它们的原理如图 9.28 所示。

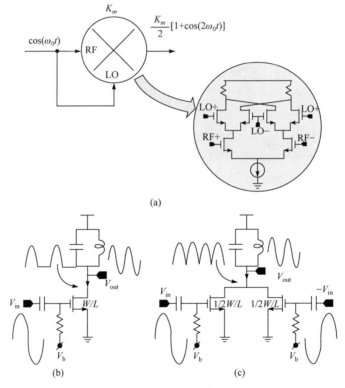

图 9.28　三种基本信频结构

图 9.28(a)是基于混频器的倍频器原理图，希尔伯特混频器的射频端和 LO 端有相同的输入信号驱动，产生两倍于输入频率的频率分量，该结构的主要优点是工作的频率范围较大，缺点是输出信号的 DC 偏移很明显，从而使得混频器到达饱和状态，限

制了电路的转换增益。为了抑制基波分量，一般要采用双平衡混频器拓扑结构，其缺点是输入端口具有大电容，最大工作频率也受四个开关管源极寄生电容的限制。

另外一种广泛使用的倍频方法是利用有源器件的非线性来产生谐波分量，如图 9.28(b)所示。如果 MOS 管受到大的驱动，那么漏极电流中会含有输入信号的谐波分量。谐振负载选择所需的谐波频率并抑制基波分量。为了获得最大的 2 阶转换增益，器件的导通角应当足够低，即必须偏置在 B 类或者 C 类状态。然而基波的幅度远大于其谐波，因而需要后续的滤波器具有很高的品质因子，对于 LC 谐振来说，这是相当困难的。

为了解决前述问题，一般使用 push-push 对管结构来抑制基波分量，如图 9.28(c) 所示。利用双平衡输入对管的特性，总的漏极电流中的基波分量和奇次谐波分量相互抵消，留下二倍于输入信号的频率分量，这种结构可以大大缓解后续的滤波问题。

传统倍频器输出信号幅度往往较小，按信号放大方式可分为注入锁定放大和直接倍频放大两种。注入锁定倍频器结构主要由谐波产生器和注入锁定振荡器构成，谐波产生器产生输入参考信号的 2 次或 3 次谐波，然后注入锁定振荡器锁定在该谐波上，从而输出二倍频或三倍频后的信号。注入锁定倍频器具有功耗较低的优势，但是由于其利用注入锁定带宽有限，它的调谐范围较小，同时较易受到电路寄生的影响。

举例来说，文献[15]中，分别实现了用于 Ku-band 和 F-band 的两个注入锁定倍频器，其中 Ku-band 二倍频器实现了 11～15GHz 的倍频输出范围，F-band 二倍频器实现了 106～128GHz 的倍频输出范围。两个倍频器都利用了 push-push 对管结构，用于消除基波分量，并通过 LC 的谐振网络得到二倍频的信号，如图 9.29 所示。

另一种直接倍频器结构则是利用谐波放大的方法。同样产生输入信号的 2 次和 3 次谐波并放大后输出。直接倍频器利用器件的非线性获取输入信号的 2 次或 3 次谐波，并利用 1/4 波长传输线或 LC 谐振网络以消除不需要的基波频率。该

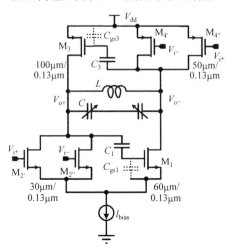

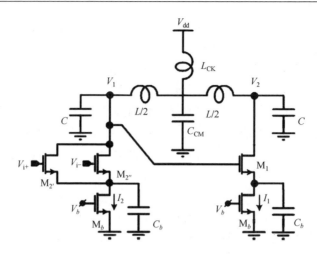

图 9.29　Ku-band 和 F-band 频率倍频器电路[15]

结构非常适合用于工艺截止频率较低的 CMOS 工艺。其缺点是需要额外的传输线或谐振网络以消除不需要的基频与谐波，因此它只能在一个相对较窄的频率范围内实现较好的倍频效果和基频抑制能力，并且容易受到电路寄生的影响。

9.6.2　移相器

移相器的关键指标包括工作带宽、相位范围、移相精度、相位误差、增益误差、插入损耗或者增益、切换时间、面积成本、功耗、控制方式等。移相器根据制造工艺的不同可分为半导体式、铁氧体和 MEMS 等移相器，其中半导体移相器又可以分为有源移相器和无源移相器。无源移相器又包括开关网络型、电桥反射型、调谐传输线型等类别，总体而言，无源结构具有精度高、功耗低的特点，但是传输损耗高、芯片面积大，其设计难点在于无源器件的设计与建模。本节将主要介绍便于集成的有源移相器的工作原理。

如图 9.30(a)所示，将输入信号 V_{in} 分成 IQ 两路，二者的相位相差 90°，对两路信号分别进行幅度加权 A_i 和 A_j，再将加权后的信号合成得到所需的输出信号 V_{out}。

理想情况下不考虑幅度和相位误差，则有

$$V_{out} = (A_i + jA_j)V_{in} \tag{9.29}$$

输出信号的相位为

$$\phi = \arctan(A_j / A_i) \tag{9.30}$$

输出信号的幅度为

$$A = \sqrt{A_i^2 + A_j^2} \tag{9.31}$$

当需要某个特定的相移量时，可以反推出两路正交信号的幅度加权分别为

$$A_i = A\cos\phi, \quad A_j = A\sin\phi \tag{9.32}$$

有源矢量合成移相器的电路结构主要包括正交信号产生电路、可变增益放大器(VGA)和信号合成模块三部分(图 9.30(b))。正交信号产生电路主要可以通过多相滤波器(PPF)、正交全通滤波器(QAM)、正交输出 VCO、多相输出 DLL、90°定向耦合器及 90°传输线等方式实现。其中，PPF 和 QAF 应用较为广泛，图 9.31对比了在理想输入和没有电容负载时 PPF 和 QAF 的性能[16]。单阶 PPF 的带宽比较小，随着阶数的增加，PPF 的带宽变宽而相应的电压损耗也变大。QAF 的带宽和损耗都很小，但是对电容负载很敏感，相位误差随着容性负载的增加而增加。改进后的 QAF 对容性负载不敏感，损耗也增加了(图 9.32)。

移相器中的可变增益放大器往往是通过希尔伯特单元实现的(图 9.33)，可以通过改变尾电流的大小或 N_5/N_6 管的控制电压来控制增益。然而增益随尾电流和 V_c 电压的变化不是线性关系，因而 VGA 的增益往往需要校正补偿来保证移相器

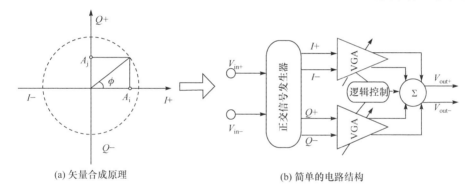

(a) 矢量合成原理　　　　　　　　(b) 简单的电路结构

图 9.30　有源移相器

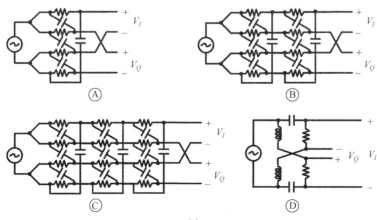

(a)

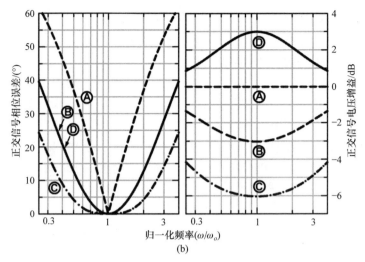

图 9.31　PPF 和 QAF 的性能对比[16]

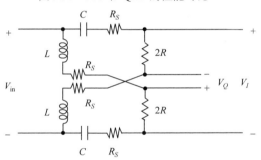

图 9.32　改进的 QAF 滤波器[16]

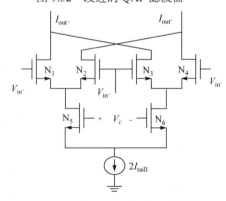

图 9.33　常见的可变增益放大器

的精度。VGA 还可以进行数字控制,控制码用于控制尾电流或者控制希尔伯特单元的数量从而控制总的增益(图 9.34)。此外 VGA 还以通过改变输入信号的输入幅度来实现不同的输出电压幅度。

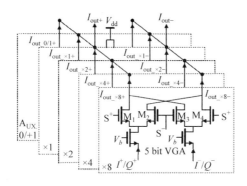

图 9.34　数字控制 VGA

除了通过具有不同相位输入的 VGA 矢量加和方法,还可以通过 LC 谐振网络中的容值来调节相位(图 9.35)[17]。

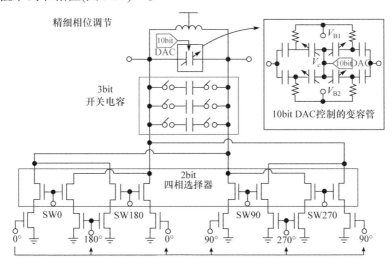

图 9.35　LC 谐振网络调节相位[17]

9.6.3　线性频率源

理想状态下,雷达的距离分辨率仅与扫频带宽有关,但是在实际雷达系统中,由于频率误差、接收机噪声系数等限制,距离分辨率可能会恶化。为了让雷达系统的实际性能尽可能逼近理论值,通常需要提高扫描频率的线性度或提高扫描频率速度。

调频源的非线性可以分为周期性频率误差和随机性频率误差两种,前者通常由周期性的调频信号或者环路模块的非线性产生,而后者则主要由相位噪声引入。随机性的频率误差会抬高信号的噪底,使得信噪比恶化,而周期性的频率误差则会引入边带杂散,从而引起目标误判的可能(图 9.36)。调频源的误差率一般用均方根误差来表示，在对测距精度要求较高的应用中通常要求频率误差与扫频带宽的比值在±0.05%以内。

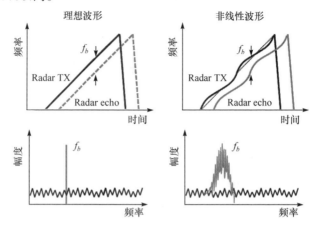

图 9.36　调频源非线性对雷达系统的影响

目前毫米波雷达通常使用锁相环产生高质量的扫频信号，频率调制通过改变锁相环环路的分频比来实现。因此频率误差的主要来源有振荡器的相位噪声、振荡器增益非线性、锁相环的非线性、环路噪声等。下面我们来进行逐一分析。

振荡器的相噪优化在本书之前章节中已经有过介绍，在此不赘述。在输出单一频点的锁相环中，振荡器增益 K_{VCO} 的波动通常不用太关心；但是在调频源中，K_{VCO} 的波动会引入频率误差，因此需要优化其线性度。在 2019 年国际固态电路会议上发布了一款 77GHz 车载短距雷达[18]，其压控振荡器原理图如图 9.37 所示。由于变容管只有中间一小部分具有较为线性的 C-V 曲线，使用变容管的压控振荡器通常会面临调谐范围和调频线性度的折中问题。如前面所述，雷达系统对压控振荡器的调谐范围和调频线性度都有较高要求，为了解决这一问题，该雷达中压控振荡器采用了三组偏置在不同电压下的变容管同时参与调频，利用变容管之间的非线性互补得到一个高线性度的压控振荡器。

射频电路的数字化是目前重要的发展方向之一，因此调频源的数字化也是当前业界努力的方向。而调频源数字化中也同样需要解决数控振荡器的精度与线性度问题，精度不足会引入较大的量化噪声而线性度不佳同样会引入频率偏差。复旦大学在一个 24GHz 调频源中使用带悬浮隔离栅条的分布式金属电容获得了一个高精度、高线性度数控振荡器(图 9.38)。从测试结果可以看出分布式金属隔离栅条既减小了开关电容的 ΔC 从而提高了数控振荡器的精度，又优化了数控振荡器的线性度。测试结果显示该调频源的频率均方根误差仅有

60kHz，不足之处在于分布式金属电容阵列受限于尺寸，难以取得较大的扫频带宽[19]。

除了振荡器之外，锁相环的环路同样需要精心设计以避免恶化扫频线性度。雷达调频源有两种实现扫频的方式：一是使用直接数字频率合成法(DDFS)，即使用整数锁相环加上经过频率调制的参考信号来实现扫频；二是使用小数分频锁相

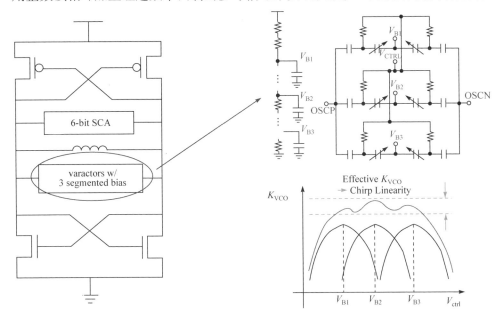

图 9.37　高线性度压控振荡器[18]

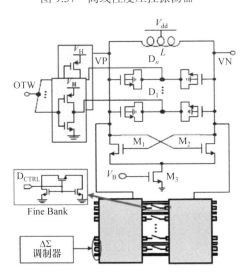

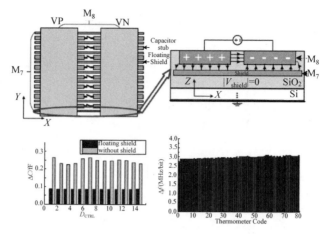

图 9.38　24GHz 数控振荡器原理及测试结果[19]

环来实现扫频，该方法由于结构简单，使用更为广泛[13,14]。传统的小数分频锁相环是通过对整数分频器进行差分积分(ΔΣ)调制实现小数分频比，但是该方案会在高频处引入很高的量化噪声，因此通常需要较小的环路带宽来抑制带外噪声，有时还需要采用噪声补偿技术。而对于调频源应用而言，较小的环路带宽会限制最大调频速度，因此该方案不适用于高性能的雷达系统。通过采用真小数分频器可以很好地解决这一问题，该方案通过累加数字相位插值器的输出相位实现连续的小数分频输出，很好地抑制了差分积分调制器的量化噪声，并且使小数锁相环也可以做到接近整数锁相环的环路带宽(图 9.39)[20]。

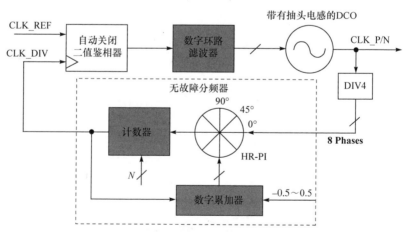

图 9.39　使用数字相位插值器的真小数分频锁相环[20]

在数字调频源中，时间数字转换器(TDC)的性能也是制约调频源性能的瓶颈之一。时间数字转换器的非线性会引入杂散，而有限的精度则会引入较大的量化噪声从而恶化输出相噪。为此有人提出了基于模数转换器(ADC)的时间数字转换器(图 9.40(a))。该数字转换器利用分频信号对参考信号进行采样,相比于传统时间数字转换器,该结构具有明显的精度优势。美中不足的是该时间数字转换器采样后的信号频谱在基带附近,受闪烁噪声影响较大,因此,同样可能恶化调频源相位噪声。为了解决这一问题可以采用带通噪声整形技术(图 9.40(b)),通过过采样及数字下混频避开了闪烁噪声,从而得到一个高精度、低噪声的时间数字转换器[21]。

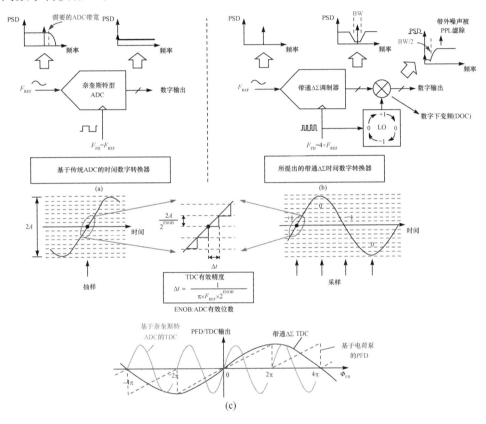

图 9.40 基于模数转换器的带通噪声整形时间数字转换器[21]

除了提高调频源精度之外,提高调频源的扫频速率也能改善雷达系统的精度[22]。快速扫频能让下混频之后的中频信号远离闪烁噪声角,避免信噪比恶化,同时能让两个不同目标的反射峰在频谱上距离更远,从而提高目标辨识度(图 9.41)。仅通过改变分频比实现扫频功能的调频源的最大扫频速度会受环路带宽限制,尤其在频率拐点处会引入较大的频率误差甚至引起环路失锁(图 9.42(a))。而两点调制技术可以有效地打破环路带宽对扫频速率的限制。通过对分频比和压控振荡器同时施加调制信号在理论上可以得到一个全通的传递特性,因此使用两点调制技术的调频源可以有很高的扫频速率(图 9.42(b))。

　　然而两点调制技术会引入一些新的问题(图 9.42(b)),当数控振荡器线性度不高或两点调制的调制速率不匹配时会引入很大的频率误差,严重时也可能导致环路失锁。该问题可以通过前面所述的提高数控振荡器线性度的技术来解决,也可以通过 K_{VCO} 校正技术进一步优化(图 9.43)。锁相环环路中时间数字转换器的输出是当前时间的相位误差,通过对相位误差进行微分则可以得到当前的频率误差。通过对频率误差进行积分则最终可以得到特定频点对应的准确数控振荡器控制码。该校正方法的具体原理来源于最小均方算法(LMS)自适应滤波器,在此就不详细阐述了[22]。

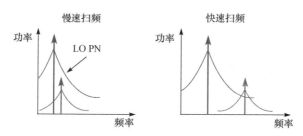

图 9.41　快速扫频的优势[22]

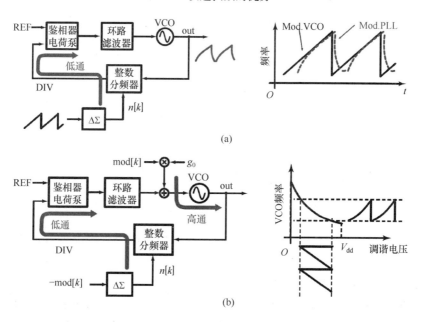

图 9.42　单点调制和两点调制原理[22]

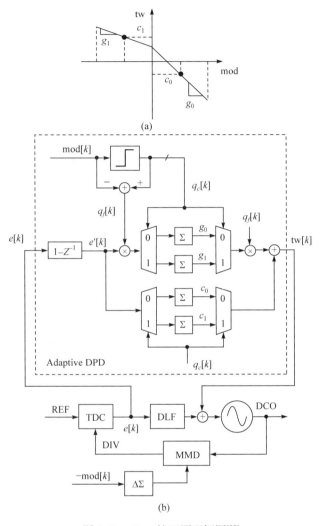

图 9.43　K_{VCO} 校正原理框图[22]

参 考 文 献

[1] Guermandi D, Shi Q X, Dewilde A, et al. A 79-GHz 2×2 MIMO PMCW radar SoC in 28-nm CMOS. IEEE Journal of Solid-State Circuits, 2017, 52 (10): 2613-2626.

[2] Krishnaswamy H, Hashemi H. Effect of process mismatches on integrated CMOS phased arrays based on multiphase tuned ring oscillators. IEEE Transactions on Microwave Theory and Techniques, 2008, 56(6): 1305-1315.

[3] Kibaroglu K, Sayginer M, Rebeiz G M. A low-cost scalable 32-element 28-GHz phased array transceiver for 5G communication links based on a 2 × 2 beamformer flip-chip unit cell. IEEE Journal of Solid-State Circuits, 2018, 53 (5): 1260-1274.

[4] Natarajan A, Komijani A, Guan X, et al. A 77-GHz phased-array transceiver with on-chip antennas in silicon: Transmitter and local LO-path phase shifting. IEEE Journal of Solid-State Circuits, 2006, 41(12): 2807-2819.

[5] Ciamulski T, Gwarek W K. Extended concept of crosstalk elimination in multiconductor transmission lines. Asia-Pacific Microwave Conference Proceedings, Suzhou, 2005: 4.

[6] Ng H J, Fischer A, Feger R, et al. A DLL-supported, low phase noise fractional-N PLL with a wideband VCO and a highly linear frequency ramp generator for FMCW radars. IEEE Transactions on Circuits and Systems I: Regular Papers, 2013, 60 (12): 3289-3302.

[7] Jia H, Chi B, Kuang L, et al. A resonant-mode switchable VCO with 47.6–71.0 GHz tuning range based on π-type LC network. IEEE Asian Solid-State Circuits Conference (A-SSCC), Singapore, 2013: 321-324.

[8] Vigilante M, Reynaert P. On the design of wideband transformer-based fourth order matching networks for e-band receivers in 28-nm CMOS. IEEE Journal of Solid-State Circuits, 2017, 52 (8): 2071-2082.

[9] Vigilante M, Reynaert P. 20.10A 68.1-to-96.4GHz variable-gain low-noise amplifier in 28nm CMOS. IEEE International Solid-State Circuits Conference (ISSCC), San Francisco, 2016: 360-362.

[10] Jia J, Prawoto C C, Chi B, et al. A full Ka-band power amplifier with 32.9% PAE and 15.3-dBm power in 65-nm CMOS. IEEE Transactions on Circuits and Systems I: Regular Papers, 2018, 65(9): 2657-2668.

[11] Ayhan S, Scherr S, Bhutani A, et al. Impact of frequency ramp nonlinearity, phase noise, and SNR on FMCW radar accuracy. IEEE Transactions on Microwave Theory and Techniques, 2016, 64 (10): 3290-3301.

[12] Giannini V, Goldenberg M, Eshraghi A, et al. A 192-virtual-receiver 77/79GHz GMSK code-domain MIMO radar system-on-chip. IEEE International Solid-State Circuits Conference (ISSCC), San Francisco, 2019: 164-166.

[13] Wang Y, Tang K, Zhang Y, et al. 13.2A Ku-band 260mW FMCW synthetic aperture radar TRX with 1.48GHz BW in 65nm CMOS for micro-UAVs. IEEE International Solid-State Circuits Conference (ISSCC), San Francisco, 2016: 240-241.

[14] Ma T K, Chen Z P, Wu J X, et al. A CMOS 76-81 GHz 2TX 3RX FMCW radar transceiver based on mixed-mode PLL chirp generator. 2018 IEEE Asian Solid-State Circuits Conference (A-SSCC), Tainan, 2018: 83-86.

[15] Monaco E, Pozzoni M, Svelto F, et al. Injection-locked CMOS frequency doublers for μ-Wave and mm-Wave applications. IEEE Journal of Solid-State Circuits, 2010, 45 (8): 1565-1574.

[16] Kim S Y, Kang D, Koh K, et al. An improved wideband all-pass I/Q network for millimeter-wave phase shifters. IEEE Transactions on Microwave Theory and Techniques, 2012, 60 (11): 3431-3439.

[17] Pang J, Wu R, Wang Y, et al. A 28-GHz CMOS phased-array transceiver based on LO phase-shifting architecture with gain invariant phase tuning for 5G new radio. IEEE Journal of Solid-State Circuits, 2019, 54 (5): 1228-1242.

[18] Hung C, Lin A T C, Peng B C, et al. 9.1 Toward automotive surround-view radars. IEEE International Solid-State Circuits Conference(ISSCC), San Francisco, 2019: 162-164.

[19] Xu J F, Yan N, Yu S C, et al. A 24 GHz high frequency-sweep linearity FMCW signal generator with floating-shield distributed metal capacitor bank. IEEE Microwave and Wireless Components Letters, 2017, 27 (1): 52-54.

[20] Yang F, Guo H, Wang R, et al. A low-power calibration-free fractional-N digital PLL with high linear phase interpolator. IEEE Asian Solid-State Circuits Conference (A-SSCC), Toyama, 2016: 269-272.

[21] Weyer D, Dayanik M B, Jang S, et al. A 36.3-to-38.2GHz −216dBc/Hz240nm CMOS fractional-N FMCW chirp synthesizer PLL with a continuous-time bandpass delta-sigma time-to-digital converter. IEEE International Solid-State Circuits Conference(ISSCC), San Francisco, 2018: 250-252.

[22] Cherniak D, Grimaldi L, Bertulessi L, et al. A 23GHz low-phase-noise digital bang-bang PLL for fast triangular and saw-tooth chirp modulation. IEEE International Solid-State Circuits Conference(ISSCC), San Francisco, 2018: 248-250.

中英文术语对照表

英文简称	英文全称	中文译意
ACLR	Adjacent Channel Leakage Ratio	邻近信道泄漏比
ACPR	Adjacent Channel Power Ratio	邻近信道功率比
ADC	Analog to Digital Converter	模数转换器
AGC	Automatic Gain Control	自动增益控制
AM	Amplitude Modulation	调幅
ASK	Amplitude Shift Keying	幅移键控
BB	Baseband	基带
BCC	Body Channel Comunication	人体信道通信
BER	Bit Error Ratio	比特误码率
BLE	Bluetooth Low Energy	低功耗蓝牙
Bluetooth		蓝牙
BR	Basic Rate	标准速度模式
BTF	Blocker Transfer Function	阻塞信号传输函数
CDMA	Code Division Multiple Access	码分多址
CG	Common Gate	共栅
CMCD	Current-Mode Class D	电流型 D 类功率放大器
CMOS	Complementary Metal Oxide Semiconductor	互补金属氧化物半导体
CPU	Central Processing Unit	中央处理器
DAC	Digital to Analog Converter	数模转换器
DE	Drain Efficiency	漏极效率
DLL	Delay Locked Loop	延迟锁相环
DNW	Deep N-Well	深 N 阱
DPA	Digital Power Amplifier	数字功率放大器
DPI	Digital Phase Interpolator	数字相位插值器
DR	Dynamic Range	动态范围

英文简称	英文全称	中文译意
DSB	Double Sideband	双边带
DTC	Digital to Time Converter	数字时间转换器
ECG	Electrocardiogram	心电信号
EDA	Electronics Design Automation	电子设计自动化
EDR	Enhanced Data Rate	增强速率模式
EER	Envelope Elimination and Restoration	包络消除与恢复
EIRP	Effective Isotropic Radiated Power	有效全向辐射功率
EVM	Error Vector Magnitude	误差矢量幅度
FDD	Frequency Division Duplexing	频分双工
FDMA	Frequency Division Multiple Access	频分多址
FHSS	Frequency-Hopping Spectrum Spread	跳频扩频技术
FIR	Finite Impulse Response	有限冲激响应
FM	Frequency Modulation	频率调制
FSK	Frequency Shift Keying	频移键控
GBW	Gain Bandwidth Product	增益带宽积
GFSK	Gaussian Frequency Shift Keying	高斯频移键控
GPS	Global Positioning System	全球定位系统
GSM	Global System for Mobile Communications	全球移动通信系统
HR	Harmonic Rejection	谐波抑制
HRR	Harmonic Rejection Ratio	谐波抑制比
HRR3	Third Order Harmonic Rejection Ratio	三阶谐波抑制比
HRR5	Fifth Order Harmonic Rejection Ratio	五阶谐波抑制比
HS	High Speed	高速率模式
IC	Integrated Circuit	集成电路
IEEE	Institute of Electrical and Electronics Engineers	电气和电子工程师协会
IIP2	2-order Input Intercept Point	2阶输入交调点
IIP3	3-order Input Intercept Point	3阶输入交调点
IIR	Infinite Impulse Response	无限冲激响应
IRR	Imaging Rejection Ratio	镜像抑制比

英文简称	英文全称	中文译意
ISSCC	IEEE International Solid-State Circuits Conference	国际固态电路会议
ITRS	International Technology Roadmap for Semiconductors	国际半导体技术蓝图
LINC	Linear Amplification with Nonlinear Components	非线性元件的线性放大
LNA	Low Noise Amplifier	低噪声放大器
LO	Local Oscillator	本地振荡器
LTE	Long Term Evolution	长期演进
MAC	Media Access Control	介质访问控制层
MCU	Microcontroller Unit	微控制单元
MDLL	Multiplying Delay-Locked Loop	多相延迟锁相环
MEMS	Micro Electro Mechanical System	微机电系统
MIM	Metal-Insulator-Metal	金属-绝缘体-金属
MIMO	Multiple-Input Multiple-Output	多入多出
MOM	Metal-Oxide-Metal	金属-氧化物-金属
MOSFET	Metal-Oxide-Semiconductor Field-Effect Transistor	金属-氧化物半导体场效应晶体管
MSK	Minimum Shift Keying	最小频移键控
NB-IoT	Narrow Band Internet of Things	窄带物联网
NF	Noise Figure	噪声系数
OFDM	Orthogonal Frequency Division Multiplexing	正交频分复用
OOK	On-Off Keying	二进制振幅键控
OQPSK	Offset Quadrature Phase Shift Keying	偏移四相相移键控
PA	Power Amplifier	功率放大器
PAE	Power Added Efficiency	功率附加效率
PAM	Pulse Amplitude Modulation	脉冲振幅调制
PAPR	Peak-to-Average Power Ratio	峰值-均值功率比
PBO	Power Back Off	功率回退
PCB	Printed-Circuit Board	印制电路板
PEP	Peak Envelope Output Power	峰值包络输出功率
PFD	Phase and Frequency Detector	鉴频鉴相器
PHY	Physical Layer	端口物理层

续表

英文简称	英文全称	中文译意
PM	Phase Modulation	相位调制
PPM	Pulse Position Modulation	脉冲位置调制
PSK	Phase Shift Keying	相移键控
QAF	Quadrature All Pass Filter	正交全通滤波器
QAM	Quadrature Amplitude Modulation	正交幅度调制
RAM	Random Access Memory	随机存取存储器
RF	Radio Frequency	射频
RFID	Radio Frequency Identification	射频识别
RSSI	Received Signal Strength Indicator	接收信号强度指示
RX	Receiver	接收机
SAW	Surface Acoustic Wave	声表面波
SDR	Software Defined Radio	软件定义无线电
SIP	System In a Package	系统级封装
SNR	Signal Noise Ratio	信噪比
SoC	System on Chip	片上系统
SSB	Single Sideband	单边带
SSPD	Sub-Sampling Phase Detector	亚采样鉴相器
STC	Space-Time Coding	空时编码
STF	Signal Transfer Function	信号传输函数
TCA	Trans-Conductance Amplifier	跨导放大器
TDC	Time to Digital Converter	时间数字转换器
TDD	Time-division Duplex	时分双工
TDMA	Time Division Multiple Access	时分多址
TD-SCDMA	Time Division - Synchronous Code Division Multiple Access	时分-同步码分多址
TIA	Trans-Impedance Amplifier	跨阻放大器
TX	Transmitter	发射机
UR	Ultimate Rejection	极限抑制能力
UWB	Ultra Wide Band	超宽带
VCO	Voltage Controlled Oscilator	压控振荡器
VMCD	Voltage-Mode Class D	电压型 D 类(功率放大器)

英文简称	英文全称	中文译意
WBSN	Wireless Body Sensor Network	无线人体传感网
WiFi		行动热点
WLAN	Wireless Local Area Network	无线局域网
ZigBee		紫蜂